"十四五"国家重点出版物出版规划项目

智能无人集群

改变未来战争的颠覆性力量

赵彦杰 袁莞迈 梁月乾 著

Intelligent Unmanned Swarm

A Game-Changer for Future Wars

电子工业出版社

Publishing House of Electronics Industry

北京·BEIJING

内 容 简 介

作为"新域新质"和"无人智能"作战力量的重要组成部分，智能无人集群是改变未来战争的颠覆性力量之一。本书在介绍智能无人集群概念的基础上，首先对群体智能涌现的机理进行了归纳，对智能无人集群的应用和现状进行了阐述；然后从单体智能、群体智能和体系智能三个维度详细介绍了智能无人集群的关键技术；最后展望了智能无人集群的典型作战样式和未来发展，并对其面临的挑战进行了探讨。

本书适合对集群智能与协同控制感兴趣的读者阅读。

图书在版编目（CIP）数据

智能无人集群：改变未来战争的颠覆性力量 / 赵彦杰，袁莞迈，梁月乾著．
—北京：电子工业出版社，2024.1
ISBN 978-7-121-45186-7

Ⅰ．①智…　Ⅱ．①赵…②袁…③梁…　Ⅲ．①人工智能－应用－无人驾驶飞机－集群－自动飞行控制　Ⅳ．① V279

中国国家版本馆 CIP 数据核字（2023）第 041759 号

责任编辑：田宏峰
印　　刷：河北迅捷佳彩印刷有限公司
装　　订：河北迅捷佳彩印刷有限公司
出版发行：电子工业出版社
　　　　　北京市海淀区万寿路 173 信箱　邮编　100036
开　　本：720×1 000　1/16　印张：29.75　字数：489 千字
版　　次：2024 年 1 月第 1 版
印　　次：2025 年 1 月第 4 次印刷
定　　价：138.00 元

凡所购买电子工业出版社图书有缺损问题，请向购买书店调换。若书店售缺，请与本社发行部联系，联系及邮购电话：（010）88254888，88258888。

质量投诉请发邮件至 zlts@phei.com.cn，盗版侵权举报请发邮件至 dbqq@phei.com.cn。

本书咨询联系方式：tianhf@phei.com.cn。

作者简介

　　赵彦杰，男，1985 年 9 月生，陕西眉县人，中共党员，研究员、博导，享受国务院政府特殊津贴。2006 年本科毕业于清华大学数理基础科学班（杨振宁班）；2012 年博士毕业于美国普渡大学（Purdue University），随后留校任博士后研究员。2014 年回国，历任中国电子科技集团公司电子科学研究院一级专家、集团高级专家、智能系统研究所所长。2021 年至今任中国电子科技集团公司智能科技研究院（信息科学研究院）副院长。

　　赵彦杰团队长期致力于智能无人集群领域的基础理论研究、核心技术攻关、系统集成应用等工作，主持集群 / 蜂群类项目 30 余项，发表 SCI/EI 论文 20 余篇，完成领域发展白皮书 1 部，受理 / 授权专利 100 余项，在智能无人集群领域实现了多个"国内首次"和部分技术"国际领先"，相关成果受到中央军委首长的高度评价。

　　赵彦杰荣获国家技术发明二等奖 1 项，国防科技进步一等奖 1 项，中国电科科技进步特等奖 1 项、十大科技进展奖 1 项、十大创新团队奖 1 项、十大科技领军人才奖 1 项，入选中组部某青年人才计划、军委科技委某卓越青年计划、中国电科青藜计划，获评全国青年岗位能手、北京青年五四奖章、中国电科科技领军人才，担任科技部、军委装备发展部、军委科技委、陆军、海军、空军等多个智能专家组专家，在多个学会任专家委员。

袁莞迈，1991 年 7 月出生，高级工程师，中国电科信息科学研究院（智能科技研究院）无人智能系统一部室主任，"万人计划"青年拔尖人才，中国科协青年人才托举工程入选者。主要从事无人智群系统协同控制与系统集成验证研究，主持中央军委科技委"1XX 工程"项目、中央军委科技委创新特区、陆军"1XX 工程"项目等 7 项国防重点项目，创新成果多次参加部队演习演练。受理/授权专利 20 余项，发表学术论文 30 余篇，出版专著 1 本。研究成果获国防科技进步一等奖、中国电科科技进步特等奖、IEEE ICUS 最佳论文奖等。

梁月乾，于北京航空航天大学获得博士学位，现任中国电科智能科技研究院高级工程师。参与多个军兵种的智能无人机集群项目、国家自然科学基金重点项目、科技部新一代人工智能重大项目等 10 余项科研项目，研究方向主要为智能无人集群任务分配、航路规划、编队控制。在国内外高水平学术期刊及会议上发表学术论文 30 余篇，受理/授权发明专利 20 余项。

推荐序1

　　赵彦杰博士请我为他的新书作序，勾起了我对往事的回忆。大约2015年冬的一天，赵博士在食堂向我谈起他要开展的三架无人机飞行试验。我随口就说，"三架不能成为一张网络，要搞就搞多一些。"当时我并没料到无人智能时代会来得如此迅猛，但直觉告诉我，这个方向需要布局，就支持赵博士牵头组建了智能无人集群（"蜂群"）创新团队。

　　回顾这几年团队的发展，成绩可圈可点。他们率先在国内进行了相关的作战研究、技术突破与试验验证，取得了一系列标志性进展：2016年11月，实现67架固定翼无人机集群飞行，打破了由美国保持的50架机飞行纪录；2017年6月和12月，团队先后完成119架、200架固定翼无人机集群飞行试验，打破并保持了飞行数量的世界纪录；2018年，我们和用户一起策划举办首届空军"无人争锋"智能无人机集群系统挑战赛，引起业内极大轰动，成为开放创新、揭榜挂帅的生态化发展平台。

　　2018年以后，因为工作原因，我对"蜂群"团队的直接支持变少了一些，但对这个团队的期望却越来越大。特别是在2020年1月，苏莱曼尼遇刺事件的发生，我深刻感知到无人智能战争时代已经来临。我希望团队能够再接再厉，发扬"两弹一星精神""预警机精神"，不怠专业、不负时代，跟"蜂群"一样，既加强个体的能力锻炼，也注重整体的协同创新，不断在技术创新、装备建设和能力生成上取得新的更大进步，为实现中华民族伟大复兴贡献自己的力量。

　　是为序，也算作对他们的期望和祝福。

中国工程院党组成员、副院长、院士

推荐序 2

人类战争先后经历从陆权、海权、空权、天权到信息权的争夺与控制,在人工智能与无人系统等新兴技术的推动下,正加速走向"制智权"的时代。

智能无人集群作为新质作战力量,通过多源部署、动态组网、自主编队、分布突防,可遂行复杂多样化的"协同侦干打"任务,具备大规模、低成本、可消耗、易重构的优势,给战争形态、作战样式、指挥方式、编制体制、作战保障、装备研制等方面带来了巨大变革。可以说,智能无人集群是改变未来战争的颠覆性力量。

美军的第三次"抵消战略"将以"蜂群"为代表的智能无人集群技术作为重要发展方向并大力推进。美空军相关规划纲领认为,小型无人机及其集群系统是一种通过战术装备达成战略目的的作战力量。美空军战略威慑研究中心认为,未来实现了大规模全自主的无人机"蜂群"是继"核生化"后的第四类大规模杀伤性武器。近年来,美军先后启动了"小精灵""山鹑""低成本无人机集群""拒止环境中协同作战"等项目,意图通过智能无人集群装备的创新突破来维持和扩大军事优势。

开展智能无人集群领域的技术创新是适应未来战争形态、打赢未来战争、对抗强敌的重要举措。中国电科赵彦杰博士带领的"蜂群"团队长期致力于"蜂群"系统的研发工作,取得了一系列标志性成果。该书正是作者及其团队成员多年研究的积累总结,是一本难得的系统性介绍智能无人集群最新进展的学术专著。该书全面介绍了智能无人集群的概念、起源、发展现状、理论技术、未来军事应用、挑战与展望等,内容兼具科普性介绍与专业性分析,阐述方式深入浅出,理论技术与实际应用密切联系,对智能无人集群领域的未来发展具有重要参考价值。

应作者的邀请,为他们的新著作此序言。我相信,该书的出版将对智能无人集群领域的研究带来积极的推动作用,更将对智能无人集群系统的实践应用产生深远的影响。

院士

前　言

自从 30 多亿年前地球上出现生命以来，充满着合作与竞争的生物群体活动及其产生的持续推进力推动着自然界不断演进、人类社会不断进步，生命从最初的单细胞生物演化为极其复杂的哺乳动物，人类社会从原始社会的听天由命演化为现今智能化社会的人定胜天。

虽然人类社会中合作是主流，但竞争甚至对抗始终贯穿于历史发展的各个阶段。纵观已发生的战争，现在称之为"集群"的机制在战争中起着决定性作用。"集群"可以理解为多个个体（也称为单体）通过有机协作方式完成一个共同目标的机制。不同于传统的以人为主体的战争，在智能化时代，战争将以智能无人集群为主体，智能旨在通过运算来模拟甚至超越人类的智力，无人装备将逐步替代人成为任务的执行者，集群则使分散在各处的无人装备通过分工协作涌现出远超单体的群体智能与行为能力。

近些年来，初级形态的智能无人装备在多次局部冲突中展现了不俗的战力，中国、美国、俄罗斯、英国、土耳其、印度、澳大利亚等国相继意识到这一新质作战力量的潜能，并开始逐步加大对这种可以颠覆未来战争的智能无人集群的科研、试验投入。自团队于 2016 年到 2017 年间先后发布了 67 架、119 架、200 架固定翼无人机集群飞行试验成果以来，国内诸多科研机构、高校、民营企业等也不断投入智能无人集群的技术突破、应用探索、试验验证等工作。

尽管近几年来国内外在智能无人集群领域已经取得了令人瞩目的进展，但也要看到，要想像科幻电影中那样，使用完全自主形态的智能无人集群在高度不确定的战场中潇洒自如地完成复杂任务，还有很长的路要走。因此，在本书中，作者对相关知识、历程、研判进行归总，以对读者朋友有所启发，共同促进我国智能无人集群领域的建设发展。

本书第 1 章介绍智能无人集群的概念、内涵等；第 2 章对自然界和人类社会中广泛存在的群体行为进行描述，并对群体智能涌现的机理进行归纳；第3章对智能无人集群的近期热点事件、现有研究项目、未来发展规划等进行阐述；第4章到第6章分别从单体智能、群体智能、体系智能三个维度对智能无人集群涉及的感知、决策、控制、组网等技术的研究现状进行论述；第7章给出智能无人集群的一些未来典型作战样式；第8章对智能无人集群面临的挑战进行讨论，并对未来发展进行了展望；第9章为结语。

颜仲新、张焱、杨毅、张尚斌、刘长清、白阳、孙施浩等人对本书的编写提出了宝贵意见，童岩、麻朴方、张硕、张丰一、郭寒松等人为本书的素材整理和编写贡献了力量，在此表示感谢。由于时间仓促，加之作者水平所限，本书难免存在疏漏甚至谬误之处，敬请广大读者朋友不吝赐教。

作　者

2023 年 12 月

目 录

第 1 章

绪　论

1.1 引言

MQ-9 无人机

MQ-9 "收割者"(MQ-9 "Reaper"),又称"死神",是通用原子航空系统有限公司(General Atomics Aeronautical System Inc., GA-ASI)为美国空军开发的无人机。MQ-9 也是世界上第一种专为长时间进行高空侦察任务而设计的武装无人机。美军在伊拉克"自由行动"之前主要将无人机用于战情监侦任务中,但在获得 MQ-9 后便大量使用无人机执行攻击任务。

虽然 MQ-9 的控制界面与 MQ-1 相同,但 MQ-9 更大、更重。其 950 轴马力的涡轮螺旋桨发动机使它的巡航速度达到 MQ-1 的 3 倍,有效载荷更是达到 MQ-1 的 15 倍。除美国空军外,MQ-9 也被多个不同的单位采用,如美国航空航天局(National Aeronautics and Space Administration,NASA)将 MQ-9 用于科学研究,而美国海关及边境保卫局则采购多架 MQ-9 进行边境巡逻,美国中央情报局亦采购 MQ-9 执行侦察与监控任务。另外,英国、荷兰、意大利等多个国家也采购了 MQ-9。

随着大数据、云计算、下一代通信网络和人工智能等新兴技术的发展[1],人类社会加速迈进"数字化、网络化、智能化"深度融合的时代[2],战争形态也逐步由信息化战争向智能化战争演变[3]。目前,世界主要军事强国正在大力开展智能无人装备的研发工作,并着手做好应对未来智能化战争的各项准备。

近期,全球频繁出现了无人装备投入实战的身影,尤其是 2020 年 1 月 3 日美国利用 MQ-9 无人机发射 AGM-114 型"地狱火"导弹,袭杀了伊朗的高级将领卡西姆·苏莱曼尼[4]。美军强大的体系化情报态势收集能力和无人化动态目标打击能力使得全世界为之震动。智能无人装备的使用能够满足各国对于争端、摩擦或小范围战争中己方人员零伤亡、行动响应快的需求,具有"多维度、全天候、非对称、非接触、非线性、零伤亡"等作战运用特征,从根本上改变了指挥方式、编制体制[5]、保障模式[6]和装备研制[7]等,对未来战争产生了全面深刻的影响,从而加速了战争形态向智能化战争的演变。

本章将从战争形态演变、无人装备的发展催生智能化战争、智能无人集群将成为未来颠覆性作战力量,以及智能无人集群内涵和特征等方面进行阐述和剖析。

1.2　战争形态演变

恩格斯指出，一旦技术进步用于军事目的，它们便立刻引起作战方式上的改变甚至是变革[8]。技术、装备与战争形态演变的关系如图 1-1 所示，迄今为止，人类战争共经历了 6 种形态，分别为冷兵器战争、热兵器战争、机械化战争、核战争、信息化战争和智能化战争[9-10]。

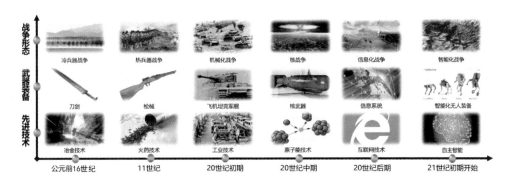

图 1-1　技术、装备与战争形态演变的关系

冷兵器是指不带有火药或其他燃烧爆炸物质的武器。冷兵器战争时代主要指从公元前 16 世纪到公元 11 世纪这一漫长历史阶段[11]。随着冶金技术的发展，冷兵器由最初的渔猎工具、木石工具演化到青铜器兵器、铁制兵器等[12]。锋利的刀剑和强劲的弓弩，大大增加了人类在自身体能之外的战场杀伤力。这一时代的战争主要以双方大规模军阵的近战杀伤、攻守城池、排兵布阵战术的运用等为主要特征。

热兵器时代大约从 11 世纪一直持续到 19 世纪末、20 世纪初。在我国宋朝时期，随着火药技术的发展，火器在军事行动中得到成功应用，并在传到欧洲以后，经历了大力的推广和持续不断的技术改良。相比于冷兵器，火枪和火炮具有杀伤力巨大、攻击距离远等优点。由此，人类战争摆脱了冷兵器战争时代的近战杀伤，过渡到脱离身体接触、借助火器在较远距离上利用枪炮对敌进行杀伤的战争样式。

19世纪末、20世纪初，在经历了两次工业革命以后，人类开始将这期间发展起来的机械动力学、电气学、自动化理论、电磁波理论、空气动力学理论等应用到军事作战中，发明了坦克、军舰、飞机等机械化作战力量，将战争由陆域迅速扩展为陆、海、空等多个域，这些机械化作战装备在第一次世界大战和第二次世界大战中得到了大量实践应用和快速更新换代。这一时代的主要作战运用特征为快速机动和火力攻防。

20世纪中期，在第二次世界大战结束前，随着原子核物理理论趋于成熟，美国先于德国于1945年7月16日成功试爆了世界上第一颗原子弹。紧接着，美国先后在日本广岛和长崎各投下了一颗原子弹。从此，开启了以核武器为毁伤手段的核战争时代。核武器是指包括氢弹、原子弹、中子弹、三相弹、反物质弹等在内的与核反应有关的巨大杀伤性武器[13]。核武器的出现彻底颠覆了人类的战争形态，核战争可在短时间内对大面积区域造成毁灭性的打击，甚至会使整个人类面临放射性微尘、基因变异和核冬天的严重危害，最终毁灭整个世界[14]。在意识到核战争可能带来的严重后果后，目前大多数国家都坚守《不扩散核武器条约》，因此，核武器在当前更多地作为一种威慑力量存在。

20世纪后期，以计算机技术、微电子技术、通信技术、互联网技术等为代表的信息技术得到了大力发展，从海湾战争开始，人类战

氢弹、原子弹、中子弹、三相弹、反物质弹

氢弹是利用原子弹爆炸的能量引发氢的同位素氘、氚等质量较轻的原子的原子核发生核聚变反应（热核反应），瞬时释放出巨大能量的核武器。

原子弹是利用核裂变的光热辐射、冲击波和感生放射性造成杀伤和破坏作用的核武器。

中子弹是一种以高能中子辐射为主要杀伤力的低当量小型氢弹。

三相弹也称氢铀弹，是以天然铀为外壳、放能过程为裂变 - 聚变 - 裂变的氢弹。

反物质弹是一种能量、推进剂或爆炸物，拥有最强大力量的武器，作为假想武器存在。

通俗地讲，原子弹穿上件热核材料做的"马甲"就成了氢弹，后来又在外面套上件贫铀材料做的防弹"马甲"就成为三相弹。

争进入了信息化战争时代。信息化战争是一种充分利用信息资源并依赖于信息的战争形态，交战双方依托网络化信息系统，以信息化军队为主要作战力量，以信息中心战为主要作战方式，以争夺信息资源为直接目标，大量地运用具有信息技术、新材料技术、新能源技术、生物技术、航天技术、海洋技术等当代高新技术水平的常规的武器装备，在陆、海、空、天、电等全域空间展开的多军兵种一体化的战争[15]。

进入 21 世纪以来，以人工智能为代表的智能技术群取得了突破性的进展，并在军事领域催生了以智能导弹、智能鱼雷等为代表的智能化武器，以及以无人飞行器、无人战车、作战机器人、无人舰艇、无人潜航器等为代表的多种无人作战平台[16]，从而使智能化战争成为继冷兵器战争、热兵器战争、机械化战争、核战争、信息化战争之后的第六种战争形态。这预示着战争即将进入无人系统自主对抗、察打行动秒杀立决的阶段，战场上"无人、无形、无声"的特征日益凸显[17]。与信息化战争中信息系统仅作为人类的辅助手段不同，智能化战争中自主、智能的无人系统终将代替人类参加战争，包括环境感知、任务规划、行动实施、毁伤评估等在内的整个作战流程都将由智能系统完成。

1.3 无人装备的发展催生智能化战争

正如机械化装备的大量投入使用催生了机械化战争一样，无人装备的大量研发、制造和投入实战也势必将催生和加速智能化战争。此外，在各国都大量使用无人装备后，爆发冲突造成的人员伤亡率很低甚至为零，战争的政治风险大大降低，各国对战争代价和后果的承受能力得到了增强，进一步提高了冲突和战争爆发的概率。

随着科技的发展，人与装备逐渐分离，无人装备从最开始辅助人类作战进化为替代人类作战。预计到 2025 年，俄军 30% 的装备将实现智能无人化。预计到

2030 年，美军 60% 的地面装备将实现智能化和无人化[18]。大量的无人机、无人车和无人舰艇等将成为未来智能化战争中的主战装备。

当前全球人工智能的大规模产业化进入加速发展阶段，全球各个主要经济体和军事强国都加快了与之相关的战略布局。美国于 2019 年发布了人工智能研究战略规划，对其进行全面布局，旨在继续保持其全球领先地位。俄罗斯同样也在 2019 年发布人工智能发展战略，以促进俄罗斯在该领域的快速发展。2018 年，欧盟 28 个成员国共同签署了关于人工智能的合作宣言，承诺在人工智能领域加强合作。日本和韩国也相继发布了各自的人工智能战略规划，希望凭借自身在汽车、机器人等领域的优势，引领产业的发展。我国政府早在 2017 年就印发了《新一代人工智能发展规划》。

人工智能正在推动着新一轮的军事革命。以美国为例，2010 年，美国陆军发布了其无人机系统的路线图，规划了未来 25 年陆军无人机的研发、装备以及作战的发展。2016 年，美国空军连续发布多份无人装备发展的规划文件，以保证美军在 2030 年前后仍具备空中优势。其中，2016 年 5 月美国空军在其发布的 *SUAS Flight Plan：2016—2036*［小型无人机系统飞行计划（2016—2036 年）］中，提出了小型无人机"集群"、"编组"、"忠诚僚机"三种基本作战运用方式。2018 年，美国海军同样也发布了无人系统战略路线图，为海军和海军陆战队研发无人系统提供指导。同样也是在 2018 年，美国国防部发布了无人系统综合路线图，这是其自 2001 年以来所发布的第八版路线图。该路线图明确了美国国防部的战略意愿，以指导美军各种军用无人系统的全面发展。

近些年来，随着无人装备的发展，各国对于战争中零伤亡、全覆盖、快响应的追求与日俱增。在这个背景之下，机动性好、无人员伤亡并且制造和维护成本低的各种无人装备应运而生。覆盖陆、海、空、天等领域的无人装备能够在全域战场上自主巡航，获取环境信息，甚至可以在复杂环境中探测、识别、定位与跟踪各类动态目标。这些无人装备具有重要的军事价值，可以显著地提升军队的作战能力，因此成为世界各军事强国作战装备研究的重要方向。运行环境、作战范围、运行航程、载荷能力和发射回收方式等是很多无人装备的主要研究内容。与有人装备相比，无人装备由于不会受到作战人员的生理限制，因此可以在极端枯燥、恶劣、危险和纵深（Dull，Dirty，Dangerous and Deep，4D）的战场环境下，在重防区域和未知区域，出色地完成军事任务。美国历来对于军事领域的高科技保持着高度的敏感性，美国国防部正在着力推动无人装备由单个系统向着集群化发展，并开始推动跨域无人装备协同组网、态势感知和信息共享等工作，以形成大规模并且具有更加全面功能的无人集群装备。

2016 年，维贾伊·库马尔（Vijay Kumar）教授针对无人机提出了著名的 5S 趋势［Small（小型）、Safe（安全）、Smart（智能）、Speed（敏捷）、Swarm（集群）］。相较于其中的前四个已经被广泛研究的技术，集群技术目前主要受到了来自军事领域的关注。集群作战是依托群体智能、网络通信等技术的支撑，同时发射大量的无人装备，由其自行编队、精确分工、同时执行多种任务的智能化作战样式。作为未来战争的一种颠覆性力量，与传统作战样式相比，智能无人集群具有无可比拟的优势，因此正在被世界各个军事强国视为无人化、智能化作战的重要抓手。无人机集群如图 1-2 所示。

图 1-2　无人机集群

1.4　智能无人集群将成为未来颠覆性作战力量

未来的战争充满了不确定性，没有人能完全确定未来战争的形势。但军事专家们一致认为未来的战场将相对空旷，军事行动将变得更加分散[19]。美国在海湾战争中，充分发挥了隐身技术、先进传感器、指挥控制网络，以及精确制导武器的致命效果。海湾战争中的人员伤亡比例极为不平衡，伊拉克军队对美国的精确空中力量无能为力，以至于美国最终提前结束了战争。用海湾战争空军司令查克·霍纳将军的话来说，美军似乎"在异常残酷地惩罚敌人"[20]。精确制导武器加上传感器后，可以轻松找到目标，并通过网络发送给武器平台和控制人员，使得具备信息能力的美军可以很容易击溃使用非制导武器的伊拉克部队，从那时起精确制导武器便受到世界各国的重视。30多年过去了，世界各国的武器装备均有了长足的发展，在未来的战斗中，各国均可能面临来自敌方精确制导武器的威胁[21]。

与此同时，不断上涨的成本使得可以生产的平台数量越来越少，这使得敌方可以将导弹集中对准我方少数高价值目标，敌方导弹齐射的攻击能力大大超出了我方高价值目标的防御能力。即使导弹防御系统可以拦截来袭的导弹，但攻击性导弹与防御性拦截器的成本交换比率也有利于攻击者，这意味着攻击者只需要使用更多的攻击性导弹即可使防御能力达到饱和，使先进战斗机、军事基地以及航母等高价值目标更容易被打击，变得异常脆弱。特别是随着近年来指挥、控制以及传感器技术的发展，远程攻击可以通过多种方式进行，各军事强国均已具备远程侦察攻击能力。未来战争正在变成一场"捉迷藏"，高价值目标一旦被发现就很容易遭到摧毁[22]。在这样的环境下，当前关于未来战争的讨论主要集中在集群作战、非线性战术、网络化小型智能单位的分布式作战。

集群看似是无定形无组织的，但它在本质上是一种精心构建、协调一致的作战方法，可以在各个方向发起攻击。集群战斗的例子在人类历史长河中随处可见，但直到现在它才独立发展为一种学科。这主要是由于网络信息革命为智能节点赋予了自主权，并且能够连接每个智能节点，使智能节点可以快速交互信息[22]。

应对未来战争的发展趋势，智能无人集群提供了一种军事替代方案，具有将昂贵的多任务系统分解为大量体积更小、成本更低的分布式平台的潜力。在新的作战理念中，无人技术和网络技术为开展集群作战奠定了技术基础，体现了作战装备的高度密集性、协同性、智能性和灵活性[23]。

智能无人集群将成为未来战场的颠覆性作战力量。第一，集群以数量衍生质量，以大量低成本的简单平台替代集多功能于一身的昂贵大平台，以高度分散的组织形式替代单点集中的组织形式，充分利用数量优势及无中心、分布式的高度协同来衍生出质量。第二，以低成本无人系统代替高价值的平台，相比于功能集中的大平台，集群作战平台的功能很少、系统较简单、研发周期短、研发成本低；可以充分利用增材制造技术和敏捷制造技术，生产成本低；可以代替高价值有人作战力量执行枯燥、恶劣、危险、纵深任务，使用成本低；低成本集群平台能消耗敌方高价值武器，战损成本低[24]。第三，以协同代替单兵，相比于现有机械化战争思维中的武器平台只能单兵作战或进行少量的以人为中心的协同作战，智能无人集群的最终形态将是人类加以少量干预的集群成员之间的完全自主协同。第四，以高度适应性代替机械性，集群功能的分布性可使其通过不同的集群分组，灵活执行不同需求的作战任务；集群的高冗余、无中心、自组织作战方式，使得其中部分平台在发生故障或被击毁时，剩余平台仍能通过网络重组和功能、任务重分配等方式保持作战能力，可适应不同劣度的作战场景。

1.5 智能无人集群内涵和特征

智能无人集群是基于开放式体系架构，以全系统的群体智能为核心，以节点间的协同交互为纽带，以单节点的无人自主为基础，以多手段发射回收为支撑，具有能力倍增、功能分布、自组网络、鲁棒自愈、成本优势和群智涌现六大特征的"新质新域"武器系统。

1.5.1　无人集群的能力倍增

众所周知，在第二次世界大战中，盟军战胜了"轴心国"。到 1944 年，美国及其盟国每年生产超过 51000 辆坦克对战德国的 17800 辆坦克，每年生产超过 167000 架飞机对战"轴心国"每年总和不到 68000 架飞机[25]。尽管德国的许多坦克和飞机的质量都优于同盟国的坦克和飞机，但德军无法抵御盟军不可阻挡的数量优势。保罗·肯尼迪（Paul Kennedy）在《大国的兴衰》中写道：到 1943—1944 年，仅美国一个国家每天就可以生产一艘船，每五分钟就可以生产一架飞机！直到战争的最后几个月，无论德军如何在西线和东线进行战术反击，最终都被盟军庞大的火力所淹没[26]。

采取集群战术的基本原则是使用大量的无人系统，因此，这一作战理念能够实现对敌方区域的广泛占领，使数量再一次成为战争胜负的决定因素。大量作战平台的同时出动可对敌方目标进行全面突防和饱和攻击，通过数量规模阻塞对方防御通道或大量消耗对方防御力量资源，使敌方无力招架，进而摧毁敌方的高价值目标。正如兰切斯特（Lanchester）平方律指出，在热兵器远程交战的条件下，交战一方的有效战斗力正比于其战斗单位数的平方与每一战斗单位平均战斗力的乘积。作战平台数量的优势，将大大提高整个无人集群的战斗能力。无人集群数量优势可带来能力的倍增，如图 1-3 所示。

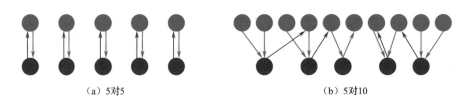

（a）5对5　　　　　　　　　　　　　（b）5对10

图 1-3　无人集群数量优势带来的能力倍增

虽然小型作战平台在单个平台能力上与传统多任务复杂平台有一定的差距，但广泛分布的小型作战平台可以从多个方向发动进攻或佯攻，实现对敌方整体作战系统进行分解、误导和干扰敌方、使其反应迟钝、进而瓦解敌方的"观察—判断—决策—行动"（Observe-Orient-Decide-Act，OODA）机制[27]，寻找敌方弱点并快速突破。

1.5.2 无人集群的功能分布

集群的优势在于可将传统的、集成在一个大型平台上的多个功能子系统分散部署到网络化的大量小型平台上，通过通信系统进行有机协同，在满足所有功能需求的同时，提高系统的灵活性和生存力。

功能分布可使每个平台任务更单一，有利于平台设计。例如，美军配备的小型空射诱饵弹（Miniature Air Launched Decoy，MALD），仅需要考虑功能模拟以及平台成本[28-29]。不同功能的装备整体效能将远远强于个体功能的叠加。

在作战过程中，多功能大型平台成为体系中心，极易遭受敌方的重点打击，一旦受到损毁，在数量一定的情况下，其整体作战效能将出现断崖式的下降。集群作战系统颠覆了追求单平台能力指标的发展逻辑，把体系效能作为重点。首先，将系统功能化整为零。集群把诸多作战所需的系统功能分散到不同的平台上，使每个平台的功能相对单一，但平台数量众多。其次，将平台技术指标化繁就简。集群在单平台上尽量降低技术指标，在保证基本指标的前提下，重点保证单一系统技术指标。这样的做法显然与现有的"大集成""高性能""多功能"背道而驰。集群之所以采用这样一种颠覆性路径，是因为运用了系统论的观点，通过系统网络结构的改变，一方面可以使各平台自由组合生成不同作战功能，另一方面可增加功能平台作用路径以涌现出更多作战效能，实现"1+1>2"的作战效果。集群功能的分布如图 1-4 所示。

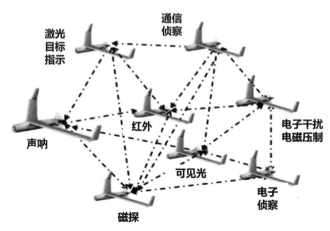

激光目标指示

通信侦察

声呐

红外

电子干扰电磁压制

可见光

电子侦察

磁探

图 1-4　集群功能的分布

1.5.3　无人集群的自组网络

　　网络使得分布式的无人装备紧密连接在一起，无人装备可以随时随地进行信息交互、协同作战，彻底改变未来的作战样式。在地理上分散分布的无人集群，在没有网络的情况下是无法实现信息交互的，难以发挥集群的优势。

　　以自组织的方式建立起来的无人集群网络，节点可以自由地加入和离开。同时，在部分节点失效时，网络能够自动调整拓扑，保持其他节点的连通性。无人集群自组网络中的资源和计算分散在每个节点上，信息的传输和处理都在节点之间直接进行，无须中心节点的管理和介入，避免了网络整体瘫痪的可能，还能更好地实现整个网络的负载均衡。另外，无人集群采用先进的资源管理方法，能够灵活调用闲置的计算能力或存储资源，从而达到分布式计算和存储的目的。

　　无人集群自组网络可避免整个网络对某个单一节点的过分依赖，具有无中心、可扩展、耐攻击、高容错、易维护等特点，从而避免某个节点的失能、故障或受损导致整个集群系统的崩溃。中心网络和自组网络示例如图 1-5 所示。

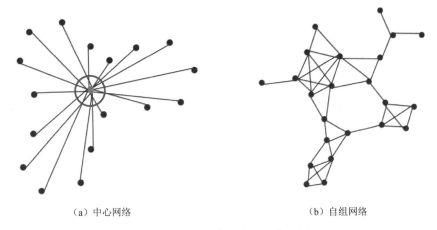

（a）中心网络　　　　　　　　　　　（b）自组网络

图1-5　中心网络和自组网络示例

1.5.4　无人集群的鲁棒自愈

当无人集群中的某节点被损毁或失效时，无人集群的自组织特性可依据环境进行自调整，从而确保系统的能力自愈并完成既定的任务[30]。多功能大平台的无人装备在遭遇打击时，由于数量少，容易被敌方重点打击而被毁灭，导致很难顺利执行完任务。由于无人集群功能的分散性，因此当一个节点失效时，网络中其他节点仍然可以执行该功能，体系的抗毁性强。以无人机集群为例，该集群中包括多架无人机，多架无人机通过网络进行互联互通，当无人集群中的某架无人机被损毁时，可以将该无人机需要执行的任务重新分配给无人集群中的其他无人机，从而保证任务的完整执行。无人集群的鲁棒自愈如图1-6所示。

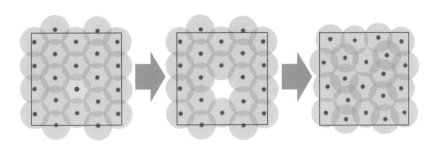

图1-6　无人集群的鲁棒自愈

1.5.5　无人集群的成本优势

受机械化战争思维影响，传统武器的研发思路是追求武器平台的高性能和多功能，通过综合集成各种高精尖技术升级武器平台的战术技术指标，寻求武器平台的代差优势。典型的武器装备，如美军的 F-22 战斗机，兼备隐身性、超音速巡航、超机动等能力，在作战中既可制空，又能对地，还可利用其先进的态势感知和信息分发系统充当作战网络的信息节点。这些武器平台固然战力超群，但也存在研发难度大、周期长、价格昂贵、难以大规模列装等缺点。

1984 年，作为"奥古斯丁定律"提出者之一的奥古斯丁（Norm Augustine），观察到战斗机的成本呈指数增长（见图 1-7），而国防预算却呈线性增长。他幽默地指出：在 2054 年，整个国防预算将只能购买一架战术飞机[31]。然而更危险的是，随着开发成本分布在越来越少的单位上，不断减少的采购数量会进一步拉高采购成本，这种恶性循环会进一步导致可装备数量的大幅削减。

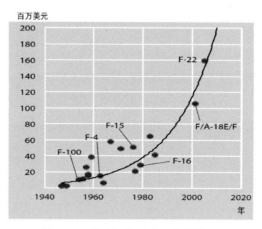

图 1-7　战斗机的成本呈指数增长

采用集群系统后，原本造价高昂的多任务系统被分解成若干低成本的小规模作战平台。哈佛大学的研究人员已经开发出一种技术，可以廉价有效地在单张纸上通过 3D 打印制作无人机 Mobee。Mobee 是先由 3D 打印机在二维图纸中制造，再从图纸中弹出并折叠成小虫子大小的无人机[32]。此外，大量无人装备的使用，不仅可以提高侦察和攻击的效果，也可以降低牺牲成本[33]。

研发多功能复杂系统的周期很长，动辄上十年。随着时间的推移，各国武器系统都在不断发展，这将导致需求不断变化。武器平台的更新始终无法跟上敌方的脚步，最终可能造成巨大的国防开支。而无人集群作战系统所依托的是大量低成本、次复杂子系统，开发成本和牺牲成本远小于多功能复杂系统。

1.5.6　无人集群的群智涌现

群体生物能够通过集体和自组织的协同行为涌现出令人惊叹的智慧。采集数据的多样性、计算平台的差异性和算法的多样性，可以涌现出各种各样的决策[34]。群体智能在 20 世纪被提出，群体智能最成功的两个算法是蚁群优化（Ant Colony Optimization，ACO）算法[35]和粒子群优化（Particle Swarm Optimization，PSO）算法[36]。蚁群（优化）算法是受到蚁群寻找食物以及搬运食物的明确分工和协同执行的启发而产生的，在群体智能领域有突出的应用效果，可以用于战场中无人集群之间任务的动态分配和协同执行。粒子群（优化）算法是模拟鸟群觅食行为而产生的一种基于群体协同的随机搜索算法，在未来战争中可以提高无人集群的协同侦察和搜索能力。2012年，Tang 等人提出了基于狼群狩猎行为的狼群搜索算法（Wolf Search Algorithm，WSA）[37]。狼为了生存和繁衍，需要个体之间的团结与合作，狼群形成了复杂的协同狩猎行为，由头狼、探狼和猛狼组成，各司其职、并肩作战。狼群算法更适合无人集群协同执行打击任务，通过训练，无人集群学习到狼群的策略后，可根据目标的情况进行分工，协同执行任务，提高打击成功的概率。对生物群体中这种通过简单个体之间的协同即可涌现出复杂行为（称为群体智能涌现，简称群智涌现）的机理进行充分研究，并将其应用到无人集群中，就能使无人集群在学习的过程中像自然界中的生物一样进化出高级智慧，从而改变未来战争的作战样式和决策方法。自然界中的群智涌现现象如图 1-8 所示。

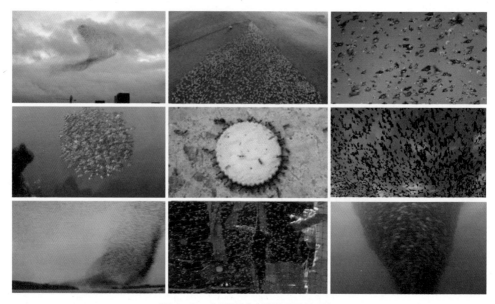

图 1-8　自然界中的群智涌现现象

1.6　本书体系结构介绍

本书围绕智能无人集群展开介绍，核心内容包括智能无人集群，以及与之紧密相关的群体智能的过去、现在和未来。其中"过去"包括群体智能在动物世界和人类社会的起源、智能无人集群的相关热点应用事件、支撑理论与技术（包括单体智能、群体智能、体系智能相关理论与技术）的发展历史等；"现在"则指正在进行的智能无人集群相关的研究项目、关键技术的发展现状、当前发展问题与挑战等；"未来"则包括智能无人集群相关的发展路线与规划、关键技术与可应用前沿技术的发展趋势，以及智能无人集群的未来应用、发展趋势、发展建议等内容。

本书的组织结构如图 1-9 所示。

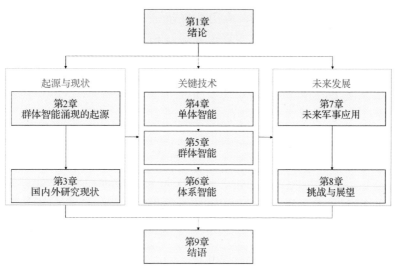

图 1-9　本书的组织结构

第 1 章阐述了战争形态演变到智能化战争后，无人集群将担任颠覆性的战争角色，并对其颠覆性、内涵和特征进行了总结。

第 2 章从地球和生命的起源、自然界中一些典型群居动物的群体行为、人类社会的群居演进，以及机器群体智能等方面探索群体智能涌现的起源，并据此对群体智能涌现的机理进行归纳。第 3 章首先回顾近些年来一些有代表性的无人作战案例，然后对全球多个国家已经进行或正在进行的智能无人集群相关项目，以及无人系统的未来发展规划进行梳理，最后对智能无人集群的发展态势进行分析。

根据智能技术中涉及的个体数目，以及个体在智能中所起作用等的不同，可将智能技术分为单体智能技术、群体智能技术和体系智能技术。单体智能是指仅靠个体自身就能表现出来的智能，但要表现出足够高水平的智能，通常需要个体足够"庞大"；群体智能则需要群体中不同个体间的相互协同才能表现出智能，该智能水平通常会远远大于各个体的智能水平之和；体系智能则可理解为多个群体的群体智能，即多个具备不同功能和能力的群体通过高效率的相互协同表现出来的更高层次的智能。第 4 章到第 6 章分别从单体智能、群体智能、体系智能的角度对智能无人集群涉及的不同水平的感知、控制、决策、组网、管理等方面的关键技术进行概述，对相关技术的发展现状与发展趋势进行详细介绍。

第 7 章从未来作战的概念、应用和展望三个层面详细阐述智能无人集群在未来战场中的可能军事应用。第 8 章阐述智能无人集群未来发展的挑战和趋势，并给出发展建议。

第 9 章对本书内容进行了一个简要回顾。

参考文献

[1] Panetta K. The Gartner Hype Cycle highlights the 29 emerging technologies CIOs should experiment with over the next year[EB/OL].（2019-08-29）[2020-12-24]. http://www. gartner.com/smarterwithgartner/5-trends-appear-on-the-gartner-hype-cycle-for-emerging-technologies-2019/.

[2] 新华网. 习近平：自主创新推进网络强国建设 [EB/OL].（2018-04-21）[2020-12-24]. http:// www.xinhuanet.com/politics/leaders/2018-04/21/c_1122719810.htm.

[3] 李明海. 智能化战争的制胜机理变在哪里 [EB/OL].（2019-01-15）[2020-12-24]. http:// www.mod.gov.cn/jmsd/2019-01/15/content_4834525.htm.

[4] 新华社. 从"收割者"无人机看军事科技化进程 [EB/OL].（2020-01-11）[2020-12-24]. http://m.xinhuanet.com/mil/2020-01/11/c_1210433289.htm.

[5] 郭克鑫，林海，海洋. 第79集团军某旅探索新编制体制下作战保障新模式 [EB/OL].（2019-09-16）[2020-12-24]. http://www.81.cn/2019zt/2019/09/16/content_9623610.htm.

[6] 龚小平，周铭浩. 军事后勤将迈向智能化时代 [EB/OL].（2018-01-12）[2020-12-24]. http://www.81.cn/jskj/2018/01/12/content_7905397.htm.

[7] 曹成俊. 对我军应用无人化装备的思考 [EB/OL].（2016-01-14）[2020-12-24]. http:// www.81.cn/jskj/2016/01/14/content_6857598.htm.

[8] 宋广收. 揭示颠覆性技术引发战术变革的规律 [EB/OL].（2020-01-05）[2020-12-24]. https://m.gmw.cn/baijia/2020-01/05/33455865.html.

[9] 孙志强. 工业革命以来战争形态的演变 [J]. 未来与发展，2016，40（04）：17-23.

[10] 许春雷，杨文哲，胡剑文. 智能化战争，变化在哪里 [EB/OL].（2020-01-21）[2020-12-24]. http://www.81.cn/jfjbmap/content/2020-01/21/content_252681.htm.

[11] 河蟹飘香. 军事技术的发展与战争形态的关系 [EB/OL].（2013-06-23）[2020-12-24]. https://wenku.baidu.com/view/cb24f0d108a1284ac950430c.html.

[12] 魏羽楠. 科学技术对战争形态的影响研究 [D]. 锦州：渤海大学，2013.

[13] 百度百科. 核弹 [EB/OL].[2020-12-24]. https://baike.baidu.com/item/ 核弹 /523512#2.

[14] 赵远良. 论核时代大国关系的洛克政治结构 [J]. 太平洋学报，2012，20（09）：15-27.

[15] 百度百科. 信息化战争 [EB/OL].[2020-12-24]. https://baike.baidu.com/item/ 信息化战争 .

[16] 何雷. 智能化战争并不遥远 [EB/OL].（2019-08-08）[2020-12-24]. http://www.81.cn/jmywyl/2019/08/08/content_9583070.htm.

[17] 中国军网. 为未来智能化战争画个像:无人、无形、无声 [EB/OL].(2018-10-18)[2020-12-24]. https://mil.eastday.com/a/181018070425001.html.

[18] 林娟娟, 张元涛, 王巍. 军事智能化正深刻影响未来作战 [EB/OL].（2019-09-10）[2020-12-24]. http://www.mod.gov.cn/jmsd/2019/09/10/content_4850148.htm.

[19] Edwards S J. Swarming and the Future of Warfare[R]. Santa Monica, CA, USA: Pardee RAND Graduate School, 2005.

[20] Clancy T, Horner C. Every Man A Tiger（Revised）: The Gulf War Air Campaign[M]. Penguin, 2008.

[21] United States Department of Defense. Air-sea Battle: Service Collaboration to Address Anti-access & Area Denial Challenges[R]. Air-Sea Battle Office, 2013.

[22] Arquilla J, Ronfeldt D. Swarming and the Future of Conflict[R]. Santa Monica, CA, USA: Pardee RAND Graduate School, 2000.

[23] 陈方舟, 黄靖皓, 赵阳辉. 美军无人"蜂群"作战技术发展分析 [J]. 装备学院学报, 2016, 27（02）: 34-37.

[24] 罗海龙, 武剑, 王新. 无人机集群作战的几点思考 [J]. 军民两用技术与产品, 2019（7）: 35-38.

[25] Kennedy P. The Rise and fall of the great powers: economic change and military conflict from 1500 to 2000[M]. New York, US: Random House, 1987: 353-354.

[26] Kennedy P. The Rise and fall of the great powers: economic change and military conflict from 1500 to 2000[M]. New York, US: Random House, 1987: 356.

[27] Boyd J. A discourse on winning and losing[M]. Maxwell AFB, Alabama, USA: Air University Press, 2018.

[28] Raytheon. MALD Decoy[EB/OL]. [2020-12-24]. https://www.raytheonmissilesanddefense.com/capabilities/products/mald-decoy.

[29] Raytheon Technologies. Miniature Air Launched Decoy（MALD®）[EB/OL].（2012-09-21）[2020-12-24]. http://www.youtube.com/watch?v=OmG5Q4i5R3s.

[30] Banas J, Gray A, Goron G, et al. Determining robust control methods for coordinated UAVs in varying mission environments[EB/OL]. [2020-12-24]. https://dspace-erf.nlr.nl/server/api/core/bitstreams/dceb72da-d7dc-4804-991a-738bf7fbd15a/content.

[31] Augustine N R. Augustine's Laws[M].Reston, VA, USA: American Institute of Aeronautics and Astronautics, 1997.

[32] Global Guerrillas.Printing Drones by the Sheet（or how we get to tens of billions of drones by 2020）[EB/OL].（2012-02-16）[2020-12-24]. http://globalguerrillas.typepad.com/globalguerrillas/2012/02/printing-drones-by-the-sheet.html.

[33] Scharre P. Robotics on the Battlefield, Part II: The Coming Swarm[R]. Washington, DC, USA: Center for a New American Security, 2014.

[34] Piotrowski A P，Napiorkowski M J，Napiorkowski J J，et al. Swarm intelligence and evolutionary algorithms：Performance versus speed[J]. Information Sciences，2017，384：34-85.

[35] Dorigo M，Stützle T. Ant colony optimization：overview and recent advances[M]//Handbook of metaheuristics. Cham，Switzerland：Springer，2019：311-351.

[36] Du K L，Swamy M N S. Particle swarm optimization[M]//Search and optimization by metaheuristics. Cham，Switzerland：Birkhäuser，2016：153-173.

[37] Tang R，Fong S，Yang X S，et al. Wolf search algorithm with ephemeral memory[C]//Seventh International Conference on Digital Information Management（ICDIM 2012）. IEEE，2012：165-172.

第 2 章

群体智能涌现的
起源

2.1　引言

在自然界中随处可见群体智慧，从生命的形成，到动物群体保持种族的延续性，再到人类原始社会、农业社会、工业社会、信息社会和智能社会的演进过程，以及机器集群达到的超级算力。在这个过程中，地球上从原有的无机世界通过化学反应和连锁效应，实现了从量变到质变，孕育出生命；生命从原有的单细胞生物到多细胞生物、脊椎动物、哺乳动物等，延续着从低级到高级的进化；人类社会从原始社会的靠天生存到后来通过技术变革不断改造自然，从原始的生活状态向智能社会演进。本章将从各式各样的群体现象中探索群体智能涌现（群智涌现）的起源和规律。

2.2　地球和生命的起源

地球大约是在 45.5 亿年前通过太阳星云的积聚形成的，大约是宇宙年龄的三分之一[1]。冥古宙在地球形成之初开始，结束于 38 亿年前。在这一时期，地球的状态跟现在大不相同，当时的大气中几乎不含氧气，极端的火山活动频发，地球的大部分地区都已熔化，较重的化学元素（物质）不断下沉，而像氢和氦等较轻的化学元素（物质）开始上浮，最终形成了地球的不同层次。随着时间的流逝，地球慢慢冷却，逐渐形成硬壳，并在表面凝结成液态水。通常认为，地球先后具有三个大气层。从太阳星云捕获的第一个大气层是由来自太阳星云的轻元素（主要是氢和氦）组成的。太阳风和地球自身的热力驱散了该大气层，大气层中的这些元素被消耗尽，地球表面慢慢冷凝，在大约 44.5 亿年前形成了固定的地壳。大约 40 亿到 38 亿年前，地球经历了重型星球碰撞后，更多的气体通过火山喷发释放出来，从而形成了第二个富含温室气体但氧气不足的大气层。38 亿年前，地球开始冷却，大气层的温度开始下降，形成了长久的暴雨，大约持续了上百万年，降落到地表的水汇聚形成了海洋[2]。进入太古宙后，地球诞生了生命。初始的细胞生命基本是异养生物，必须从周围汲取有机分子来提供能量。随着养分的减少，有些生物为了生存，使用太阳光作为能量的来源，从而进化成光能自养生物。光合作用主要使用地球上丰富的水和二氧化碳作为原料，利用太阳光的能量，产生有机物，同时释放出氧气。随着自养生物的增加，产生的氧气积少成多，经过时间的累积，出现了富含氧气的第三个大气层。

地质时代示意图（表盘形式）如图 2-1 所示。

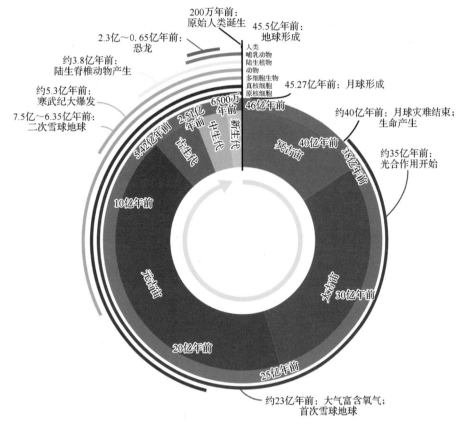

图 2-1　地质时代示意图（表盘形式）

地球在由太阳星云形成后，经历了极端的火山活动，使得地球上的物质根据化学元素的轻重进行了重新分布，随着地球温度的降低形成了地壳。水蒸气的冷凝形成雨水，逐步汇聚形成大海，而大海孕育出了原始生命。早期的大气层是由火山释放的气体形成的，含氧量较低。光能自养生物利用太阳光进行光合作用产生了氧气，氧气的聚集逐渐形成了与现在地球相似的大气层，有利于生物的生存。

恩格斯曾在《反杜林论》中指出，生命起源必然是经过化学的途径实现的[3]。美国芝加哥大学研究所的米勒（S. L. Miller）[4]通过米勒模拟实验模拟了原始地球环境下有机物的产生，进而论证了生命起源于化学进化过程。一系列的化学进化过程创造出丰富多彩的生命，经过自然选择保留了适应环境的物种。生命由碳、氢、氧和氮等元素组成，经过复杂的反应生成氨基酸等有机小分子，这些有机小分子是生命的基石。在米勒模拟实验中，首先，大气中的水、甲烷、氨和氢在借助火花模拟的闪电的作用下形成了有机小分子；接着，这些有机小分子经过聚合、盘绕和折叠等过程形成了蛋白质和核酸等有机大分子；之后，这些有机大分子组成多分子体系，能够表现出合成、分解、生长等生命现象；最后，这些多分子体系演变成原始的细胞生命。大量有机分子聚集在一起，产生交互与连接，从简单到复杂、由量变到质变，孕育出了地球上丰富多彩的生命。

生命起源演进如图 2-2 所示。

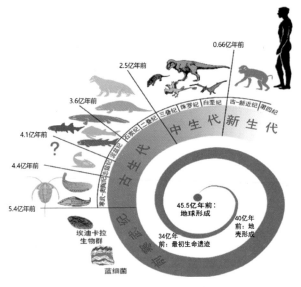

图 2-2　生命起源演进

地球上的生命起源于太古宙,并且在逐步进化。现代生物学将生命分为细菌、古菌和真核生物,在大约 20 亿年前,细菌生物分裂形成古菌和真核生物[5]。真核生物保持了多样化的进化方向并逐步变得更加复杂,也更能适应环境的多样化。大约在 11 亿年前,出现了植物、动物和真菌,但仍以单细胞生物居多。随着细胞出现分工并承担不同任务,大约在 10 亿年前,多细胞生物开始出现。当多细胞有机组合在一起时,相互之间互相依赖并合作,形成了有机的整体,从而提高代谢效率和生存概率。形成的原始生命具有两种特性,分别是自我复制和新陈代谢。自我复制使得生物具有生产与自身类似的后代的能力,这种能力主要是通过 RNA 和 DNA 的自身复制而实现的,同时由于 RNA 和 DNA 具有变异的特性,生物具有了多样性。新陈代谢是生物保持生命状态并进行自我修复的能力。

随着光合作用产生的氧气不断聚集,部分氧气生成臭氧,形成了臭氧层。臭氧层吸收了大部分太阳照射到地球的紫外线,为生物从水生向陆生发展进化提供了条件。在古生代的寒武纪发生了生物大爆发,进化出复杂的多细胞生物。寒武纪的生命形式的突然多样化产生了当今已知的大多数主要门类的生物。大约 3.8 亿年前,四足动物从水生动物进化而来,开始脱离水生适应陆生,其胚胎也提高了生存能力。在地球进入古近纪后，哺乳动物的数量和品种大幅增加，成为脊椎动物的霸主。在 600 万年前，少数生存在非洲的类人猿成为现代人的祖先，类人猿进化出直立行走的能力，脑部开始迅速变大 [6]。

从生命的出现到进化出丰富多彩的地球生态系统，经历了几十亿年的漫长时光。其中最重要的变化是生命形态从单细胞到多细胞的转化，多细胞体的细胞之间分工合作，细胞开始变得更为专业化，并且与其他细胞协同工作保证了整个生物体的高效代谢和生存。细胞具有变异进化功能，多细胞体之间相互独立进化，使得生物的进化速度呈指数式增加。

2.3　动物集群现象

动物界为了生存通常都进化出了生存智慧，选择群居是其中一种有效的方式。大量动物通过群居的方式来减少被捕食的概率或提高捕食效率，从而保持种族的延续性。英国生物学家查尔斯·达尔文提出了生物进化论 [7]，主张在生存的竞争下，适者生存，不适者被淘汰。独居动物很容易因为环境的变化而无法生存，而群居动物能够通过协同的方式来提高生存机率，通过进化出先进的智慧保持种群的延续性。外部环境的影响以及生物自身化学反应促使基因变异，丰富了物种的多样性。而种群效应能抵抗自然的残酷选择，更能适应环境的剧烈变化。相对于独居动物，群居动物会形成更适应环境的社会分工和行动规则，这将进一步演进成种群生存智慧，以形成环境抗毁性。动物通过群居一方面提高了其生存的效率，另一方面在群居的过程中涌现出更高效、智能的群体生存策略，动物在群居活动的过程中不断进行精细分工、协同作业，进一步加速了种群的进化速度。本节主要介绍几类典型动物的群居现象及背后的生存哲学，包括蜂群、鸟群、鱼群、蚁群、猴群和狼群等。

2.3.1　蜂群

蜜蜂是大自然界中一种常见的群居动物，蜂群中每类蜜蜂都相互协同、各司其职，从而提高了采蜜效率和生存效率。蜂群一般由蜂王、工蜂和雄蜂组成，蜂王作为蜂群中的首领，通常只有一个；雄蜂通常在繁殖时才需要；其余的主要是工蜂，主要负责采蜜和筑巢。蜜蜂在蜂巢中群居，工蜂负责蜂巢的建造。蜜蜂的群体智慧主要表现在协同采蜜的行为上。成功采集到蜂蜜的蜜蜂在返回蜂巢时会摇摆"跳舞"，这种行为后来被称为"摆尾舞"。蜜蜂通过"摆尾舞"可以向其他蜜蜂传递采蜜的信息。1947年，卡尔·冯·弗里希[8]将"摆尾舞"中跑动和旋转与采蜜位置的距离和方向关联起来，并且蜜蜂的热烈程度与蜂蜜的质量也相关。卡尔·冯·弗里希在1967年出版的《蜜蜂的舞蹈语言和方向》[9]一书中阐述了对蜜蜂采蜜行为的观察结果。1973年，卡尔·冯·弗里希因为这些发现被授予诺贝尔生理学或医学奖。另外一些学者认为蜜蜂使用信息素来交流食物来源的位置，"摇尾舞"仅仅是为了吸引回返的工蜂，这些工蜂可以沿着信息素的轨迹定位蜂蜜的位置[10]。无论采用"摆尾舞"还是信息素，蜂群都进化出了一套协同采蜜机制，使得蜜蜂能够快速定位到采蜜点，并协同多个工蜂完成采蜜过程。这是蜜蜂在种群生活中进化出的智慧。蜂群的协同如图2-3所示。

图 2-3　蜂群的协同

蜜蜂的这种协同采蜜机制引起了学术界的关注。目前使用协同采蜜机制提高协同效率的研究有许多，人工蜂群（Artificial Bee Colony，ABC）算法[11-12]

是目前比较流行的群体类算法，它是由德尔维什·卡拉博加（Dervis Karaboga）于 2005 年提出的，用于优化多变量和多模态函数。在与遗传算法（Genetic Algorithm，GA）和粒子群算法进行比较后发现，ABC 算法具有更好的性能，目前该算法已被拓展用于解决受限最优化问题和训练神经网络。在 ABC 算法中，人工蜜蜂的群体包括三类蜜蜂：受雇蜂、旁观蜂和侦察蜂。蜂群的前半部分由受雇蜂组成；后半部分包括旁观蜂，每一种食物来源，只有一只受雇蜂，换句话说，受雇蜂的数量等于食物来源的数量；被废弃食物来源的受雇蜂成为侦察蜂。由人工蜜蜂进行的搜索可以总结如下：

➲ 受雇蜂在其记忆中确定食物来源的位置。

➲ 受雇蜂与蜂巢内的旁观蜂分享它们的信息，然后由旁观蜂选择一个食物来源。

➲ 旁观蜂在自己选择的食物来源附近选择食物来源。

➲ 被抛弃的受雇蜂成为侦察蜂，开始随机寻找新的食物来源。

通过这种模拟蜜蜂采蜜的行为，可以在局部寻找最优解。通过群体的汇聚能够找到全局最优解，加快算法的收敛速度。

2.3.2 鸟群

许多鸟类都是群居性的，如雀科，它们可能会集体栖息、觅食并成群飞行。鸟类在一起会表现出诸如分散、对齐和汇聚之类的由简单规则产生的群智涌现行为。通过最简单的互动，群体行为可以发展为复杂的飞行动作和交互方式。例如，大雁在飞行过程中会组成"人"字形，通过这种结构可以减少飞行的消耗，使得它们能够迁徙得更远、飞得更快。大雁的"人"字形飞行如图 2-4 所示。

在觅食时，鸟群获得的信息可能比个体收集到的信息要多，具有生存优势和良好的觅食效率。如果一只鸟发现了一些食物块，其他鸟可能会从它那里取食。在觅食过程中，鸟类通常会聚集起来以应对捕食威胁。它们经常抬起头、环视周围，这些行为被解释为警戒行为，可能有助于发现捕食者[13]。研究表明，鸟类会在觅食和保持警惕之间随机选择[14]，鸟类经常在发现捕食者时发出警报[15]，这样，整个群体就会一起飞走。可以合理地推断出，鸟群比单只鸟更有可能发现潜在的威胁。随着群体规模的增加，个体警惕性在逐步降低，这种现象在许多鸟类中是非常普遍的。当群体规模增加时，在捕食者攻击风险不变的情况下，鸟类可以花更多的时间觅食[16]。

图2-4 大雁的"人"字形飞行

处于群体边缘的鸟比处于中心的鸟更有可能被捕食者攻击。研究表明，在鸟群边缘觅食的鸟可能会迁移到它们的邻居那里，以保护自己不受捕食者的攻击[17]。每只鸟都试图移动到鸟群的中心，然而这种移动可能会受到鸟群竞争所引起的干扰。因此，鸟可能不会直接向鸟群中心移动。

鸟类可能会为了觅食或躲避捕食者而飞到另外一个地方。当它们到达一个新的地方后，会再次寻找食物。勤劳的鸟类会积极寻找食物，而懒惰的鸟类只是从勤劳的鸟类发现的食物中获取食物[18]。个体通常使用不同的行为策略，在积极寻找食物和欺诈之间做出选择[19]。研究表明，食物储量低的鸟类通常是"小偷"，而食物储量高的鸟类则通常是勤劳的觅食者[20]。

鸟群的社会行为具有生存优势，每只鸟都能从社会互动中获益，达到最佳的生存状态和良好的觅食效率。社会行为和社会互动背后的本质是群体智能，它可以被用来设计一种新的优化算法来解决客观问题。

基于鸟群的行为，研究者提出了一种粒子群算法，由于该算法简单有效而得到广泛应用。粒子群算法是由 Kennedy 和 Eberhart 在 1995 年提出的一种启发式全局优化算法[21]，它是从群体智能发展而来的，是对鸟群运动行为的研究成果。在粒子群算法中，通过个体间的协同可以得到最优解。粒子群算法将没有质量和体积的粒子作为个体，对每个粒子进行简单的行为模式调节，表现出整个粒子群的复杂性。粒子群算法可用于求解复杂的最优问题。中国工程院樊邦奎院士团队围绕"基于椋鸟飞行规则的无人机群研究"开展了大量理论挖掘与实飞试验工作，下一步目标是完成基于椋鸟群的千架级集群协同控制。

2.3.3 鱼群

鱼群（见图 2-5）从集群行为中获得了很多好处，包括防御捕食者（通过更好的捕食者探测机制减少被捕获的概率）、增强觅食的成功率，以及更高的寻找配偶的成功率；也有可能通过提高水动力效率，使每条鱼从鱼群中受益。古怪效应（Oddity Effect）认为，任何鱼群中外表突出的成员都会优先成为捕食者的目标。这也许可以解释为什么鱼类喜欢与跟它们相似的个体一起出现。因此，古怪效应会使鱼群趋于均质化。鱼群选择的一个令人费解的问题是，如果一条鱼不知道自己的外表，那么它是如何选择加入一群与自己相似的动物的呢？对斑马鱼的实验表明，鱼群偏好是一种后天习得的能力，而不是天生的。斑马鱼倾向于与它生长的地方相似的鱼群联系在一起，这是一种印记。

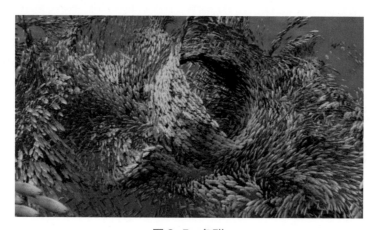

图 2-5　鱼群

在自然界中，鱼类可以通过单独搜索或跟踪其他鱼类来发现更有营养的区域，鱼类多的区域通常是最有营养的区域。人工鱼群算法（Artificial Fish Swarm Algorithm，AFSA）是群体智能优化算法中的一种 [22]。人工鱼群算法的灵感来自鱼的集体运动和它们的各种社会行为。基于鱼类的一系列本能行为，它们总是努力维持自己的群体，并相应地表现出智慧的行为。寻找食物、迁徙和应对危险都是以社会形式实现的，鱼群中所有鱼之间的相互作用将导致一种智能的社会行为。人工鱼群算法的基本思想是模仿鱼群的行为，如成群结队、跟踪个体的局部搜索，以达到全局最优。鱼群所处的环境是解空间，也是其他鱼群的状态，鱼群的下一个行为取决于鱼群的当前状态和本地环境状态（包括当前问题解决方案的质量和附近同伴的状态）。人工鱼群算法通过自身的活动和同伴的活动来影响环境，该算法具有收敛速度快、灵活性强、容错能力强、精度高等优点。

2.3.4 蚁群

蚂蚁也是自然界中一种常见的群居性动物，蚁群是由每个蚂蚁个体的自行意志交织而组成的社会，蚁群之间具有明确的分工和协同方式。蚁群中的蚂蚁可以分为三种：蚁后、雄蚁和工蚁。蚁后主要负责繁育后代，并不统治蚁群；雄蚁主要负责交配；工蚁除了负责蚁巢内的事务（抚育幼蚁、打理巢穴），还要负责寻找食物。蚂蚁的个体很小，但负重能力却很惊人，能够扛起它体重 50 多倍的重物。蚁群内部有明确的分工，个体之间有沟通，并且能够通过协同来寻找和拖运食物（蚂蚁协同拖运食物如图 2-6 所示）。蚁群非常适合社会生物学的优化研究。工蚁个体是完整的有机体，具有普通的、完整的社会行为模式，专门从事特定的、定义明确的任务。

图 2-6　蚂蚁协同拖运食物

马可·多里戈

马可·多里戈是蚁群算法的创始人，也是国际上群体智能概念的首创者之一，IEEE 会士、AAAI 会士和 ECAI 会士，比利时布鲁塞尔自由大学人工智能实验室主任，在读博士期间就原创性地提出了蚁群算法。

元启发式算法

元启发式算法（Meta Heuristic Algorithm）是相对最优化算法而言的。一个问题的最优化算法可以求得该问题的最优解。元启发式算法是一种基于直观或经验构造的算法，能够在可接受的花费下给出问题的可行解，并且该可行解与最优解的偏离程度不一定可以事先预计。

常用的元启发式算法包括禁忌搜索算法、模拟退火算法、遗传算法、蚁群算法、粒子群算法、人工鱼群算法、人工蜂群算法、人工神经网络算法等。

旅行商问题

旅行商问题（Travelling Salesman Problem，TSP）是组合优化中的一个 NP-Hard 问题，在运筹学和理论计算机科学中非常重要。问题内容为"给定一系列城市和每对城市之间的距离，求解访问每一座城市一次并回到起始城市的最短回路。"

蚁群算法是模拟蚁群协同寻找食物的最优方法，用来在图中寻找优化路径，是由马可·多里戈（Marco Dorigo）于1992年在其博士论文中提出的[23]。蚁群算法属于元启发式算法，这是一种近似算法，用于在合理的计算时间内获得足够好的可行解，以解决复杂的协同问题。在寻找食物时，蚂蚁最初会以随机的方式探索巢穴周围的区域。一旦蚂蚁找到食物来源，就会评估食物的数量和质量，并把一些食物带回巢穴。在返回的途中，蚂蚁会在地面上留下信息素痕迹，信息素的数量取决于食物的数量和质量，可以引导其他蚂蚁找到食物来源。信息素路径的间接交流使得蚂蚁能够找到巢穴和食物来源之间的最短路径，利用蚁群的这一特性可解决人工蚁群的协同问题。一般来说，蚁群算法试图通过重复以下两个步骤来解决优化问题：

（1）使用信息素模型构建候选解，即通过在解空间参数化概率分布模型上进行搜索来产生候选解。

（2）利用解决方案修改信息素值，使未来的采样偏向于高质量的解决方案。

蚁群算法最初应用于解决旅行商问题[24]，后来应用于解决许多优化问题，经典的应用例子包括分配问题、调度问题、车辆路径问题、排序问题、资源约束项目调度问题（Resource Constrained Project Scheduling

Problem，RCPSP）和开放车间调度问题（Open Shop Scheduling Problem）。

2.3.5 猴群

猴群通常展现社交性强、灵活适应环境的习性。它们在群体中保持紧密的社交联系，协作行动以寻找食物、保护成员和面对威胁。这种社交性使得猴群能够从群体中共享信息、学习经验，并通过集体智慧找到最适应的生存策略。

猴群算法通过模拟自然界中群体智能的特性，为解决复杂问题提供了一种启发式方法。猴群算法模拟了猴群的群体智能和协同行为，通过群体成员之间的信息交流和合作，寻找问题的最优解，特别适用于搜索、优化和决策问题。猴群算法的简单直观设计使其在解决优化问题、机器学习、图像处理和网络优化等领域得到广泛应用[25]。通过模拟自然界中的群体智能，猴群算法在复杂问题中展现了出色的搜索和优化性能，成为一种有效而直观的启发式算法。山坡上的猴群如图 2-7 所示。

知识链接

车辆路径问题

车辆路径问题（Vehicle Routing Problem，VRP）是一个组合优化和整数规划问题。问题内容是"为了将商品交付给指定的一组客户，车辆车队的最佳路线集是什么？"。该问题概括了众所周知的旅行商问题，最初出现在 1959 年 George Dantzig 和 John Ramser 的论文中。这篇论文首先编写了算法，并将其应用于汽油运输问题。通常，车辆路径问题的背景是将位于中央仓库的货物交付给已经订购此类货物的客户。车辆路径问题的目标是最小化总路由成本。1964年，Clarke 和 Wright 使用一种称为储蓄算法的有效贪婪方法改进了 George Dantzig 和 John Ramser 的方法。

图 2-7　山坡上的猴群

在多维问题中，猴群算法可以极大地降低高复杂度的优化成本[26]，具有强大的计算能力，并且能够以较小的计算规模有效解决多维问题的扩展和计划[27]。猴群算法也可用于解决传输网络的扩展问题[28]。猴群算法在很多领域中都得到了应用，如图像处理、图形挖掘和健康监控系统等。

2.3.6 狼群

狼处于食物链的顶端，相对于其他低等级动物的群居行为，狼群一般具有更高级的群居规则。狼群一般规模不大，平均有 5 ～ 12 只狼，但狼群具有非常严格的等级制度[29]。狼群首领主要负责狼群的一系列决策，如狩猎、栖息地的选择等。狼群首领视情况进行决策，有时候也会进行民主决策。有趣的是，狼群首领不一定是最强的狼，但在管理狼群团队方面是最好的。这表明，一个群体的组织和纪律比它的力量重要得多。狼群等级体系中的第二级是贝塔（Beta）狼。贝塔狼是在决策或其他狼群活动中帮助狼群首领的下属狼。如果狼群首领死了或者老了，贝塔狼可能是狼群首领的最佳候选者。贝塔狼既服从狼群首领，也命令其他低等级的狼，扮演着首领顾问和团队训导者的角色。等级最低的狼是欧米伽（Omega）狼。欧米伽狼扮演了替罪羊的角色，欧米伽狼要服从所有的其他狼，它们是最后被允许进食的狼。欧米伽狼在狼群中似乎不是一个重要的个体，但如果失去欧米伽狼，整个狼群就会面临内部争斗和问题。这是由于欧米伽释放了所有狼的暴力和沮丧，有助于满足整个群体需求和保持优势结构。其他狼被称为德尔塔（Delta）狼，德尔塔狼必须服从狼群首领和贝塔狼，但它们可以统治欧米伽狼。狼群中的"侦察兵""哨兵""长老""猎人""饲养员"等角色都由德尔塔狼担任："侦察兵"负责监视领地的边界，并在遇到危险时警告狼群；"哨兵"保护并保证狼群的安全；"长老"是有经验的狼，曾经是狼群首领或贝塔狼；"猎人"在捕猎和为狼群提供食物时帮助狼群首领和贝塔狼；"饲养员"负责照顾狼群中虚弱、生病和受伤的狼。狼群捕食猎物如图 2-8 所示。

受狼群复杂且严密的等级制度启发，Mirjalili 等人提出了灰狼优化（Grey Wolf Optimizer，GWO）算法[30]，它也是一种元启发式算法。灰狼优化算法模仿了自然界中狼群的等级制度和狩猎机制，通过 4 种类型的灰狼（包括狼群首领、贝塔狼、德尔塔狼和欧米伽狼）来模拟狼群的等级制度，并实现了寻找猎物、包围猎物和攻击猎物等主要狩猎步骤。与其他元启发式算法相比，灰狼优化算法能够得到非常有竞争力的结果。

图 2-8　狼群捕食猎物

2.4　人类群居演进

马克思在《〈政治经济学批判〉导言》中说："人是最名副其实的社会动物，不仅是一种合群的动物，而且是只有在社会中才能独立的动物。"人类相对于动物来说拥有更强大的大脑，形成了更加高级的群居智慧。据统计，人类大脑拥有1000 亿个神经细胞和 60 万亿个神经元之间的连接，这使得人类具有强大的逻辑思考能力和丰富的想象力，群居的方式也更高级。原始人类以部落的形式群居，形成了以母系社会为主的部落生存规则。随着部落的合并，诞生了国家，人类放弃了狩猎的生活方式，开始进入农业社会。农业社会主要是以家庭为单位的小农经济和作坊模式。伴随着蒸汽机的产生，人类进入了分工更加精细的工业社会，人类的群居方式也变得更加丰富多彩。

2.4.1　原始社会

原始社会的人类是以部落的形式生活的，这是人类社会发展的初始阶段。在原始社会中，人类的生产工具相对落后、生产力较低，为了更好地生存，采取共同劳动和共同分配的生产关系和生活关系。原始社会的分工主要是男性狩猎，女性负责采集果蔬和养育后代，生产工具主要是石器，因此根据石器的变化可以分为旧石器时代、中石器时代和新石器时代。部落是氏族的形式，通常由德高望重的人担当部落首领。氏族一般会有专门的氏族议事会，成年男女都可以平等参加表决。原始社会部落生活状态如图2-9所示。

图 2-9　原始社会部落生活状态

在新石器时代的晚期，人类逐步开始使用金属，但当时的冶金水平较低，人类社会处于金石并用的时期。在掌握制铜技术后，人类社会从部落社会进入了青铜时代。在制铁技术成熟后，人类社会进入了铁器时代。生产工具的变化意味着生产力的提高，有了剩余的生产资料，个体劳动可以保证其基本的生活，因此以家庭为单位的生活逐步取代了部落的群体生活，原始的狩猎生活也逐步演变为以种植和养殖为主的生产状态。由于男性在体力上的天然优势，其社会地位逐步提高，父系氏族也取代了母系氏族。为了争夺生产资料，产生了私有制，阶级也由此产生，部落的平均分配制度被遗弃，同时也意味着原始社会的解体。

作为人类初始社会形态，原始社会已经具备了高级的组织行为，以共同劳动、共同分配的方式抵抗大自然的威胁。道德规范和宗教成为群体中个体的规范，个体以此规范进行协同生产、平等决策，维持着原始社会的生活秩序；同时也创造了原始的象形文字，文字的出现更方便人类的交流和文明的延续。

2.4.2 农业社会

原始社会结束的标志是国家的诞生。生产力的进步使得人类与大自然的抗争转化为部落群体之间的土地争夺。农业社会以种植和畜牧为主要生产方式，这是一种自给自足的生产方式，生产单位也由部落发展成了家庭。农业社会的分工不发达，基本上处于男耕女织的生活状态（见图 2-10）。由于交通的不方便，社会的流动性相对弱，为了便于管理，形成了州、县、乡等行政单位。农业社会中生产技术发展相对缓慢，比较有代表性的技术发明是中国的四大发明。虽然这一时期的技术水平相对较低，但社会的组织方式却很灵活，集中力量完成了很多奇迹性的工程，如古埃及的金字塔和中国的万里长城。在农业社会中，家庭是国家的最小组成单元，国家可以灵活对这个单元进行管理。在和平时期，大量的劳动力可以从事农业劳动；在战争时期，国家可以调配充足的力量抵御外来入侵。

图 2-10　农业社会男耕女织的生活状态

2.4.3 工业社会

蒸汽机的发明标志着人类进入了工业社会。相对于农业社会，工业社会具有专业化、规模化、高度分工化的生产方式。第一次工业革命始于 1760 年前后[31]，工业革命的技术变革主要体现在纺织业、蒸汽动力和钢铁产业[32]，蒸汽驱动的织布机渐渐取代了农业社会的作坊式织布方式，比单纯人力织布机效率提升了40%；蒸汽动力促使了火车的出现，这也彻底改变了人们的交通方式，加快了地区之间的交流和商品的贸易交换；煤炭的使用提高了炼铁技术，使得钢铁韧度和强度进一步提升，提升了蒸汽机等新机器的生产质量。蒸汽火车和蒸汽织布机如图2-11所示。

图 2-11　蒸汽火车（左）和蒸汽织布机（右）

工业社会中，城市生活开始取代农业社会的乡村生活方式，大量的工人选择在有更多就业机会的城市生活，这进一步促进了工业的规模化生产。农村土地制度的变化也是大城市出现原因之一，最早的是英国的圈地运动，大量农民失去了自己的私有土地而被迫到城市谋取生计。除了新技术的出现，资本的积累也是工业革命的起因。由于新机器提高了生产效率，商人获得了大量的财富，在利润的驱动下，商人有更大的动力投资开设工厂并开发新的技术。机器取代人力，生产机械化，这也是第一次工业革命的辉煌成绩。

知识链接

卡尔·本茨

卡尔·本茨（1844年11月25日－1929年4月4日）是德国著名的戴姆勒-奔驰汽车公司的创始人之一，现代汽车工业的先驱者之一，人称"汽车之父""汽车鼻祖"。

第二次工业革命始于1870年，其标志是电力的大规模应用[33]。这次工业革命的新技术是电力、燃油发动机、新材料以及无线电的发展。第一次工业革命采用蒸汽驱动，19世纪七八十年代，使用汽油的内燃机技术出现，德国人卡尔·本茨（Karl Benz）等人研制出了内燃机汽车。相对于蒸汽机，内燃机的驱动力更强，促进了大型轮船和飞机的发展。由于内燃机的需求，石油开采以及提炼技术得到进一步发展，在提炼的过程中，化工技术得到了提升，这进一步促进了新材料的产生。亚历山大·贝尔（Alexander Bell）于19世纪70年代利用无线电技术发明了电话机，电话机的出现彻底颠覆了之前的通信方式。第二次工业革命使得工业生产更具效率，工业中心的人口迅速增加，也意味着人类以更密集的方式群居。生产效率的提升也使得工人受到了关注，人们的受教育水平开始提升，有专业知识技能的中产阶级开始出现。

两次工业革命开始了以技术为驱动的技术变革，深刻改变了人们的生产方式和生活方式。以乡村为代表的农业社会逐步被城镇所取代，机械开始取代人力，生产效率大幅提升，人口逐渐流向城市，人口的聚集实现了有效的分工和配合，有利于工业的精细化发展。

2.4.4 信息社会

晶体管和数字电路的出现标志着信息社会的到来，信息社会彻底改变了人类社会的运作方式。在第二次世界大战期间，由于军方对计算速度和计算精度的需求，美国工程师约翰·莫西莱于1942年提出了高速电子计算机的方案，这也是第一台电子计算机的原型[34]。在军方的大力推动下，第一台电子计算机于1945年在宾夕法尼亚大学研制成功[35]（见图2-12）。第一代电子计算机采用二进制编程，计算速度可达5000次/秒，比其他计算设备快1000倍，极大地提高了计算速度。但由于电子元器件的不成熟，导致设备庞大笨重、耗电量大。晶体管是由约翰·巴丁（John

沃尔特·布拉顿

沃尔特·布拉顿（1902年2月10日—1987年10月13日），出生于中国厦门，美国物理学家，晶体管的发明者之一，于1956年获得诺贝尔物理学奖。

威廉·肖克利

威廉·肖克利（1910年2月13日—1989年8月12日），美国物理学家，晶体管的发明者之一，于1956年获得诺贝尔物理学奖。

摩尔定律

摩尔定律是由英特尔（Intel）创始人之一戈登·摩尔提出的。其内容为：集成电路上可容纳的晶体管数目，约每隔两年便会增加一倍。

Bardeen）、沃尔特·布拉顿（Walter Brattain）和威廉·肖克利（William Shockley）等人发明的，具有体积小、质量轻、工作电压低等优点。约翰·巴丁、沃尔特·布拉顿、威廉·肖克利因此获得了1956年的诺贝尔物理学奖[36]。第二代电子计算机采用晶体管技术，不仅体积和功耗都大大下降，而且计算速度也有了极大的提升，计算速度可达几十万次/秒，存储空间达到几十万字节，还可以采用外部的磁盘来存储数据。1958年，杰克·基尔比研制出了集成电路，随后诞生了集成电路电子计算机。集成电路技术使得电子计算机的计算性能有了质的提升。随着集成电路技术的成熟，随后出现了超大规模集成电路。电子硬件的发展基本符合摩尔定律（Moore's Law）[37]。第一台电子计算机和集成电路如图2-12所示。

图2-12　第一台电子计算机（左）和集成电路（右）

网络的出现使得电子计算机能够进行信息交互、协同工作。随着电子计算机的发展，美国国防高级研究计划局（Defense Advanced Research Projects Agency,

DARPA）需要在不同地理位置上分布的多台计算机进行通信,在此需求的驱动下,第一代网络 ARPANET 诞生。ARPANET 起初只有几个节点,主要部署在美国的高校内,用于网络技术研究和测量[38]。1974 年,罗伯特·卡恩和文顿·瑟夫提出了 TCP/IP 协议栈[39],该协议栈定义了节点之间传输报文的机制。由于 TCP/IP 协议栈的设计先进性,目前的网络一直在沿用这套协议栈。罗伯特·卡恩和文顿·卡恩也由于他们的杰出成果获得了 2004 年的图灵奖。从 20 世纪 80 年代开始,随着个人计算机和操作系统的发展,网络的应用不再局限于军事和科研,电子邮件和网页浏览器的出现使得普通民众都能使用网络进行信息交换,互联网就此诞生。

根据相关的统计数据,2019 年全球大约有 43 亿网民,这说明全世界约 56% 的民众可以通过网络进行沟通交流,彻底打破了地理空间带来的限制,人类的群居方式也不再局限于物理空间的群居。移动通信技术从第一代（1G）发展到了五代（5G）:1G 和 2G 主要满足人们对通话和短信业务的需求;3G 时代人们可以在线阅读文字和图片,社交网络开始兴起;4G 时代是视频时代,各种短视频业务开始火爆,同时在线视频会议也提高了人们办公的效率;正在建设和使用中的 5G 网络不仅能满足人们对高带宽、低时延的需求,更能通过超高密度连接实现万物互联（见图 2-13）,将人与人、人与物紧密联系在一起。

图 2-13　万物互联

2.4.5　智能社会

随着人工智能（Artificial Intelligence，AI）技术的成熟及广泛应用，智能化的机器开始取代人类进行生产活动，人类也开始进入智能社会。人工智能是在1956 年达特茅斯学院举办的会议上被首次提出的，在接下来的几十年中，人工智能技术得到了快速的发展。人工智能的发展过程并不是一帆风顺的，其间经历过高潮与低谷。在人工智能刚被提出的那些年，不同学科的科学家从不同方向探讨人工智能的发展，主要包括生理学家和数学家。生理学家通过探讨人类大脑的工作原理，从而建立人工智能理论；图灵的计算理论证明数字信号可以描述任何形式的计算，这预示着可以构建电子大脑。沃尔特·皮茨（Walter Pitts）和沃伦·麦卡洛克（Warren McCulloch）是最早描述神经网络的学者，他们通过简单逻辑运算模拟了人工神经网络[40]。1951 年，马文·明斯基（Marvin Minsky）和迪恩·艾德蒙兹（Dean Edmonds）制造了第一台神经网络机器，这也奠定了神经网络以后数十年的发展方向。人工智能的美好前景也得到了 DARPA 的关注，DARPA 资助一些高校进行人工智能的研究，其中包括卡内基梅隆大学和斯坦福大学等。卷积神经网络的示意图如图 2-14 所示。

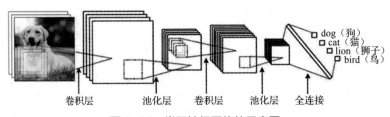

图 2-14　卷积神经网络的示意图

由于 20 世纪 70 年代计算机技术尚处于快速发展阶段，计算能力有限，以及神经网络的计算复杂度较高，导致神经网络的实验结果并不令人满意，因此人们对人工智能的看法趋于理性，相关的研究项目逐步减少，甚至销声匿迹。到了 20 世纪 80 年代，专家系统开始引起学术界和产业界的关注。约翰·霍普菲尔德（John Hopfield）证明神经网络能够用一种全新的方式学习，大卫·鲁梅尔哈特（David Rumelhart）使用反向传播算法来提高神经网络的训练效率，使联结主义重获新生，人工智能再一次获得了人们的关注。专家系统需要预先学习一些专业知识，因此建立和维护知识库成为主要的研究方向。由于建立和维护知识库的费用非常高，神经网络并没有展现出人们预想中的效果，1987 年前后，人工智能再一次进入低谷。

随着计算能力的提升，人工智能真正进入了黄金发展期。1997 年，IBM 开发的深蓝智能系统打败了国际象棋冠军。2005 年，斯坦福大学开发的机器人赢得了 DARPA 举办的无人驾驶机器人挑战赛的冠军。在学术界，杰弗里·辛顿（Geoffrey Hinton）等人在 2006 年提出了深度学习模型，在该模型中使用多层隐藏层，并且引入了卷积，能有效地从数据集中提取出关键特征。2010 年，丹·奇雷尚（Dan Ciresan）等人利用 GPU 的超强并行处理能力，使用深度神经网络在 MNIST 数据集中达到的识别准确率超过其他方法；之后，利用 GPU 实现的深度神经网络方法在各项模式识别竞赛中均取得了绝对的胜利，这些成绩引爆了学术界和产业界对深度学习的关注。2016 年，AlphaGo 战胜围棋世界冠军李世石[41]（见

知识链接

专家系统

专家系统是一个智能计算机程序系统，其内部包含大量的某个领域的知识与经验，能够应用人工智能技术和计算机技术，根据系统中的知识与经验进行推理和判断，模拟人类专家的决策过程。专家系统通常由人机交互界面、知识库、推理机、解释器、综合数据库、知识获取等部分构成。

知识链接

AlphaGo

AlphaGo 直译为阿尔法围棋，是于 2014 年开始由 Google DeepMind 开发的人工智能围棋软件。

AlphaGo 的做法是使用了蒙特卡洛树搜索与两个深度神经网络相结合的方法，一个是借助估值网络（Value Network）来评估大量的选点，另一个是借助走棋网络（Policy Network）来选择落子，并使用强化学习进一步改善。在这种设计下，计算机可以结合树状图的长远推断，又可像人类的大脑一样自发学习进行直觉训练，以提高下棋实力。

2016 年 3 月，通过自我对弈数以万计盘进行练习强化，AlphaGo 在一场五番棋比赛中以 4:1 击败顶尖职业棋手李世石，成为第一个不借助让子而击败围棋职业九段棋手的计算机围棋程序。

图 2-15），AlphaGo 是 DeepMind 开发的基于深度学习的智能系统，它由使用监督和强化学习训练的神经网络组成，并结合传统的启发式搜索算法。这一事件使得普通民众认识到了人工智能的强大，也标志着人工智能时代的到来。为了向更有能力的智能体迈进，深度强化学习已被用于创建可以元学习（Meta-learn）的智能体，从而将它们推广到以前从未见过的复杂视觉环境。除了在单体强化学习取得卓越成就，2018 年，OpenAI[42] 团队在 5 对 5 的 Dota 2 游戏中击败了人类顶级玩家，从而证明多智能体强化学习获得了突破性的进展。

图 2-15　AlphaGo 与李世石进行围棋比赛

人工智能时代的到来也在影响现在的工业形态。目前各个国家正在进行第四次工业革命，第四次工业革命的核心是智能集成感控系统，提倡使用智能机器取代人力。德国首先于 2011 年提出工业 4.0 的概念[43]，提倡发展具备适应性、资源效率、人机协同工程的智能工厂。我国也发布了一系列政策[44]，支持智能制造装备、智能制造系统、智能制造服务等的发展。智能制造装备是指一种具有感知、分析、推理、决策、控制功能的制造设备，可以将传感器及智能诊断和决策软件集成到装备中，使制造工艺能适应制造环境和制造过程的变化并达到最优。智能制造装备是先进制造技术、信息技术和智能技术的集成与深度融合。

除了地理位置的群居，互联网使得人类能够虚拟群居。互联网能够不受空间限制来进行信息交换，使得天涯变咫尺，打破了空间距离带来的交流障碍。

信息交换具有时域性，利用互联网可以随时随地进行语音、视频会议；信息交换具有互动性，利用增强现实/虚拟现实技术可以使用户身临其境，碰撞出更多的智慧火花。通过互联网进行信息交换的成本很低，信息交换趋向于个性化发展（容易满足每个人的个性化需求）。互联网的出现，彻底改变了人们的生活方式和工作方式，借助于互联网，人类也演进出了更加先进的虚拟群居智慧。

人类经过多种形式的群居社会演进，不断向着数字化、网络化和智能化的方向变化，如图 2-16 所示。人类群居的社会演进的根源在于，在人类集群过程中产生了高级智慧，促进了生产工具和生产力的改进，进而推进了人类向更智能化的集群社会迈进。

知识链接

增强现实和虚拟现实

增强现实 (Augmented Reality, AR)，是指通过摄影机影像的位置及角度精算并加上图像分析技术，让屏幕上的虚拟世界能够与现实世界场景进行结合与交互的技术。这种技术于 1990 年提出。随着随身电子产品计算能力的提升，增强现实的用途也越来越广。

虚拟现实 (Virtual Reality, VR) 利用计算机模拟产生一个三维空间的虚拟世界，为使用者提供关于视觉等感官的模拟，让使用者感觉仿佛身历其境，可以即时、没有限制地观察三维空间内的事物。当使用者移动位置时，计算机可以立即进行复杂的运算，将精确的三维世界影像传回，令使用者产生临场感。该技术整合了计算机图形、计算机仿真、人工智能、传感、显示及网络并行处理等技术的最新发展成果，是一种由计算机技术辅助生成的高技术模拟系统。

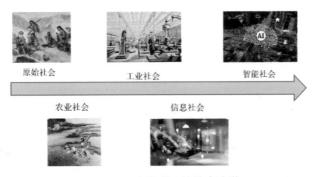

图 2-16 人类群居的社会演进

2.5 机器群体智能

人类群居社会的变革是由技术或机器变革驱动的，技术或机器的变革也经历了数字化、信息化和智能化的发展。单个机器所能完成的任务数量和复杂度难以匹配集群化的设备，也难以提供个性化的应用。为了满足社会发展的需要，机器正朝着集群化和云化方向发展。

2.5.1 集群化、云化发展

电子计算机的发展经历了从大型计算机到个人计算机的过程。早期的电子计算机，外形笨重、耗电量大。为了满足军方和高校的技术需求，一般采用共用的形式。随着集成电路的发展，计算机的体积越来越小，出现了个人计算机。个人计算机方便了人们的办公，但随着计算任务变得越来越复杂，个人计算机越来越难以满足人们的需求，尤其是在大数据和人工智能时代，需要超大的存储空间和超强算力。在此需求的驱动下，云计算诞生了[45]。云计算使用虚拟化技术，对集群的计算、存储和网络资源进行统一管理，根据用户的需求提供定制化的服务。云计算具有个性化定制服务、可全天时访问/共享设备资源和快速灵活部署等特性，契合了现在的互联网敏捷快速开发和上线的要求。

云计算（见图2-17）一般具有大规模、分布式、虚拟化、高可靠性、高拓展性、按需服务和安全等特点。云计算的数据中心通常会有上百万个服务器资源，并且为了满足不同地方用户的无差别体验，大型云计算厂商通常在不同地方部署云数据中心。为了统一管理这些设备，需要对计算、存储和网络资源进行虚拟化，这

图 2-17　云计算

样可以做到定量提供服务。由于云平台上部署的业务需要 7×24 小时不间断地提供服务，因此可靠性是一个重要的指标。另外，随着用户数量的增加，所需要的资源也会相应增加，这时云平台要具有很好的拓展性，以满足用户数量的扩张。不同用户部署的业务通常是不同的，所需要的设备资源也有差异，因此云平台要能够提供按需服务。由于用户的数据和业务都部署在云端，因此云平台要能够保证数据的安全性和业务的连续性，要能够抵抗网络的恶意攻击，避免用户的损失。

随着 5G 的到来，计算资源和内容资源开始向用户端靠近，移动边缘计算（Mobile Edge Computing，MEC）在此背景下诞生了 [46]。由于 5G 使用了毫米波技术，因此其基站的覆盖范围较小。为了提供更好的网络服务，需要密集部署 5G 基站，因此可以将云端的部分计算任务部署在靠近用户的基站上。边缘计算可以提供更低的时延和抖动。虽然云计算是以完全集中式的方式部署的，计算机群通常放置在一个或几个位置，但边缘计算应该以完全分布式的方式部署。相对于云计算，边缘计算只提供有限的计算资源和存储资源。另外，在地理上分散部署的云平台可以协同计算，为新的应用提供移动、无缝的计算。同时，云计算和边缘计算可以协同合作，为用户提供灵活、弹性的服务。边缘计算的示意图如图 2-18 所示。

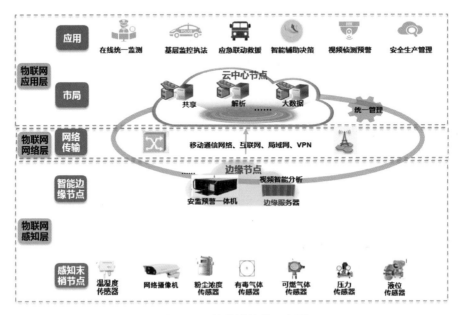

图 2-18　边缘计算的示意图

无人集群在进行数据传输和协同计算时，需要保证数据和任务的安全性。区块链技术可以防止数据被篡改、伪造，并保证协同决策的正确性[47]。区块链中的每个区块都包含了当前区块、前一个区块的加密散列、相应时间戳以及交易数据。区块链的核心技术包括加密算法、共识机制和分布式存储，具有去中心化、防篡改和伪造以及自治性的特点。区块链使用工作量证明保证信息一致同步，使用 51% 的原则实现共识的达成。

动物的群居和人类的群居可以进化出高级的规则和智慧，机器的聚集运用高级的算法同样会产生群体智慧。采用云计算的形式可以有效整合设备资源，完成不同体量的计算任务，在完成这些任务的同时，机器也会从结果中获得智慧。例如，运行在云平台上的深度卷积网络在经过海量数据的训练之后，能够分辨出不同的物体，将这个结果保存在云平台后，机器也可获得识别这些物体的能力。机器的计算方式与人类不同，人类在识别物体时仅仅需要很少的样本就具备了识别能力，而机器则需要大量的数据输入才能够获得这种能力，所以以集群的方式运行机器也是必然的选择。

2.5.2 大数据和人工智能时代的到来

随着物联网时代的到来，2019 年全球每天生产的数据量为 175 ZB，到 2025 年这一数字将达到 491 EB[48]，人类将生活在数据的海洋中。如果使用 DVD 光盘来存储 175 ZB 的数据，那么将 DVD 光盘叠起来的厚度可以绕地球 222 圈。如果这些海量数据不加以利用，则它们将变得毫无价值，但通过人力来分析这些数据是很不现实的。相较于人类，机器具有超高的计算能力，我国研制的"天河二号"超级计算机每秒可以完成 3.39 亿亿次双精度浮点数运算。这种超高的计算能力可以挖掘出数据中隐含的智慧。除了超级计算，还需要智能的算法才能打开大数据的大门。大数据分析通常包括五个步骤，即数据选择、数据预处理、数据变换、数据挖掘、结果解释和评估。由于在数据采集的过程中，数据中存在异常和噪声，所以在数据挖掘之前通常需要对数据进行预处理，清洗掉异常的数据。数据挖掘的方法通常包括关联规则方法、聚类、分类、回归等，根据不同的数据和挖掘需求采取不同的方法。对于数据挖掘的结果是否达到预期的效果，需要进行评估，评估可以由数据挖掘者采用测试集的方式进行，也可以采用毫无关联的方式进行。

人工智能要想达到较好的性能，通常需要对海量的数据进行训练，这使得人工智能依赖于云平台，需要以集群的形式进行数据处理和知识学习。例如，2019年8月，腾讯 AI Lab 开发的"绝悟"在吉隆坡举办的王者荣耀电竞比赛中，在职业选手赛区联队的 5 对 5 水平测试中获胜，测试胜率为 99.8%，升级到了电竞职业水平。用于训练"绝悟"的计算平台包括 384 个 GPU 和 8.5 万个 CPU，其一天的训练强度相当于人类的 440 年。从这个示例可以看到，机器要拥有技能不仅需要具有超级计算能力和存储空间，还需要大量的训练。而借助于此的机器学习能力也是惊人的，目前机器在图像识别和语音识别等方面的能力已经开始逐步超越人类。

由于其超强的计算能力、海量信息处理能力，以及复杂多智能体模型的推演能力，超级计算机已经在许多方面超越了人类。未来，人类可以借助于机器群体智能（见图 2-19）实现人机协同的集群方式，演进出更先进的智能。

图 2-19　机器群体智能

2.6　群智涌现的机理

群体智能（Swarm Intelligence，SI）的概念最早是由赫拉尔·贝尼（Gerardo

Beni）和 Jing Wang 在研究细胞机器人系统时提出的[49-50]。他们发现，细胞机器人系统能够不可预测地形成某种确定的集体形态。群体智能既存在于自然系统，也存在于人工系统，这些系统中的个体基于分布式、自组织的方式呈现出群体协同[51-52]。

赫拉尔·贝尼和 Jing Wang 在提出群体智能的概念时，给出的定义是：由多个非智能机器人组成的系统能表现出集体智能行为，这种能力表现为能够在外部环境中不可预测地产生特定的、非统计意义下的有序物质形态（物质本身的排列方式）的能力[50]。

埃里克·博纳博（Eric Bonabeau）等人在他们的著名专著 Swarm Intelligence: From Natural to Artificial Systems 中，将群体智能定义为，由群居昆虫群体和其他动物群体的集体行为启发的简单智能群体所涌现（Emerge）出的集体智能[53]。

安德里斯·恩格尔布雷希特（Andries P. Engelbrecht）认为，群体智能是群体的一种性质，群体中各简单个体之间以及个体与其所处局部环境之间发生相互作用，从而引起相关功能上的全局模式，即涌现出了集体行为[54]。

粒子群算法的提出者之一詹姆斯·肯尼迪（James Kennedy）很好地概括了群体智能本质，他认为群体智能是指一些简单信息处理单元在交互中涌现出的一种解决问题的能力[55]。群体的概念意味着多样性、随机性、不可预测性和混乱性，而智能的概念意味着解决问题的方法在某种程度上是成功的。组成群体的信息处理单元可以是模拟的、机械的、计算的、数学的，它们既可以是昆虫、鸟类、人类，也可以是阵列元件、机器人、独立工作站，还可以是真实的或想象的，它们的耦合具有广泛的特性，但单元之间必须存在交互。

延斯·克劳斯（Jens Krause）等人从动物群体行为和人类群体行为的共同框架下给出了群体智能的新定义，即两个或更多的个体独立地或至少部分独立地获取信息，这些不同的信息包通过交互被组合、处理，并为认知（Cognitive）问题提供了一个单独个体无法实现的解决方案[56]。

大卫·科尼（David W. Corne）等人则将群体智能进一步定义为，由一群简单智能体经过合作而涌现出的有用行为，其中简单智能体大多是同质的、并行异步运行的、没有集中控制的、智能体，它们之间的通信受到某种形式的共识主动性（Stigmergy）的影响；而有用行为是指觅食、筑巢等较为简单的行为目的[57]。

从上述的群体智能定义中可以看到，群体智能的一些必备要素有：多个简单个体，个体之间有交互，个体之间的协同是分布式的、自组织的，个体之间的协同最终涌现出一定的集体行为或智能表现，集体行为或智能表现是不可预测的，以及集体行为或智能表现是个体难以企及的。因此，我们可以重新给出群体智能定义：由多个简单个体组成的群体，通过个体之间的交互以及分布式、自组织式的协同，最终涌现出一定的不可预测的、个体难以企及的集体行为或智能表现的现象。

另外，詹姆斯·肯尼迪[55]和延斯·克劳斯[56]等人都认为，群体智能涌现出的不仅是群体的集体行为模式，还可以将受自然界启发得到的群体智能作为新的问题解决方法，即现在广为人知的群体智能算法。到目前为止，应用最成功的两个群体智能算法是蚁群算法和粒子群算法。受最早被生态学家研究出的蚂蚁觅食行为模型（蚂蚁总能找到巢穴与食物之间的最短路径）的启发，马可·多里戈（Marco Dorigo）首先提出了蚁群算法[58]，用人工蚂蚁来模仿自然蚂蚁，利用在走过的路径上留下信息素的方法解决各种寻优问题[54]。蚁群觅食行为的双桥实验如图 2-20所示。粒子群算法是由詹姆斯·肯尼迪和安德里斯·恩格尔布雷希特等人提出的，最初是为了模拟社会行为，作为鸟群或鱼群中生物运动的程式化表示[21]。粒子群中的每个个体行为简单，只是模仿相邻个体的成功经验，最终可搜索出高维空间中的一个最优区域[54]。鸟群觅食的场景示意图如图 2-21 所示。

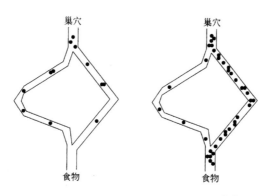

图 2-20　蚁群觅食行为的双桥实验[54]

随着对生物群体行为研究的深入，近年来，一些新的群体智能算法也发展了起来，包括蝙蝠算法（Bat Algorithm，BA）、人工鱼群算法（AFSA）、萤火虫算法（Firefly Algorithm，FFA）、布谷鸟搜索（Cuckoo Search，CS）算法、花授粉算法（Flower Pollination Algorithm，FPA）、人工蜂群算法、狼群搜索算法、灰狼优化算法等[60]。

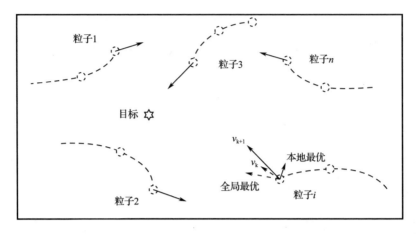

图 2-21　鸟群觅食的场景示意图[59]

在 20 世纪 90 年代中期，由于群体智能方法在种群利用、随机性和应用领域等方面的相似性，群体智能算法一直被认为是进化计算（Evolutionary Computation，EC）算法的一种。然而，由于群体智能和进化计算的基本理念存在一些内在差异，群体智能现在有了自己的身份。群体智能试图模仿简单智能体的集体和协同行为，而进化计算则受到生物进化的启发。由于群体智能在解决实际问题中的简单性和有效性，现已作为一种优化算法变得非常流行了。群体智能类算法主要包括变异和选择两个阶段，这两个阶段负责维持探索（Exploration）和利用（Exploitation）之间的平衡，变异阶段主要探索搜索空间的不同区域，选择阶段主要利用以前的经验。

美国圣菲研究所的马克·米洛纳斯（Mark M. Millonas）教授系统地提出了被大多数研究者普遍接受的群体智能行为应该遵循的五条基本原则[61]，它们分别是：

⊃ 邻近原则：群体应能够进行基本的空间和时间计算。

⊃ 品质原则：群体应能够响应环境中的时间、空间和品质因子。

⊃ 反应多样性原则：群体的反应类型应是足够多样的。

⊃ 稳定性原则：群体行为不应在每次环境变化时都发生改变。

⊃ 适应性原则：在所需代价不高的情况下，群体中的个体应能够在适当的时候改变自身的行为模式。

上述原则说明，要想实现群体智能，群体中的个体必须能够在环境中表现出自主性、反应性、学习性和自适应性等智能特性[62]。

詹姆斯·索罗维基（James Surowiecki）从人类群体的智慧出发，阐述了当人类群体智慧满足多样性、独立性、分布式、聚合性、信任性等条件时，人类群体的智慧才可能高于作为个人的专家[63]。多样性要求群体中的每个个体都要尽可能拥有自己的概念和认知能力，并掌握专属信息；独立性要求群体中的每个个体都拥有的信息和行为是独立于其他个体的；分布式要求群体中的每个个体都能够进行专门研究并利用局部认知；聚合性是指存在一种使个体判断转变为集体决策的机制；信任性要求每个个体都充分信任集体的公平性。

北京航空航天大学的段海滨教授团队则将群体智能的特点总结为以下 4 点[64]：

- ⊃ 组织结构的分布式：群体不存在中心节点，群体中的每个个体仅具备局部的感知、规划和通信能力。
- ⊃ 行为主体的简单性：群体中每个个体的能力或遵循的行为规则都非常简单，每个个体仅执行有限几项动作，并对外部环境做出简单的几种反应。
- ⊃ 作用模式的灵活性：主要体现在群体对于环境的适应性，即群体中的每个个体都可以通过改变自身行为来适应环境的变化。
- ⊃ 系统整体的智能性：群体中的每个个体都可以通过感知周围的环境信息，进行信息的交换和共享，按照一定的行为规则，对外部刺激做出响应，通过调整自身状态来促使群体状态发生变化，涌现出整体的智能性。

谭岗也给出了群体智能的类似特点[65]，即个体简单性、控制分散性、联系有限性、群体智能性。

从上述论述可以看出，群体智能涌现并不是一群个体的简单组合，即使一群具备高智能的个体的简单组合也不能称为群体智能涌现[56]。例如，一群人在一起，既可能群策群力碰撞出伟大的思想火花，也可能由于协调出现问题而导致大规模踩踏致死事件。我们认为，群体智能涌现的特征应至少包含以下三个方面：

（1）群体：群体中有两个或两个以上的个体，群体有足够的生存期和容错性。群体中每个个体仅具备局部的感知、通信、控制、计算等能力，不存在感知、通信、控制、计算等中心节点。群体具有能力分布性，摆脱了"牵一发而动全身"的缺点，并具备极大的灵活性（自适应性、可扩展性、可维护性）和鲁棒性（可靠性、可存活性、容错性等）[66]。

（2）智能：个体具有相对较低的智能性，即相对于将要完成的复杂任务所需的智能水平，每个个体处于智能水平较低的状态。群体中每个个体不能或无须直接感知到整个群体的信息，而只需要感知到该个体局部范围内的一部分信息，同时每个个体获取的信息具有多样性与差异性。

（3）涌现：群体中的个体能够进行信息交互、融合和处理，从而不断进化种群生存的法则，适应环境的变化，涌现出更高级的群体智慧。群体中的每个个体先通过对环境的感知，以及与相邻个体之间的信息交互等获知周围状态信息，再根据当前的自身状态不断地进行有一定目的性的适应性调整，最终在无须中心节点协调与控制的情况下，使群体状态达到一个复杂的集体行为。从群体层面来看，群体智能涌现的结果是整个群体的智能水平表现出远大于每个单体智能水平之和的情形，或者可以完成每个个体根本无法独立完成的任务。群体中的每个个体通过相互之间的分布式协调，实现了群体层面的不断学习与进化，从而涌现出高水平的、带有强烈自组织性质的群体行为和能力。

总体而言，群体智能涌现的研究对象是群体，基本条件是智能，演化过程是涌现，最终目标是实现相对于单体来说更高水平的行为和能力。

2.7 本章小结

本章首先探讨了地球和生命起源、动物世界和人类社会中的群体现象，然后对近些年发展起来的机器人和计算机领域的群体智能技术进行了概述，最后根据这些群体现象对群体智能涌现的原理进行了总结。虽然从 20 世纪以来，研究人员已经对群体现象及其内在规律进行了大量研究，并取得了一定的研究成果，但也应当看到，这些成果仍较零散且不够深入，在群体智能真正渗入智能时代、显著造福社会之前，还需要进行大量系统性的深度挖掘工作。

参考文献

[1] 章森桂，严惠君. "国际地层表"与 GSSP[J]. 地层学杂志，2005（02）：188-204.

[2] Cavosie A J，Valley J W，Wilde S A. Magmatic $\delta^{18}O$ in 4400–3900 Ma detrital zircons：A record of the alteration and recycling of crust in the Early Archean[J]. Earth and Planetary Science Letters，2005，235（3-4）：663-681.

[3] 恩格斯. 反杜林论 [M]. 吴亮平，译. 北京：民族出版社，1972.

[4] Miller S L. A production of amino acids under possible primitive earth conditions[J]. Science，1953，117（3046）：528-529.

[5] Scientific American. When did eukaryotic cells（cells with nuclei and other internal organelles）first evolve? What do we know about how they evolved from earlier life-forms?[EB/OL].（1999-10-21）[2020-12-24]. https://www.scientificamerican.com/article/when-did-eukaryotic-cells/.

[6] Dawkins R，Wong Y. The ancestor's tale：A pilgrimage to the dawn of life[M]. 2nd ed. London：Weidenfeld & Nicolson 2016.

[7] Darwin C. On the origin of species，1859[M]. London：Routledge，2004.

[8] Kak S C. The honey bee dance language controversy[J]. The Mankind Quarterly，1991，31(4)：357-365.

[9] von Frisch K. The dance language and orientation of bees[M]. Cambridge，MA：Harvard University Press，1967.

[10] Williams，C. Rethinking the bee's waggle dance[EB/OL].（2009-09-16）[2020-12-24]. https://www.newscientist.com/article/mg20327262-400-rethinking-the-bees-waggle-dance/.

[11] Karaboga D，Akay B. A comparative study of artificial bee colony algorithm[J]. Applied Mathematics and Computation，2009，214（1）：108-132.

[12] Karaboga D. An idea based on honey bee swarm for numerical optimization[R]. Kayseri，Turkey：Erciyes university，2005.

[13] Anderson T R. Biology of the ubiquitous house sparrow：from genes to populations[M]. Oxford：Oxford University Press，2006.

[14] Bednekoff P A，Lima S L. Randomness，chaos and confusion in the study of antipredator vigilance[J]. Trends in Ecology and Evolution，1998，13（7）：284-287.

[15] Pulliam H R，Pyke G H，Caraco T. The scanning behavior of juncos：a game-theoretical approach[J]. Journal of Theoretical Biology，1982，95（1）：89-103.

[16] Beauchamp G. The effect of group size on mean food intake rate in birds[J]. Biological Reviews，1998，73（4）：449-472.

[17] Pulliam H R. On the advantages of flocking[J]. Journal of Theoretical Biology，1973，38（2）：419-422.

[18] Barnard C J，Sibly R M. Producers and scroungers：a general model and its application to captive flocks of House Sparrows[J]. Animal Behaviour，1981，29（2）：543-550.

[19] Liker A, Barta Z. The effects of dominance on social foraging tactic use in house sparrows[J]. Behaviour, 2002, 139 (8): 1061-1076.

[20] Barta Z, Giraldeau L A. Daily patterns of optimal producer and scrounger use under predation hazard: a state-dependent dynamic game analysis[J]. The American Naturalist, 2000, 155 (4): 570-582.

[21] Kennedy J, Eberhart R. Particle swarm optimization[C]//Proceedings of ICNN' 95-International Conference on Neural Networks. IEEE, 1995, 4: 1942-1948.

[22] Li X. An optimizing method based on autonomous animats: fish-swarm algorithm[J]. Systems Engineering-Theory & Practice, 2002, 22 (11): 32-38.

[23] Dorigo M, Birattari M, Stutzle T. Ant colony optimization[J]. IEEE Computational Intelligence Magazine, 2006, 1 (4): 28-39.

[24] Dorigo M, Maniezzo V, Colorni A. Positive feedback as a search strategy (Tech. Rep. No. 91-016) [R]. Milan, Italy: Politecnico di Milano, 1991.

[25] Tunay M. A new design of metaheuristic search called improved monkey algorithm based on random perturbation for optimization problems[J]. Scientific Programming, 2021, 2021: 1-14.

[26] Mucherino A, Seref O. Monkey search: a novel metaheuristic search for global optimization[C]//AIP Conference Proceedings. American Institute of Physics, 2007, 953 (1): 162-173.

[27] Zein M, Hassanien A E, Adl A, et al. Monkey optimization system with active membranes: a new meta-heuristic optimization system[J]. arXiv, 2019: arXiv: 1910.06283.

[28] Lu Y, Zhou J, Xu M. Optimization of low power wireless sensor network lifetime using improved clone elite monkey algorithm[C]//Journal of Physics: Conference Series, 2019 3rd International Conference on Artificial Intelligence, Automation and Control Technologies (AIACT 2019). IOP Publishing, 2019, 1267 (1): 012005.

[29] Mech L D. Alpha status, dominance, and division of labor in wolf packs[J]. Canadian Journal of Zoology, 1999, 77 (8): 1196-1203.

[30] Mirjalili S, Mirjalili S M, Lewis A. Grey wolf optimizer[J]. Advances in Engineering Software, 2014, 69: 46-61.

[31] Hoppit J. The nation, the state, and the first industrial revolution[J]. The Journal of British Studies, 2011, 50 (02): 307-331.

[32] Landes D S. The unbound Prometheus: Technological change and industrial development in Western Europe from 1750 to the present[M]. Cambridge, UK: Cambridge University Press, 2003.

[33] Mokyr J. The second industrial revolution, 1870-1914[M]//Castronovo V. Storia dell' economia Mondiale. Rome, Italy: Laterza Publishing, 1999: 219-245.

[34] 邹海林，徐建培. 科学技术史概论 [M]. 北京：科学出版社，2004.

[35] 姚克贤. 计算技术 [M]. 北京：中国财政经济出版社，2010.

[36] NobelPrize.org. The Nobel Prize in Physics 1956[EB/OL]. [2020-12-24]. https://www.nobelprize.org/prizes/physics/1956/ceremony-speech/.

[37] 翁寿松. 摩尔定律与半导体设备 [J]. 电子工业专用设备，2002，31（04）：196-199.

[38] Jackson C L. The origins of the Internet[J]. World & I，2001，16（10）：36.

[39] Forouzan B A. TCP/IP protocol suite[M]. New York：McGraw-Hill Inc.，2002.

[40] Gurney K. An introduction to neural networks[M]. London：CRC Press，1997.

[41] Chen J X. The evolution of computing：AlphaGo[J]. Computing in Science & Engineering，2016，18（4）：4-7.

[42] OpenAI. OpenAI Five[EB/OL].[2020-12-24]. https://openai.com/projects/five/.

[43] 赵新平，黄春元，赵凯悦. 德国"工业 4.0"、信息化红利及中国制造业的机遇 [J]. 全球化，2015（10）：74-88+40+134-135.

[44] 海川. 中国制造 2025，主攻智能制造 [J]. 新经济导刊，2015，2015（06）：54-59.

[45] Hayes B. Cloud computing[J]. Communications of the ACM，2008，51（7）：9-11.

[46] Mach P，Becvar Z. Mobile edge computing：A survey on architecture and computation offloading[J]. IEEE Communications Surveys & Tutorials，2017，19（3）：1628-1656.

[47] Banerjee M，Lee J，Choo K K R. A blockchain future for internet of things security：A position paper[J]. Digital Communications and Networks，2018，4（3）：149-160.

[48] Reinsel D，Gantz J，Rydning J. The digitization of the world from edge to core[R]. Framingham，MA，USA：International Data Corporation，2018.

[49] Beni G，Wang J. Swarm intelligence[C]//Proceedings of the Seventh Annual Meeting of the Robotics Society of Japan. Tokyo，Japan：1989：425-428.

[50] Beni G，Wang J. Swarm intelligence in cellular robotic systems[C]//Dario P，Sandini G，Aebischer P. Robots and Biological Systems：Towards a New Bionics? Berlin，Heidelberg：Springer Berlin Heidelberg，1993，102：703-712.

[51] Bansal J C，Singh P K，Pal N R. Evolutionary and swarm intelligence algorithms[M]. Cham，Switzerland：Springer，2019.

[52] Dorigo M，Birattari M. Swarm intelligence[J]. Scholarpedia，2007，2（9）：1462.

[53] Bonabeau E，Dorigo M，Théraulaz G. Swarm intelligence：From natural to artificial systems[M]. Oxford：Oxford University Press，1999.

[54] Engelbretch A P. Fundamentals of computational swarm intelligence[M]. Chichester：John Wiley & Sons Ltd，2005：5-129.

[55] Kennedy J. Swarm intelligence[M]//Zomaya A Y. Handbook of nature-inspired and innovative computing：Integrating classical models with emerging technologies. Boston：Springer US，2006：187-219.

[56] Krause J，Ruxton G D，Krause S. Swarm intelligence in animals and humans[J]. Trends in Ecology & Evolution，2010，25（1）：28-34.

[57] Corne D W，Reynolds A，Bonabeau E. Swarm Intelligence[M]//Rozenberg G，Bäck T，Kok J N. Handbook of Natural Computing. Berlin：Springer Berlin Heidelberg，2012：1599-1622.

[58] Dorigo M. Optimization，learning and natural algorithms[D]. Milano：Politecnico di Milano，1992.

[59] 肖人彬. 群集智能特性分析及其对复杂系统研究的意义 [J]. 复杂系统与复杂性科学，2006，3（3）：10-19.

[60] Hassanien A E，Emary E. Swarm intelligence：principles，advances，and applications[M]. Boca Raton，FL：CRC Press，2015.

[61] Millonas M M. Swarms，phase transitions，and collective intelligence[M] //Langton，C G. Artificial Life III. Reading，MA，USA：Addison-Wesley，1994：417-445.

[62] 段海滨. 从群体智能到多无人机自主控制 [J]. 系统与控制纵横，2014（2）：76-88.

[63] Surowiecki, J. The Wisdom of Crowds[M]. New York：Anchor Books，2005.

[64] 段海滨，李沛. 基于生物群集行为的无人机集群控制 [J]. 科技导报，2017，35（7）：17-25.

[65] 谭岗. "蜂群"作战——未来无人机作战的模式探究 [EB/OL]. （2017-03-02）[2020-12-24] https://www.jianshu.com/p/2b917a7c3840.

[66] Chung S J，Paranjape A A，Dames P，et al. A survey on aerial swarm robotics[J]. IEEE Transactions on Robotics，2018，34（4）：837-855.

第 3 章

国内外研究现状

3.1 引言

在可预见的未来战场，智能化战争必将成为主流，包括少量前沿人工智能技术支撑下的有人武器装备、大量半自主决策甚至完全自主的无人装备、成群与成体系的有人 - 无人自主协同与全无人作战力量等共同构成了智能化战争的主体。

战争伴随着人类文明不断演进。在工业革命之前的很长一段时间，人类只能在土壤肥沃的陆地上生活，"制陆权"一直是战争的焦点，战争的目的是争夺土地资源，结果是国与国之间的相互吞并。以蒸汽机为代表的第一次工业革命的到来，解决了远海航行的动力问题，以争夺海洋空间和资源的"制海权"战争成为当时战争的主要形式。飞机的产生将人类战争真正带入三维空间。自两次世界大战以来，"制空权"的夺取成为战争取胜的关键。随着战争蔓延到宇宙空间和电磁空间，"制天权"和"制电磁权"的重要性也逐渐被人们认识到。海湾战争以来，信息化战争的程度逐渐深入，战争中掌握信息优势的一方能更清楚地洞悉战场态势，在战争的各个环节中快敌方一步，从而掌握胜利的主动权。

战争发展到今天的智能化时代，"制智权"成为新的制胜法宝。智能化战争之前，在战场上进行"思考""决策"的主体仍然为人，"制智权"试图将尽可能多的"思考""决策"任务交给机器，使机器具有像人一样的自主思考能力，同时发挥它们远超人类的生理极限和物理极限的能力。机器实现自主思考需要足够的数据支撑，思考的优劣取决于人工智能算法的水平。应该看到，当前仍处于智能化战争的初级阶段，技术的低成熟度使得人类的作用仍占据相当大的比例，完全的智能化战争仍需要数十年的技术进步。

本章以无人化、集群化战争作为关注点，试图从近几年来的一些局部战场的智能化战争热点案例、各国正在开展的智能无人作战相关的项目，以及各国在人工智能与无人系统领域的未来发展规划等，说明智能无人作战（特别是智能无人集群作战）的重要性与紧迫性。只有提前布局，提前发展，才能在未来智能化战争中占据优势地位。

3.2 全球无人作战热点事件分析

3.2.1 无人装备的优势体现

无人机的发展历史可以追溯到 20 世纪 20 年代，早期的无人机多用于靶机，在近 30 多年内的几次局部战争中无人机才崭露头角，逐渐发展成世界各国尤其是发达国家武器装备中的重要组成部分。在 1991 年海湾战争中，大量无人机参战，无人机发展进入一个崭新的局面。尤其是在 21 世纪初，美国研制的无人机在阿富汗战争和伊拉克战争中大显身手，在世界范围内掀起了无人机的研究和发展热潮，同时无人化也已日益成为未来战争发展的方向之一。

1. 多种类型的无人机在俄乌冲突中参与作战

自 2022 年 2 月 24 日俄乌冲突全面爆发以来，多种类型的无人机在其中发挥了重要作用。在 2022 年 3 月的一场军事行动中，俄军无人机小组发现了敌方正在推进的作战群，欲对俄军的燃料和弹药供应车队展开火力攻击。俄军随即依靠无人机侦察信息进行反制，此次行动有 19 名乌军身亡，而海鹰 -10 无人机（见图 3-1）被认为是这场战役的坐标引导，是俄军告捷的关键一环。

图 3-1　海鹰 -10 无人机

俄罗斯国防部在 2022 年 3 月 4 日公开的视频战报显示,其"猎户座"察打一体无人机对乌军地面目标实施了打击;在 2022 年 3 月 13 日发布的视频称,其"前哨 -R"中型察打一体化无人机摧毁了乌军的一门火箭炮。

2022 年 9 月,俄军在一次军事行动中,使用约 20 架"柳叶刀"3 和从伊朗进口的"见证者"136 自杀式无人机,协同攻击了乌军第 406 旅第 66 炮兵营和 8 月刚从英国接收装备回国的乌军技术保障分队,成功摧毁了乌军的防空指挥所、警卫连连部和燃料库。

2022 年 12 月,乌克兰改装苏联时期遗留的图 -141"雨燕"无人机和民用中型固定翼无人机,分两次向距离俄乌边境超过 600 km 的恩格斯空军基地和佳吉列沃空军基地发动攻击,恩格斯空军基地的 2 架图 -95 战略轰炸机受损,坠落的碎片也导致 3 名俄军技术人员死亡。

2023 年 5 月 3 日凌晨 2 时 37 分(莫斯科当地时间),俄社交媒体"电报"的"当地社区"频道出现一段视频,显示一架无人机于 2 时 27 分出现在克里姆林宫上空,随即在参议院宫殿上空爆炸。2 时 43 分,第二架无人机坠落在克里姆林宫宫墙内。俄方将该事件视为乌克兰政府发动的恐怖袭击、刺杀俄罗斯国家元首的尝试,并保留采取一切必要回应措施的权利。

2023 年 5 月 6 日夜间至 7 日凌晨,乌军至少出动了 10 架无人机袭击了克里米亚半岛,其中有多架无人机直扑俄海军黑海舰队司令部所在地塞瓦斯托波尔港。据报道,现场爆炸不断,防空警报持续了数小时。

据不完全统计,俄军在此次冲突中使用的无人机包括"猎户座"、"前哨 -R"、奥兰 10/ 海鹰 10、奥兰 30、蜜蜂 1、"天竺葵"、"副翼"、"石榴"、"见证者"131、"见证者"136、"柳叶刀"3、"迁徙者"-6、"亚瑟"、ZALA421-16E、KUB-BLA 等;乌军使用的无人机则包括"弹簧刀"、凤凰幽灵、Vector、TB-2、图 141"雨燕"、莱莱卡 -100、1-CMFuria、T150、RQ-20、Spectator-M1、Quantix Recon 等。随着战事愈发胶着,更多型号、更强功能 / 性能的无人机将会投入此次冲突中,它们也将发挥越来越重要的作用。

2. 无人机帮助阿塞拜疆取得战争胜利

2020 年 9 月,阿塞拜疆与亚美尼亚爆发军事冲突后,两国军队在纳卡地区投入了大量装甲部队,然而战场上的主角却不是主战坦克、战斗机或者武装直升机，而是无人机。阿塞拜疆在战场上投入了大量 TB2 无人机（见图 3-2）。据阿塞拜疆国防部新闻处发布的消息，阿塞拜疆军方已经摧毁了 130 多辆坦克、25 个防空阵地、200 多门火炮，其中绝大部分都是 TB2 无人机的战果。阿塞拜疆军方还公开了部分空袭视频，这是攻击型无人机首次大规模投入正面战场，而不是执行辅助任务或者攻击缺乏防空能力的武装组织。TB2 无人机是土耳其卡勒·巴卡公司研发的中型长航时战术无人机，这种无人机的最大起飞重量只有 650 kg，能够携带 2 枚小型空对地导弹或者激光制导炸弹，续航时间超过 20 h，最大升限超过 7000 m。TB2 无人机装备了高性能激光瞄准设备、红外相机、光电搜索仪，能够准确发现地面的装甲目标并进行打击。TB2 无人机的性能较为平庸，远不如彩虹 -4、翼龙 -2、MQ-9 等大型察打一体化无人机，但依然在战场上发挥出巨大的威力。

图 3-2　TB2 无人机

3. 土耳其的自杀式无人机在利比亚的全自主进攻

土耳其 STM 公司生产的卡古（Kargu）-2 型四旋翼无人机（见图 3-3）配有炸药并可对目标进行自杀式攻击。2020 年 3 月，在利比亚民族团结政府与哈夫塔尔率领的国民军发生的冲突中，卡古 -2 型无人机在没有接到明确命令的情况下追猎了一个试图撤退的国民军士兵。

4. 美国的无人机空袭伊朗将军卡西姆·苏莱曼尼（Qasem Soleimani）

2020 年 1 月 3 日，美军出动 MQ-9"收割者"无人机发射 3 枚 AGM-114 型"地狱火"导弹，炸毁了伊朗将军卡西姆·苏莱曼尼及其随从所乘坐的两辆汽车（见图 3-4）。除了卡西姆·苏莱曼尼，阿布·马赫迪·穆罕迪斯以及黎巴嫩真主党的两名高官也在空袭中死亡。

图 3-3　卡古 -2 型四旋翼无人机

图 3-4　被 MQ-9 无人机发射的导弹炸毁的汽车

　　MQ-9"收割者"无人机在飞行时几乎没有声音，因此被攻击的目标很难事先收到警告。实施此次攻击的 MQ-9"收割者"无人机的时速为 230 英里（1 英里 ≈ 1.6 km），可以由数百英里外的两名人员遥控驾驶，进行精确打击，并将攻击的图像传递给世界任何地方的指挥官。每架 MQ-9"收割者"无人机可携带 4 枚激光制导的 AGM-114 型"地狱火"导弹，弹头约 38 磅（1 磅 ≈ 0.45 kg），可以摧毁坦克。MQ-9"收割者"无人机是美国空军主要的攻击性打击无人飞行器，具有多任务、长续航、高海拔监视等特点。MQ-9"收割者"无人机比传统的攻击机小，翼展为 66 英尺（1 英尺 ≈ 0.3 m），重量仅为 4900 磅。MQ-9"收割者"无人机通常在 25000 英尺左右的高度飞行，并使用螺旋桨发动机，因此很难在战场上看到 MQ-9"收割者"无人机，也无法听到其声音。MQ-9"收割者"无人机可以飞行 1200 英里，指挥者可坐在数千英里外的基地里进行操控。MQ-9"收割者"无人机可以在挂载 4 枚"地狱火"导弹的同时，再挂载 2 枚 230 kg 的 GBU-12 型激光制导炸弹或者杰达姆卫星制导炸弹，外挂上限达到了 1400 kg；吊舱内的光学设备极为丰富，除了高清白光摄像机，还有高清热成像摄像机和激光测距/照射机，其中两款摄像机均配有可变倍率镜头，不论在白天还是在黑夜，甚至在上万英尺的高空，也能对地面的人员和车辆进行精确识别。

　　虽然吊舱画面很高清，但如何将这些高清画面无损地传回后方的地面站可就非常考验操作方的保障能力了。目前，MQ-9"收割者"无人机主要采用两种通信方式进行画面回传：一种是微波直连，另一种则是卫星中继。其中，微波直连是指地面站和 MQ-9"收割者"无人机直接使用 C 波段微波进行点对点通信来传输画面和控制命令，这种方式的时延小、带宽足，但通信距离近，只能保障数百公里的通信，且距离越远，MQ-9"收割者"无人机就必须飞得越高，否则通信会被遮挡。为了克服微波直连的弊端，设计者又给 MQ-9"收割者"无人机增加了一部 Ku 波段卫星通信设备，它能将画面通过卫星回传给后方地面站，同时地面站也能将控制命令通过卫星传到 MQ-9"收割者"无人机，这样双方的通信距离就不再受限，即使相距上千公里也不受影响。

　　在刺杀伊朗将军卡西姆·苏莱曼尼的行动中，虽然最后的击杀只是一瞬间的事，但实际上执行刺杀卡西姆·苏莱曼尼任务的 MQ-9"收割者"无人机早已在巴格达国际机场上空盘旋多时，千里之外的美军操作员一直在看着卫星回传的高清热成像画面，从而确认目标到位情况。在操作员发出命令后，MQ-9"收割者"无人机的机头光电吊舱里的激光照射机开机，一束不可见的激光束照射到了卡西姆·苏莱曼尼乘坐的汽车上。随着操作员按下发射按钮，一枚 AGM-114 型"地狱火"导弹从上万英尺的高空直奔目标而去。数秒后，地面传来一声爆炸，车毁人亡。MQ-9"收割者"无人机使用的 AGM-114P 导弹是改进自 AGM-114K 的无人机专用导弹，使用激光半主动制导，打击精度达到米级，所以导弹直接命中了车

战斗部

战斗部是各类弹药和导弹毁伤目标的最终毁伤单元，主要由壳体、战斗装药、引爆装置和保险装置组成。战斗部通常可分为杀伤战斗部、杆条战斗部和聚能战斗部。

体，再加上该导弹配备的是一个重达 9 kg 的高爆反坦克战斗部，所以卡西姆·苏莱曼尼根本不可能有生还的机会。一名退役空军中将说："MQ-9'收割者'无人机是这项工作的完美武器系统，展示了空中力量投射准确、及时和致命的能力。"MQ-9"收割者"无人机发射导弹的瞬间如图 3-5 所示。

图 3-5　MQ-9"收割者"无人机发射导弹瞬间

5. 无人自主平台助力英国皇家海军陆战队抢滩登陆战

目前，英国正在根据现实情况重新调整其军事力量，包括通过无人自主平台增强作战人员战斗力。2019 年 5 月，英国皇家海军陆战队在特雷甘特尔（Tregantle）海滩进行了一场名为"突击队勇士"的军事演习，主要目的是通过海、陆、空无人自主平台的侦察监视，支援突击队队员进行抢滩登陆战斗。特雷甘特尔海滩位于英格兰西南部，筑有 19 世纪 50 年代建造的石头堡垒，可在堡垒上俯瞰海滩。

此次演习包括 1 个皇家海军陆战队突击组和 40 个突击队单元。从此次演习的相关视频中可以看到，在黑暗的掩护下，皇家海军陆战队乘坐登陆艇从海上到达海滩的岸边登陆；在空中，无人机进行侦察监视，为皇家海军陆战队提供情报支援；在海上，无人自主轻型船在登陆艇前方进行侦察。空中和海上无人自主平台的侦察监视位置如图 3-6 所示。

图 3-6　空中和海上无人自主平台的侦察监视位置

在海滩附近的山丘上，部署的无人自主平台是英国奎奈蒂克（QinetiQ）公司制造的自动驾驶汽车 Titan 无人车，其作用是侦察监视海滩战况的进展。Titan 无人车（见图 3-7）是一种混合型无人驾驶地面车辆，装配了导弹和机枪，为小型军事徒步作战行动中的士兵提供安全支援。该无人车的特点是具备多任务能力且可重新配置，可提高作战单元效率，以及提高士兵的安全性。

图 3-7　Titan 无人车

在"突击队勇士"演习过程中，负责侦察监视的无人自主平台将收集到的数据发送给现场作战人员，以易理解、可操作的情报形式呈现在手持平板电脑上（见图 3-8），同时也将收集到的数据发送到总部，不在演习现场的总部人员可通过屏幕远程观看演习状况（见图 3-9）。

虽然在皇家海军陆战队的演习中没有明确说明，但山丘上的 Titan 无人车暗示了未来两种可能的战争场景。第一种，Titan 无人车是作战防御方的无人自主平台，用于避免危险和解除威胁；第二种，在作战进攻人员登陆海滩之前，无人自主平台被隐蔽地部署在阵地并进行设置，以期为作战进攻人员提供保护。

图 3-8　在手持平板电脑上显示自主无人平台收集到的情报

图 3-9　总部人员通过屏幕远程观看演习状况

6. 小型无人机袭击委内瑞拉总统马杜罗

2018 年 8 月 4 日，委内瑞拉总统马杜罗在首都加拉加斯出席一场军队纪念活动，在演讲时遭到委内瑞拉地下组织"法兰绒士兵"的两架携带 C4 炸药无人机的袭击，无人机在接近总统前被击落，造成至少 7 名警卫受伤。委内瑞拉总统马杜罗遇袭现场如图 3-10 所示。

图 3-10　委内瑞拉总统马杜罗遇袭现场

从本次事件可以看出，小型无人机具有尺寸小、飞行高度低的特点，不易被现有的安防设备发现，已经成为突防利器。低慢小目标是指低空、慢速的小型飞行目标，飞行高度一般在 1000 m 以下，速度较慢，其雷达反射面积又很小，具有难发现、难捕捉、难处置、难应对的优势，可对重要目标的空防安全造成极大的威胁。这些飞得又低又慢的小型目标成为世界各国防空部队最为头疼的对象。在面对这些低慢小目标时，传统雷达往往束手无策，因为这些低慢小目标在雷达上基本不显示。更麻烦的是它们的速度很慢，雷达只对运动超过一定速度的目标有显示反应，而低慢小目标的速度太慢，会在雷达上无休止地徘徊，有些高速扫描雷达干脆就不显示低慢小目标。另外，这些低慢小目标根本不用隐身设计，因为它们太小了，不够雷达显像。此外，由于小型无人机的噪声与周围的环境噪声相比非常小，声学探测的发现距离会非常近。小型无人机的动力系统的红外辐射特征低，红外探测手段也较难发现。

7. 俄罗斯无人坦克 Uran-9 参与叙利亚战争

俄罗斯一直在致力于无人地面车辆的研究，并在无人军事系统领域占据着国际领先地位。自 2015 年参与叙利亚战争以来，俄罗斯军方在叙利亚战争中测试了一批新型武器，包括苏 -57 隐身战斗机、T-90 主战坦克、舰载巡航导弹和防空系统等。俄罗斯军用设备制造商 JSC 766 UPTK 开发和生产的履带式无人坦克 Uran-9（见图 3-11）也在叙利亚战争中进行了测试。

图 3-11　无人坦克 Uran-9

　　Uran-9 是履带式无人坦克，长 5.1 m、宽 2.53 m、高 2.5 m，重量约为 10000 kg，在高速公路上的最高速度可达 35 km/h，在越野条件下的最高速度可达 10 km/h。该坦克融入了全新的热成像、定位系统、激光预警等传感器，旨在使该坦克所到之处，目标无处可逃。

　　Uran-9 配备了一个可远程控制并可安装不同武器的炮塔，可装备 4 个射程为 0.4 ～ 6 km 的 Ataka 9M120-1 型反坦克导弹，可击毁敌方主战坦克和装甲目标。炮塔还配备 1 台 30 mm 口径的 2A72 自动加农炮、1 台 7.62 mm 口径的卡拉什尼科夫 PKT/PKTM 同轴机枪、6 台 93 mm 口径的火箭推进式 Shmel-M 型火焰喷射器。此外，Uran-9 还配备了 4 枚 LGLA 地对空导弹、9K333 Verba 便携式防空系统、多达 6 枚的 9M133M Kornet-M 型反坦克制导导弹和车载火控系统（该系统包括自动目标探测、识别和跟踪装置，以及弹道计算机）。

　　Uran-9 可实现手动操作和自动操作模式的切换。在自动操作模式下，Uran-9 可基于预编程路径来自动识别、检测、跟踪和防御敌方目标，可采用绕行方式避障。Uran-9 既可由单个操作员在移动指挥站中手动控制（该指挥站可置于军用卡车上），也可通过便携式控制面板进行控制。在叙利亚战争中进行的测试表明，Uran-9 的可操控安全距离为 300 ～ 500 m。但在测试中也出现了多个问题，如安全遥控距离由原计划的 3 km 缩短至 300 ～ 500 m，多次出现了不可控、失联等现象。即便如此，Uran-9 在叙利亚战争中的实战测试也对无人驾驶地面车辆具有指导性意义。Uran-9 表明无人坦克的时代已经到来。俄罗斯一直是无人坦克领域领先的开发者和使用者,其下一步行动可能会对其他国家和未来的战争概念产生重大影响。

从上述多个案例可以看到,无人装备的大量运用是智能化战争的一个显著特点,其最大优势是能直接或间接地减少士兵的伤亡。无人装备除了可以代替人类完成直接军事打击任务,还能通过渗透侦察、干扰诱骗等手段辅助人类作战。随着无人装备自主水平的提升,士兵将被更大程度地"剥离"正面战场,无人装备的优势将更加显著。

3.2.2　传统无人装备的困境凸显

传统无人装备延续了有人装备的设计思路,是集成综合性平台。但高成本的集成综合性平台的安全并不能得到保证,频频被击毁。无人平台相对于有人平台的威慑力较低,损坏后对作战能力造成的影响较大,并且经济损失过大。

1. 伊朗用两架廉价无人机逼退美军无人机

据马斯达尔新闻网 2020 年 3 月 7 日的报道,伊朗空军首次对外披露了其无人机成功拦阻叙利亚上空的美军 MQ-1"捕食者"无人机的画面(见图 3-12)。从相关图片可以看出,伊朗空军的无人机不仅成功拦截了美军的 MQ-1"捕食者"

无人机,甚至还在空中进行了一番缠斗,而且伊朗空军的无人机一度都要撞向美军无人机,迫使美军无人机撤退。

此次事件说明,利用低成本的无人机反制大型无人机是一种有效手段,为其他国家揭示了反制大型无人机的一种全新途径。随着科技的发展,无人机已经是绝大多数国家必须配备的武器装备了。美军一直以来都在装备上保持着绝对领先地位,每年更是投入了巨额的研制经费。美军的很多武器的杀伤力和先进性多年来在世界上都是首屈一指

知识链接

MQ-1"捕食者"无人机

MQ-1"捕食者"(Predator)是一种无人攻击机,美国空军将其描述为"中海拔、长航程"(Medium-Altitude, Long-Endurance, MALE)无人机系统(Unmanned Aircraft System)。它可以扮演侦察角色,可发射两枚 AGM-114 型"地狱火"导弹。从 1995 年服役以来,该型飞机参加过阿富汗、巴基斯坦、波斯尼亚、塞尔维亚、伊拉克、也门和利比亚的多次战斗行动。

的。伊朗空军无人机的这次行动，在一定程度上展示了无人作战中的非对称攻防特点。

图 3-12 伊朗空军的无人机成功拦阻美军的 MQ-1 "捕食者" 无人机

知识链接

RQ-4 "全球鹰" 无人机

RQ-4 "全球鹰"(Global Hawk) 无人机是由诺斯罗普·格鲁曼 (Northrop Grumman) 公司（简称诺格公司）生产制造的无人机，主要服役于美国空军与美国海军。

RQ-4 "全球鹰" 无人机具备为后方指挥官提供综观战场或细部目标监视的能力，装备有高分辨率合成孔径雷达，可以看穿云层和风沙；还有光电／红外线模组（EO/IR），可以提供长航程、长时间、全区域动态监视。在白天，监视区域超过 10 万平方公里。

RQ-4 "全球鹰" 无人机还具备进行波谱分析的谍报工作能力，可以提前发现全球各地的危机和冲突，也能够帮助引导空军的导弹轰炸，使误击概率降低。

2. 伊朗击落美军 MQ-4C "人鱼海神" 无人机

据伊朗伊斯兰共和国通讯社消息，2019 年 6 月 20 日，伊朗伊斯兰革命卫队在南部霍尔木兹甘省上空击落一架美军 RQ-4 "全球鹰" 无人机，这是该型号无人机第一次被击落，具有里程碑意义。美军一官员证实，确有美军无人机被伊朗地对空导弹击落，但并不是 RQ-4 "全球鹰" 无人机，而是更为先进的海军衍生改进版本 MQ-4C "人鱼海神" 无人机（见图 3-13，伊朗展出的被击落无人机残骸见图 3-14）。伊朗外交部发言人穆萨维和伊朗伊斯兰革命卫队随后向美方喊话，警告美方擅闯领空行为，并表示如果要开战，伊朗已经准备好了。

伊朗击落美军无人机事件算是撕下了美军的华丽外衣：如果美军拿不出远超过对等

伤害的反击（以美军的实力而言打平也是输）
予以应对，其军事威望将一落千丈[1]。

图 3-13　美军 MQ-4C"人鱼海神"无人机

图 3-14　伊朗展出的被击落无人机的残骸

MQ-4C"人鱼海神"无人机

　　MQ-4C"人鱼海神"(Triton) 无人机是美国海军正在研制的，由 RQ-4"全球鹰"无人机发展而来的高空长航程无人机。该无人机基于"广域海上监视"项目开发，计划生产一款配合 P-8"波塞冬"海上巡逻机，可以进行海上实时监视、情报搜索、反潜侦察、搜救等任务的无人飞机。该无人机大体上沿用了全球鹰的机体设计，并在全球鹰的基础上做了一定的改进，如加固了机体和机翼结构、改进了除冰装置和防雷击系统。有了这些改进，MQ-4C"人鱼海神"无人机可以降低飞行高度，在云层中更好地监视目标船只或其他海面目标。

　　伊朗击落一架美军 MQ-4C"人鱼海神"无人机是个非常重大的事件。该无人机是目前世界上最先进的无人机之一，竟然如此不堪一击，使得无人机的安全性再次受到拷问。此外，这款无人机的造价很高，一架裸机就价值 1.8 亿美元，配备所有的设备后，价值高达几亿美元。然而，一架先进的有人战斗机 F-35 才价值几千万美元，一架 MQ-4C"人鱼海神"无人机的造价顶得上多架 F-35。

　　然而，比经济损失和声望打击更严重的是，伊朗此举表明该国军队具有致盲美军的能力。在现代军事对抗体系的侦、干、打、评等环节中，MQ-4C"人鱼海神"无人机、间谍卫星、预警机主要负责侦察及评估环节，是获取战场情况的排头兵。只有获得了准确的战场情报，战斗机、航母等打击性武器才能派上用场。然而，美国在使用 MQ-4C"人鱼海神"无人机在伊朗上空进行侦察时，却直接被击落，表明伊朗具备了针对无人机的防空能力。也就是说，以后再多的 MQ-4C "人鱼海神"无人机，都可能会被伊朗击落，美军的侦察系统面临着巨大的挑战。

据伊朗方面透露，此次 MQ-4C "人鱼海神"无人机与搭载 35 人的 P-8 "波塞冬"海上巡逻机同时出现在伊朗上空，但伊朗方面仅仅将无人机击落，而并没有对 P-8 "波塞冬"海上巡逻机开火，也表明了无人机在威慑方面的弱项。敌方可以通过摧毁无人平台来打击军队信心，而且不易导致冲突升级。

3. 伊朗捕获美军 RQ-170 隐身无人机

2011 年 12 月 4 日，美国洛克希德·马丁公司（洛马公司）生产的 RQ-170 "哨兵"无人机在伊朗东北部城市卡什马尔附近被伊朗军队捕获，如图 3-15 所示。据伊朗国家电视台报道，伊朗军方在该国东北部城市卡什马尔附近，用电子战方式捕获一架型号为 RQ-170 的无人机。虽然西方新闻的报告声称 RQ-170 无人机已经被击落是错误的，伊朗政府却宣称此无人机是被其网络战部门捕获的，该部门劫持了飞机并且控制它安全着陆。美军声称 RQ-170 无人机出现故障并坠毁了，而伊朗展示的 RQ-170 无人机却无明显的损坏。

图 3-15　伊朗展出的被捕获的 RQ-170 无人机

持久自由军事行动

持久自由军事行动（Operation Enduring Freedom）是 9•11 事件后，美国及其联军对基地组织和对它进行庇护的阿富汗塔利班政权所采取的军事行动。

RQ-170 无人机是由美国洛马公司生产的一种主要用于对特定目标进行侦察和监视的隐身无人机。

2009 年 12 月 4 日，美国空军首次证实了 RQ-170 无人机的存在。在持久自由军事行动中，RQ-170 无人机被部署在阿富汗境内。由于 2007 年年底在阿富汗南部坎大哈国际机场露面，它获得了"坎大哈野兽"的外号。值得注意的是，在阿富汗的塔利班武装既没有防空导弹、也没有雷达的情况下，RQ-170 无人机的隐身性能没有多大意义。

RQ-170 无人机采用无尾翼设计，使用单引擎，据 *Aviation Week*（《航空周刊》）报道其翼展为 20 m（66 英尺）左右。RQ-170 无人机的理论起飞重量比 RQ-3"暗星"无人机更大，可以达到 8500 磅（约 3856 kg）。它的设计并没有采用隐身技术中的几种惯用要素，如有凹口的起落架舱门和尖锐的机翼前缘。其机翼呈现弯曲的轮廓，并且排气口没有被机翼

遮蔽。有分析者推测，这款无人机的中度灰色可能暗示了中海拔升限，不大可能超过 50000 英尺（约 15240 m），因为高升限飞机的外观一般会涂色较深，以更好地实现隐身性能。根据起飞重量与海拔升限，研究人员推测这款无人机可能采用了通用电气的 TF34 发动机或者相关的改进版。

美制无人机是迄今为止实战最多的军用无人机，但从参战记录看，似乎没有人们想象得那么强悍。令美国恼火的是，伊朗后来还专门发布消息，宣布解码了 RQ-170 无人机携带的数据。"坎大哈野兽"此后就不再神秘了。

传统大型无人装备试图将尽可能多的功能集成到一起，以形成"万能"装备，这带来了越来越难以负担的研发、维护、使用、牺牲等成本。同时，功能简单、设计周期短、研发和使用成本更低的小型无人装备，能够以很高的效费比换取对传统大型无人装备的胜利。这将会使传统大型无人装备与新式小型无人装备的地位发生根本性的转变。

3.2.3　无人集群作战装备是未来之光

从前面两节可以看出：一方面，无人装备将应用于现代战争的方方面面，并在其中担任愈发重要的角色；另一方面，传统大型无人装备在研发周期长、成本高昂方面的劣势愈加明显。集群化恰恰为无人装备的发展提供了一个新方向，它试图通过将传统大型无人装备的功能分布到大量系统简单、研制廉价的小型无人

装备上，以数量优势、自主协同作战能力取代"万能"装备，并充分发挥其分布式、抗毁性、自适应性等独特优势，给未来智能化战场注入颠覆性的生机。

本节对近几年来发生的一些典型集群化作战案例进行回顾。应该注意的是，到目前为止，集群化作战装备发展还不足，智能化、自主化程度仍较低，可提升的空间巨大。

1．3架无人机袭击伊拉克总理官邸

2021年11月6日，在伊拉克首都巴格达的共和国桥附近，3架无人机飞上天空，它们的目的地是总理穆斯塔法•卡迪米的官邸。两架无人机在途中被击落，但另外一架最终抵达了总理官邸，引发爆炸，造成6名保镖受伤，部分住宅和车辆受损。伊拉克总理官邸被袭现场如图3-16所示。

图3-16　伊拉克总理官邸被袭现场

2．多架无人机空袭美驻叙利亚军事基地

2021年10月20日，叙利亚霍姆斯省和伊拉克交界处的坦夫军事基地（见图3-17）遭到空袭，参与袭击的包括5架武装无人机和1架自杀式无人机。这些无人机向美军基地发射了大批精确制导导弹，袭击目标是美军基地的士兵宿舍。

3．无人机集群重创沙特石油设施

2019年9月14日，沙特阿美石油公司的"世界最大石油加工设施"和一个油田遭到也门胡塞武装的18架无人机攻击。石油设施遇袭现场如图3-18所示。

图 3-17　坦夫军事基地

图 3-18　石油设施遇袭现场

　　2019 年 9 月 18 日，沙特国防部的阶段性调查结果显示，参与这次袭击的共有 18 架无人机和 7 枚导弹。同一天，也门胡塞武装在记者会上公布了一些行动细节：在 2019 年 9 月 14 日之前，他们就利用长航时无人机对沙特阿美石油公司的设施进行了多次空中侦察拍照；在发动袭击之前，制定了详细的作战方案；在袭击开始后，3 种无人机从也门的不同地点起飞，航路经过了精心规划，其中一架还带有电子压制设备，在这架无人机的掩护下，其他无人机从多个地点抵近目标；在袭击完成后，无人侦察机还对目标进行了毁伤评估。据也门胡塞武装发言人披露，本次袭击使用了 3 种无人机，分别为 Kassef-3、Samad-3 和一种未公开型号的无人机。其中，Samad-3 是一种大型无人机，飞行距离超过 1500 km。型号未知的无人机是一种喷气式大型长航时无人机，可携带 4 枚有集束弹头的精确制导导弹。其实，这并不是也门胡塞武装第一次利用无人机对沙特进行袭击了。2015 年 3 月，沙特等国针对也门发起过代号为"果断风暴"的军事行动，造成大量平民伤亡。为了报复沙特，也门胡塞武装经常使用导弹、无人机等向沙特境内的目标发动攻击。在利用无人机袭击沙特阿美石油公司的前几个月，也门胡塞武装加大了对沙特境内重要设施的袭击频率：2019 年 7 月，利用无人机袭击了沙特的军事基地；8 月初，利用无人机袭击了沙特的阅兵式观礼台；8 月中下旬，又利用无人机袭击了谢拜油田。随着无人机技术的井喷式发展，无人机的研制门槛越来越低，使用成本也大幅下降，俨然已为多个国家打造了属于自己的"贫民"空军。在与沙特的多年纠缠中，也门胡塞武装已将无人机战术练得炉火纯青，包括从单打独斗到协同攻击。

利用无人机袭击沙特阿美石油公司的事件诠释了现代战争中无人机的作战运用演化。本次袭击有两大亮点值得关注：无人机集群的协同作战，以及无人机与巡航导弹的协同作战。也门胡塞武装的任何一款无人机都无法独立完成此次袭击任务，但无人机集群就不一样了，它们分工明确、各司其职，有的负责电子压制，有的负责空中侦察并传输信息，有的专门负责实施打击任务，还有的负责殿后并进行毁伤评估。各型号的无人机围绕共同的作战目的，以目标为中心，自主适应、整体协同、联合行动，最终实现对打击目标的高度毁伤。无人机集群协同作战可以有效地克服单个无人作战平台作战功能和作战能力有限的问题，将集群形成一个智能化实体，使其能力得以倍增。随着控制技术、协同技术、网络技术和智能化水平的提高，无人机将会变得越来越聪明，将担负起战场侦察、目标锁定、自主攻击、毁伤评估等全流程任务。未来，无人集群作战将彻底改变无人机作战样式。无人机与巡航导弹协同作战是此次袭击事件的又一个亮点。面对敌方全方位、多层次的防御体系，要实现对敌方关键目标的精确打击，利用无人机与巡航导弹的协同作战，可充分发挥无人机自主灵活和巡航导弹生存能力强的特点，实现武器平台的优势互补，极大提高巡航导弹饱和攻击的作战效能。无人机能够先行遮蔽和干扰敌防空节点，致盲敌防空系统或延长敌空袭预警时间，提升巡航导弹突防能力。巡航导弹的飞行距离远，如果单纯依赖卫星导航，容易受到敌方干扰，无人机可以实时提供目标的最新信息，避免巡航导弹"误入歧途"。在完成袭击后，无人机还可以及时进行敌方目标毁伤评估，为后方指挥员判断火力打击效果提供重要依据，决定是否进行新一轮攻击[2]。

4．50架无人机参与伊朗军演

2019年3月14日，伊朗军队在波斯湾地区举行了大规模无人机空袭演习，超过50架无人机（见图3-19）从距战区约1000 km处起飞，成功空袭了位于巴尼福鲁尔岛上的目标。

图3-19　伊朗的无人机

据伊朗法尔斯通讯社报道，在此次军演举行前夕，伊朗伊斯兰革命卫队航空航天部队指挥官阿米尔·阿里·哈吉扎德将军公开宣布，伊斯兰革命卫队已经拥有了波斯湾地区规模最大的武装无人机集群，将要举行一次无人机演习，"要对傲慢大国迎头痛击，并提醒他们，在本地区驻军有严重后果"。

阿米尔·阿里·哈吉扎德将军此言无疑是专门针对美国而做出的一次警告表态。当然，这一警告并非空言恫吓，如同他所说的，伊朗在两天之后的2019年3月14日，举行了一场超过50架无人机参与的大规模空军演习。此次参演的无人机不仅数量众多，而且款式丰富、作战能力也十分强悍。此外，在演习过程中，无人机集群多次针对假想目标进行了准确而猛烈的"空袭"。

5．无人机集群袭击也门阅兵会场

2019年1月10日，也门正规军在拉赫季省安德基地举行阅兵时，遭遇到也门胡塞武装30多架无人机（Qasef-1型无人机，其残骸见图3-20）的袭击，造成多人伤亡。遇袭现场如图3-21所示。

图 3-20　Qasef-1 型无人机残骸　　　　　图 3-21　也门阅兵会场遇袭现场

从这次也门胡塞武装的袭击效果来看，现代战争已经从传统的有人驾驶武器作战走向了无人化的时代。也门胡塞武装这种低技术含量的军队都已经开始无人化了，这说明了无人机的效能和震慑力非常高。

作为一种新式武器装备，无人机的最大优势在于两点：

首先是零伤亡。因为驾驶员不用坐在飞机里面，在几十或者几百千米外就能完成控制，只要指挥室不被发现，即使战争再激烈，己方也不会有人员伤亡。无人机控制员的培训也比飞行员的培养更容易，这样带来的好处就是能够大量投入无人机，利用海量的无人机取得战场的优势。

其次是成本低、用途多。一般来说，一架 Qasef-1 型无人机的成本可能只是有人驾驶战斗机成本的几十分之一，即使一般的国家也能够大量部署这种无人机。在用途上，无人机只是一个平台，在载重允许的前提下，能够放置任何设备。这次也门胡塞武装在无人机上装备的载荷是导弹，如果把导弹换成照相机，则无人机就是一架侦察无人机，这种功能转变的成本也是非常低的。

这次阅兵会场被偷袭的事件极大地打击了也门军队的士气。这也说明，在被围剿了数年后，也门胡塞武装并没有遭到毁灭性的杀伤，他们依靠无人机对也门的国家安全造成了威胁，民众也开始对能否剿灭也门胡塞武装产生了怀疑。有时候，在敌我不对等的战争中需要进行心理战，在心理上打击对手，也门胡塞武装恰恰依靠初始形态的无人机集群做到了这一点。

6. 无人机集群袭击俄驻叙利亚的军事基地

2018 年 1 月 6 日，不明武装分子出动由 13 架低成本无人机组成的集群，攻击了俄驻叙利亚的军事基地（见图 3-22），造成 7 架飞机不同程度受损或漏油，此次袭击是俄罗斯空军进入叙利亚以来遭遇到的最大规模单次战斗机受损。本事件再次证明了无人机集群有不可忽视的战斗力。

图 3-22　无人机集群袭击俄驻叙利亚的军事基地

3.3　全球智能无人集群研究项目

近年来，智能无人集群成为世界大国竞相发展的重点战略方向。美军第三次"抵消战略"将无人集群作为打赢智能化战争的新质作战力量。近年来，美国国防高级研究计划局、战略能力办公室（Strategic Capabilities Office，SCO）、海军、空军等在国防部的统一领导下，开展了大量的研究和论证工作，启动了马赛克战（Mosaic Warfare）、近战隐蔽自主无人一次性飞机（Close-In Covert Autonomous Disposable Aircraft，CICADA）、小精灵（Gremlins）、进攻性蜂群使能战术（OFFensive Swarm-

抵消战略

美国提出了三次"抵消战略"，目的是利用技术优势或者由技术提供的新能力，抵消对手的优势军事能力。第一次"抵消战略"于20世纪50年代提出，试图利用核技术来抵消苏联的优势。第二次"抵消战略"于20世纪70年代提出，主要以精确打击为龙头，以信息技术为核心，通过全球卫星定位等提高武器平台的作战效能。第三次"抵消战略"于2014年提出，以"创新驱动"为核心，以发展"改变未来战局"的颠覆性技术群为重点，以寻求非对称绝对优势。

Enabled Tactics，OFFSET）、快速轻量自主（Fast Lightweight Autonomy，FLA）、"灰山鹑"（Perdix）、拒止环境协同作战（Collaborative Operations in Denied Environment，CODE）、低成本无人机集群技术（Low-Cost UAV Swarming Technology，LOCUST）等项目，仅2017年就投入超过1.2亿美元的经费。这些项目功能独立、各有侧重，在技术体系上互为补充、融合发展。

3.3.1　智能无人集群项目

1. 作战概念研究项目

1）进攻性蜂群使能战术（OFFSET）

DARPA的进攻性蜂群使能战术（见图3-23）项目起源于第三次"抵消战略"。美国国防部设想通过大量无人集群压制敌防空系统，基于美国空军作战人员利用手势控制无人集群的作战想定与真实的作战需求，进行蜂群战术的研究和积累，采用增强现实、虚拟现实等游戏技术，以及手势、触

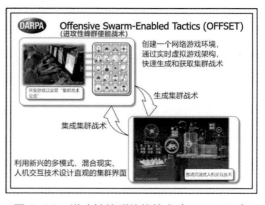

图3-23　进攻性蜂群使能战术（OFFSET）

碰和触感装置等方式开发出一套可以控制蜂群的原型系统，包括空中和地面自主系统，以提升蜂群的实战能力，以此来研究复杂的蜂群战术。

为了快速形成蜂群战术并评估各种蜂群战术的效能，将最佳的蜂群战术整合进战场作战，美军计划研发一套蜂群战术开发系统，支持开放性系统结构，包括

先进的人－群交互界面以及实时网络化虚拟环境。该套系统以蜂群算法（如机动向前、感知障碍等）为基础形成蜂群简单能力，将这些算法组合成群体行为以形成蜂群的群体能力。进一步利用这些群体能力，通过按顺序和同步编排这些蜂群的群体行为，从而催生出与战术相关、可实现战术目标的蜂群系统能力。

OFFSET 项目的关注重点是蜂群战术，该项目通过战术通用语表述自主蜂群能力，以便更清晰、直观地捕捉指挥官的意图。通过顶层设计方法将作战人员的需求作为蜂群能力进步的驱动力，推动作战需求到蜂群算法的转化，实现人－群协同系统（见图 3-24）。

图 3-24　OFFSET 项目的人－群协同系统示意图

OFFSET 的核心是群体智能。在人工智能方面，其关键技术包括蜂群战术、蜂群自主性和人－群编队。

OFFSET 的总体目标是通过 250 个以上无人平台的相互协同，在大型建筑、狭窄空间和有限视野等导致的通信、传感、机动性受限的城市环境条件下，在 6 小时内、8 个街区执行任务，为城市作战的局部战斗提供关键作战能力。通过吸纳和集成最新的集群自主和人－群协同技术，该项目希望取得自主集群系统城市作战能力的突破性进展，形成攻击性集群战术（见图 3-25）。

图 3-25　攻击性集群战术

OFFSET 的每次冲刺都在试图开辟一个新的关键技术研究领域，从而形成蜂群技术的一次发展和进步。DARPA 最早于 2017 年 1 月 27 日发布 OFFSET 项目的跨部门公告初稿。

第一次冲刺设想了一种利用增强现实、虚拟现实等游戏技术，以及手势、触摸和触感界面来指挥蜂群的系统。

第二次冲刺的重点是开发和评估用于提升蜂群自主性的战术和算法，入选团队将有机会与 OFFSET 的蜂群系统集成器团队合作，利用一个由 50 个空中机器人和地面机器人组成的蜂群，在 15 ～ 30 分钟内将一个城区目标隔离在一到两个街区大小的区域内。

第三次冲刺旨在增加 OFFSET 生态系统中越来越多的蜂群战术，采用异构蜂群的空中机器人和地面机器人，探索研究创新性技术，以增强人 - 群联合或人类如何与自主蜂群交互。

第四次冲刺旨在设想由 250 个协同自治系统构成的蜂群为城市地区的地面单元提供关键能力，使其克服诸如高层建筑、狭小空间和有限视线等带来的通信、传感、机动性受限和自主操作受限等挑战。

第五次冲刺包含两个主题：一是集群物理试验平台；二是城市环境中的集群实战战术。

蜂群冲刺旨在鼓励快速创新和突破性技术的不断融入。五次冲刺中的每个部分都强调了一个关键的 OFFSET 推力区域——蜂群战术、蜂群自治、人 - 群联合、虚拟环境和物理测试平台，最终实现蜂群系统能力的跨领域突破。

第四次冲刺方案包括两个主题：在 OFFSET 的虚拟环境中开发成成技术，以及利用人工智能发现和学习新的集群战术。

对于第一个主题，提议者计划在仿真实验中开发和实现综合功能，寻求代表潜在的未来技术，如分布式"透视"传感器、被动蜂群通信或增强型传感器 / 计算阵列，以实现和演示新型蜂群战术。拟议的技术可能是在实验室中进行原型制定的近期进展，也可能是概念性的但基于物理基础的未来发展思想。无人机集群仿真实验如图 3-26 所示。

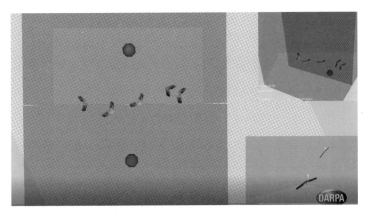

图 3-26　无人机集群仿真实验

第二个主题代表了利用人工智能加速蜂群战术设计的临时冲刺，冲刺者将通过 OFFSET 虚拟环境的增强应用人工智能框架来发现、学习和强化新型蜂群战术。

"通过 OFFSET，我们正在扩大军事中可用的战术，利用自主系统的进步来应对城市环境带来的复杂挑战，"DARPA 战术技术办公室（Tactical Technology Office，TTO）的项目经理 Timothy Chung 说，"当前在虚拟环境中探索和研发蜂群相关技术可能对未来相关研究的突破产生长远影响"。

2021 年 12 月，该项目在田纳西州坎贝尔堡的卡西迪联合武器集体训练设施进行了最后一次（第六次）野外试验。在最新的试验中，诺格任务系统公司和雷神 BBN 技术公司的试验台被用来执行协同行动。试验台包括小型无人系统、背包大小的漫游车、多旋翼和固定翼飞行器。此次试验还展示了"虚拟"蜂群与实际蜂群一起执行真实任务的能力，以及使用虚拟现实、增强现实、平板电脑和手机等对蜂群进行指挥和控制的能力。

2）马赛克战（Mosaic Warfare）

马赛克战是由 DARPA 战略技术办公室（Strategic Technology Office，STO）于 2017 年 8 月提出的，旨在发展动态、协同、高度自主的作战体系，综合应用人类指挥和机器控制，通过快速组合重组一支更加解聚型军事力量，来增加敌方的决策复杂度或不确定性，形成快速、可扩展、自适应联合多域的杀伤力，逐步并彻底变革整个装备体系和作战模式。

目前，美军存在的弱点包括：高性能系统数量少，且这类系统太宝贵，决不能在战斗中轻易被损毁；效率低下的采购过程在开发新系统方面耗时过长，并导致成本增加；过度依赖集中式指挥和控制结构，这种结构采用的单点通信方式易受到攻击。马赛克战正是针对美军的这些弱点提出的，"马赛克"一词反映了如何将较小的部队结构元素重新排列成许多不同的配置或部队的表现形式。马赛克战的基本特点包括：

➲ 模块集：构建可以轻松形成马赛克概念的乐高（Lego）模块平台。

➲ 策略集：集成人工智能，为指挥官提供可用的战略选择。

➲ 杀伤网：传统的杀伤链应被具有高度弹性的、存在冗余节点的杀伤网取代，当杀伤网中的一个链条被破坏时，不会影响其他部分的任务执行。

DARPA 提出的马赛克战，试图在概念上和实践上抓住分布式动态系统的整体性，可能具有更大的范围，包括哲学、心理、意识等，而不仅仅是分散的力量。

马赛克战为体系作战提供了一个全面的模型，包括：需求和获取过程；创建作战概念、战术、技术和程序；除了作战行动，还涉及部队演示和部队分配行动。通过将作战架构分解和抽象到 OODA 循环中的节点而不是主要程序，需求的设置和获取都可以变得更简单、更快速。马赛克战的即时连通性使得更快速、更适应的战术创新能够产生许多潜在的杀伤链。在马赛克战中，平台被"分解"成最小的实用功能，以创建协同的节点。这些功能和节点可以通过 OODA 循环中熟悉的功能进行抽象和分类。马赛克战的分解元素或节点是基于 OODA 循环构造的，包括观察节点、定位节点、决策节点和行动节点，并通过高级数据链启用 OODA 循环功能。

在马赛克战中，点对点的连接被一个传感器节点网络取代，所有的传感器节点都可以收集、排序、处理和共享数据，然后将数据融合到一个不断更新的共享作战态势图中。这些功能并没有像F-35那样紧密地整合在一个单一的昂贵的平台上，而是被分门别类地分布在众多的有人装备和无人装备中，这些装备通过一个不断变化的网络共享数据和处理功能。

马赛克战的一个核心概念是决策中心战。决策中心战旨在让美军指挥官做出更快速和更有效的决策，同时降低对手决策的质量和速度。利用决策中心战可以给敌方决策施加多重困境，如图3-27所示。决策中心战的主要特征有：

- 快速的决策支持（基于人工智能）：AI决策支持工具允许基层指挥官控制分布式部队；指挥策略随环境或敌方行动变化而动态调整，并给敌方的决策带来强复杂度。

- 分布式作战和任务指挥（基于自主系统）：将传统的多任务平台和部队的能力解聚成大量功能相对较弱、成本更低的系统，从而实现分布式程度更高的编队；指挥官仅控制那些能够直接通信的部队。

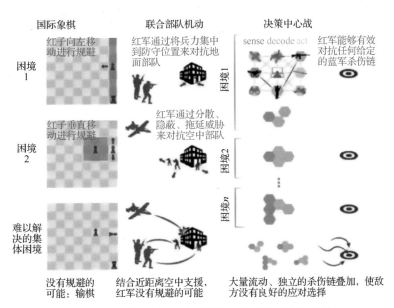

图3-27　利用决策中心战给敌方决策施加多重困境

马赛克战的发展历程如图3-28所示。2017年8月，DARPA的战略技术办公室提出了马赛克战的概念。2018年9月，DARPA 60周年研讨会提出了全面推进马赛克战的理念。2019年3月，DARPA的战略技术办公室发布了名为战略技术的跨部门公告（Broad Agency Announcement，BAA），其内容围绕马赛克战展开，旨在发展四个方面的技术，包括马赛克技术、马赛克效果网服务、马赛克试验、基础战略技术。2019年9月，美国米切尔航空航天研究所（Mitchell Institute for Aerospace Studies）发布了《恢复美国的军事竞争力：马赛克战》。2020年2月，战略与预算评估中心（Center for Strategic and Budgetary Assessments，CSBA）发布报告《马赛克战：利用人工智能和自主系统来实现决策中心作战》，该报告认为美军应将现在的一体化、多功能集成系统和组织形式为主的作战方法分解为数量更多、体积较小、功能较少的作战单元，纳入更多无人系统、自主系统和人工智能元素，通过实施决策中心战来战胜对手。在DARPA的2020财年预算中，与马赛克战相关的项目占到了总项目的21%，经费占比高达35%。例如，分解/重构（Decomp/Recomp）项目在2020财年的预算为1134.5万美元。

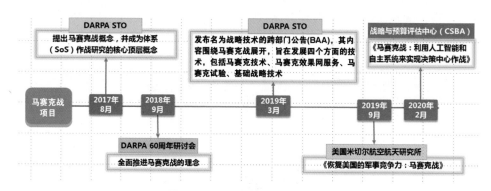

图3-28　马赛克战的发展历程

2．技术项目

1）快速轻量自主（FLA）项目

2015年，DARPA启动了FLA项目，旨在研发先进的技术，使小型飞行器可利用机载摄像头、传感器及智能算法实现自主导航。采用这种自主导航的无人机能够以每小时45英里的速度穿越布满建筑物和障碍物的环境。FLA项目的潜在应用包括：在军队进入之前，安全快速地扫描建筑物内部的威胁；在丛林密集地区或敌对区域的丛林中，寻找被击落飞机的飞行员；在地震或灾难后，对幸存者进行定位。

FLA 项目的目标是开发先进的算法，使无人机或无人车辆能够在没有人类操作员、GPS 或任务数据链的引导下自主运行。FLA 项目不是开发新的传感器技术，或者通过增加计算能力来解决自主导航和障碍物规避问题，其关键是使用低成本的惯性测量单元和已有的旋翼无人机来满足能力需要，因此该项目更侧重于开发一种实时高速、能够在小型低功耗单板计算机上工作的新算法。

在 FLA 项目第二阶段，宾夕法尼亚大学团队设计的飞行器大约是前一阶段飞行器大小的一半，质量减小了一半以上，使用的是一款商用的处理器，只需要很小的功率就可以满足整个计算负载要求。宾夕法尼亚大学团队的项目负责人卡米洛·泰勒（Camillo J. Taylor）表示，最终将开发一个新的集成机载计算模块，可以容纳所有的传感器和计算平台。

FLA 项目采用了一些新技术来解决导航与感知问题，以及规划与控制问题。

在导航与感知方面，为了使无人机能够在不借助 GPS 的情况下实现各种环境的精确定位和导航，FLA 项目研发了一种基于视觉惯性测距（Visual Inertial Odometry，VIO）技术的估算器，该估算器集成了机器视觉单目相机和惯性测量单元。例如，基于网格的单目图像几何恢复如图 3-29 所示。为了提高无人机在高速飞行中的感知能力，FLA 项目开发了几种协同策略，如采用机器学习技术完成远程感知，从而帮助无人机在高速飞行中有效地从传感器提取信息、定位自身位置和感知周围环境，以识别障碍物和清除不可靠路径。

图 3-29　基于网格的单目图像几何恢复

在规划与控制方面，FLA 项目采用了一种基于 3D 反馈运动基元的轨迹控制 / 规划方法，可直接使用局部深度数据来控制无人机的运动，使无人机可以在避免碰撞的同时，准确和快速地朝着目标前进。无人机在模拟测试中基于 3D 反馈运动基元的轨迹选择路线图如图 3-30 所示。

图 3-30　无人机在模拟测试中基于 3D 反馈运动基元的轨迹选择路线图

　　FLA 项目的成果表明，单架无人机可在室内、野外等无 GPS 信号或 GPS 信号不佳的复杂、危险以及缺少外部支持的未知环境中自主地执行任务，同时可实现远程操作下的态势感知。目前，FLA 项目已计划移交美国陆军，未来通过无人机协同形成集群后，可在侦察、饱和攻击等实战应用中大大提升美国陆军的作战能力。

　　FLA 项目的项目经理让·查尔斯·勒德（Jean-Charles Ledé）表示:"在不远的未来，FLA 项目的算法可以把无人机或无人地面车辆转变成具有实战能力的系统。在向无人系统提供大致的运行方向、距离以及要搜索的目标信息后，作战人员便无须输入额外的信息。配装了 FLA 项目算法的无人系统无须远程遥控、GPS 导航、数据链、预先设置区域地图，仅依靠机载的软件、轻量处理器和低成本传感器就可以实时自主地处理各种工作。"

　　2017 年，FLA 项目成功完成了第一阶段的飞行测试；2018 年，FLA 项目完成了第二阶段的飞行测试。研究人员使用最新的 FLA 项目算法在模拟的城市室外和室内环境中进行了测试，测试结果表明该项目取得了重大进展，包括:

　　➲ 以更快的飞行速度在多层建筑之间穿过狭窄通道，同时识别感兴趣的物体。

- 穿过狭小的窗户飞进建筑物内，沿走廊搜索房间，并绘制室内三维地图。
- 识别楼梯并沿楼梯向下飞行，最后从一个敞开的出口离开建筑物（见图3-31）。

图 3-31　无人机自主识别并飞出建筑物的大门

2）"灰山鹑"（Perdix）项目

"灰山鹑"（Perdix）项目旨在验证在空中投放大量廉价无人机，以及无人机集群的分布式控制方法，试验集体决策、适应性编队飞行和编队自愈等，最终向"空天航母"迈进，具有重要的战略意义。"灰山鹑"项目由美国国防部战略能力办公室与海军航空系统司令部共同牵头，由麻省理工学院林肯实验室进行开发。

"灰山鹑"无人机能够执行低空情报、监视与侦察（Intelligence, Surveillance and Reconnaissance，ISR）和其他短期任务，可以从空中、海上或地面发射，以小群或大群的形式执行任务。目前已在阿拉斯加进行了 150 余次的试验，其中72 次是由战斗机在飞行中发射的。

"灰山鹑"无人机（见图3-32）由麻省理工学院设计，机身广泛使用了凯芙拉纤维、碳纤维等材料，并利用 3D 打印技术制造而成，配备了锂聚合物电池。"灰山鹑"无人机最初由该学院工程专业的学生设计，在 2013 年开始由该学院林肯实验室的科学家和工程师进行了军事改装。从商业智能手机行业获得灵感，"灰山鹑"无人机的软件和硬件在连续几代的设计中不断更新，现在已经到第六代了。2016 年 10 月的测试证实了"灰山鹑"无人机具有应对 0.6 Ma 高速（在标准音速下，1 Ma ≈ 1224 km/h）、− 10℃温度以及战斗机巨大尾焰冲击的能力。

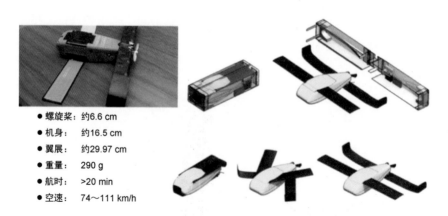

- 螺旋桨：约6.6 cm
- 机身：约16.5 cm
- 翼展：约29.97 cm
- 重量：290 g
- 航时：>20 min
- 空速：74～111 km/h

图 3-32　"灰山鹑"无人机

"灰山鹑"无人机具有先进的集群控制能力，如集体决策、适应性编队飞行以及编队自愈等，它并不是预先编程的同步个体，而是一个集体有机体，共享一个分布式的"大脑"进行决策。基于分布式控制的群体编队演示如图 3-33 所示。SCO 主任威廉·罗帕（William Roper）说："因为每一架'灰山鹑'无人机都可以与其他无人机进行交流与合作，所以集群中没有领导者，因此集群可以适应任意无人机的进入或离开。"

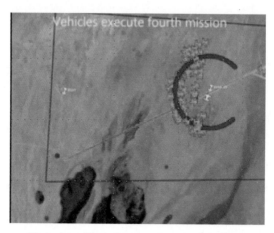

图 3-33　基于分布式控制的群体编队演示

"灰山鹑"无人机是一种消耗型微型无人机，可以从各种军用飞机的尾部推出，在更大、更昂贵的无人机或有人机前方飞行。另外，数百架该型号无人机在两年内的试验与采购开支总额仅为 2000 万美元左右，完全可以代替目前较昂贵的微型空射诱饵弹（单价约 30 万美元），成为低成本、高效的防空系统诱饵。"灰山鹑"无人机可利用自身携带的载荷执行情报、监视与侦察任务，或成群释放，用于干扰和迷惑敌军。

目前，SCO 在国防工业单位中寻找能够精确复制"灰山鹑"无人机的公司，计划批量生产多达 1000 台的改型无人机。

2014 年 9 月，在美国爱德华兹空军基地，首次完成由 F-16 战斗机干扰弹发射筒投放试验。2015 年 9 月，美国太平洋司令部在阿拉斯加北部边缘演习期间，共有 90 架"灰山鹑"无人机参与执行任务，其中包括由 20 架"灰山鹑"无人机组成的集群执行地面和海上监视任务。2016 年 3 月，在爱德华兹空军基地进行的空中发射试验中，F-16 发射了多达 30 架"灰山鹑"无人机，这说明战斗机发射"灰山鹑"无人机的技术取得了突破性的进展。2016 年 10 月，美国国防部采用三架 F/A-18 战斗机释放出 103 架"灰山鹑"无人机，验证了分布式算法及先进的群体行为，如集体决策、适应性编队飞行以及编队自愈等。这些"灰山鹑"无人机在地面站的指挥下，通过机间的通信和协同，作为集群成功完成了地面站设定的 4 项任务。

3）拒止环境协同作战（CODE）项目

2014 年 4 月，DARPA 启动了拒止环境协同作战（CODE）项目（其概念图见图 3-34），旨在研发先进自主协同算法和监督控制技术，以增强无人机在拒止环境中的作战能力，克服电磁对抗环境的不利条件，实现无人机的集群作战。CODE 项目为军事作战开创了新的部署概念。

CODE 项目的研发以协同作战自主化、航空器层面自主化、监控界面，以及适用于分布式系统的开放式结构为重点，注重传感、打击、通信和导航等方面的自主化协同作战等关键技术的开发，以减少所需的通信带宽和人工系统界面。

CODE 项目特别注重协同自主领域技术的提升，使得无人机集群可以在一个操作人员的管理下协同工作。无人机将不断判断其自身和周边环境，并向任务操作者反馈无人机集群的行动建议。操作者可以采纳建议、不采纳建议或让无人机集群收集更多的数据。采用 CODE 项目技术的无人机既可以发现目标，并根据建立的交战法则与目标交战；也可以在最少人员参与的情况下，调用邻近的采用 CODE 项目技术的无人机；还可以用于处理与友军之间的摩擦或意想不到的敌方威胁等突发情况。CODE项目将支持多架装备CODE项目技术的无人机协同感知、适应并响应预期之外的威胁和新目标。CODE项目可支持共享信息、规划并分配任务目标、协调战术决策并在高危险环境中做出响应。

图 3-34　CODE 项目概念图

在严峻的射频环境中进行协同作战时，有效地使用可用带宽是非常重要的，其目的是使整个团队的所有成员都能看到共同的态势感知画面。具体的做法是，通过行为和健康建模技术，减少每架航空器为了知道其他航空器的状况而需要获得的信息。大量的半自主化航空器都置于一名任务指挥官的控制之下，必然会对人与系统交互界面（Human-System Interface，HSI）提出新的挑战，其核心挑战是如何在通信间歇性受阻的拒止环境中与数十架无人机互动。即使在很大的工作压力下，人类操作员也必须能够保持态势感知。CODE 项目的一大任务就是探索一整套任务规划工具和界面，以期克服这些挑战，向人类操作员提供适度的信息，使他们能对无人机进行适度的控制。

CODE 项目的一个主要研究方向是找到符合童话故事中"金发姑娘原则"（Goldilocks Principle）的适度范围。开放式系统结构对于

知识链接

金发姑娘原则

金发姑娘原则源自童话《金发姑娘和三只熊》的故事。金发姑娘闯进小熊一家的房子里，她发现熊爸爸的粥太烫，熊妈妈的粥太凉，所以选择了小熊的粥，刚刚好；而熊爸爸的床太硬，熊妈妈的床太软，她选择了小熊的床，刚刚好。人们从这个故事里引申出了一个做选择的原则，即金发姑娘原则。金发姑娘原则告诉我们适合自己的才是最好的。

CODE 项目通信干线的发展极为重要，现有的系统和尚未构建的新设计必须能够在允许连续改进的环境中共同运行。若要实现这个目标，必须向所有的相关方提供明确界定的界面，这些界面由政府拥有，适合快速整合、自主适调和灵活测试。开放式结构是一个设计承诺，必须融入系统研发的每一步。鉴于系统目标是促进许多不同装备的协同作战，开放式结构是实现 CODE 项目愿景不可或缺的条件。

CODE 项目强调拒止环境中的协同作战，一个重要的目的是在 GPS 拒止环境和通信拒止环境中遂行作战任务（CODE 项目的通信拒止和 GPS 拒止概念图见图 3-35）。拒止环境协同作战系统可以发挥不同现代系统的优势，当与外部通信和导航辅助设备失联时，无人机之间可以相互进行通信中继、数据输入和导航。拒止环境协同作战系统最终将成为一种新的软件基础设施。作为一种迭代和改进的工具，拒止环境协同作战系统可以使若干架无人机协同工作，以完成任务目标，而不需要为每架无人机都配备专业的远程操作人员。采用自主性设计主要是为了克服干扰，使无人机在通信拒止环境下也能继续工作。在大多数情况下，自主集群飞行意味着数十架无人机可由一名具有无人机操控经验的操作人员负责监管，这将对未来的战争模式产生巨大的影响。

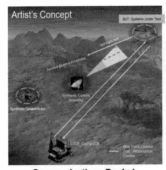
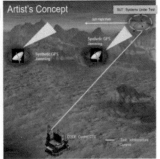

图 3-35　CODE 项目的通信拒止和 GPS 拒止概念图

按照计划，美国海军航空系统司令部将在 DARPA 的项目任务完成以后接管 CODE 项目，该司令部目前已建立经过整个开发过程检验的算法库。海军空战中心飞机部主任表示，建立的算法库并非仅仅致力于支持海军或海军航空系统司令部，也致力于为国防部各单位交付 CODE 项目的能力。

按照计划，CODE 项目分为三个阶段：第一个阶段在仿真中展示了无人机之间自主协同的战术价值，起草了未来各个系统之间的过渡计划，已在 2016 年年初结束（第一阶段的任务模拟见图 3-36）；第二阶段从 2016 年年初到 2017 年，这一阶段使用两个开放式系统结构，用一到两架无人机加多架虚拟无人机，进行实际飞行测试；第三阶段使用 6 架真实无人机和多架虚拟无人机进行协同飞行测试。通过三个阶段的飞行测试来开发和验证全任务能力。

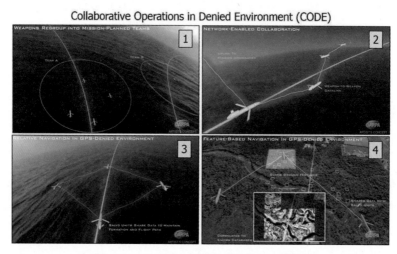

图 3-36　CODE 项目第一阶段的任务模拟

知识链接

RQ-23 "虎鲨" 无人机

RQ-23 "虎鲨"（TigerShark）无人机是 Navmar 应用科学公司设计研发的一款无人机，有原始版 TigerShark 和扩展版 TigerShark-XP 两个版本。

TigerShark-XP 包含一个 "有效载荷即插即用" 系统，可最大限度地降低成本并允许将新的和不同的有效载荷无缝集成到平台中。前瞻性的机身设计使 TigerShark-XP 能够配置无限多种有效载荷，并同时携带和使用多种有效载荷。设计选项包括自主航路点导航，用于自主和手动飞行的特高频指挥与控制链路，以及用于在国家领空运行的甚高频无线电通信中继。

2019 年 3 月 DARPA 宣布，在亚利桑那州尤马试验场进行的 CODE 项目试验中，一群无人机在通信中断、GPS 系统无法使用的情况下，成功完成了预定的任务目标。此次试验首先由地面小型作战中心的任务团队创建了一个真实 / 虚拟结合的测试环境，负责跟踪由 6 架 RQ-23 "虎鲨" 无人机（见图 3-37）组成的无人机集群，并在航空地图上虚拟了多达 14 架无人机。在 4 次演示飞行期间，任务团队激活了各种虚拟目标、威胁和对抗措施，检验了 RQ-23 "虎鲨" 无人机在不理想的环境下完成任务目标的能力。2020 年 3 月，

DARPA 宣布 CODE 项目已实现预期目标，目前该项目已移交美国海军使用。

图 3-37   RQ-23"虎鲨"无人机

4）空战进化（Air Combat Evolution，ACE）项目

人工智能已经相继击败了国际象棋大师、国际围棋冠军、职业扑克玩家，以及在线战略游戏"Dota 2"和"星际争霸 2"中的世界级玩家。然而，目前人工智能还无法在高速和高重力的空中缠斗中击败训练有素的飞行员。随着现代战争逐步演变为包含更多人－机协同的混合作战（见图 3-38），DARPA 寻求实现空对空作战的自主化，使机器速度的反应时间成为可能，并使飞行员能够集中精力专注于更大规模的空战。据此，DARPA 启动了 ACE 项目，以训练人工智能，使其成为空中缠斗的王者。

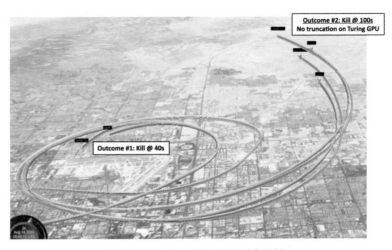

图 3-38   人－机协同的混合作战

上述举措并不是简单地将空中缠斗转为人工智能化，而是更多地让飞行员相信人工智能和自主化能够处理高端的缠斗。一旦人类战斗机飞行员学会起飞、驾驶和着陆，他们就会接受空中作战演习的训练。

飞行员学习空战，是因为空战是一个磨炼飞行员表现和信任的熔炉。为了加速从飞行员到任务战斗指挥官的角色转变，可以将动态空战任务委托给驾驶舱内的无人驾驶以及半自主机载设备，但前提是人工智能必须证明它能够处理这些基本任务。为了实现这一愿景，ACE 项目应运而生，该项目旨在研究人 - 机协同作战，即在最激烈的空中缠斗情况下测试飞行员和人工智能实体如何相互取信。

DARPA 战略技术办公室 ACE 项目的项目经理、空军中校丹•贾沃塞克（Dan Javorsek）博士说：“能够信任自主化是至关重要的，因为我们正朝着战争的未来发展，包括与无人系统协同作战的有人系统。我们设想的未来是，在可视范围内的混战中，人工智能可以进行瞬间操控，让飞行员进行更安全、更有效的操作，因为人工智能将大量无人系统编排成一个具有压倒性战斗效果的网络。”

ACE 项目是 DARPA 的马赛克战愿景的计划之一，马赛克战将战斗概念从主要强调高能力的载人系统（同时也意味着高成本和漫长的开发时间）转变为有人驾驶和低成本的无人系统的组合。这些低成本的无人系统可以使用最新技术进行快速开发、部署和升级，以应对不断变化的实时威胁。将载人飞机与成本低得多的无人系统连接起来创造一种“马赛克”，其中单个“部件”可以轻松地重新组合以产生不同的效果，或者可以快速更换被破坏的单个“部件”，从而产生更具弹性的作战能力。

ACE 项目将对人工智能进行空中缠斗规则培训，类似于飞行员那样从简单的一对一的基本战斗机演习开始培训。虽然空中缠斗在行为上具有高度非线性，但它具有明确定义的目标、可衡量的指标，以及飞机动力学的固有物理限制，这使 ACE 项目成为先进战术自主化的一个良好测试案例。

“只有在飞行员确信人工智能算法在处理有限的、透明的和可预测的行为方面值得信赖之后，才会增加空中交战场景的难度和真实性，”丹•贾沃塞克博士说，“经过虚拟测试，我们计划在小型飞机上展示空中缠斗算法，最终与具有作战代表性的飞机进行实时、全规模的有人 - 无人小组空中缠斗。”

DARPA 在每个研究领域都广泛地寻找潜在参与者，包括以前在国防部几乎没有合作的小公司和学者。为此，在 ACE 项目开始之前，DARPA 赞助了一项独立的、范围有限的工作，专注于第一个技术领域的研究，即为一对一的空中缠斗实现个人战术行为的自主化。被称为"AlphaDogfight 试验"的首次征集已由美国空军创新中心 AFWERX 发布。AFWERX 是一个美国空军创新催化剂，其使命是为美国空军面临的挑战找到新颖的解决方案。

2021 年 2 月，DARPA 开展了空战演进计划项目 2 对 1 模拟人工智能混战，由 2 架友方飞机（F-16）以团队形式对抗敌方飞机，这为小型飞机混战打下了基础。

2022 年 10 月，DARPA 将空战进化技术领域第 2 阶段和第 3 阶段合同授予洛马公司，合同总额为 1170 万美元。该合同包括开发能够实施 ACE 算法和技术的全面实验平台。

2022 年 12 月初，ACE 算法开发人员将他们的人工智能软件上传到位于加利福尼亚州爱德华兹空军基地空军试飞员学校（USAF Test Pilot School）的特别改装的 F-16 测试飞机［被称为 X-62A 可变飞行模拟器测试飞机（Variable In-flight Simulator Test Aircraft，VISTA）］上，并在几天内进行了多次飞行测试。这些飞行测试表明，人工智能可以控制一架全尺寸战斗机，并提供宝贵的实时飞行数据。

5）低成本无人机集群技术（LOCUST）项目

为实现无人机快速发射并进行集群作战，以形成对敌方的压倒性优势，美国海军研究办公室（Office of Naval Research，ONR）与美国雷神公司签署了总金额为 2900 万美元的技术协议，由雷神公司为 ONR 开发名为"低成本无人机集群技术"的项目，项目期限为 2015 年 1 月至 2020 年 1 月。LOCUST 项目旨在开发一种低成本、可消耗的无人机集群，实现对巡飞弹系统的拓展，通过搭载多种载荷的多架无人机的自主组网协同，实现侦察、干扰、打击、毁伤评估等任务能力。

LOCUST 项目开发了一款多管发射装置，可在陆地或舰艇甲板上以每秒一架的速度发射上百架管射小型无人机。这些小型无人机既可在特定区域一起执行掩护或巡逻任务，也可发展为武器实施对地攻击。LOCUST 项目主要采用两种搭载平台：前期的小型泡沫机主要用于进行自主集群飞行算法的验证，于 2015 年完成 30 架自主集群组网飞行；后期采用廉价串列式折叠翼平台"郊狼"（Coyote）

无人机（见图 3-39）作为主要验证工具，使得系统实现了快速大量管式发射、空中集结的能力。该无人机的长度仅为 1 m 左右，重量为 5.4 ～ 6.4 kg，续航时间约 1 h，速度可达到 144.8 km/h，成本只有 1.5 万美元。"郊狼"无人机通过系统集成，在总成本低、传感器精度差、商用级部件和粗糙技术工艺的情况下保证了较好的系统功能，实现了系统的可消耗性，保障了集群数量。2016 年，该项目已完成 18 架"郊狼"无人机的密集发射和空中集结飞行，其飞行以人为监视为主，目前尚无"郊狼"无人机实现全自主组网集群飞行的相关报道。

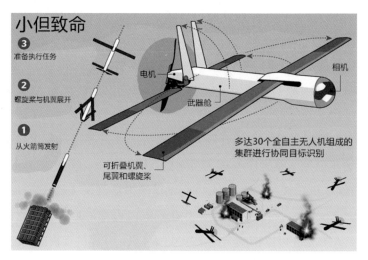

图 3-39 "郊狼"无人机

LOCUST 项目可以看成对组网巡飞弹系统的能力拓展。通过使用更简单的制造过程和工艺、商用级的各种航电组件、传感器和软件系统，使得成本很低，实现了可消耗；通过集群组网的方式，达到了快速对敌侦察搜索、吸引敌方火力的目的；提供了图像侦察信息，可用于确认目标，并进行实时毁伤评估。通过加装光电、战斗部等多种载荷，LOCUST 项目可以为装甲部队提供更好的侦察手段，以及代替舰载直升机执行航线巡逻、探测舰船前方沿海环境等任务，拥有比巡飞弹系统更大的灵活机动能力和自主性。在加装小型雷达的情况下，LOCUST 项目可以执行反无人机任务。另外，LOCUST 项目还可以完成探测飓风气象信息的任务。LOCUST 项目大事记如下：

⊃ 2015 年 3 月，美国海军研究办公室对发射器和无人机进行了测试，在测试中,一架"郊狼"无人机由发射管直接发射,迅速展开机翼进入飞行模式。

- 2015 年 4 月,美国海军研究办公室又对无人机的集群能力进行了测试,发射了 9 架"郊狼"无人机,进行了同步飞行,实现了自主编队。
- 2016 年 4 月,美国海军研究办公室在海上针对数十架无人机集群编队开展演示验证试验,完成了 18 架"郊狼"无人机的集群发射和空中集结编队。
- 2016 年 6 月,美国海军研究办公室在亚利桑那州尤马试验场完成了一系列陆上试验,31 架"郊狼"无人机在 40 s 内被依次发射,并开展了一系列集群编队和机动试验。
- 2017 年,6 架"郊狼"无人机飞入飓风 Maria 的风眼,完成了对飓风的测试工作。
- 2018 年 10 月,雷神公司采用最新研制的无人机集群软件,实现了"郊狼"无人机集群网络化。
- 2021 年,美军基于该项目实现了 30 s 内连续发射 30 架无人机并编队飞行,所研发的无人机的关键决策仍由操作员做出,可根据需要对无人机集群的任务进行校正,但距离实战尚需时日。

6)"小精灵"(Gremlins)项目

DARPA 的战术技术办公室于 2015 年发起了"小精灵"项目,旨在研究一款低成本无人机,以鲁棒、低成本、可快速替代的方式搭载情报、监视与侦察传感器模块和非动能有效载荷,同时开发一个无人机发射和回收装置,使得未来的作战飞机可以快速部署廉价、可重复使用的无人机集群。

"小精灵"项目第一阶段的主要任务是对无人机以及空中发射回收设备的概念进行论证;第二阶段的主要任务是完成全尺寸技术验证系统的初步设计;第三阶段的主要任务是原型机的制造,以及集群飞行和空中发射回收的演示。

"小精灵"项目的技术研究重点是无人机集群的空中投放与回收,以及高速数字式飞行控制等,亮点包括无人机可空中回收、执行任务更加高效、成本低廉、可分布式执行空中作战任务、任务结束后的 24 小时内可重复使用等。

"小精灵"项目设想通过有人或无人固定翼飞机在敌防区外投放携带各种模块化载荷的低成本无人机集群,并以分布式协同方式遂行作战任务。在任务完成后,"小精灵"无人机集群将与 C-130 运输机会合,在空中以每 30 分钟回收 4 架无人机的频次完成回收任务，由 C-130 运输机带回，并由地勤人员在 24 小时内完成初始化，以便重复使用。"小精灵"无人机预期使用寿命大约为 20 次。这种空中回收、可复用、有限寿命、低成本无人机的概念将为 DARPA 的很多在研技术提供载体，共同支撑分布式协同空中作战的发展。

"小精灵"项目的研究周期为 43 个月，合同总额为 6400 万美元。其中第三阶段的研究周期为 21 个月，合同额为 3860 万美元。Dynetics 公司计划在第三阶段结束后或者在第三阶段后期开展针对用户需求的功能载荷设计工作，为美国空军未来推动该项目进入实用阶段做好充分准备。

"小精灵"项目的大事记如下：

⇒ 2015 年，DARPA 发起"小精灵"项目。

⇒ 2016 年第 1 季度至 2017 年第 2 季度为第一阶段，合同额为 1610 万美元，该阶段的任务是对无人机和空中发射回收设备的概念进行论证。

⇒ 2016 年，通用原子航空系统有限公司在美国空军协会年度会议上展示了"小精灵"全尺寸无人机方案。

⇒ 2017 年第 1 季度至 2018 年第 3 季度为第二阶段，该阶段的任务是完成全尺寸技术验证系统的初步设计。

⇒ 2018 年第 3 季度至 2020 年第 2 季度为第三阶段，该阶段的任务是开展原型机的制造，以及集群飞行和空中发射回收的演示。

⇒ 2019 年 8 月，美国空军已正式将编号 X-61A 指定给"小精灵"无人机（见图 3-40）。

图 3-40　"小精灵"无人机

在 2019 年 11 月于犹他州进行的一次试验中，"小精灵"无人机在半空中从军用运输机上发射起飞，飞行了 1 小时 41 分钟。这次试验展示了无人机令人印象深刻的能力，包括它的冷引擎启动、快速机翼部署、数据链性能，以及一个特殊对接臂的部署。"小精灵"无人机的空投试验如图 3-41 所示,"小精灵"无人机的空中展翼如图 3-42 所示。

图 3-41   "小精灵"无人机的空投试验

图 3-42   "小精灵"无人机的空中展翼

然而,这次试验并非一切都是按计划进行的。在试验结束时,因"小精灵"无人机的机械故障使降落伞无法正常工作,并导致其坠毁。但是,DARPA 的热情似乎并没有减弱。因为"小精灵"无人机是由飞机投下的,所以其航程和覆盖面积得到了增强。"小精灵"无人机的可重复使用特性也将降低部署成本。

"这次飞行是 Dynetics 公司和'小精灵'项目的历史性里程碑,"Dynetics 公司"小精灵"项目的项目经理蒂姆·基特(Tim Keeter)在一份声明中说,"无人机飞得很漂亮,我们的指挥和控制系统让我们可以在整个飞行过程中完全控制这些无人机。"

2021 年 10 月 29 日,"小精灵"无人机首次成功完成机载回收试验(见图 3-43)。本次试验中还验证了无人机自主编队飞行的定位和安全特性,是"小精灵"项目的里程碑,标志着未来低成本、网络化、高度自主自治的空战无人机集群作战逐渐走向成熟。

图 3-43 "小精灵"无人机的机载回收

7）自主多域自适应蜂群体系（Autonomous Multi-Domain Adaptive Swarms-of-Swarms，AMASS）项目

2022 年 11 月，DARPA 发布了"自主多域自适应蜂群体系"项目的广泛机构公告，旨在寻求利用一种通用指挥控制系统完成对各种类型的自主无人蜂群（蜂群的蜂群系统或蜂群体系）的指挥控制，以应对战区级反介入／区域拒止（Anti-Access/Area Denial，A2/AD）能力。DARPA 计划为该项目投入 7800 万美元。该计划分两个阶段，基础阶段和可选阶段，将侧重于试验和场景，包括增量和渐进的开发、集成，以及随着不同蜂群数量和任务场景复杂性的增加而进行的能力演示。

该项目试图利用大量自主无人机、无人水面舰艇和无人地面车辆平台，通过战区规模的分布式指挥控制系统，建立一种有效的、成本低的反 A2/AD 能力。虽然 AMASS 创造的能力可以应用于多种任务，但该计划将致力于为一些特定的战区级场景开发这种能力。AMASS 建立在 DARPA 之前相关项目的基础上，以创建一个蜂群的蜂群系统（蜂群体系）。该体系将以高效费比同时威胁多个高价值的敌方目标，并在 A2/AD 作战环境中实现联合部队和联盟作战。

该项目的目前设想是，将携带各种传感器、动力和非动力杀伤器的低成本集群预先部署在前方，并远程发射，提供快速反应和适应性，以消减对手的时间 - 距离 - 质量优势。这项技术将为作战司令部提供 A2/AD 威胁的解决方案，而不会将我方部队和高价值装备置于风险中。重建联合作战和空中优势将使作战指挥官能够充分利用所有可用的资源来击败或阻止敌方的入侵。

AMASS 特别利用了从 DARPA 的"体系增强小单位"（System-of-Systems Enhanced Small Unit，SESU）项目中吸取的经验教训。SESU 证明了大量异构的自主集群在陆战场景中可以给对手 A2/AD 技术带来严重的困境。SESU 项目开发、集成并演示了一个系统，该系统利用蜂群、蜂群行为软件、特定载荷（如通信、导航、非动力和动力杀伤器）和可用于证明作战概念和大规模试验（1000 个）的建模和仿真系统来计划和执行反 A2/AD 任务。为计划和执行任务而开发的软件和蜂群行为软件直接与大规模对抗模拟器集成，以确保模拟和真实环境之间的无缝操作，包括进行真实、虚拟和建设性实验的能力。与大型虚拟场景一起进行的小规模现场演示展示了如何有效地协调成群的无人机和更传统的远程火力，用于收集和发送情报，实施协同电子攻击和打击目标，以便成功地拒绝、削弱或击败对手 A2/AD 能力。

反 A2/AD 是反综合防空系统的任务集，包括反指挥、控制、通信、计算机、情报、监视和侦察（C4ISR），反雷达，反机动，超视距瞄准等。DARPA 希望尽最大可能利用现有的或在其开发周期中相对成熟的平台和有效载荷。通过一个通用的指挥控制系统、体系结构、标准和接口，不同类型无人平台组成的智能无人集群将能够使用通用语言的人工智能进行通信，并协同执行所需的战区级任务，而不会对现有设计和特定系统的预期目的产生实质性的影响。

该项目的核心是计划和执行任务的能力，该能力利用数千个自主平台来削弱或击败对手 A2/AD 能力。为了实现这一目标，将通过考虑任务目标、优先级、风险、资源可用性、蜂群能力和时间调度的优化过程来分配蜂群。此外，在选择蜂群及蜂群组合时，AMASS 将考虑未来潜在任务的需求。为了促进不同蜂群之间的无缝操作，而不需要对当前自主平台的程序进行重大修改，将开发一种被称为蜂群体系协议（Swarms-of-Swarms Protocol，SOSP）的通用蜂群语言。SOSP 允许运行不同自主软件的蜂群与 AMASS 的分布式、分层指挥控制系统进行交互，从而使 AMASS 指挥控制系统能够请求服务、协商并与该区域可用的蜂群交换信息。

在理想情况下，指挥控制系统将控制多个具有不同能力和行为的异构蜂群，而无须深入了解这些蜂群是如何工作的，也不会对蜂群的预期目的产生实质性影响。AMASS 指挥控制系统可以通过蜂群上的有效载荷或通过蜂群的本地指挥控制系统实现。一个政府团队将协调 SOSP 语言规范的初步制定，被选中的执行方将根据这一初步工作继续完善和实施规范。已定义的蜂群语言和规范将使指挥控制系统中的蜂群系统能够与军种、联军和 DARPA 的蜂群一起计划和执行反 A2/AD 任务。架构开发将集中于优化蜂群规模、深度和控制跨度。此外，架构开发将解决大量蜂群所需的分布式、层次化和安全的通信。架构开发的最后一个要素将集中于将网络鲁棒性和弹性融入蜂群体系中。

通过使用可以快速修改的开放式软件和硬件接口，AMASS 能够适应新的威胁和作战域，还将建立快速提供用于训练和配置蜂群体系指挥控制系统、蜂群指挥控制系统自主行为，以及传感器、动力和非动力有效载荷所需的数据的渠道。AMASS 将与传统的联军指挥控制系统和情报系统实现互操作，以促进战区级作战所需的信息交换。将 AMASS 集成到军事决策过程中，促进军种的快速采用，可使联合多域作战成为可能。

利用 SOSP 规范，执行方将演示分布式、分层的蜂群体系指挥控制系统，以通过螺旋型实验方法支持大规模行动。螺旋型实验方法是指在军队合作伙伴需要时，尽可能增加蜂群的复杂性和数量。该计划将在指挥控制系统中进行反 A2/AD 任务的试验，利用数百个真实自主平台，包括 DARPA、军种的蜂群，以及数千个虚拟平台。核心焦点是扩展蜂群体系指挥控制系统，以整合来自不同作战域的空中、地面和水面蜂群，尽管这些集群最初不是为集成为蜂群体系而设计的。

3. 创新项目

1）简易机器人集群完成复杂任务

集群机器人理念是利用一些简易、便宜、可替换的机器人来代替离散、贵重且易碎的组件，这些机器人可以一起工作来完成同样的任务。集群机器人存在的问题是，如果希望这些机器人能够根据用户的想法去执行动作，则它们就需要配备自己的计算模块、通信组件以及其他零部件，这在简易的单体机器人（见图 3-44）上是很难实现的。

图 3-44　简易的单体机器人

简易的单体机器人的功能通常比较简单，能够独立完成的工作有限。但是，简易的单体机器人集群可以利用一些单体机器人的随机行为（如移动、变形等）来完成复杂的动作。有人提出了一种比较另类的解决思路：使用一些简单的、几乎没有智能的单体机器人，这些机器人的行为是随机的，但用户仍然可以采用一定的手段来让它们完成特定的事情。

佐治亚理工学院（Georgia Institute of Technology）已经开发出了被称为"智能肌"（Smarticle）的机器人，它们能做的事情很少，只能执行简单的动作，但如果把这些"智能肌"组合成一个杂乱的整体，则可以利用它们的随机性动作来完成一些复杂任务。实际上这些"智能肌"跟智能并没有多大关系，一个"智能肌"的重量约为 35 g，主要由 1 个伺服系统、2 个 3D 打印的片形机臂组件、1 个简单的处理器（Arduino Pro Mini）、1 块电池和 1 个光或声传感器组成。当"智能肌"的机臂被激活开始摆动时，每个"智能肌"都可以缓慢移动。单个"智能肌"大多只是在正方形中移动，然后随着时间的推移逐渐向一个随机的方向移动。

当把一大堆"智能肌"扔进一个受限区域时，它们就变得更有趣了。一个由 5 个或 10 个"智能肌"约束在一起的小集合形成了一个"上界"，但是除了彼此非常接近，"上界"内的"智能肌"并没有通信或类似的东西。就每一个"智能肌"而言，它们是独立的，但奇怪的是它们可以一起完成整体的行为。研究人员注意到，如果一个"智能肌"停止移动，可能是因为它的电池没电了，那么这组"智能肌"就会开始朝着那个停止的"智能肌"的方向移动。当强光照射其中一个"智能肌"时，可以通过在"智能肌"上添加感光器来控制它的移动，这些感光器可以阻止机臂摆动。

事实证明，我们可以对这种行为进行建模并以足够的保真度控制一个超级"智能肌"，引导这个超级"智能肌"完成指定任务。严格地说，虽然这些特殊的"智能肌"并不是那么小，但研究人员的想法是开发一些技术，这些技术可以在"智能肌"的规模缩小到根本无法适应有用计算的程度时发挥作用。研究人员还研究了"智能肌"的未来概念，如图3-45。

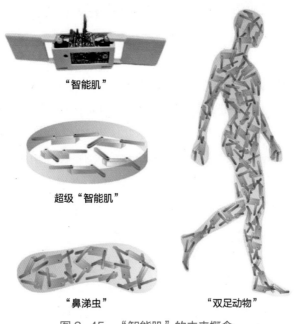

图 3-45　"智能肌"的未来概念

2）SwarmDiver 超便携集群

2018 年，水下集群技术初创公司 Aquabotix 和著名水下技术公司泰勒斯（Thales）宣布，将联手设计和开发可快速部署的扫雷措施、快速环境评估和军事水文自治系统任务解决方案，重点发展和整合 Aquabotix 公司的名为 SwarmDiver 的下一代超便携集群（见图3-46）的技术。其他合作机构还包括悉尼大学（Sydney University）、澳大利亚野地机器人中心（Australian Centre for Field Robotics）、弗林德斯大学（Flinders University）、西悉尼大学（Western Sydney University）、Mission Systems 公司等。

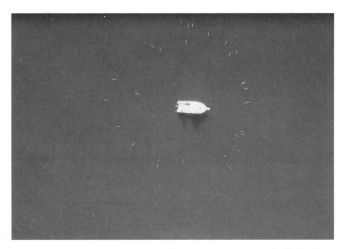

图 3-46　Aquabotix 公司的 SwarmDiver 超便携集群

Aquabotix 公司于 2018 年推出的微型无人装备 SwarmDiver 兼具水面无人舰艇和水下无人潜航器（Unmanned Underwater Vehicle，UUV）的能力，多个 SwarmDiver 可仅由一名地面操作人员轻松控制，以协同收集水面、水下的各种有价值的信息，并通过无线或者有线的通信方式进行传输。SwarmDiver 具有体积小、质量小、易于部署等特点，可由多种水面舰艇或水下潜艇搭载，并可编成多种队形以适应不同任务的需求。

SwarmDiver 的民用版已经成功用于海洋勘探、水文测量、羽流跟踪和自主浮标等。SwarmDiver 的军用版目前有三种：一是 SwarmDiver STEALTH，摒弃了传统的高能见度黄色涂料方案，利用数码伪装技术提高生存能力，装有低噪声电机，可用于情报、监视与侦察和安全通信；二是 SwarmDiver NIGHTLINE（见图 3-47），它是专为特种作战（特别是隐蔽行动）而设计的，其表面涂有紫外线反射涂层，当用一定频率的紫外线光源照射时会发光，可以用于黑暗中的电子战静默复原；三是 SwarmDiver EDGE，其配备了灯，可用于视觉标记，在两栖作战中实现目标标记、水雷走廊标记、海滩 / 障碍物标记等。此外，Aquabotix 公司还考虑在 SwarmDiver 上装填爆炸物，以在定位、跟踪目标的同时对目标造成进一步的毁伤。

图 3-47 SwarmDiver NIGHTLINE

此次合作，Aquabotix 公司试图借助泰勒斯公司的水下技术为 SwarmDiver 装备磁力、光学、声呐等传感器，增强 SwarmDiver 在独立或协同工作时的水面情报、侦察与监视、水下快速环境评估、疑似水雷的探测与定位、水雷目标识别以及最终的水雷清除等能力，以最大限度地减少水雷对海军和商业航运活动的不利影响，提供改变游戏规则的优势。

3）美国空军的 XQ-58A Valkyrie 无人机

XQ-58A Valkyrie "女武神" 无人机（见图 3-48）是远程高亚音速无人机，2019 年 3 月，其演示验证机在亚利桑那州尤马试验场完成首飞。该无人机是由美国空军研究实验室（Air Force Research Laboratory，AFRL）联合美国克拉托斯（Kratos）无人机系统公司开发的，由美国空军研究实验室的低成本可消耗飞机技术（Low Cost Attritable Aircraft Technology，LCAAT）项目资助。LCAAT 项目的主要目的是打破战术飞机成本不断攀升的趋势，通过发展更好的设计工具、孵化并利用商用制造流程来减少制造时间和成本，更快速地设计并制造无人机系统。

XQ-58A Valkyrie 无人机的特点如下：

⊃ 既可以与 5 代机协同作战，也可以独立地以集群的形式作战。

⊃ 可消耗，价格低廉，单价为 200 万～ 300 万美元。

⊃ 允许回收，预计最多可以回收 5 次。

- 机长为 8.84 m，翼展为 6.7 m。
- 最大速度为 0.85 Ma。
- 最大航程为 3000 海里（1 海里≈1.85 km）。
- 当内置 2 枚小直径炸弹时，作战半径为 1500 海里。
- 预计内置弹仓可容纳 2 枚小直径炸弹，预测共有 8 个挂架。
- 可由火箭助推发射，通过降落伞回收（无起落架）。

图 3-48　XQ-58A Valkyrie 无人机

XQ-58A Valkyrie 无人机在 2019 年 3 月首飞时，从跑道起降，按预期完成了 76 min 的飞行。克拉托斯无人机系统公司从签订合同到完成首飞，仅用了两年半多一点的时间。XQ-58A Valkyrie 无人机共有 5 个测试计划，分两个阶段进行，目标包括评估系统功能、气动性能、系统的发射和回收等。美国空军研究实验室 LCAAT 项目的项目经理道格·斯齐布列夫斯基（Doug Szczublewski）说："XQ-58A Valkyrie 是无人机的第一个例子，它由低采购和运营成本定义，同时具有改变游戏规则的战斗能力。"

作为美国空军"引人注目"无人战斗空中飞行器概念，XQ-58A Valkyrie 无人机最终揭开了面纱，它实际上是我们看到的第一个真正的空军无人机概念。XQ-58A Valkyrie 无人机很可能是美国空军无人机项目的低端产品。

XQ-58A Valkyrie 无人机能够完成低成本的侦察、打击、电子战任务，既可以扮演 F-35"忠诚僚机"的角色，也可独立地以集群方式执行侦察、打击任务。据推测，

XQ-58A Valkyrie 无人机能够携带一对小直径炸弹或电子战和监视设备，还能够使用火箭助推器发射，而不是仅仅依靠跑道起飞。

作为低成本可消耗打击演示机（Low-Cost Attritable Strike Demonstrator，LCASD），XQ-58A Valkyrie 无人机是 LCAAT 项目的验证机产物，该项目的目标是最终装备一种可重复使用、适应性强的低端无人战斗飞行器。从本质上讲，LCASD 项目的概念是高容量的，无论其背后的战略，还是以可负担的获得它的方式。

值得注意的是，XQ-58A Valkyrie 无人机的报价更符合先进的巡航导弹，而不是可多次重复使用的、适应性很强的隐身无人机。如果试验计划转变为全速率生产支持的作战计划，则 XQ-58A Valkyrie 无人机有潜力以相对适中的价格大幅提高美国空军的战斗打击能力和灵活性。

XQ-58A Valkyrie 无人机可以在没有大型跑道的地方起降，这也完全符合五角大楼的需要，即能够在高度分散的战斗环境中与其他国家作战。在高度分散的战斗环境中，基础设施可能是几乎不存在的，XQ-58A Valkyrie 无人机的飞行范围允许其在相对低成本和不可预测的情况下穿透敌人的反介入 / 区域拒止（A2/AD）圈，这是依赖于空中加油机的战斗机越来越难做到的事情。

美国媒体指出，XQ-58A Valkyrie 无人机的确是一架令人兴奋的飞机，它可能在不久的将来改变美国空军的作战方式。

4）可变形的集群模块化机器人

2019 年 4 月，瑞士洛桑联邦理工学院（École Polytechnique Fédérale de Lausanne，EPFL）可重构机器人实验室（Reconfigurable Robotics Lab，RRL）的负责人杰米·派克（Jamie Paik）及其团队一起在 TED 大会汇报了该团队在可折叠机器人领域的最新进展。RRL 专注于研究柔性、可重构和交互式的机器人，这些机器人在可穿戴、医疗、康复等领域具有广泛的应用。受折纸的灵感启发，杰米·派克及其团队研究出了可以折叠和变形的超薄机器人。在 2019 年 4 月的演讲和技术演示中，杰米·派克展示了机器人是如何适应地球上（或太空中）的多种任务的。

近年来，模块化和折纸机器人变得越来越流行，这两种方法都能给最终用户带来特殊的好处，同时也会带来限制。RRL、EPFL 和 NCCR（National Centre of Competence in Research）机器人公司的克里斯托弗·贝尔克（Christoph Belke）和杰米·派克提出了一种最新解决方案——Mori（一种模块化折纸机器人，见图 3-49），将模块化机器人和折纸机器人集成在一起，以克服它们各自的局限性。

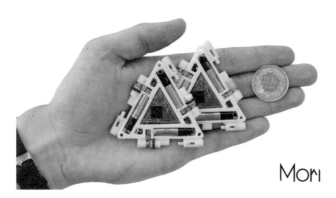

图 3-49　模块化折纸机器人 Mori

折纸机器人通过折叠薄膜材料实现形状的改变，模块化机器人通过组合大量的单个实体来重新配置整体形状并处理不同的任务。折纸机器人的结构紧凑、重量小，但其功能受限于纸张的大小、形状以及可折叠次数。相比之下，模块化机器人在形状和配置方面更加灵活，但它们的体积通常较大。

Mori 是第一款同时结合了折纸机器人和模块化机器人的机器人，融合了这两种机器人的优点并消除了它们的一些缺点。Mori 机器人的样机具有折纸机器人的准二维轮廓（即非常薄）和模块化机器人的灵活性。通过采用旋转枢轴的小且对称的耦合机构，Mori 机器人的每个模块都可以用任何形式连接到另一个模块。一旦连接成功，Mori 机器人就可以被折叠成任何期望的形状。Mori 机器人的每个模块都具有三角形结构，厚约 6 mm、边长约 70 mm、重量约 26 g。在这种结构中包含致动器、传感器和车载控制器，这意味着 Mori 机器人所需的唯一外部输入就是电源。

Mori 机器人原型机的模块化设计得非常好，研究人员在多个场景中测试验证了其灵活性。首先，将 Mori 机器人装配成一个可重构的曲面后，可根据用户的输入改变其形状；其次，通过一个小间隙操纵单个模块，可使用嵌入在旋转枢轴的一侧的橡胶环作为轮子，并将另一侧装配在容器中；第三，Mori 机器人通过与来自外部摄像机的反馈耦合，系统能够闭环控制操纵对象。模块化机器人集群配合如图 3-50 所示。

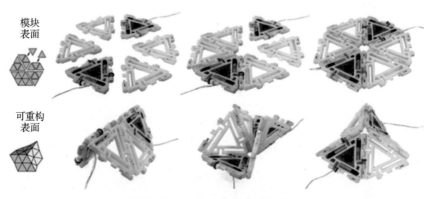

模块
表面

可重构
表面

图 3-50　模块化机器人集群配合

利用 Mori 机器人，研究人员可以在三维空间中使用准二维模块实现任意尺寸的可重构机器人系统，可满足多种任务的需要，如可以通过调整自身形状进而修复空间中的结构、改变表面以表示地理数据等。

5）麻省理工学院推出 M-Blocks 2.0

由麻省理工学院计算机科学和人工智能实验室（Computer Science and Artificial Intelligence Laboratory，CSAIL）开发的自组装立方体机器人 M-Blocks 2.0（见图 3-51）可以自组装形成各种结构，能够实现跳跃、旋转、翻转和相互识别等功能，应用范围包括检测、救援和医疗等。

功能相对简单的机器人通过相互协同，可以发挥群体优势，在完成复杂的任务方面具有巨大的潜力。然而，如何让这些功能相对简单的机器人实现真正的蜂窝式协同思维是一个难题。为了改变这一现状，麻省理工学院计算机科学和人工智能实验室的一个团队想出了一个新颖的解决方案，即自组装立方体机器人 M-Blocks，它们既可以爬上爬下，绕着彼此旋转，也可以在空中跳跃，在地面滚动。

图 3-51　自组装立方体机器人 M-Blocks 2.0

　　经过 6 年的技术更迭，现在的 M-Blocks 可以在每个面上使用类似条形码的系统进行"通信"，允许模块识别彼此。由 16 个 M-Blocks 组成的自主集群现在可以完成简单的任务或行为，如排成一条线、跟随箭头或追踪灯光。每个 M-Blocks 都是一个飞轮，以每分钟 2 万转的速度转动，M-Blocks 的每条边和每个面都有永磁体，可以让任意 2 个 M-Blocks 相互连接。M-Blocks 互相连接可完成指定任务，如图 3-52 所示。实验室主任丹尼拉·鲁斯（Daniela Rus）教授解释说："M 代表运动（Motion）、磁力（Magnet）和魔法（Magic）。"

图 3-52　M-Blocks 2.0 互相连接完成指定任务

虽然 M-Blocks 的内部机制相当复杂，但外部机制却很简单，这使得连接更加牢固。除了检查和救援，研究人员还设想将 M-Blocks 用于游戏、制造和医疗等领域。"M-Blocks 的独特之处在于它非常便宜且具有鲁棒性，而且可以很容易地由 100 万个 M-Blocks 组成自主集群，"实验室的博士生约翰·罗曼尼辛（John Romanishin）说，"M-Blocks 能够以一般的方式移动。其他机器人系统的运动机制要复杂得多，需要走很多步，但 M-Blocks 的可扩展性更好。"

以前的模块化机器人通常使用小机械臂的单元模块来处理运动，这些小机械臂称为外部执行器。即使最简单的动作，这些小机械臂也需要大量的协调，一次跳跃需要多个命令。在通信方面，以前的模块化机器人尝试使用红外线或无线电信号，这使其变得很笨拙。如果在一个小区域有很多小机械臂，它们都试图互相发送信号，会造成冲突和混乱。如果使用无线电信号进行通信，当一个小区域内有许多无线电信号时，这些信号会相互干扰。

约翰·罗曼尼辛提出了一种算法来帮助 M-Blocks 完成简单的任务或行为，并设计了一个类似条形码的系统。在这个系统中，M-Blocks 可以感知它们所连接的其他模块的身份。在一个实验中，让这些 M-Blocks 从随机的结构变成一条线，然后观察这些 M-Blocks 是否能确定彼此连接的特定方式。如果不是，它们必须选择一个方向，并朝那个方向滚动，直到到达该方向的尽头为止。从本质上说，这些 M-Block 使用相互连接的配置来引导它们选择移动的动作——90% 的M-Blocks 成功地排成了一条直线。

该团队指出，构建电子设备非常具有挑战性，尤其是在试图将复杂的硬件安装到如此小的一个模块中时。为了使 M-Blocks 集群在未来成为现实，该团队希望可以用越来越多的 M-Blocks 组成更大的集群，并为各种结构提供更强的能力。

6）手势控制无人机集群

采用传统控制器实现对单架无人机的精细控制耗时费力，想要实现对无人机集群的群控更是难上加难。来自俄罗斯斯科尔科沃理工学院（Skolkovo Institute of Science and Technology）的研究团队在 2019 年 10 月找到了一种合适的控制方法，即运用手势来控制无人机集群，如图 3-53 所示。

图 3-53　手势控制无人机集群

早在 2016 年旧金山湾区创客展上，诺兰·摩尔（Nolan Moore）就将游戏公司任天堂开发的虚拟现实控制手套 Power Glove 改造成了功能完善的无人机遥控器。其控制方式精巧，控制策略也沿用至今。具体的控制规则是：手心向下平放手掌实现悬停，手握成拳并任意扭转实现滚转和俯仰，伸出一根手指并上下拨动改变高度，手腕水平扭转实现偏航控制。斯科尔科沃理工学院的团队重新设计了新的可穿戴手势控制器，提供了触觉和速度感知功能。通过建立集群单元间的动力学阻抗模型，控制器可以将手势的速度和力量信息转化为集群的总体运动状态和单元间的互斥力，实现更精确的无人机集群操控并避免碰撞。无人机集群的手势控制器如图 3-54 所示。

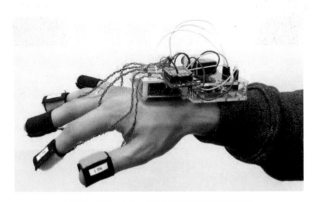

图 3-54　无人机集群的手势控制器

斯科尔科沃理工学院的团队解决了无人机集群个体间的避撞协同问题，将手势控制应用于无人机集群的群控。这不仅方便了无人机集群的控制者，也提高了无人机集群飞行的安全性。更重要的是，手势控制与人类感官直觉相通，使得控制反应更快、动作更精确。手势控制精度的立体避障试验场景如图 3-55 所示。

与传统控制相比，手势控制可以免去复杂的飞行路径预规划，普通人也可以迅速学会控制无人机集群，可方便影视拍摄、工程勘探、农业植保等场景下无人机集群的快速应用。

手势控制无人机集群的方法引起了广泛关注，可能对许多应用场景产生深远影响，主要体现在：传统无人机集群飞行前的路径规划不可或缺，而手势控制无人机集群有望省略这一步骤。无人机集群控制在本质上更趋近于实时行为控制，即在有限的态势下让无人机集群在规则约束下对外界环境做出即时反应。手势控制无人机集群不仅省去了路径规划的预编程，也避免了特定环境下无人机集群行为的不可预测性。

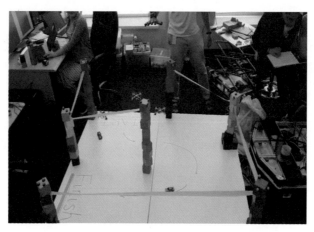

图 3-55　手势控制精度的立体避障试验场景

3.3.2　智能无人平台项目

近年来，大量的无人装备被设计研发了出来，在此基础上，如果能通过集群技术将大量的无人装备连接起来形成无人作战体系，将是巨大的战争力量。

1．陆上智能无人平台

1）轻型重载全地形战术无人车——PROBOT V2

PROBOT V2 无人车（见图 3-56）是一款功能强大的无人平台，由全球领先的美国战术地面机器人系统供应商 Roboteam 公司研发，旨在为战场上的地面部队提供多任务支撑，提升作战效能、保障人员安全。轻型重载、高效灵活、响应迅速的 PROBOT V2 无人车可以追随部队赶赴战场的任意地方，其出色的运载能力、全地形机动性和多任务适用性，已在实战中得到了验证。

图 3-56　PROBOT V2 无人车

得益于轻便高效、坚固耐用的车体设计，PROBOT V2 可以承载高达 700 kg的物资、设备、材料等任务载荷，在沙地、水面、灌木丛、山地、城市等不同地形环境下保持高速、高机动性，最高时速为 9.6 km，爬升能力为 33°，可翻越25 cm 高的垂直障碍物。

相较于其他全地形战术物流无人车，PROBOT V2 无人车的一大亮点在于其可以支持室内任务。在狭窄的区域内，PROBOT V2 无人车可以轻松地爬上楼梯和实现精确操纵。同时，PROBOT V2 无人车采用了新的动力电池，使它可以在72 h 内无须充电，提升了长时作战能力。PROBOT V2 无人车的性能如表 3-1 所示。

表 3-1　PROBOT V2 无人车的性能

参　　数	描　　述
无托架时的尺寸	150 cm×120 cm×60 cm
带托架时的尺寸	195 cm×120 cm×105 cm
军用标准	坚固耐用，IP67
自重	410 kg
最大有效负载	700 kg
速度	9.6 km/h

参　数	描　述
通信方式	安全的 IP 移动 Ad-hoc 网络
工作范围	500 m
工作模式	远程遥控模式、自主跟随模式、GPS 航点导航模式

　　PROBOT V2 无人车在 PROBOT 无人车的基础上，改进了软件版本，提升了平台的自主能力。目前，PROBOT V2 无人车支持远程遥控、自主跟随和 GPS 航点导航等多种工作模式，其配备的操纵员终端 ROCU-7 是一款全天候控制器，兼容 Roboteam 公司旗下的多款战术地面机器人产品，支持单个操作员在远程控制多个无人系统。此外，PROBOT V2 无人车可以实现任意地形下的人员自主跟随，支持多辆 PROBOT V2 无人车的自主编队行驶（见图 3-57）。

图 3-57　多辆 PROBOT V2 无人车的自主编队行驶

　　作为一款支持多任务重构的全能型无人车，PROBOT V2 无人车可以根据任务进行灵活的配置和集成载荷。PROBOT V2 无人车可以利用可见光、近红外相机和其他环境传感器，全天候地获取目标区域的 360°实时视频，为作战部队远程实时收集情报。在有挑战性的地形和城市环境中，PROBOT V2 无人车可快速定位和抵达伤员位置，并将其运送到安全地点。凭借超强的有效载荷能力，PROBOT V2 无人车可同时承载多名伤员。目前，PROBOT V2 无人车支持的任务已涵盖了战术情报、监视与侦察（ISR）、搜索救援、核化生爆、武器基站、医疗后勤等，在使士兵远离战场危险区域的同时，大幅提升地面部队的作战效能。

　　2）战场致命杀手——Fantom 无人车

　　东部地区紧张的冲突局势，迫使乌克兰军方寻求引入军用无人平台，以最大限度地保护战场上士兵的生命。其中，乌克兰 Spets Techno Export（STE）公司的 Fantom 无人车（见图 3-58）就是乌克兰军方应对边境作战的撒手锏之一。

图 3-58　Fantom 无人车

在战场上，即使最微小的暴露也可能受到致命的打击。研发 Fantom 无人车的主旨是替代士兵有效执行各种战斗任务，保护和挽救士兵生命。作为一款全天候多用途战术无人车，Fantom 无人车可在复杂战场环境中执行侦察监视、火力支援、救护救援、弹药供应、路障保护、边境控制、路面排雷等任务。此外，Fantom 无人车还可用于高精度反导和综合电子战。

Fantom 无人车于 2016 年在乌克兰基辅举行的武器与安全博览会上首次亮相，车体为 6×6 轮式平台，总重量为 1 t，载重 350 kg。Fantom 无人车采用全轮驱动、独立悬架和液压制动系统设计，可在崎岖地形（包括沙地等）条件下提供最佳行驶性能。Fantom 无人车采用混合动力推进系统，最高时速为 38 km，最大行程为 20 km，安装 12.7 mm×108 mm 重型机枪和拦截导弹，可对付轻型装甲车、非装甲车辆、直升机、无人机等，为士兵提供火力支援和掩护。

在 2017 年的阿联酋阿布扎比国际防务展上，STE 公司发布了改进型的 Fantom-2 无人车（见图 3-59）。Fantom-2 无人车的车体升级为 8×8 轮式平台，总质量为 2.6 t，最高时速达到 60 km，最大行程升至 130 km。Fantom-2 无人车可以安装 23 mm 双管炮和 80 mm 火箭发射系统，依靠整合的"Barrier"反坦克导弹系统，Fantom-2 无人车几乎不需要移动，就能够击中 100～5000 m 内的重型和轻型装甲目标，提高了其作为战场杀手的打击能力。

图 3-59　Fantom-2 无人车

　　Fantom 无人车可使用指挥控制站（见图 3-60）远程操作，操作员可通过光缆或无线电链路向车辆发送引导、导航、避障和控制等命令。当使用安全无线电链路时，控制距离最远可达 20 km；当采用防扩散光纤链路时，控制距离为 5 km。控制站内有两台宽屏显示器，可显示车辆的运动和视频遥测信息。光学摄像机安装在车辆后部顶端，可为操作员提供 360° 无障碍视野。

图 3-60　Fantom 无人车的指挥控制站

　　Fantom 无人车今后升级的方向之一是通过明智地选择部件和相对简单的设计，提升产品在全球范围内的性价比。STE 公司相信，在不久的将来，战争将完全由没有恐惧感、也没有任何痛苦的智能无人系统参与，士兵将不再置于战场风险之中。

3）M160无人扫雷车

M160无人扫雷车（见图3-61）也称为MV4 DOK-ING，是一个远程控制、具有跟踪扫雷功能的系统，用于清除杀伤地雷和未爆炸的弹药，以确保地面部队的安全。M160无人扫雷车采用视线遥控，保证士兵与任何潜在的爆炸物和雷管的安全距离。

M160无人扫雷车使用带有链条和小锤子的鼓轮搅动地面，挖掘深度达几英寸，可引爆其路径上的任何危险。M160无人扫雷车的防爆功能能防止士兵受伤。

美军上士加里·艾伦（Gary Allen）说："已经进行了一些测试，M160无人扫雷车在排除简易爆炸装置和杀伤地雷中的表现非常好，非常耐用。"美军一等兵福里斯特·格林（Forrest Green）说："M160无人扫雷车可以在车上或步行时使用……如果你在车内，这将是首选的方法，你会更安全，因为当你试图操作M160无人扫雷车时没有别人向你开枪的风险。"M160无人扫雷车还提供了其他附件，如刀片或滚轴，用于其他地面的挖掘，可以快速清理一个区域，以便更快地准备战斗。

图3-61 M160无人扫雷车

M160无人扫雷车是美国陆军预备役工程师们为战斗提供的另一种工具，也是保障士兵安全的另一种方法。

4）空地协同作战、无人驾驶电动多功能军用车——Reckless

美国Nikola Motor公司推出了一款新型无人驾驶载人电动多功能军用车

Reckless（见图 3-62），它由 Nikola Motor、Planck Aerosystems 和 AimLock 公司共同研发。通过 Reckless，三家公司展示了各自的独特技术是如何通过先进的车载平台、导航和目标系统，在不同的任务场景和环境中帮助军队的。2018 年，Nikola Motor 公司与美国海军陆战队一同对 Reckless 进行了野外测试。

图 3-62　电动多功能军用车 Reckless

Reckless 由 125 kW·h 的电池供电，由配备 3D 视觉系统的士兵远程控制（见图 3-63），可装载进 V-22 "鱼鹰" 倾转旋翼机及其他大型飞机。电动多功能军用车 Reckless 的行驶里程为 240 km，重量为 1496 ~ 2041 kg，载重为 1360 kg，高度为 1.47 ~ 1.8 m（含防滚架），长度为 3.83 m，宽度为 1.5 m。Reckless 是纯电力驱动车辆，可以在 3 s 内加速至 100 km/h。Reckless 具有模块化功能，可以与远程武器站和军用无人机实现即插即用。

图 3-63　采用 3D 视觉系统控制 Reckless

Reckless 的一个关键应用是与 Shearwater 无人机协同使用（见图 3-64），该无人机由 Planck Aerosystems 公司研发，有效载荷为 4 kg，续航时间为 25 min，可以从移动船只或车辆上发射和自主着陆。Shearwater 无人机在着陆区域使用独特的 QR 码标记识别其回收平台，并且在着陆时通过四根收缩电缆进行锁定，防止其在回收过程中移动。目前，Shearwater 无人机已在行驶中的 Reckless 上进行了多达 50 余次的着陆试验，并已评估了无人机返回车辆时的自动充电技术。

图 3-64　Reckless 和 Shearwater 无人机的协同使用

　　Reckless 车顶的 AimLock RM-1 远程操纵武器站，由 AimLock 公司设计和制造，具有自动目标探测、主动稳定和连续目标跟踪能力。AimLock RM-1 几乎可以安装在包括三脚架、建筑物、沙滩车、地面车辆、船只和直升机等在内的任何平台上，是具有多功能特性的超便携系统。

　　5）德国"防护型 – 任务大师"无人车

图 3-65　"防护型 – 任务大师"无人车

在 2019 年度的弹药能力展示会（Ammunition Capability Demonstration 2019, ACD2019）上, 德国战斗车辆武器配件及防卫产品制造商莱茵金属（Rheinmetall）公司发布了其 "防护型 - 任务大师" 无人车（Mission Master-Protection UGV）。ACD 是当今全球最大的武器装备现场火力展示会, 在众多武器弹药中, "防护型 - 任务大师" 无人车受到了 ACD2019 参会者的高度关注。

　　"防护型 - 任务大师" 无人车由莱茵金属公司的 "任务大师" 无人地面载具与法国泰勒斯(Thales)公司的多管火箭系统整合而成, 可实现 14 枚火箭弹的齐射, 在 1.6 s 内将 60 kg 的弹药投送到战场, 这在陆战场中是一个了不起的壮举。莱茵金属公司加拿大分公司负责业务发展的副总裁阿兰·特伦布雷（Alain Tremblay）表示: 我们可能是第一个使用空对地系统进行地对地任务的公司, 当然也是第一个将其应用到无人地面系统的公司。"防护型 - 任务大师" 无人车发射火箭弹的场景如图 3-66 所示。

图 3-66　"防护型 - 任务大师" 无人车发射火箭弹

人在回路

　　人在回路是指武器操作员在经过第一次指令输入后, 仍有机会进行第二次或不间断的指令更正。

　　"防护型 - 任务大师" 无人车的演示是在南非 Overberg 测试靶场进行的, 在一个完全数字化的场景中采用莱茵金属公司的 Argus 士兵系统控制开火。Argus 是一个远程控制系统, 莱茵金属公司和泰勒斯公司都强调需要一种人在回路的配置, 这意味着操作员可以在从目标获取到最终射击授权的整个过程中完全控制武器系统。

"防护型 - 任务大师"无人车显示出了武装化无人地面车辆的发展趋势，正如武装无人机系统在空战中产生了革命性的影响一样。所有的迹象都表明，在地面作战中，武装化无人地面车辆的数量将持续快速增长。世界各地都在进行武装化无人地面车辆的实地测试，包括 2018 年 5 月俄罗斯在叙利亚部署的乌兰 -9（URAN-9）无人车，许多国家都意识到了武装化无人地面车辆的潜力。

正如在 ACD2019 上展示的"防护型 - 任务大师"无人车，武装化无人地面车辆开辟了广泛的新可能性。在尽量减少友军风险的同时，武装化无人地面车辆通过提供近距离火力支援，不仅可以大大提高地面部队的战斗力，还可以在当今复杂的战场环境下自主执行高风险军事任务。

6）第五代 THeMIS 多功能无人作战车

第五代 THeMIS 多功能无人作战车（见图 3-67）是由欧洲领先的无人地面车制造商和机器人战争解决方案开发商 Milrem 机器人公司研制的，于 2019 年在伦敦举办的国际防务装备展（Defense & Security Equipment International，DSEI）上发布，旨在帮助作战人员提高战斗力。

图 3-67　第五代 THeMIS 多功能无人作战车

Milrem 机器人公司的首席执行官库尔达·瓦尔西（Kuldar Väärsi）说："2015 年，我们在伦敦举办的国际防务装备展上展出了 THeMIS 概念车。4 年后的今天，经过与合作方以及北大西洋公约组织（北约）部队进行了各项复杂环境下的车辆测试，我们今天很自豪地回到这里，展示我们公司这款技术成熟、功能强大的产品。第五代 THeMIS 多功能无人作战车将大幅提高作战能力。"

第五代 THeMIS 多功能无人作战车包含了很多新技术，包括在美国、欧洲、中东进行了各项测试的技术，以及法国领导的巴尔坎行动在马里部署期间研究的技术。第五代 THeMIS 多功能无人作战车在车辆结构、安全性、空中运输能力、动力卸载等方面符合北约 STANAG（Standardization Agreement）标准。

库尔达·瓦尔西补充说："我们的工程师收到并考虑了来自多个武装部队的反馈，并将其应用到了第五代 THeMIS 多功能无人作战车的设计中，进而创造出一个真正强大、可靠的装备来支持地面部队。"

第五代 THeMIS 多功能无人作战车是一种多用途履带车辆，可搭载多种作战系统，如武器系统、系留无人机、简易爆炸装置等。第五代 THeMIS 多功能无人作战车的问世成为各种有效载荷集成项目所需要的工业标准级无人地面车辆。Milrem 机器人公司已经与 Kongsberg、FN Herstal、MBDA、ST Engineering 等合作伙伴一起，集成了十多种不同的系统，搭载了五种武器系统（包括反坦克导弹发射器）进行实弹射击试验（见图 3-68）。

知识链接

系留无人机

系留无人机将无人机和系留综合线缆结合起来，通过线缆传输电能和信号，可 24 小时不间断实现空中悬停，具有空中长时间作业、数据传输带宽大的特点和优势。

图 3-68　第五代 THeMIS 多功能无人作战车的实弹射击试验

Milrem 机器人公司目前正致力于增强第五代 THeMIS 多功能无人作战车的自主功能，包括点对点导航、障碍物检测和规避。目前自主功能的开发只关注机动性，不关注武器系统部署。第五代 THeMIS 多功能无人作战车已经交付给荷兰和挪威，不仅可以作为后勤平台，用于携带装备和补给，还能与其他作战装备进行集成。

2. 海上及水下智能无人平台

1）英国 BAE 系统公司的无人艇

英国国防科技公司 BAE 系统（BAE System）在其 Pacific 950 无人艇上成功进行了一系列无人化技术试验，这将使英国皇家海军能够使用无人艇在更远距离、更长时间和更恶劣的环境中航行。Pacific 950 无人艇的海上试验如图 3-69 所示。

图 3-69　Pacific 950 无人艇的海上试验

BAE 系统公司与 L3Harris 公司和 MSI 防御系统公司的行业专家一起研发了 Pacific 950 无人艇，该无人艇采用了自主导航决策技术，使操作者能够在远处集中精力处理关键任务信息。为了提高现有军舰的能力，该项技术被用来改造现存的无人艇，如正在英国皇家海军水面舰队服役的 BAE 系统公司的 Pacific 24。

Pacific 950 无人艇可在巡航速度下航行 10 天，或在追逐模式下航行 300 海里，速度可达 45 节（1 节 =1 海里 / 小时≈ 1.85 km/h），可遥控或半自主执行任务。BAE 系统公司进行的试验表明，Pacific 950 无人艇具有独特的能力，能够执行复杂的多阶段任务，支持先进的动态任务，同时提供增强的态势感知，以支持海军作战人员更快、更有效地进行决策。Pacific 950无人艇可以执行的任务包括反海盗行动、边境管制、持续情报收集、海上安全和部队保护等，在高风险地区使用Pacific 950无人艇可以在不危及水手或海军陆战队的情况下执行任务。

BAE系统公司的海事服务业务首席技术专家迈克·伍兹（Mike Woods）说："Pacific 950无人艇的技术代表着人类与机器交互的巨大进步，将先进的自主技术与人类能力相结合，可以克服复杂海况带来的许多挑战。Pacific 950无人艇能让水手们远离危险，同时让他们能够对每天面对的日益变化、常常是不可预测的情况做出反应，并有助于在复杂和模棱两可的情况下更快地做出决定。"

Pacific 950无人艇具有预置的智能行为，可以适当地定位与潜在威胁的关系。Pacific 950无人艇的武器系统由MSI防御系统公司和BAE系统公司共同开发，由人类操作员牢牢地控制，确保Pacific 950无人艇在自主航行和导航的同时，总有一个训练有素的操作员在人在回路中，对交战和攻击做出最终决定。

BAE系统公司于2015年首次引入了Pacific 950无人艇，该无人艇在2016年作为英国皇家海军"无人勇士"演习的一部分进行了试验。这次完成的工作是与英国国防部合作的，将Pacific 950无人艇的技术提升到了更高的成熟度。BAE系统公司将开展进一步的工作，以证明Pacific 950无人艇可以与现有的英国皇家海军舰艇作战管理系统相集成。Pacific 950无人艇还将进行进一步的试验，包括参加将在葡萄牙举行的北约军事演习。

迈克·伍兹补充道："我们一直在合作开发这种'同类中的第一'技术。我们自豪地看到自主海洋技术的显著成熟，将英国定位为这一独特空间中的前瞻者，并在重要的地方提供关键优势。"

2）波音公司的"虎鲸"（ORCA）无人潜航器

美国海军已经装备了由波音公司制造的4架超大型无人驾驶水下运载工具（Extra Large Unmanned Undersea Vehicle，XLUUUV）——"虎鲸"（ORCA）无人潜航器（见图3-70）。美国海军计划利用"虎鲸"无人潜航器探索和完善未来这种规模的水下无人潜航器的作战概念，包括收集情报、部署或清除水雷、攻击其他船只或潜艇、进行防区外打击等。五角大楼在2019年2月13日的日常服务合同公告中宣布，美国海军已和波音公司签署总额为4300万美元的"虎鲸"无人潜航器合同。

图 3-70 "虎鲸"无人潜航器

"虎鲸"无人潜航器在水下的最大时速约为 9 英里，可以潜到 11000 英尺的深度，可以浮出水面并使用吸气式柴油发电机进行充电。

波音公司表示，"虎鲸"无人潜航器可以携带足够的燃料，使其能够一次自主运行长达 6 个月，总航程约为 7500 英里。由于其模块化有效载荷舱中只有一个燃料模块，其总航程仍将超过 6500 英里。"虎鲸"无人潜航器有自己的声呐障碍规避系统，以及一个惯性导航系统。

"虎鲸"无人潜航器的直接任务很可能是水雷战和反水雷战。海军水雷的威胁不断增加，甚至扩散到非国家行为体。美国海军认识到这些武器在各种作战场景中的价值，为了在作战区域扩大自己的能力，已经使用小型无人潜航器来侦察敌方水雷，这样可以避免载人船只处于危险境地，即使相对较大的"虎鲸"无人潜航器也能进入传统扫雷机难以到达的区域。除此之外，"虎鲸"无人潜航器的任务还有可能包括自主攻击，它可以携带武器，自行对水面舰艇或潜艇进行攻击。波音公司表示，"虎鲸"无人潜航器设计了足够容纳轻型和重型鱼雷的有效载荷舱。

"虎鲸"无人潜航器也将成为美国海军大直径无人潜航器（Large Diameter Unmanned Undersea Vehicle，LDUUV）计划的垫脚石，该计划可以将弗吉尼亚级别的潜艇部署到更接近实际目标区域的位置。作为 LDUUV 计划的一部分，"虎鲸"无人潜航器的研制将大

知识链接

非国家行为体

非国家行为体是与国家行为体相对的概念。非国家行为体是指国家以外能够独立地参与国际事务的实体，它是在以民族国家为中心的国际关系基础上产生的，是国际关系发展到一定历史阶段的产物。非国家行为体一般包括政府间国际组织、非政府间国际组织、跨国公司、民族解放运动、分离主义组织、恐怖主义活动等。

幅提升美海军航母的作战能力。组装中的"虎鲸"无人潜航器如图 3-71 所示。

图 3-71　组装中的"虎鲸"无人潜航器

3）俄罗斯"海神"无人潜航器集群

俄罗斯国防工业消息人士透露，俄罗斯海军预计将部署 30 多艘具备核能力的"海神"无人潜航器（见图 3-72）。两艘搭载"海神"无人潜航器的潜艇将进入俄罗斯北方舰队服役，另外两艘将加入俄罗斯太平洋舰队。每艘潜艇最多可搭载 8 台"海神"无人潜航器，总共有 32 台"海神"无人潜航器将在俄罗斯海军服役。

俄罗斯国防部既没有公开评论也没有确认将服役的"海神"无人潜航器的

知识链接

北德文斯克造船厂

北德文斯克造船厂成立于 20 世纪 50 年代初，位于北极圈内阿尔汉格尔斯克州北德文斯克市，是专门建造核潜艇的保密工厂，也是世界上最大的潜艇生产厂家。20 世纪 70 年代，北德文斯克造船厂制造了世界上最大的"台风"级战略导弹核潜艇。

数量。"海神"无人潜航器将可能由 09852 号潜艇携带，该潜艇是基于 949A 项目的 Oscar II 级核动力导弹潜艇或 09851 号潜艇改进的。据报道，09852 号潜艇是 Borei 级核动力弹道导弹潜艇的缩小型变体，其中两艘分别于 2012 年 12 月和 2014 年 7 月在北德文斯克（Sevmash）造船厂定制。949A 项目的 Oscar II 级舰艇可能在"经过适当升级"后搭载"海神"无人潜航器。

据俄罗斯国防工业消息，俄罗斯于 2018 年 12 月开始对"海神"无人潜航器进行海上试验。正在进行的试验是设计工作的一部分，而不是全面的海上试验。俄罗斯国防部已于 2018 年 7 月宣布，主要针对"海神"无人潜航器的制导系统和水下自主操作模式进行试验，水下测试可能由 B-90 Sarov 级 20120 柴油电动潜艇进行，该潜艇作为"海神"无人潜航器的发射平台。

图 3-72   "海神"无人潜航器

"海神"无人潜航器被列入俄罗斯 2018—2027 年的国家武器计划。"海神"无人潜航器既可以作为核弹头运载平台，还可以用于其他目的，如情报、监视与侦察任务。

4）重制版蓝鳍金枪鱼 -12（Bluefin-12）自主无人潜航器

在 2019 年举办的国际防务装备展上，美国通用动力集团公司（美国第五大国防工业公司）公布了重制版蓝鳍金枪鱼 -12（Bluefin-12）自主无人潜航器（见图 3-73），该自主无人潜航器是基于该公司 2006 年设计完成的同名型号的无人潜航器改进而来的。

无人潜航器主要分为两类：遥控型潜航器（Remote Operated Vehicle，ROV）和自主型潜航器（Autonomous Underwater Vehicle，AUV）。早期的 UUV 研发多集中于 ROV，其主要应用于水文探测、海底勘探等民用领域。近年来，随着技术的不断发展，AUV 因其强大的作战潜力获得了更广泛的研究关注，这主要体现在：无人潜航器可利用自身所搭载的不同载荷，执行远程通信中继、反潜警戒、水下侦察与监视、反水雷等一系列重要的军事支援任务。

图 3-73　重制版蓝鳍金枪鱼 -12 自主无人潜航器

本次公布的重制版蓝鳍金枪鱼 -12 自主无人潜航器，属于美国海军的中型无人潜航器（其直径约为 324 mm）。这类 AUV 可由潜艇发射管发射和回收，从而可以在作战中极大地提高自身的隐蔽性。相比于其原型机，重制版蓝鳍金枪鱼 -12 自主无人潜航器除了在电机、电池、通信模块、导航模块等标准模块上进行了全面升级，还在其前端配置了 4000 cm³ 的载荷舱，用于安装定制化的载荷（如合成孔径声呐等），从而使其应用领域覆盖了从军用到民用的多个领域，包括反水雷、快速环境评估、搜救和港口防卫等。重制版蓝鳍金枪鱼 -12 自主无人潜航器的极限待机时长达到了 36 h，执行任务时长（如探测任务）达到了 20 h。在控制方面，重制版蓝鳍金枪鱼 -12 自主无人潜航器搭载了属于美国通用动力集团公司同系列产品的自主控制算法，实现了海床地形跟随和自主避撞功能。通过搭载的多普勒计程仪和惯性导航器，重制版蓝鳍金枪鱼 -12 自主无人潜航器的控制精度可以达到 1 m（CEP50）。

知识链接

CEP

CEP（Circular Error Probable，圆概率误差）是弹道学中的一种测量武器系统精确度的项目。其定义是以目标为圆心画一个圆圈，如果武器命中此圆圈的机率最少有一半，则此圆圈的半径就是圆概率误差。

一般来说，如果圆概率误差是 n 米，50% 的炸弹会落在 n 米半径内，43% 的炸弹会落在 n 米半径外、$2n$ 米半径内，不到 7% 的炸弹会落在 $2n$ 米半径外、$3n$ 米半径内，0.2% 以下的炸弹会落在 $3n$ 米半径以外。

5）DARPA"海上猎人"持续追踪反潜无人舰

DARPA 已成功完成其持续追踪反潜无人舰（Anti-Submarine Warfare Continuous Trail Unmanned Vessel，ACTUV）计划，并已正式将名为"海上猎人"（Sea Hunter）的技术示范船移交给海军研究办公室（ONR）。ONR 将继续开发革命性的原型船，第一艘"海上猎人"持续追踪反潜无人舰（见图 3-74）最终可能成为全新级别的远洋船，无须船员就能航行数千千米，可作为中等排水量无人水面载具（Medium Displacement Unmanned Surface Vehicle，MDUSV）。

图 3-74 "海上猎人"持续追踪反潜无人舰

DARPA 战术技术办公室（TTO）的项目经理亚历山大·瓦兰（Alexander Walan）表示："ACTUV 从 DARPA 转移到 ONR，标志着开发大型无人水面舰艇（Unmanned Surface Vehicle，USV）技术和自主能力的一个重要里程碑。我们与 ONR 的合作让未来的舰队更接近现实，其中载人战舰和强大的大型无人舰艇相互补充，可以完成多样化、不断发展的任务。"

"ONR 赞赏 DARPA 在推进这项技术方面所做的真正令人印象深刻的工作，以及我们多年来在 ACTUV 上建立的强大合作伙伴关系，"ONR 的项目经理罗伯特·布里佐拉拉（Robert Brizzolara）说，"随着 ACTUV 从 DARPA 转移到 ONR，ONR 期待继续其科学技术工作。特别是，我们已经在致力于自主控制，这是一个具有挑战性的领域，对于使 MDUSV 更加成熟并将其交付给舰队至关重要。"

TTO 的主任弗雷德·肯尼迪（Fred Kennedy）表示："ACTUV 代表了海军水面战的新愿景，它将少量功能强大的高价值资产换成大量商品化、更简单的平台，这些平台总体上更有能力。美国军方已经谈到了用大量'棋子'取代海上棋盘上的'国王'和'王后'的战略重要性，而 ACTUV 正是朝着这一目标迈出的第一步。"

DARPA 和 ONR 关于 ACTUV 的合作始于 2014 年 9 月，当时 DARPA 和 ONR 同意共同资助 ACTUV 原型船的扩展测试。2016 年 4 月举办的命名仪式标志着 ACTUV 原型船从由 DARPA 主导的设计和建造项目正式过渡到由两家机构在加利福尼亚州圣地亚哥联合进行的开放水域测试的新阶段。

2016 年 10 月，DARPA 和 ONR 开始对"海上猎人"持续追踪反潜无人舰的传感和自主套件进行海上测试。2017 年 2 月到 2017 年 9 月，"海上猎人"持续追踪反潜无人舰通过了三项具有挑战性的测试，集成了自主套件，并在实际场景中使用自主套件以符合国际海上避撞规则（International Regulations for Preventing Collisions at Sea，COLREGS）。

DARPA 和 ONR 还进行了测试，以证明 ACTUV/MDUSV 设计的一个关键要素：通过在模块化有效载荷之间进行切换来处理各种任务的灵活性。"海上猎人"持续追踪反潜无人舰于 2016 年 9 月与 DARPA 的海军系统拖曳机载升力（Towed Airborne Lift of Naval Systems，TALONS）研究工作成功进行了联合测试。2017年 8 月，"海上猎人"持续追踪反潜无人舰使用反水雷（Mine Counter Measures，MCM）有效载荷进行了海上测试。

ONR 计划进行额外的海上测试，以进一步开发 ACTUV/MDUSV 技术，包括自动化有效载荷和传感器数据处理、快速开发新的特定任务自主行为，以及探索多艘无人船之间的自主协调。

3. 空中智能无人平台

1）空客揭秘低可探测性无人机测试平台

2019 年 11 月 4 日，空客未来作战航空系统（Future Combat Air System，FCAS）项目经理马里奥·赫佐格（Mario Hertzog）在德国曼欣格（Manching）

展示了低可探测性无人机测试平台（Low Observable UAV Testbed，LOUT）演示验证项目，并声称空客公司于 2007 年就开始了初步概念设计工作，于 2010 年签订了合同并开展了无人机布局优化与材料选择工作，于 2014 年完成了验证机的生产。马里奥·赫佐格表示："我们将所有的经验都应用到了这项公司长期开展的低可探测性技术研究项目中。"低可探测性技术研究项目是由德国国防部牵头的机密级项目。

LOUT 是外形（见图 3-75）为钻石平面形状（前缘后掠、后缘前掠）的飞翼布局无人机，翼展约为 12 m，与机身长度近似，重量约为 4 t。LOUT 为亚音速飞行器，采用了常规发动机，发动机隐藏在无附面层隔道的进气口前方。两个进气口靠近后缘，与上机身进行了融合设计，尾喷口采用推力向量扁口设计，以大幅度降低雷达探测信号和红外信号。自 2014 年以来，LOUT 就开展了空气动力与无线电波暗室测试。

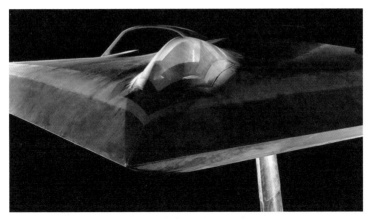

图 3-75　LOUT 外形

LOUT 针对陆基防空系统探测进行了优化设计，如对 LOUT 尾喷口下方进行了屏蔽处理，空客公司还为此进行了 LOUT 起落架舱门和中线内埋式武器舱低可探测性处理。LOUT 重点进行了低可探测性材料的测试、发动机进气道的雷达吸波结构设计、雷达频率和红外特征性能评估，以及设计可能产生声学特性的建模分析等。LOUT 采用一系列措施来降低飞行器的可探测性，实现从 VHF（Very High Frequency）到 Ka 波段的射频特征、红外特征、视觉特征和声学特征的全面隐身。

知识链接

X-47B 无人机

X-47B 无人机也称为"咸狗"(Salty Dog)，是一架试验型无人驾驶战斗机，由美国国防技术公司诺斯罗普·格鲁曼开发。X-47 项目开始于 DARPA 的 J-UCAS 计划，现在已经是美国海军旨在发展舰载无人飞机的 UCAS-D（Unmanned Combat Air System Demonstration，无人空战系统验证）计划的一部分。

X-47B 无人机于 2011 年 2 月 4 日在爱德华兹空军基地完成首飞测试。2013 年 5 月 14 日，X-47B 无人机于布什号 (CVN-77) 航空母舰上成功进行了起飞测试，并于 1 小时后降落在马里兰州帕图森河海军航空站。同年 7 月 10 日，X-47B 无人机从马里兰州帕图森河海军航空站起飞，在布什号航母上降落，完成了着舰测试。

2015 年 4 月 16 日，X-47B 无人机与 KC-707 空中加油机成功完成空中加油测试，提升了无人飞机的航程。据美国海军方面表示，在完成空中加油测试后，军方将结束 X-47B 无人机试验项目。

知识链接

MQ-25 无人机

MQ-25 无人机也称为"刺鳐"(Stingray)，是美国海军为舰载空中加油系统计划 (Carrier Based Aerial Refueling System, CBARS) 所生产的一种舰用无人机。该计划源于早期的无人舰载空中侦察与打击机 (Unmanned Carrier-Launched Airborne Surveillance and Strike, UCLASS) 计划。

2019 年 4 月，第一架 MQ-25 试验机（被命名为 T-1 或 Tail 1）从波音公司位于兰伯特-圣路易斯国际机场的工厂运到与斯科特空军基地相连的中美洲圣路易斯机场 (MidAmerica St. Louis Airport) 进行首次试飞。

2020 年 12 月 9 日，T-1 首度挂载 Cobham 公司制造的空中加油荚仓 (Aerial Refueling Store, ARS)，完成了 2.5 h 的试飞。

2021 年 6 月 4 日，T-1 首次为 VX-23 试飞评估中队支援的 F-18F 战斗机进行空中加油。这是航空史上第一次由无人机为其他飞机加油。该次试飞任务长达 4.5 h，并完成了尾流评估及多次加油管线连接。两机连接时间最长超过 10 min，共传输 325 磅燃料。

T-1 随后分别于 2021 年 8 月 18 日以及 9 月 13 日，完成 E-2D 预警机及 F-35C 战斗机的空中加油试飞科目。

2）美军隐身无人机 RQ-180

美国《航空周刊》(*Aviation Week*) 于 2019 年披露了诺格公司开发的大型隐身无人机的存在。这是 6 年前《航空周刊》首次报道诺格公司正在研制一种高空长航时无人机之后，终于得到关于该机正式服役的相关信息。有越来越多的证据表明美国空军正在利用这款大型隐身无人机执行情报、监视与侦察等作战任务。这款先进的无人机被称为 RQ-180，于 2010 年开始试飞，于 2014 年年底开始接受运行测试和评估。

RQ-180 是为了完成 SR-71 侦察机（由洛马公司于 1999 年制造）退役后的情报、监视与侦察任务而研制的。2005 年，诺格公司向美国空军提供了一种大型无人机的设计方案，RQ-180 无人机就来源于此。

J-UCAS（Joint Unmanned Combat Air Systems）项目在 2006 年被重组为美国海军专有的一个舰载远程长航时无人机验证项目，并最终促成了诺格公司 X-47 无人机的上舰测试，以及波音公司 MQ-25 舰载无人加油机的问世。

同时美国空军的相关资金被转移到了一个机密的高空长航时无人机（High Altitude, Long Endurance, HALE）项目，导致了波音公司、洛马公司和诺格公司之间的竞争。诺格公司在这段时间公开讨论了一系列具有更长机翼的 X-47C 无人机概念，其翼展最大可达 52.42 m，安装 2 台通用电气的 CF34 型涡扇发动机，有效载荷可达 9 t。

根据 X-47C 无人机概念，《航空周刊》在 2013 年对 RQ-180 无人机的外形进行了假想。在外形假想图中，该机具有与 X-47B 类似的"折线风筝"（Cranked-Kite）飞翼布局，但翼展要长得多。但现在更多证据表明，RQ-180 无人机的最终外形可能更接近传统飞翼，因此《航空周刊》重新绘制了 RQ-180 无人机的假想图，此图中的 RQ-180 无人机与B-21"奇袭者"隐形战略轰炸机具有相似的外形（见图 3-76）。

图 3-76　RQ-180 无人机的外形假想图

RQ-180 无人机的外形假想图还可能受到诺格公司为美国空军研究实验室 SensorCraft 项目所做的研究工作的影响，SensorCraft 项目旨在为未来隐身高空无人监视平台开发相关技术。2002 年，美国空军研究实验室公布了 SensorCraft 项目的多个研究成果，其中包括诺格公司的高载荷机翼，能够应对较大气动弹性挠度。2004 年，诺格公司透露其正在与美国空军研究实验室合作为 SensorCraft 项目研究低频带结构阵列（Lobstar）共形天线集成技术，旨在通过将天线嵌入复合材料机翼的主要承重结构中来增强飞行器的监视能力。

在美国空军关于 HALE 项目招标后的一年，诺格公司的高层于 2007 年曾透露他们在这次竞标中最终胜出。2007 年 6 月，内华达州内利斯空军基地的 51 区试验场观察员注意到：格鲁姆湖（Groom Lake）南端区域有一大型机库开建，该机库的大小和尺寸表明它在为一架较大翼展的飞机做准备。

2008 年，随着格鲁姆湖附近机库的建成，诺格公司财务报告显示该公司已获得一份总额为 20 亿美元的大型飞机研制合同，该大型飞机是一架机密级无人侦察机，具有前所未有的低可观测性（Low Observability，LO）能力和空气动力学效率。研制工作由诺格公司的先进技术开发中心承担，该中心相当于洛马公司

知识链接

臭鼬工厂

臭鼬工厂（Skunk Works）是洛马公司高级开发项目（Advanced Development Programs）的官方认可绰号，位于美国加利福尼亚州棕榈谷。臭鼬工厂以承担秘密研究计划为主，研制了洛马公司的许多著名飞行器产品，包括 U-2 侦察机、SR-71"黑鸟"侦察机、F-117"夜鹰"战斗机、F-22"猛禽"战斗机及 F-35 闪电 II 战斗机等。

"臭鼬工厂"这一绰号来源于研制 F-80 战斗机时代的洛克希德公司，因当时其厂址毗邻一家散发着恶臭的塑料厂，员工不得不戴着防毒面具来上班。工程师 Irving Culver 对劳动环境表示不满，而将自己小组起了"臭鼬工厂"的诨名。臭鼬工厂有着高度自治的管理模式，避免组织内部的想法创意等由于官僚主义而被限制。

知识链接

鬼怪工厂

鬼怪工厂（Phantom Works）是波音公司防务与安全部门的先进原型研究分支，它的主要工作是开发先进军事产品与技术，其中许多是机密计划。

鬼怪工厂由麦克唐纳 - 道格拉斯公司成立，并在其被波音公司收购后继续存在，它的名称来自 F-4"鬼怪"战斗机。

的"臭鼬工厂"或波音公司的"鬼怪工厂"。

2009 年，诺格公司开始生产 RQ-180 无人机。2010 年 8 月 3 日，RQ-180 无人机的第一架原型机在格鲁姆湖首飞，RQ-180 无人机的第二架原型机在 2011 年 11 月进行了试飞，此外，还有三架 RQ-180 无人机的试验和研发原型机也在接下来的 15 个月内投入了试飞。2017 年年初，RQ-180 无人机在爱德华兹空军基地秘密进行了一次远程最终测试任务，代号为"麦哲伦计划"（Project Magellan）。RQ-180 无人机在完成此次最终测试任务后正式服役。

在 2018 年和 2019 年早期，越来越多的证据显示，美国空军某作战小组已经开始定期使用 RQ-180 无人机执行侦察、监测等任务，该作战小组作为 U-2 和 RQ-4 两款侦察机的机组成员，定期执行侦察、监视和情报刺探等任务，预期正式服役后的 RQ-180 无人机也将执行类似的任务。

RQ-180 无人机的研发生产过程如下：

⊃ 2007 年，诺格公司在 HALE 项目中成功中标。

⊃ 2008 年，用于生产测试 RQ-180 无人机的机库建成。

⊃ 2009 年，诺格公司开始生产 RQ-180 无人机。

⊃ 2010 年 8 月，RQ-180 无人机的第一架原型机完成首飞。

⊃ 2011 年 11 月，RQ-180 无人机的第二架原型机进行了试飞。

⊃ 2012 年 12 月到 2014 年 2 月，RQ-180 无人机的第三、第四和第五架原型机陆续进行了试飞。

- 2015 年，美国空军第 9 行动组加入 RQ-180 无人机的试飞测试阶段。
- 2018 年和 2019 年，美国空军成立装备 RQ-180 无人机的"影子部队"。

3）Atlas C4Eye 模块化无人机与北约联试

由斯洛文尼亚的小型无人系统集成公司 C-Astral 研制的 Atlas C4Eye 模块化无人机（见图 3-77）已完成飞行和可行性测试阶段，即将进入运行阶段。目前该公司正在同多家公司谈判采购合同。

图 3-77　Atlas C4Eye 模块化无人机

Atlas C4Eye 模块化无人机是目前最先进的微型无人机系统，总重 2.6 kg，采用翼身融合的飞翼布局，其内部装有先进的载荷系统。与同类别的 RQ-11 "大乌鸦" 无人机相比，Atlas C4Eye 模块化无人机具有更先进的能力，包括耐久性、灵活性、传感器灵活性和可维护性。

由于 Atlas C4Eye 模块化无人机的各个部分使用了 IP67 级连接器和密封性能良好的密封件，因此该无人机可在水中着陆。根据用户和用途的不同，Atlas C4Eye 模块化无人机

RQ-11 "大乌鸦" 无人机

RQ-11 "大乌鸦" (Raven) 无人机是一种手持发射的轻型侦察用无人飞行载具，由航空环境公司 (AeroVironment Inc.) 替美国军方研发制造。该无人机于 2002 年开始实际军事部署，主要用于战场上的低空侦察、监视与目标识别。在机上的航电系统与卫星定位导航的帮助下，RQ-11 无人机能根据需要以人工遥控或自动导航的方式飞行。利用 RQ-11 无人机，战场上的士兵不需要冒险进入敌境就能进行侦察工作，从而降低了行踪暴露、遭受攻击导致伤亡的可能。

能够承载多种类型的数字无线电链路。由于采用了模块化结构、先进的电源管理系统、飞行控制和紧急飞行控制终端，以及 C-Astral 公司自己的 C3P 指挥、控制、通信和规划软件，Atlas C4Eye 模块化无人机不仅能够轻松集成到更大的 C4I 和 C2 系统中，并在受控空域飞行，而且可以携带多个 ISR 光电 / 红外组合有效载荷，具有激光照明能力，还可以携带其他具有广泛战术应用意义的成像传感器。除此之外，标准的 C-Astral 无声降落伞飞行中止系统是 Atlas C4Eye 模块化无人机不可分割的一部分。

Atlas C4Eye 模块化无人机可以飞到海拔 5000 m 以上，主要应用于国防、安全、民用和关键工业基础设施。模块化的数据无线电链路单元允许在不同的无线电频率、应答器或加密级别之间进行切换，以满足不同的任务和监管要求。Atlas C4Eye 模块化无人机将使 Terra 无人机集团的成员能够利用市场上前沿的 ISR 能力，完成大多数的服务任务。

4）美军开展有人机改装无人机的研究

2019 年，美国空军公布了一项研究进展，将"僵尸"飞机用于作战和情报任务的想法向前推进了关键一步。2019 年 8 月 9 日，美国空军研究实验室联合米切尔航空航天研究所、DZYNE 科技公司开发了一款机器人自动驾驶系统。安装机器人自动驾驶系统的一架制造于 1968 年的老式塞斯纳 206 飞机（见图 3-78），在犹他州完成了全自主起降和两小时的自主飞行任务；在拆除飞行员座椅后，由机器人代替飞行员完成了飞行。基于这种实现手段，可以将那些已经不太适合飞行员驾驶的老式有人机改装为无人机。

图 3-78　用于验证机器人自动驾驶技术的老式塞斯纳 206 飞机

机器人自动驾驶系统可以像飞行员一样把住转向盘、推动方向舵和刹车、控制推力、拨动合适的开关，并读取各种仪表盘的参数。同时，机器人自动驾驶系统还可以应用 GPS、惯性测量单元等传感器进行状态感知和信息采集。机载计算机将分析这些具体信息，并对如何实现最优飞行控制进行决策。同时，机器人自动驾驶系统还允许飞行员从机器人自动驾驶系统那里取得飞行控制权。加装机器人自动驾驶系统的飞机驾驶舱如图 3-79 所示。

图 3-79　加装机器人自动驾驶系统的飞机驾驶舱

米切尔航空航天研究所的执行总裁道格拉斯·伯基（Douglas Birkey）提到："没有经费一切免谈，这就是这个时代的特点。单纯出于经费的原因，现在好多飞机都长期存在机库里，它们都是已经在战场上被证明过的很好用的作战飞机平台。"米切尔航空航天研究所在报告中进一步指出："位于亚利桑那州图森市的 Davis-Monthan 空军基地有大量的飞机库存，如果飞行员继续驾驶这些超期服役、缺少保养的飞机，则会令飞行员在飞行过程中面临极大的风险。但是当这些飞机通过机器人自动驾驶系统改造成无人机后，尤其是在这些飞机形成组网、生成拓展打击链后，可提升被伴飞的高成本有人驾驶战斗机的战场生存能力，这些飞机所能发挥的作用将不容小觑。"

目前，包括 F-16 在内的许多飞机都是无法通过 MQ-9 等无人机的遥控驾驶仪来驾驶的。米切尔航空航天研究所开发了这种近乎全自主飞行，只在极少数几个特定动作上需要人为干预的解决方案。

虽然美国空军研究实验室目前还没有完全实现他们的愿景，但两小时的自主飞行可视为将大量老式战斗机改造成无人机并用于全新领域的一个很好的开始，其应用前景给人们留下了很大的想象空间。如果这种可以变废为宝的技术在不远的未来应用于 F-16 等老式战斗机，使其战斗力"死灰复燃"，并配合"忠诚僚机"项目与 F-22 等飞机形成有人 - 无人自主协同作战系统下的高低档搭配，则美国空军能够以很小的花费来大幅度提升战斗力。

5）俄罗斯先进的新型 Korsar 侦察无人机

2019 年 6 月 25 日，俄罗斯知名企业 Rostec（俄罗斯国家技术集团）在库宾卡（Kubinka）举行的国际军事技术论坛（ARMY2019）上，首次公开展示了其先进的新型 Korsar 侦察无人机（见图 3-80 和图 3-81）。

图 3-80   在展的 Korsar 侦察无人机

图 3-81   试飞中的 Korsar 侦察无人机

Korsar 侦察无人机的设计采用了创新性工程解决方案，不仅使其在机动性、飞行高度和航程等方面具备更大的优势，特别是其发电系统、发动机远程启动，以及电子发动机调节器性能，已经超越了其他国家该级别的无人机；还使其具备了躲避小型武器和多种类型便携式防空系统的能力。除了侦察、打击与定点运送物资等军事用途，Korsar 侦察无人机还可以用于环境、运输及基础设施监测，森林防火和紧急搜救等民用场景。

Korsar 侦察无人机专为全天候地形侦察、巡逻和监视以及航空摄影而设计，可对收集的信息进行处理并实时传输到地面系统，能够全天候地进行空中侦察、打击敌方设施以及向指定区域运送物资。

Korsar 侦察无人机属于短程侦察无人机，翼展为 6.5 m、机身长度为 4.2 m、最大起飞重量为 200 kg、航时为 10 h、航程可达 120 km。该无人机装备了一个 50 马力（1 马力≈0.74 kW）的活塞式发动机，可以在 5100 m 的高空以 120～150 km/h 的速度飞行，这使其可以远离小型武器和多种类型的便携式防空系统的打击。

6）以色列航空工业公司的新型自杀式攻击无人机 Mini-Harpy

以色列航空工业（Israel Aerospace Industries，IAI）公司于 2019 年 2 月在印度班加罗尔（Bangalore）举行的印度航空贸易展上发布了新型的 Mini-Harpy 自杀式攻击无人机。Mini-Harpy 自杀式攻击无人机作为 IAI 公司的最新无人机产品，综合了其之前的两款旗舰产品 Harpy 和 Harop 的优点，具有光电侦察和电子侦察能力。Mini-Harpy 自杀式攻击无人机的宣传图如图 3-82 所示。

图 3-82　Mini-Harpy 自杀式攻击无人机的宣传图

Mini-Harpy 自杀式攻击无人机采用电力驱动，总重量约为 45 kg，可在空中停留约 2 h，操作范围为 100 km，可携带一枚重达 8 kg 的弹头，直接飞向敌方目标，并在撞击时爆炸。

Mini-Harpy 自杀式攻击无人机具有如下特点：

- 探测手段多样：既可通过检测雷达辐射信号进行电子侦察，也可采用光电探测手段，为操作员提供高质量的视频素材。

- 发射方式灵活：可从陆地或海洋平台发射，或通过直升机平台空中投放。在 IAI 公司展示的视频中，Mini-Harpy 自杀式攻击无人机可从安装在卡车上的集装箱式发射装置中连续发射（见图 3-83），随后由操作员使用手持基站引导其击中敌方目标。

- 体积小巧：Mini-Harpy 自杀式攻击无人机便于装载和现场发射，且比同类型体积较大的机型更加便宜。

- 为操作员提供最大程度的控制性能：包括中止和重新攻击。在试验场景中，Mini-Harpy 自杀式攻击无人机向敌方卡车进行攻击，当操作员发现有平民在卡车附近时，可快速中止任务，Mini-Harpy 自杀式攻击无人机随即迅速退出攻击。

- 攻击方式更加智能：Mini-Harpy 自杀式攻击无人机无须提前设置敌方目标的位置，可以在空中等待敌方目标出现后，在几秒内即可锁定并攻击敌方目标。

图 3-83　Mini-Harpy 自杀式攻击无人机的连续发射

7）波音公司为澳大利亚打造的智能无人机

2019年2月26日，波音公司在墨尔本举行的澳大利亚航展上宣布计划生产一种搭载人工智能的喷气式无人机，可以作为载人喷气式战斗机的"忠诚僚机"，并展示了其"忠诚僚机"无人机模型。这种无人机被称为空中力量编组系统（Airpower Teaming System，ATS）无人机，如图3-84所示，是由波音公司澳大利亚分公司设计，并与澳大利亚皇家空军合作开发的。2022年3月21日，该无人机被正式命名为MQ-28"幽灵蝙蝠"无人机。这是波音公司在海外最大的无人机投资项目。

图3-84　ATS无人机模型

波音公司在一份名为"空中力量编组系统"的声明中表示，该无人机的软件将使其能够独立飞行或支持有人驾驶飞机，同时保持与其他飞机之间的安全距离。根据波音公司的说法，这架38英尺长的单引擎无人机可以执行电子战以及情报、监视与侦察任务，并可以迅速在这些角色之间进行切换，其飞行航程超过2000英里。

波音自动化系统副总裁兼总经理克里丝汀·罗伯特森（Kristin Robertson）在"空中力量编组系统"声明中表示，我们的最新成员为波音公司的产品组合真正带来了一股力量倍增器，因为它可以保护和投射空中力量。在澳大利亚航展上，澳大利亚国防部部长克里斯托弗·派恩（Christopher Pyne）介绍了被称为"忠诚僚机"的高级发展计划，伴随动画显示，三架 ATS 无人机与澳大利亚皇家空军 F/A-18 战斗机、E-7"楔尾"（Wedgetail）空中预警和控制飞机一起飞行。

波音公司表示，ATS 无人机将通过人工智能独立飞行。澳大利亚皇家空军司令里奥·戴维斯（Leo Davies）在接受采访时暗示了人工智能无人机与人类飞行员互动的途径。"我们可以通过编程来让 ATS 无人机进行学习，但它是线性学习的，不是情绪化的，在很多方面，如在空战意义上，相当不灵活，"里奥·戴维斯道，"我们看到，飞行员在评估态势时，会带来一些情感和创造力，使我们能够更加敏捷。我们需要人类的灵活性与机器的速度相结合，当我们把它们放在一起时，就得到了一个非常惊人的结果。"

五眼联盟

"五眼联盟"是由五个英语国家所组成的情报共享联盟，成员国包括美国、英国、加拿大、澳大利亚和新西兰。"五眼联盟"的历史最早可以追溯到第二次世界大战，其前身是英美战后多项秘密协议催生的多国监听组织（United Kingdom-United States of America Agreement, UKUSA）。"五眼联盟"长期违反国际法和国际关系基本准则，对外国政府、企业和人员实施大规模、有组织、无差别的网络窃听、监听、监控。

ATS 无人机项目旨在开发一种供澳大利亚和"五眼联盟"盟国使用的无人机，澳大利亚政府将注资 4000 万澳币（约为 2867 万美元）。

虽然澳大利亚皇家空军已经装备了多种先进的飞机，如洛马公司的 F-35 战斗机，但将这些单价超 1 亿美元的战斗机投入空战中显得"昂贵"。而"忠诚僚机"项目的战略目的就是探索是否可以使用相对便宜的无人机来完善澳大利亚的空中力量。无人机在数量上的绝对优势会对区域内的其他对手产生威慑。在执行任务时，"忠诚僚机"有多种潜在用途：首先，作为有人机的扩展，"忠诚僚机"可以收集情报，干扰敌方的电子系统，甚至可以投放炸弹、关闭敌方飞机的电子系统；其次，有人机可以向"忠诚僚机"发出命令，让其提前出发，触发敌方的防空系统，类似于美军的小型空中发射诱饵；最后，"忠诚僚机"还可以组成集群协同作战，这些无人机均装备了廉价的传感器，在编队飞行时可以形成"分布式天线"，这些廉价的传感器联合起来可以比单一的昂贵传感器获得更大的电磁探测范围。这种"分布式天线"也可以避免系统拥塞。

波音公司澳大利亚分公司的主管肖恩·阿诺特（Shane Arnott）认为，为了实现上述任务需求，在"忠诚僚机"的研发中，需要关注两个方面：一方面，"忠诚僚机"必须能够隐身、高速且具有可操纵性，并且具有一定程度的自主性；另一方面，这些"忠诚僚机"必须成本足够低廉，可以牺牲。

ATS 无人机项目的开发从数字仿真开始，波音公司和澳大利亚皇家空军首先使用计算流体力学分析飞机的空气动力学特性；随后研究团队构造了物理原型机，在风洞中对物理原型机进行了测试，并设计了航电系统；之后，利用贴在该物理原型上的传感器收集的数据，研究团队构造出了一个"数字孪生品"，肖恩·阿诺特将其称为波音公司"最全面的数字原型"。肖恩·阿诺特说："当我们升级系统、集成新的传感器、提出新的认证方案时，这个'数字孪生品'将会起到非常重要的作用。"

在设计物理原型机时，研究团队采用了定制化的外壳和大量的商用货架组件。复合材料的外壳可以尽量降低雷达反射；锐角表面从前端一直延续到机身底部两侧的进气口，随后从进气口延续到机翼和尾翼，这一设计可以防止将雷达信号直接反射回信号源；载荷隐藏在飞机腹部。当然，如果任务目标是触发敌方的防空系统，ATS 无人机还要能够方便地切换为非隐身模式。

能够如此设计主要受益于"忠诚僚机"无须飞行员，因此，ATS 无人机不需设置驾驶舱，也无须设计保护飞行员的设施。"没有飞行员，意味着可以对飞机的设计进行变更，特别是对机身的前半部分进行修改，"澳大利亚皇家空军准将达伦·戈尔迪（Darren Goldie）说，"减少飞机的侧面积可以降低雷达散射截面，从而提高隐身性能，允许更宽的飞行包线。"

为了降低成本，ATS 无人机使用了波音号称"非常轻型的商用喷气式引擎"，可以达到约 3700 km 的飞行距离；内部的传感器由商用传感器小型化而来。此外，波音公司之前在供应链自动化方面的投资也节省了 ATS 无人机的成本，如飞机的复合材料外壳由波音公司在墨尔本的飞机结构制造厂的自动化生产链制造而成。

相比于其他无人机，ATS 无人机的成本更低、速度更快，具有更好的机动性。与其他无人机的最重要区别在于，ATS 无人机可以进行自主决策。达伦·戈尔迪说："其他的无人机只不过是受人远程控制的飞机，而 ATS 无人机将具有自主决策能力，这是完全不同的概念。"

ATS 无人机的一个主要挑战是设置何种程度的自主决策能力。例如，哪些决策应该由 ATS 无人机做出，哪些决策应该由人做出。自主决策能力来自于 ATS 无人机的机载软件，如果在软件方面投入太多的资金，ATS 无人机就会变得过于昂贵；投入太少，则会使 ATS 无人机无法执行规定的任务。

ATS 无人机的机载软件开发也利用了前面提到的"数字孪生品"，通过数字仿真的方式进行了数千次的飞行试验。同时，波音公司还使用了一个具有 15 个测试台的飞机来优化自动控制算法、数据融合算法、目标检测系统和避障算法。

肖恩·阿诺特也强调了 ATS 无人机项目的探索性本质："我们已经弄明白了对于无人机机体来说什么是'足够好'，我们正在试图弄清楚什么程度的自主决策是'足够好'的。这是本项目非常重要的研究内容。"

8）俄罗斯的下一个致命武器——隐身喷气动力无人机

2019 年 1 月 23 日，俄罗斯航空网站上报道了一些照片，描绘了一辆拖拉机在俄罗斯南部新西伯利亚的一个机场沿着一条雪环跑道拖着一架大约 50 英尺宽的无人机。这架无人机是俄罗斯正在研发的一种隐身喷气动力无人机——Okhotnik-B（Okhotnik 在俄语中的意思为"猎人"）。Okhotnik-B 无人机（见图 3-85）的时速可达到 620 英里、重量高达 20 t。

图 3-85　俄罗斯的 Okhotnik-B 无人机

与克里姆林宫先前为杀伤性无人机而进行的无效努力相比，这一最新努力似乎可能产生一种有用的前线飞机。Okhotnik-B 无人机与美国空军的 B-2 隐身轰炸机有着相似的飞翼，这意味着俄罗斯的 Okhotnik-B 无人机在理论上可以穿透敌人的防御系统来发射弹药。Okhotnik-B 无人机与美国空军的 RQ-

170 无人机、美国海军的实验型 X-47B 无人机和波音公司的 X-45C 无人机属于同一级别。

俄罗斯军方专家塞缪尔·本德特（Samuel Bendett）告诉记者，2018 年年底，克里姆林宫给无人机项目带来了巨大的推动，俄罗斯国防部发表了关于本国不断增长的无人机系统能力的一系列关键声明。俄罗斯在 2015 年介入叙利亚战争后，俄罗斯缺乏一个关键的作战元素——能够在识别后迅速击中目标，这是当今世界无人机的关键功能之一。在叙利亚的经历证实了这一点，尽管派出大量无人机（执行情报、监视与侦察任务）使俄罗斯在战斗中更精确，但大多数目标都被有人机或依赖于人的炮兵部队击中，因此要推出一系列针对不同任务的无人机阵容。俄罗斯政府和军方的公开声明也强调了无人机系统对本国军队及其发动战争能力的重要性。2019 年，普京总统就表明了俄罗斯军队的关键领域，其中一个重点是无人机和机器人系统的开发。

X-45C 无人机

X-45 系列无人机是由波音公司"鬼怪工厂"生产的次世代技术验证机，该机是美国国防高级研究计划局 J-UCAS 计划的一部分。

波音公司以在食肉鸟的研发过程中得到的研究成果开发了 X-45 无人机。X-45 无人机的背侧进气口非常隐蔽，靠近飞机前缘，机身为翼身融合的拉姆达翼设计，并带有一个小的排气尾管。该机没有垂直的操纵面，而是由翼尖上的分裂副翼作为不对称空气制动器，以控制航向。

相较于初始版本的 X-45A 无人机，X-45C 无人机有着更大的燃料装载量，并可将作战距离提升 3 倍。X-45C 无人机与 X-45A 无人机最明显的差异在 X-45C 无人机的机翼前缘延长至机鼻，使机体拥有更大的翼面积。第一架 X-45C 无人机于 2006 年出厂，并在 2007 年年初进行了试飞。

9）法国国防部采购局大量采购 FLIR 纳米无人机

美国菲利尔系统(FLIR Systems)公司宣布其已获得法国国防采购局（Direction Générale de l'Armement，DGA）的合同，以支持法国的袖珍无人机（Drone Opérationnel de Poche，DrOP）作战计划。该合同的总额为 8900 万美元，用于采购 FLIR 的黑黄蜂 -3 型纳米无人机和个人侦察系统（Personal Reconnaissance Systems，PRS），以支持法国军队的行动。

黑黄蜂 -3 型纳米无人机是世界上最小的经过战斗验证的纳米无人机，目前已部署在 30 多个国家。无论任务在何处进行，黑黄蜂 -3 型纳米无人机都可使作战人员保持态势感知、威胁探测和监视的能力。黑黄蜂 -3 型纳米无人机配备了较新的 FLIR Lepton 热传感器和高清摄像头，能提供更清晰的图像，并能够以 21 km/h 的速度飞行，飞行时间可达 25 min。另外，黑黄蜂 -3 型纳米无人机可以在没有 GPS 信号的区域飞行，可以从室外飞进建筑物或洞穴，在人员受到伤害之前评估态势。黑黄蜂 -3 型纳米无人机填补了空中和地面传感器之间的空白，提供了与大型无人机和地面车辆相同的态势感知与威胁检测能力。工作中的黑黄蜂 -3 型纳米无人机如图 3-86 所示。

图 3-86　工作中的黑黄蜂 -3 型纳米无人机

"我们很荣幸可以通过提供黑黄蜂 -3 型纳米无人机和相关服务来支持法国武装部队的任务，"美国菲利尔系统公司的总裁兼首席执行官吉姆·坎农（Jim Cannon）说，"此项合同加强了我们与法国武装部队的合作关系，并加强了我们对无人技术的关注，这是一个新兴领域，在战略上对公司的业务至关重要。"

为什么黑黄蜂 -3 型纳米无人机能够受到如此青睐？主要有以下原因：

- ⊃ 能够在没有 GPS 信号的区域飞行。
- ⊃ 装备小型、高机动的传感器，可保持静音，难以被发现。
- ⊃ 更快的速度和更高的航程，能以时速 21 km 飞行 2 km。
- ⊃ 具有更好的图像质量，搭载了成像更清晰的处理器，包括 FLIR Lepton 热传感器和高清摄像头。
- ⊃ 具有更可靠的通信，经过改进的加密军事认证数字数据链，可实现远超视距的无缝通信和图像传输。

3.4 全球部分国家和组织的人工智能与无人系统发展规划

3.4.1 全球部分国家和组织的人工智能发展规划

1. 美国的人工智能发展规划

在过去的几年中，美国接连发布了多份关于人工智能的倡议、报告和战略规划书。

2019年9月，美国在《2019年白宫人工智能峰会总结报告》[3]中针对接下来的一年总共提出了9.7亿美元的非国防研究支出。美国国家首席技术官迈克尔·科雷特西奥斯（Michael Kratsios）在该报告中说："我们可以一起使用这个世界上最具有创新性的技术来使我们的政府更好地为美国人民服务。"这次峰会所讨论的内容主要可以被总结为以下几个方面。

- ↪ 最佳实践：政府、工业界和学术界之间的相互学习。政府、工业界和学术界之间的经验与最佳实践，可以成为一种加速将人工智能应用于改善政府的有效途径。
- ↪ 通过人工智能卓越中心模型促进合作的机会：卓越中心模型可以成为一种供各个机构之间分享人工智能专业知识和最佳实践的重要机制。
- ↪ 为联邦政府雇用、培训和重新培训人工智能工作人员：增加人工智能在政府中的使用，需要熟练掌握人工智能开发和使用的工作人员。

2019年6月，美国发布了《2019年国家人工智能研发战略规划》[4]。在该战略规划中提到人工智能带来的巨大的机遇，而这些机遇正引领我们在改善医疗、更安全高效的交通、个性化的教育、重大的科学发现、改善制造业、提高农作物产量、改善天气预报等方面取得突破。该战略规划确定了美国在人工智能研发投资的8个关键优先领域。

（1）对人工智能领域的基础研究进行长期投资。美国国家科学基金会将继续资助人工智能领域的基础研究，包括机器学习、推理和表达、计算机视觉、计算神经科学、语音、机器人和多智能体系统。DARPA在2018年9月宣布，将对新项目和已有项目进行为期多年的投资，其中的关键领域包括提高人工智能系统的鲁棒性和可靠性、增强机器学习和人工智能技术的安全性、开拓下一代人工智能的算法和应用（如可解释性和常识推理）[5]。美国国家卫生研究院在2018年9月发布了数据科学战略计划，旨在促进生物医学领域获取数据科学技术和人工智能的能力[6]。

（2）开发有效的人类与人工智能的协同方法，开发能够补充和增强人类能力的人工智能系统。美国国家海洋与大气管理局正在推进人类与人工智能在飓风、龙卷风以及其他恶劣天气预测方面的协同。人类的预测人员监督并指导人工智能的输出结果。美国国家卫生研究院利用国家医学图书馆维护的数据库，正在对自然语言处理进行研究。

（3）理解并解决人工智能的伦理、法律以及社会影响。DARPA 的可解释人工智能项目旨在保持高水平学习性能的同时，使人类用户能够理解、适当信任并且有效管理新一代的人工智能系统[7]。美国国家科学基金会与亚马逊公司正在开展合作，共同支持人工智能的公平性研究，其目标是为可信赖的人工智能系统做出贡献。

（4）确保人工智能系统的安全性，创建可靠、值得信赖的人工智能系统。2018年12月美国情报高级研究计划局（Intelligence Advanced Research Projects Activity，IARPA）宣布了两个有关人工智能安全的项目[8]，2019年2月DARPA宣布了一个项目[9]，以确保人工智能在对抗欺骗攻击时的可靠性。这些项目的共同目标是对抗对人工智能系统的一系列攻击。

（5）开发共享的公共数据集和环境，以训练和测试人工智能，使训练和测试资源适用于商业和公众的利益。

（6）通过标准来评估人工智能技术。制定广泛的人工智能标准，建立人工智能技术基准，增强人工智能测试平台的可用性。

（7）更好地了解国家人工智能研发人员的需求。推进人工智能研发人员队伍的发展，其中包括了人工智能系统中的相关从业人员，以维持美国在该领域的领导地位。

（8）增强公私合作，加速人工智能的发展。与学术界、工业界、国际伙伴和盟友合作，以实现人工智能及其相关技术的突破，并且迅速将这些突破转化为有助于美国经济和国家安全的能力。

2021 年 3 月，美国人工智能国家安全委员会（National Security Commission on Artificial Intelligence，NSCAI）发布了最终版本的人工智能研究报告。该报告就在人工智能时代保卫美国国家安全、美国如何在人工智能激烈竞争的时代赢得竞争、维持美国在人工智能领域的全球领导地位等展开了一系列论述。该报告建议政府采取以下 7 项行动以在人工智能时代保卫美国：

- 抵御对美国自由开放社会的新兴人工智能威胁；
- 为未来的战争做准备；
- 管理与人工智能和自主武器相关的风险；
- 改造国家智能；
- 扩大政府的数字人才；
- 建立对人工智能系统的合理信心；
- 提出人工智能用于国家安全的民主模式。

还建议政府采取以下 8 项行动来赢得技术竞争：

- 以白宫为主导的技术竞争战略；
- 赢得全球人才竞争；
- 加速国内人工智能创新；
- 实施全面的知识产权政策和制度；
- 建设有韧性的国内微电子设计制造基地；
- 保护美国的技术优势；
- 构建有利的国际技术秩序；
- 赢得相关技术竞赛。

2022 年 6 月，美国国防部发布《负责任的人工智能战略和实施途径》战略文件。在该文件中，国防部讨论了负责任的人工智能（Responsible Artificial Intelligence，RAI）方法的实施，定义了为战斗和非战斗目的创建和使用人工智能的指导原则，重点关注人工智能的安全、高效和可靠开发与使用，并给出了六项基本原则：RAI 治理、战士信任、人工智能产品与获取生命周期、需求验证、负责任的人工智能生态系统、人工智能劳动力。

2．俄罗斯的人工智能发展规划

2019 年 10 月，俄罗斯总统普京签署命令，批准《2030 年前人工智能发展国家战略》[10]，这一战略旨在促进俄罗斯在人工智能领域的发展，其中包括在该领域进行科学研究，以及完善该领域的人才培养体系等。俄罗斯政府应每年向总统提交该战略的执行情况，并在制定联邦预算项目时划拨相应的资金。该战略中还提到，实施这一战略是俄罗斯在全球人工智能领域占据领先地位的必要条件，将使俄罗斯在该领域获得技术独立和竞争力[11]。

2020 年 8 月，俄罗斯总理米舒斯京签署《2024 年前俄罗斯人工智能和机器人技术领域监管发展构想》。该构想是俄罗斯第一份人工智能和机器人技术监管文件，强调在确保个人、社会和国家安全的同时，在各经济领域开发、应用人工智能和机器人技术。

3．欧盟的人工智能发展规划

2020 年 2 月，欧盟发布了《关于追求卓越和可靠人工智能的欧洲方案》[12]，指出了欧盟未来在人工智能领域的发展规划，主要包括以下四点：

- ⮥ 利用工业和专业市场的优势。
- ⮥ 抓住未来的机遇——下一波数据浪潮。
- ⮥ 为了建立一个卓越的生态系统，以支持人工智能在整个欧盟经济和公共管理中的发展，需要在多个层面上加强行动。
- ⮥ 建立可靠的生态系统，即对人工智能的监管框架。

2020 年 2 月，欧盟在布鲁塞尔发布《人工智能白皮书》。该白皮书提出要建立一个"可信赖的人工智能框架"，重点聚焦三大目标：研发以人为本的技术，打造公平且具有竞争力的经济，建设开放、民主和可持续的社会。欧盟将在今后 10 年内每年投入高达 200 亿欧元的技术研发和应用资金。

2021 年 4 月，欧盟发布《2021 年人工智能协调计划审查》，就欧盟及其成员国应如何在可信人工智能领域塑造全球领导力提出了一系列联合行动计划，包括加速人工智能技术投入、部署人工智能战略与项目、协调统一人工智能相关政策等。

4．德国的人工智能发展规划

2018 年 11 月，德国政府公布了《德国人工智能发展战略》[13]，以推动德国在人工智能领域的研发、应用。在该战略中，德国政府主要制定了三个目标：一是通过人工智能战略确保德国和欧洲在人工智能研发与应用方面处于国际领先地位，提高德国在相关领域的竞争力；二是确保人工智能技术的发展与应用旨在造福社会；三是在伦理、法律、文化和制度等多个方面加强社会对话与政治引导[14]。

2020 年 12 月，德国政府根据当时德国人工智能领域的发展情况对该发展战略进行了更新。新版战略重点聚焦人工智能领域的人才、研究、技术转移和应用、监管框架以及社会认同，提出了一系列新举措。

5. 法国的人工智能发展规划

2018 年 11 月，法国发布了国家人工智能战略组织实施的六大重点方向，致力于将法国建设成为欧洲人工智能研究的领军者。六大重点方向如下[15]：

- 建设国家人工智能研究网络。
- 引进并培养人工智能人才。
- 增加人工智能竞争性项目资助。
- 提高服务于人工智能的计算能力。
- 增加对现有人工智能产学研联合机构的支持。
- 与德国共同制定欧洲人工智能战略。

2021 年 11 月，法国发布其人工智能第二阶段发展战略，计划在未来 5 年投入 22 亿欧元发展人工智能，并设定三大战略目标：加快在人工智能领域的能力建设，使法国成为嵌入式、可信赖人工智能领域的领导者，加快人工智能在经济领域中的部署和使用。该战略确立了两个发展重点：人才培养，增强并加速研发潜能向经济成果的转化。

6. 英国的人工智能发展规划

2018 年 4 月，英国发布了《产业战略：人工智能部门协议》。这是英国政府和产业界所做出的首份发展人工智能的承诺，将采取切实的行动推进人工智能发展，以提升英国在该领域的领导地位。具体措施包括以下五点[16]：

- 明确发展思路：该产业战略提出了使英国成为世界上最具创新性经济体的愿景。
- 培养人工智能人才：该产业战略以人为核心，聚焦于为所有英国人创造良好的工作机会和更多收益的能力。

- ⊃ 建设人工智能基础设施：确保英国拥有足够的数字基础设施，这对英国在人工智能领域实现世界领先至关重要。
- ⊃ 培育商业环境：英国的目标是成为世界上创业和发展业务的最佳地点。
- ⊃ 形成人工智能产业集聚区：该产业战略提出了繁荣整个英国社区的目标。

2021 年 9 月，英国发布《国家人工智能战略》，旨在使英国成为人工智能领域的全球超级大国。该战略设定了三大目标：一是投资并规划人工智能生态系统的长期需求，以确保英国作为科学和人工智能超级大国的领导地位；二是支持英国向人工智能经济转型，确保人工智能惠及所有行业和地区；三是确保英国正确治理人工智能技术，鼓励创新、投资，保护公众和英国基本价值观。并针对这三个目标，制订了短、中、长期的关键行动计划，其中包括：

- ⊃ 启动"国家人工智能研究与创新计划"；
- ⊃ 启动人工智能和英国研究与创新计划联合办公室；
- ⊃ 通过"人工智能标准中心"协调英国参与制定全球规则；
- ⊃ 落实《美英人工智能研发合作宣言》；
- ⊃ 通过英国国防部发布《国防人工智能战略》。

2022 年 6 月，英国国防部发布《国防人工智能战略》(Defence Artificial Intelligence Strategy)。该战略旨在通过前沿技术枢纽，支撑新兴技术的使用和创新，从而支持创建新的英国国防人工智能中心。该战略将成为英国人工智能战略的关键要素，并加强国防在政府层面通过科学和技术获取战略优势的核心地位，支持英国政府"到 2030 年英国成为科技超级大国"的雄心。

7. 日本的人工智能发展规划

日本提出了发展人工智能技术必须确立以人为中心的原则，推动日本主导的人工智能发展原则和技术标准的国际化。其发展主要包括以下三个方向：

- ⊃ 人才：改革教育体系以适应人工智能时代的需求。
- ⊃ 数据：构建使人们放心使用人工智能产品和服务的环境，建立数据质量标准及测量方法，推动日本主导的数据标准国际化，完善数据标准的第三方评估方法，实现对数据标准的客观评价。

- 伦理：确立多项以人为中心的人工智能原则。教育文化原则，即在人工智能时代向每个人提供必要的受教育的机会；确保隐私原则，在尊重隐私的前提下，使个人信息合法、合理地流动和被应用；确保安全原则，防止个人信息泄露、被非法利用；公平竞争原则，防止因占有数据而带来不正当竞争；创新原则，整合人工智能的应用环境，确保各类数据能够相互借鉴和利用，促进人工智能技术创新。

2022 年 4 月，日本发布《人工智能战略 2022》，旨在利用人工智能技术克服日本的社会难题，并在尊重人权、多样性和可持续发展这三条原则下提高工业竞争力。该战略确立了 5 大战略目标：

- 构建符合时代需求的人才培养体系，培养人工智能时代各类人才；
- 运用人工智能技术强化产业竞争力，使日本成为产业领跑者；
- 确立一体化的人工智能技术体系，实现多样性、可持续发展的社会；
- 发挥引领作用，构建国际化的人工智能研究教育、社会基础网络；
- 运用人工智能技术应对紧迫危机，确保国民的生命和财产安全。

8．中国的人工智能发展规划

人工智能的快速发展将深刻地改变人们的生活，为了抢抓人工智能发展的重要战略机遇，中国政府于 2017 年 7 月印发了《新一代人工智能发展规划》[17]。

（1）战略态势。该规划分析了当前人工智能领域的战略态势，主要包括：人工智能的发展进入全新的阶段、人工智能成为各国竞争的新战场、人工智能成为经济发展的新动力、人工智能带来了社会治理的新手段。同时，随着人工智能的不断发展，各种挑战也将不断地出现，中国发展人工智能具有良好的基础和独特的优势。与此同时，也要清醒地认识到中国人工智能的整体发展水平与发达国家相比仍然存在差距。

（2）总体要求。该规划明确了下一代人工智能发展的四项基本原则，即科技引领、系统布局、市场主导和开源开放；总体部署构建开放协同的人工智能创新体系，既要加强人工智能的研发和应用力度，最大限度地挖掘人工智能的潜力，又要对人工智能可能带来的挑战具有清醒的认识，最大限度地防范风险；坚持人工智能的研发攻关、产品应用和产业培育协同推进，使得人工智能全面支撑科技、经济、社会的发展，以及国家安全。

（3）重点任务。该规划提出了六项重点任务，分别是构建开放协同的人工智能创新体系、培育高端高效的智能经济、建设安全便捷的智能社会、加强人工智能领域的军民融合、建设泛在高效安全的智能化基础设施体系、前瞻布局新一代人工智能重大科技项目。

（4）资源配置。建立财政引导、市场主导的资金支持机制，优化布局建设人工智能创新基地，统筹国际国内创新资源。

（5）保障措施。该规划提出了六项保障措施，分别是制定促进人工智能发展的法律法规和伦理规范，完善支持人工智能发展的重点政策，建立人工智能技术标准和知识产权体系，建立人工智能安全监管和评估体系，大力加强人工智能劳动力培训，广泛开展人工智能科普活动。

（6）组织实施。按照党中央、国务院的统一部署，由国家科技体制改革和创新体系建设领导小组牵头统筹协调，以及保障落实、试点示范和舆论引导。

除此之外，该规划同样也高频率地指出了发展群体智能这一关键技术。

3.4.2　全球部分国家和组织的无人系统发展规划

1. 美国的无人系统发展规划

进入 21 世纪以来，美国国防部就无人系统的发展先后出台了多份发展规划。2000 年，就无人机专门制定了《无人机路线图（2000—2025 年）》[18]；2005 年，随着无人机在反恐和局部战争中的应用范围和频次的逐渐增大，美国国防部部长办公室制定了《无人机系统路线图（2005—2030 年）》[19]；2007 年开始，美国国防部统筹考虑包括无人机、无人地面车辆、无人水面舰艇、无人水下潜航器等在内的无人系统，分别在 2007 年、2009 年、2011 年、2013 年、2017 年制定了《无人系统综合路线图》[20-24]，如图 3-87 所示，为无人系统在接下来 25 年的发展进行了规划。

图 3-87 美国国防部历次《无人系统综合路线图》

针对复杂化的战场环境和受限的军费预算,《无人系统综合路线图(2013—2038 年)》聚焦以经济的方式继续发展无人系统,详细阐述了无人系统的持续发展、生产、测试、培训、操作和维护[23]。无人系统技术的进步,不仅可以满足作战需求,还可以减少人力成本。相关的无人系统技术主要包括:

- 模块化、互操作性、与载人系统的集成、先进技术的使用。
- 自动化程度、系统性能、灵活性的提升。
- 弹性通信、防篡改安全性和系统设计手段的增强。
- 操作和保障无人系统的人力需求。

《无人系统综合路线图(2013—2038 年)》的主要内容如图 3-88 所示。

图 3-88 《无人系统综合路线图（2013—2038 年）》的主要内容 [23]

《无人系统综合路线图（2017—2042 年）》着重强调了无人系统在多域、跨域作战中的能力提升需求，以及有人系统和无人系统联合作战能力的整合，并从以下四个方面对仍需解决的关键问题进行了详细阐述 [24]。

（1）互操作性。互操作性关系到有人系统和无人系统的相互协同程度，通用/开放式架构是提升未来全域作战能力的基础且迫切的需求。互操作性的发展路线图如图 3-89 所示。

（2）自主性。自主性作为一种重要的力量倍增器，有可能彻底改变作战概念，并大大提升有人系统和无人系统的效率及效能，为美国国防部提供战略优势。自主性的发展路线图如图 3-90 所示。

		2017 近期	2029 中期	2042 远期
互操作性	通用/开放式架构 AI框架	标准C2和参考架构	支持无缝、敏捷、自主的人机协作和机器间协作	
	模块化 和零件互换性	改造现有系统 计划模块化到新系统中	快速升级和配置更改	
	可塑性 验证与确认	新测试与评估、确认与验证方法 新验证与确认工具和技术	高度复杂的自治系统测试与评估、确认与验证	
	数据传输集成	通用数据库 集成端到端传输	抗干扰 低截获/检测概率	
	数据权	保护需求数据权 发展数据权政策	最大的任务支持灵活性	

图 3-89　互操作性的发展路线图 [24]

		2017 近期	2029 中期	2042 远期
自主性	人工智能、 机器学习	私营部门协作 云技术	增强现实 虚拟现实	持续感知 高度自治
	增强的 效率和效力	增强的安全性、效率	无人任务、行动 主机-僚机	集群
	信任	任务指导和验证，人类决策的伦理需求		
	武器化	国防部战略一致性 致命性自主武器系统评估	武装僚机/编组 （行动由人决定）	

图 3-90　自主性的发展路线图 [24]

（3）网络安全。无人系统能正常运行通常依赖网络连接和高效的频谱接入。网络漏洞问题必须得到解决，否则将引起网络中断，甚至被恶意操控。网络安全的发展路线图如图 3-91 所示。

		2017 近期	2029 中期	2042 远期
网络安全	赛博行动	纵深防御 易损性评估	向赛博攻击恢复能力过渡 自主赛博防御	
	信息保障	私营部门协作	制定和发展信息保障政策、程序和技术 无人系统的信息保障产品/技术套件	
	频谱战 电子战	更高效、更灵活、适应性更强、更敏捷的持续行动 强化的、强健的电子保护		

图 3-91　网络安全的发展路线图 [24]

（4）人机协同。人机、人组、人群共融协同才能最大程度地发挥无人系统的感知、控制、决策优势，将人类转变为任务管理者，彻底改变未来作战形态。人机协同的发展路线图如图 3-92 所示。

图 3-92　人机协同的发展路线图 [24]

除了美国国防部的统筹规划，美国各军兵种也分别制定了各自的无人系统发展规划。

2016 年 4 月，美国空军发布了《小型无人机系统飞行计划（2016—2036 年）》[25]。该飞行计划提出了一个积极而现实的愿景，即空军必须以及如何采取重大步骤，不仅在系统获取方面，而且在自适应作战概念方面，将整合和制度化以空军为中心的系列化小型无人机系统作为全域作战的指数力量倍增器。小型无人机系统试图通过寻找成本更低的替代方案来扭转成本曲线，实现针对不同对手和环境的作战敏捷性。该飞行计划认为，小型无人机系统具有 4 项独特优势：

- 可实现指数力量倍增、跨任务的跨域集成、填补需求缺口。
- 易于集成，可通过多种方式部署小型无人机系统，提供灵活性、覆盖范围、渗透能力，以及与联合部队任务的集成。
- 具有成本优势，开发、采购和使用的可承受性，可提供低成本的作战能力。
- 促进伙伴关系，可促进联合部队、机构、联盟伙伴、学术界和工业界之间的合作。

该飞行计划还提出了小型无人机编组、集群、"忠诚僚机"的作战概念，如图 3-93 所示。

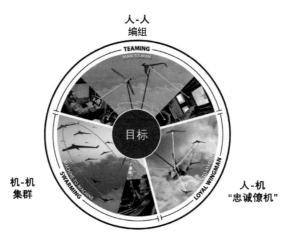

图 3-93　小型无人机编组、集群、"忠诚僚机"的作战概念[25]

2010年4月，美国陆军发布了《美国陆军无人机系统路线图（2010—2035年）》[26]，其主要内容如图3-94所示。该路线图概述了美国陆军将如何在2010—2035年开发、组织和使用无人机系统进行全谱作战。该路线图认为，美国陆军无人机系统的近期（2010—2015年）目标是将无人机系统继续快速融入战术组织，以满足作战人员的当前作战需求；中期（2016—2025年）目标是将无人机系统

知识链接

全谱作战

全谱作战也称为全范围作战、全频谱作战，是美国陆军提出的一种作战理论，包括进攻行动、防御行动、稳定行动、支援行动四种作战类型。全谱作战理论是美军事战略调整、军事技术发展、军种利益驱动、战争经验总结的产物。

完全融入陆军；远期（2026—2035年）目标是有人系统和无人系统的通用性及能力的持续提升，包括续航和运载、自主性、感知/规避、多用途等能力的提升，以及集群概念、纳米技术等在无人机系统的应用。

2017年3月，美国陆军发布了《陆军机器人与自主系统战略》[27]。该战略将机器人与自主系统的能力目标概括为：

- 增强态势感知能力：复杂的地形和敌方的对抗措施限制了士兵的视野和作战能力，机器人与自主系统可以在大范围内持续进行监视和侦察，可以到达有人系统不能到达的地方。

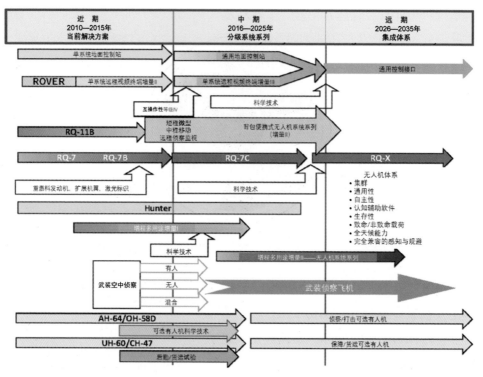

图 3-94 《美陆军无人机系统路线图（2010—2035 年）》主要内容[26]

- 减轻体力负担和决策负担：机器人与自主系统可减轻士兵的装备负担，提高士兵的速度、机动性、耐力及效率；机器人与自主系统的信息采集与处理能力可以极大减轻士兵和指挥官的决策负担。

- 增强后勤补给以维持作战力量：机器人与自主系统可向前线的最迫切物资需求点运送物资补给。

- 增强运动和机动能力：通过可靠的前沿存在和弹性战斗编队，未来地面部队整合并同步联合、跨机构能力，以创建跨域的临时优势窗口，抓住、保留和利用主动权。机器人与自主系统的反介入能力和区域封锁能力，使陆军能够在更早的时间和更远的距离与敌方交战。

- 保护兵力：通过参与更多不同类型的作战任务，机器人与自主系统可以使士兵远离敌人的编队、火箭、火炮和迫击炮，提高士兵的生存能力。

在该战略中，中期目标和远期目标均包含利用小型无人机和集群来增强陆军态势感知能力的内容。

2018 年 3 月，美国海军发布《海军无人系统战略路线图》[28]，重点规划维持美国海军作战优势所需的无人系统和自主能力，使无人系统能在技术上实现任意部署和维持，提升操作员对无人系统的信任，以实现有人－无人自主协同编队等。该路线图指出，无人系统将通过降低运行风险和成本的方式来加强海军力量，作为一个可快速调整、互联的网络，无人系统可部署在空中、水面、水下及岸上，能介入被拒止区域，提供更好的态势感知，有更大的航程和续航，能更快地做出决策。

2021 年 3 月 16 日，美国海军部发布《美国海军部无人作战框架》[29]。该框架从为什么采用无人系统、当前的无人系统状态、如何实现无人系统目标三个方面，对无人系统的整体概念与战略部署进行了阐述，并制订了行动计划，确保美国海军、海军陆战队协同合作，以确定无人系统将如何融入未来的舰队，以及如何使无人系统为国家安全提供的价值最大化。该框架还总结了美国海军部无人系统发展的五项能力目标：

- ⤷ 在美国海军和联合作战全范围内推动有人系统和无人系统的协同；
- ⤷ 构建快速、大规模集成和采用无人系统的数字化基础设施；
- ⤷ 激励加快无人系统的快速增量开发与测试周期；
- ⤷ 细化常见问题，一次性解决跨平台、跨域扩展方案；
- ⤷ 为对部队有贡献的无人系统（平台、系统、子系统）创建一个以能力为中心并且可持续的方法。

以平台为中心的方法与以能力为中心的方法如图 3-95 所示。

2．俄罗斯的无人系统发展规划

俄罗斯无人系统的发展轨迹与其他西方国家并不相同。2014 年 2 月，俄罗斯成立了隶属于国防部的机器人技术科研试验中心，该中心主要从事军用机器人技术综合系统的试验[30]。

俄罗斯通过发展无人系统来扩大战略影响和推动军队转型。随着与人工智能的深度融合，无人系统已经成为军事科技领域的发展前沿和战略高地。在常规武器方面，俄罗斯与其他西方国家之间存在一定的差距，且短期之内无法弥补，在这种情况下，无人系统不仅可以提高战斗效率、降低人员伤亡，更是扩大战略影响的工具。在推动军队转型方面，俄罗斯通过装备大量无人系统来改变传统的兵力结构和作战模式。无人系统与俄罗斯军队当前正在进行的信息化、小型化、模块化转型趋势高度吻合。近年来，俄罗斯在无人系统上的重大突破将成为推动俄罗斯军队转型的强劲动力。

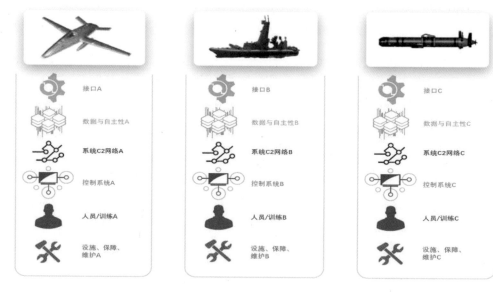

（a）以平台为中心的方法

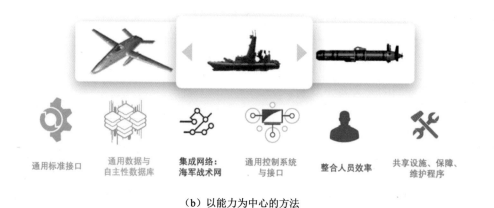

（b）以能力为中心的方法

图 3-95　以平台为中心的方法和以能力为中心的方法[29]

3. 北约的无人系统发展规划

2010 年 1 月，北约联合空中力量能力中心（Joint Air Power Competence

Centre）发布了《北约无人驾驶飞机系统使用的战略概念》[31]，如图 3-96 所示，给出了北约在 2025 年前无人系统作战、一体化、互操作性使用的战略构想，以及在联合作战任务中无人系统基于能力的使用方法。

图 3-96　《北约无人驾驶飞机系统使用的战略概念》[31]

4．英国的无人系统发展规划

2021 年，英国陆军发布了《英国陆军机器人与自主系统方法：生成人机编组》[32]，如图 3-97 所示。处于现代化和转型中的英国陆军关注的主要研究和试验领域有人工智能和机器学习、机器人和自主系统、网络化传感器和效应器、战场电气化和新型武器。该文件阐述了从 2021 年到 2035 年这十余年间，如何通过在人机编组中集成机器人与自主系统来为英国陆军创造作战优势，从而在降低风险的同时提高质量和速度。到 2025 年，英国陆军将建成机器人与自主系统增强旅；到 2030 年，将建成机器人与自主系统集成旅；到 2035 年，机器人与自主系统将广泛整合到各级陆军机构，越来越致命、生存能力越来越强、机动性越来越强的无人系统将在直接火力区向前推进。

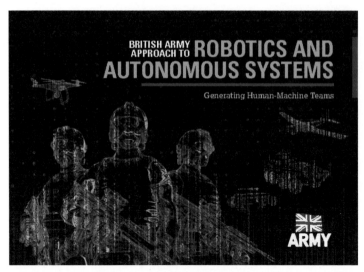

图 3-97   《英国陆军机器人与自主系统方法：生成人机编组》[32]

5．澳大利亚的无人系统发展规划

2018 年，澳大利亚陆军发布了《机器人与自主系统战略》[33]，如图 3-98 所示，旨在为实现由机器人与自主系统使能的未来陆军铺平道路，通过一个强大而有弹性的网络使陆军可以快速部署、集中力量、分散生存，利用先进的决策手段、改变游戏规则的技术使陆军在未来冲突中获胜。该战略提出，可以利用机器人与自主系统来最大化士兵潜能（通过减轻其身体、认知负担）、增进各级决策能力、生成大量可扩展效应（通过人机编组）、保护军队、增强效能。该战略还特别提到了无人集群的模块化、可扩展性、灵活性等在未来战场中发挥的重大作用。

2020 年，澳大利亚皇家海军发布了《机器人与自主系统：人工智能战略2040》[34]，如图 3-99 所示，阐述了机器人与自主系统为皇家海军带来的挑战和机遇、皇家海军寻求的利益、皇家海军获取这些利益的途径，确定了使皇家海军"机器人与自主系统随时就位"所需的共同使能因素。该战略提出在人、发现、开发和交付四个方面努力实现机器人与自主系统的力量保护、投射、伙伴关系、潜力和控制（Force Protection，Projection，Partnership，Potential and Control，4PC）效应。

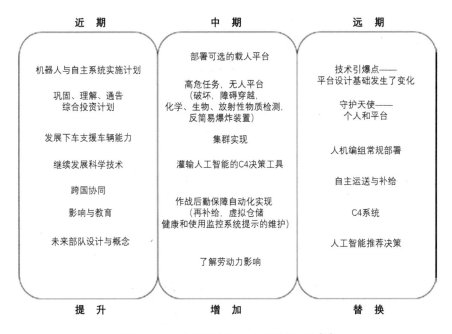

图 3-98 《机器人与自主系统战略》[33]

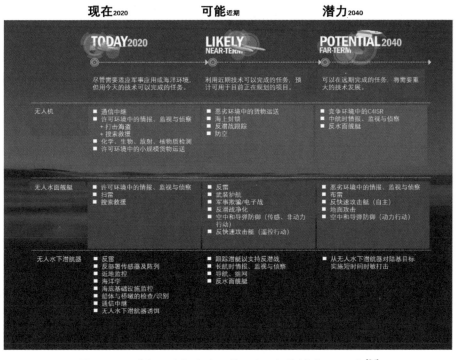

图 3-99 《机器人与自主系统：人工智能战略 2040》[34]

2020 年 11 月，澳大利亚国防军发布了《机器人与自主系统概念》[35]，对机器人与自主系统带来的挑战和机遇，以及为了能在未来的作战环境中处于优势地位，国防军必须采取的行动等进行了阐述。该概念表明，国防军可以利用机器人与自主系统增强其作战能力，方法是在人类指挥的团队中使用机器人与自主系统，以提高效率和质量，并获得决策优势，同时降低人员风险。为了对抗敌方的机器人与自主系统，该概念讨论了如何对敌方环境感知和控制系统、信息战和平台进行攻击来减轻其威胁。该概念指出，对大量低成本自主平台进行自组织集群控制，可形成一种对敌方防御系统进行干扰和压制的群体战术。《机器人与自主系统概念》中的集群示例如图 3-100 所示。

示例：
无人机集群
使用大量小型、易于制造、能够集群行动的无人机将会增加国防力量。无人机可以在执行任务之前被投射到母舰上的某个区域。大量具有不同能力的无人机可以协调它们的行动，以创建一个弹性系统，通过压倒敌人的防御和适应敌人的行动来完成任务。

图 3-100   《机器人与自主系统概念》中的集群示例 [35]

6. 中国的无人系统发展规划

中国政府在 2017 年 7 月印发的《新一代人工智能发展规划》中，对无人系统的发展做出了规划，包括以下三点：

- 自主协同控制与优化决策理论：重点突破面向自主无人系统的协同感知与交互、自主协同控制与优化决策、知识驱动的人机物三元协同与互操作等理论，形成自主智能无人系统创新性理论体系架构。
- 自主无人系统的智能技术：重点突破自主无人系统计算架构、复杂动态场景感知与理解、实时精准定位、面向复杂环境的适应性智能导航等共性技术，无人机自主控制以及汽车、船舶和轨道交通自动驾驶等智能技术，服务机器人、特种机器人等核心技术，支撑无人系统的应用和产业发展。

○ 自主无人系统支撑平台：重点建设面向自主无人系统复杂环境下环境感知、自主协同控制、智能决策等人工智能共性核心技术的支撑系统，形成开放式、模块化、可重构的自主无人系统的开发与试验环境。

3.5 智能无人集群发展态势分析

在无人装备出现之前，人类士兵不得不直接参与到残酷的战争中，每次战争均会造成巨大的人员伤亡。第一次世界大战共造成超过 1000 万人死亡，超过 2000 万人受伤；第二次世界大战共造成约 7000 万人死亡，约 1.3 亿人受伤。具备零人员伤亡巨大优势的无人装备应运而生，并在近些年的一些局部战争、冲突和军事行动中参与了诸如战场侦察、突防、精确打击等多种类型的实战任务，在战争中发挥着越来越大的作用。传统的无人装备多为集成综合性平台，一方面，由于其系统的复杂性，研发成本高、研发周期长，使用、维护成本高；另一方面，由于其功能的集中性，很容易成为被打击的目标，而在其自身智能水平较低的现实情况下，其防御能力较低，容易被捕获甚至被直接击落，这不仅会造成巨大的经济损失，而且会导致诸多既定任务无法完成。在此背景下，各国开始彻底转变无人装备的研发思路，将注意力转投到作战成本低、战争胜算大、生存能力强、作战效能高的智能无人集群上。

近些年来，无论在学术界还是在工业界，智能无人集群技术都得到了迅猛的发展。因其在军事领域具有巨大的潜力，世界各大国都在该领域展开了激烈的竞争。例如，美国的 DARPA、战略能力办公室、海军、空军等机构，在国防部的统一领导下开展了大量的研究工作，启动了"进攻性蜂群使能战术""快速轻量自主""灰山鹑""拒止环境协同作战""空战进化""低成本无人机集群技术""小精灵"等多个相关项目。其中，"进攻性蜂群使能战术"项目旨在研究蜂群战术；"快速轻量自主"项目旨在研究小型飞行器的导航与控制技术；"灰山鹑"项目的研究重点是大规模小型无人机集群的分布式控制与决策；"拒止环境协同作战"项目侧重于拒止环境下集群的协同作战能力；"空战进化"项目试图使无人机通过学习进化出快速空战决策能力；"低成本无人机集群技术"项目旨在开发一种低成本、可消耗、多任务的无人机集群；"小精灵"项目试图通过开发空中发射、回收技术使无人机集群可以快速部署、重复使用。这些项目的功能独立、各有侧重，在技术体系上互为补充、融合发展，无疑将使美国成为智能无人集群开发和作战应用的领航者。除美国外，俄罗斯、英国、印度、土耳其等国也正在进行或谋划智能无人集群项目，不甘在这一场军事变革中落后。中国在 2016 年和 2017 年陆续完成了 67 架、119 架和 200 架固定翼无人机集群飞行试验，刷新了无人机集群飞行数量的新纪录，并成功演示了编队起飞、自主集群飞行、分布式广域监视、感知与规避等技术 [36]。除了全新的项目，各国也正利用智能无人集群技术在传统武器装备的基础上进行升级改造，研制出了各种各样的智能无人集群装备，未来也将在战场上发挥重要的作用。

智能无人集群以完全形态进行成功应用离不开自主协同能力，否则只能称为一群"乌合之众"，而自主协同能力离不开人工智能技术的加持。不难看到，当前的智能无人集群仍处于发展的初级阶段，支撑技术不够成熟、作战水平仍然很低、作战功能很不完善。未来的智能无人集群将呈现出网络极大化、节点极小化、平台多样化、成本低廉化等特点，并加速向装备系列化、任务多样化、覆盖全域化、作战智能化的方向快速发展。多个国家为了能更好更快地发展智能无人集群技术以及与之紧密相关的人工智能技术，争取在该领域占领先机，均制订了较为详尽的发展计划。

3.6　本章小结

本章系统回顾了与智能无人作战和智能无人集群作战相关的一些热点战场事

件，各国在该领域正在积极开展和将要开展的工作，并对智能无人集群的未来发展进行了简要分析。虽然各国均已充分认识到了智能无人作战的必然趋势和重要性，投入了大量的科研力量、科研经费，并得到了政府和军方的大力支持，但在真正进入智能化战争之前，还有很长的路要走，其中最重要的就是智能技术的突破以及智能技术在作战装备上的快速应用。

参考文献

[1] 知乎. 怎么看待这次伊朗击落美国无人机？[EB/OL].（2019-06）[2020-12-24]. https://www.zhihu.com/question/330437265/answer/726123661.

[2] 全球无人机网. 沙特油田遇袭：无人机集群作战分析 [EB/OL].（2019-10-15）[2020-12-24]. https://www.81uav.cn/uav-news/201910/15/63962.html.

[3] White House. Summary of the 2018 White House Summit on Artificial Intelligence for American Industry[C]//United States. Office of Science and Technology Policy. United States. Office of Science and Technology Policy，2018.

[4] National Science and Technology Council（US）. Select Committee on Artificial Intelligence. The national artificial intelligence research and development strategic plan：2019 update[R]. National Science and Technology Council（US），Select Committee on Artificial Intelligence，2019.

[5] DARPA. AI Next Campaign[EB/OL].[2020-12-24]. https://www.darpa.mil/work-with-us/ai-next-campaign.

[6] NIH. NIH Strategic Plan for Data Science[EB/OL].[2020-12-24]. https://datascience.nih.gov/strategicplan.

[7] DARPA. Explainable Artificial Intelligence（XAI）[EB/OL].[2020-12-24]. https://www.darpa.mil/program/explainable-artificial-intelligence.

[8] IARPA. Trojans in Artificial Intelligence（TrojAI）[EB/OL]. [2020-12-24]. https://www.iarpa.gov/index.php/research-programs/trojai.

[9] DARPA. Defending Against Adversarial Artificial Intelligence[EB/OL].（2019-02-06）[2020-12-24]. https://www.darpa.mil/news-events/2019-02-06.

[10] 中华人民共和国商务部. 普京总统批准俄《2030 年前人工智能发展国家战略》[EB/OL].（2019-10-15）[2020-12-24]. http://www.mofcom.gov.cn/article/i/jyjl/e/201910/20191002904591.shtml.

[11] 新华网. 普京批准俄人工智能发展战略 [EB/OL].（2019-10-12）[2020-12-24]. http://www.xinhuanet.com/world/2019-10/12/c_1125097410.htm.

[12] European Commission. White paper on artificial intelligence–a European approach to excellence and trust[EB/OL]. （2020-02-19）[2020-12-24]. https://ec.europa.eu/info/sites/info/files/commission-white-paper-artificial-intelligence-feb2020_en.pdf.

[13] 经济日报. 德国大力扶持发展人工智能 [EB/OL]. （2019-06-11）[2020-12-24]. http://www.cac.gov.cn/2019-06/11/c_1124605804.htm.

[14] 中国科学院科技战略咨询研究院. 法国发布国家人工智能战略组织实施的六大重点 [EB/OL]. （2019-01-11）[2020-12-24]. http://www.casisd.cn/zkcg/ydkb/kjzcyzxkb/kjzczxkb2019/kjzczxkb201901/201901/t20190111_5228107.html.

[15] 中国科学院科技战略咨询研究院. 英国发布人工智能产业战略 [EB/OL]. （2018-06-12）[2020-12-24]. http://www.casisd.cn/zkcg/ydkb/kjzcyzxkb/2018/201807/201806/t20180612_5025268.html.

[16] 中国科学院科技战略咨询研究院. 日本计划制定人工智能国家战略 [EB/OL]. （2019-01-29）[2020-12-24]. http://www.casisd.cn/zkcg/ydkb/kjzcyzxkb/kjzczxkb2019/kjzczxkb201902/201901/t20190129_5236497.html.

[17] 中国政府网. 国务院关于印发新一代人工智能发展规划的通知 [EB/OL]. （2017-07-20）[2020-12-24]. http://www.gov.cn/zhengce/content/2017-07/20/content_5211996.htm.

[18] United States Department of Defense. Unmanned Aerial Vehicles Roadmap 2000-2025[R]. Washington，DC，USA：United States Department of Defense，2000.

[19] United States Department of Defense. Unmanned Aircraft Systems Roadmap 2005-2030[R]. Washington，DC，USA：United States Department of Defense，2005.

[20] United States Department of Defense. Unmanned Systems Roadmap FY2007-2032[R]. Washington，DC，USA：United States Department of Defense，2007.

[21] United States Department of Defense. Unmanned Systems Integrated Roadmap FY2009-2034[R]. Washington，DC，USA：United States Department of Defense，2009.

[22] United States Department of Defense. Unmanned Systems Integrated Roadmap FY2011-2036[R]. Washington，DC：United States Department of Defense，2011.

[23] United States Department of Defense. Unmanned Systems Integrated Roadmap FY2013-2038[R]. Washington，DC，USA：United States Department of Defense，2014.

[24] United States Department of Defense. Unmanned Systems Integrated Roadmap FY2017-2042[R]. Washington，DC：United States Department of Defense，2018.

[25] Otto R P. Small Unmanned Aircraft Systems（SUAS）Flight Plan：2016-2036. Bridging the Gap Between Tactical and Strategic[R]. Washington DC，USA：Air Force Deputy Chief of Staff，2016.

[26] US Army. U.S. Army Roadmap for Unmanned Aircraft Systems：2010-2035[R]. U.S. Army，2010.

[27] US Army. The US Army Robotic and Autonomous Systems Strategy[R]. Fort Eustis，VA，USA：U.S. Army Training and Doctrine Command，2017.

[28] Department of the Navy. Department of the Navy Strategic Roadmap for Unmanned Systems[R]. Department of the Navy, 2018.

[29] Harker T W, Gilday M M, Berger D H. Department of Navy Unmanned Campaign Framework[R]. Washington, DC, USA : Department of the Navy, 2021.

[30] 中国青年报. 俄军加速发展无人作战系统推动军队转型 [EB/OL].（2017-10-18）[2020-12-24]. http://www.xinhuanet.com/mil/2017-10/18/c_129722171.htm.

[31] NATO. Strategic Concept of Employment for Unmanned Aircraft Systems in NATO[R]. Joint Air Power Competence Centre, NATO, 2010.

[32] British Army. British Army's Approach to Robotics and Autonomous Systems : Generating Human-Machine Teams[R]. British Army, 2021.

[33] Australian Army. Robotic & Autonomous Systems Strategy[R]. Australian Army, 2018.

[34] Royal Australian Navy. RAS-AI Strategy 2040[R]. Royal Australian Navy, 2020.

[35] Australian Defence Force. Concept for Robotic and Autonomous Systems[R]. Australian Defence Force, 2020.

[36] 达达凯哥. 2018 中国新突破！中国再次刷新固定翼无人机集群飞行纪录！ [EB/OL].（2018-05-16）[2020-12-24]. https://kknews.cc/zh-my/news/onla4rq.html.

第 4 章

单体智能

4.1 引言

根据智能技术中涉及的个体数目及个体在智能中所起作用等的不同，本书作者认为可以将智能技术分为单体智能技术、群体智能技术和体系智能技术。单体智能是指仅靠某个个体就能表现出来的智能，但要表现出足够高水平的智能，通常需要该个体足够"庞大"；群体智能则需要群体中不同个体间的相互协同才能表现出智能，该智能水平通常会远远大于所有个体的智能水平之和；体系智能则可理解为多个群体的群体智能，即多个具备不同功能和能力的群体通过高效率的相互协同表现出来的更高层次的智能。

智能化战争的最高水平是由高度发展的体系智能支撑起来的。在该水平的智能化战争中，每个智能个体不仅有自己的局部任务，还要通过与体系中的其他个体合作，以产生服务于它所在群体的局域作战效能，以及整个体系的全局作战效能。实现最高水平的智能化，需要大量基础理论和前沿智能技术的共同保障，本章以及接下来的两章将分别从单体智能、群体智能、体系智能的角度，对各自涉及的一些基础数学理论和关键前沿技术的研究内容、研究现状、发展趋势等进行阐述。

如图 4-1 所示，像动物和人一样，一个机械的或电子的个体要想拥有完整智能形成智能体，需要拥有感知、认知、决策、控制、执行等功能。动物和人需要利用眼、耳、口、鼻、皮肤等对所处的环境不断地进行感知，以了解环境状态和变化；智能体则需要利用光、电、电磁信号等感知手段对其任务环境有个整体或局部的认识。动物和人在感知到环境数据后，需要将这些数据送往大脑进行进一步处理，这就是认知的过程；同样地，智能体也需要对感知到的数据进行处理，将感知到的数据转化为智能体可理解的信息。动物和人的大脑根据所感知、认知的环境信息以及当前行为目的做出行为决策；智能体需要根据当前的认知和行为进行规划和决策。在决策完成后，动物和人的大脑向身体、肌肉、四肢等发送行动信号，以完成相应的行为动作；同样地，智能体的计算中心则将其控制策略传输到发动机、转向装置等实现当前决策内容。感知和认知通常是耦合在一起进行的，同样耦合在一起的还有控制和执行。据此，我们将单体智能技术分解为单体智能感知技术、单体智能决策技术、单体智能控制技术。

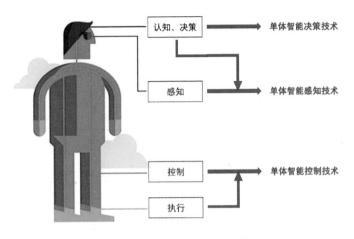

图 4-1　单体智能的组成要素

单体智能感知技术包括单个智能体（单体）利用光电信息、电磁信号、磁场异常等对所处环境的感知、建模和对目标的探测、识别等。单体智能决策技术包括单体的运动规划、行为决策等。单体智能控制技术是指如何设计控制策略以使单体实现上述运动规划、行为决策。

本章分别对单体智能感知技术、单体智能决策技术、单体智能控制技术进行阐述。单体智能感知技术主要探讨光电感知、电磁信号感知、雷达感知、磁探感知等内容；单体智能决策技术将围绕自主避障、马尔可夫（Markov）决策、贝叶斯（Bayes）推理等内容展开；单体智能控制技术主要包括常用控制方法和智能体运动控制。

4.2　单体智能感知技术

智谋计策的成功运用，往往能达到出奇制胜的效果。然而，智谋计策是以"知己知彼"的感知为基础而制定的，准确的感知是智能决断的基石。从理论上讲，自然界中任何目标及其所产生的影响总会有特定的特征，并与其所处的背景有所差异。目标与背景之间的任何差异，如外貌形状的差异，或者在声、光、电、磁、力等物理特性方面的差异，可直接由人的感官或借助一些技术手段加以区别，这就是目标可以被感知到的基本依据。随着各种高技术的广泛应用，感知技术正在进入一个崭新的发展阶段。无论感知方式、感知手段、设备本身，还是战术技术应用，都将提高到一个新的高度。感知方法发展趋势如下：

（1）感知实时化。现代战争快速多变，部队机动能力强，要求尽量缩短感知所用的时间，以提高感知信息的及时性与可靠性。在这个方面，信息的智能处理和传输速度是关键。随着感知技术的发展，靠人工进行图像分析和经验筛选已经完全不能满足"实时侦察"的需要，唯一的方法就是借助以人工智能（AI）为核心的遥感图像自动分类与快速分析技术，提高感知信息的处理速度。

（2）感知综合化。随着感知技术的不断改进．各种反侦察设备以及有针对性的伪装干扰技术也得到了长足的进步。为了识别伪装，提高感知效果，一方面要加强对感知目标特征的针对性研究，另一方面要加速研制使用多种传感器，同时对同一地区进行感知，这样有利于获得多层次的目标信号，大大增加识别伪装的能力。

（3）感知全时化。由于作战装备和作战手段的日渐丰富，战争一方可利用极端天气或夜间行动来极大地影响战争天平。例如，在阿富汗战争中，美军多次利用技术优势，在夜间发动攻击，大大降低了美军的伤亡人数。在未来战争中，使作战部队在暴风、骤雨、浓雾等极端天气以及夜间仍然保持良好的感知能力，是战争胜败的关键。

4.2.1 感知方法概述

依照探测目标信号的不同，感知主要分为光电感知、电磁信号感知、雷达感知、磁探感知等。下面分别对常用的感知方法进行介绍。

1. 光电感知

光电感知主要是利用目标和背景反射或辐射电磁波的差异来发现和识别目标的，主要的手段有照相侦察、红外线侦察、电视侦察、微光侦察、激光侦察，以及使用各种侦察器材（望远镜、潜望镜、侦察经纬仪等）进行的侦察。目前常见的光学感知设备有可见光感知设备、红外线感知设备、多光谱感知设备、微光夜视感知设备、激光感知设备等。

可用于智能无人系统的光学感知设备通常为光电系统。光电系统是指以光波作为信息和能量载体而实现传感、传输、探测等功能的测量系统。光电系统在各个领域，特别是军事领域，获得了很大的成功，呈现出了迅速发展的态势。与电子系统相比，光电系统最大的不同在于信息和能量载体的工作波段发生了变化。可以认为，光电系统是工作于电磁波波谱图上最后一个波段——光频段的电子系统。

电磁波波谱的光频段包括红外线、可见光、紫外线和 X 射线部分[1]，频率范围为 $3 \times 10^{11} \sim 3 \times 10^{16}$ Hz（对应的波长为 1 mm ～ 10 nm）。从光量子的观点来看，单光子的能量为 $h\nu$，其中 ν 为电磁波的频率，$h=6.626 \times 10^{-34}$ J·s，称为普朗克常数。频率越高，单光子能量就越大。由于 1 J=0.624×10^{19} eV，故单光子能量可用电子伏特（eV）表示为：

$$h\nu \approx 4.135 \times 10^{-15} \text{ eV} \tag{4-1}$$

与电子系统载波相比，光电系统载波的频率提高了几个量级。这种频率量值上的变化使光电系统在实现方法上发生了质变，在功能上也发生了质的飞跃，主要表现在载波容量、角分辨率、距离分辨率和光谱分辨率大为提高，在通信、雷达、精导、导航、观瞄、测量等领域获得广泛应用。应用于这些领域的光电系统的具体构成形式尽管各不相同，但都有一个共同的特征，即都具有光发射机、光学信道和光接收机这一基本构型，称为光电系统的基本模型。

光电系统通常分为主动式和被动式两类。在主动式光电系统中，光发射机主要由光源（如激光器）和调制器构成；在被动式光电系统中，光发射机则可以理解为被探测物体的热辐射。光学信道和光接收机对主动式光学系统和被动式光学系统来说是完全相同的。光学信道主要包括大气、空间、水和光纤。

这里主要介绍光接收机。光接收机用于收集入射的光并进行处理、恢复光载波的信息，包括三个基本模块：光接收前端（通常包括一些透镜或聚光部件）、光电探测器，以及后续的检测处理器。光接收前端（如透镜系统）对接收到的光进行滤波和聚焦，使其入射到光电探测器上。光电探测器把光信号变换为电信号。后续的检测处理器完成必要的信号放大、信号处理及过滤处理，从光电探测器的输出中恢复所需要的信息。

要探知一个客观事物的存在及其特性，一般都是通过测量事物所引起的某种效应来完成的。对光辐射（即光频电磁波）的测量也是这样。例如，动物的眼睛就是通过光辐射对眼睛产生的生物视觉效应来感知光辐射的存在及其特性的；照相胶片则是通过光辐射对胶片产生的化学效应来记录光辐射的。从这个意义上说，眼睛和胶片都可称为光探测器。在光电子领域，光探测器有它特有的含义，凡是能把光辐射转换成另一种便于测量的物理量的器件，都可以称为光探测器。从近代测量技术来看，电量不仅最方便，而且最精确，所以大多数光探测器都把光辐射转换成电量来实现对光辐射的探测。即使直接转换量不是电量，通常也会先把非电量（如温度、体积等）转换为电量后再进行测量。从这个意义上说，凡是把光辐射转换为电量（电流或电压）的光探测器，都可以称为光电探测器。光电探测器的物理效应通常分为两大类：光子效应和光热效应，每一大类又可分为若干子类 [2]，这里不再详述。

2．电磁信号感知

1）无线电通信侦察

无线电通信侦察是使用无线电收信器件，截收和破译敌方的无线电通信信号，查明敌方无线电通信设备的配置、使用情况及其战术技术性能，以判明敌方的编制、部署、指挥关系和行动企图，为制订电子对抗作战计划、实施通信干扰和引导火力摧毁提供依据。无线电通信侦察具有侦察距离远、时效快、操作隐蔽，以及受环境、地形、气候等自然条件影响小的特点，世界各国都十分重视这一侦察监视手段。

无线电通信侦察主要是运用无线电波的传播、信号及联络的规律来实施侦察的，它能够在不知道敌方通信地点、通信体制、工作频率、调制方式、记录方法等的情况下，实施并完成无线电通信侦察任务。

不同频段的无线电波是以不同的方式传播的，因此有不同的传播规律，如超长波、长波利用地波传播，对岩石和海水具有一定的穿透力，一般适用于潜艇通信、远洋通信、地下通信及海上导航等；中波以地波传播为主，天波传播为辅，主要适用于广播、航海、航空通信及导航等；短波以地波方式传播时，由于波长较短，衰减大、通信距离较短，而以天波方式传播时，由于经过电离层反射，其损耗远小于地波传播，所以即使使用较小功率的电台也能传播较远的距离；超短波通信主要靠空间波进行视距传播。若用鞭状天线并靠地波传播，通信距离就很短，仅适用于战术通信。利用空间波通信时，应使用高架天线或将电台设在高处，通信距离较远。当需要视距外通信时，可采用接力、卫星和散射等方式。微波类似于光的直线传播，对障碍物的绕射能力很弱，适用于视距内空间波通信。当需要长距离通信时，同样可采用接力、卫星和散射等方式。微波散射通信的散射高度与超短波不同，它是在从地面至十几千米的大气对流层中进行的；而超短波则是在 $75 \sim 95$ km 上空的电离层中进行传播的。由此可见，掌握了无线电波的传播特性，就能够有针对性地对不同频段和距离上的各种不同的无线电通信进行侦察，并根据用途大体判断出敌方可能使用的频率，缩小无线电通信侦察的频率搜索范围。

通信双方在传输信息时，必然会按一定的规则制定信号的形式，因此传播的信号必然遵循一定的规律。从信号的调制看，为了使无线电通信的每一个信号都能代表某一信息，必须对发射的无线电波进行调制。调制的方式通常有调幅、调频、调相等，用不同方式的调制信号具有不同的频谱特性，因此在接收时必须采用与之对应的解调方式。识别和掌握敌方各类信号的调制方式，研究其调制规律，使无线电通信侦察采用相应的接收设备，可以有效截获敌方电台的信号。从信号的组合规律看，各种无线电通信信号的组合形式虽然不同，但都是用电流脉冲的有无、长短和大小来表示的，同样存在着变化规律。同样的电码组合，在各种"文字"中可表示不同的含义，如果掌握了敌方的"文字"，就能判明敌方的电码所表示的含义。

在无线电通信中，除了要发射载有信息的无线电波，还必须相互规定呼号、频率、联络时间等通信诸元和勤务用语，并按一定的规则建立通信网络和确定电台之间的联络关系。这些通信诸元和联络关系同样具有明显的规律性。例如，每个电台服务于一个具体单位，而且按一定的组织系统和指挥关系参与联络。因此，通过侦察电台的联络关系，可以分析判断敌方的编制序列和指挥关系。除此之外，从呼叫到结束联络的一整套联络程序，同样具有规律性，并在各联络系统、方向甚至各电台中都具有不同的特点。掌握这些规律和特点，便可在无线电通信侦察中迅速寻找和识别敌方电台。

无线电通信侦察系统的工作大致包括任务确立、系统展开、原始情报侦察和最终情报获取四个阶段。下面对后两个阶段进行概述。

（1）原始情报侦察阶段。一般情况下，原始情报侦察是一级侦察站（包括车载、舰载、机载及星载侦察设备等）的任务。侦察的目的是向无线电通信侦察数据分析处理中心提供有关敌方通信网络的尽可能多的原始情报。中心控制席位根据上级下达的侦察任务向各操作席位下达侦察任务，按照先验知识的多少决定对侦察目标的搜索或守候。在截获信号后，对出现的传导进行参数测量、特性分析、属性识别和记录存储。在记录信号本身参数的同时，与侦收过程有关的一切数据都应记录下来。

（2）最终情报获取阶段。根据各级无线电通信侦察站送来的原始情报，通信数据融合分析处理中心进行精加工。第一步是对原始数据进行初步相关处理，形成有关敌方通信情报的简洁数据；第二步是对信号参数和指纹图谱特征进行处理，完成对敌方电台的分类，确定其属性及相互之间的关系；第三步是对以上数据及情报进行综合相关处理，从而得出敌方通信态势；第四步是对态势的评价及敌方兵力部署和作战意图的分析；第五步是生成决策建议。

2）无线电通信测向

无线电通信测向与常规意义上的通信侦察有所不同，其感知目的是对无线电来源方向进行检测，感兴趣的是信号的来波方向，通过多个组合的无线电方向探测可进一步确定信号源的具体位置。任何一种电磁波辐射都带有方向信息，用适当的测量方法就可以提取到方向信息。用无线电技术手段确定无线电信号源方向的过程称为无线电测向或无线电定向，用这种手段确定无线电通信信号源方向的过程，就称为无线电通信测向。无线电通信测向通常是在一个平面上进行的。

无线电通信测向是用通信测向机来完成的。测向机之所以能测定电台的方向，关键在于采用了专门的定向接收天线。所谓定向接收天线，是指在某一个或某几个特定方向上接收信号很强，而在其他方向上接收信号很弱的天线。定向接收天线是通信测向机中极重要的组成部分。定向接收天线的种类很多，如环形天线、H形天线、框形天线、U形天线等。现以环形天线为例来说明定向接收天线的定向原理。环形天线实际上是一个很大的线圈，用它接收无线电波，虽然接收到的是同一电台的信号，但把环形天线转几个不同的角度，就可听出声音有大有小。这就证明环形天线接收无线电波是有方向性的，无线电通信测向就可以靠环形天线的这种方向性来实现。

无线电通信测向是通信电子战系统的重要组成部分，它在电子战系统中的重要应用主要体现在以下两个方面：

（1）为通信电台的识别提供信息：通过对敌方通信信号源的测向，可为通信电台的分类和识别提供重要依据。方向和位置数据是无线电台的重要特征之一，无线电通信侦察所获得的情报加上方向和位置信息就可以得出关于侦察目标的用途、属性等方面的结论，战场指挥员可以据此做出正确的形势分析、态势评估和作战决策。

（2）为干扰与摧毁提供引导：现代通信测向机可以利用高精度测向定位技术来测定敌方重要目标所配备的无线电通信设备的位置，可为我方攻击性武器系统提供精确的位置引导，对敌方目标进行干扰压制或火力摧毁。

3．雷达感知

1）雷达感知原理及分类

雷达，源于英文Radar的音译，英文直译为"无线电探测和测距"，即用无线电的方法发现目标并测定目标的空间位置。因此，雷达也被称为无线电定位。雷达是利用电磁波探测目标的设备，它发射电磁波对目标进行照射并接收目标的回波，然后对接收到的回波进行处理，从而获得目标到电磁波发射点的距离、速度、方位、高度以及目标特征等信息。雷达感知具有探测距离远、测定目标速度快、精度高、可全天候工作等特点，在战场上得到了广泛应用，是现代战争中的一种至关重要的感知手段。

按照工作方式，通常可以将雷达分为两类：第一类发射的雷达电磁波（雷达波）是连续的，称为连续波雷达；另一类发射的雷达波是间歇的，称为脉冲雷达。目前，广泛应用于战场的是脉冲雷达。雷达的种类繁多，用途各异，根据任务或者用途的不同，一般可分为四种[3]：

- ☞ 警戒和引导雷达：主要包括对空情报雷达、对海警戒雷达、机载预警雷达、超视距雷达、弹道导弹预警雷达等。
- ☞ 武器控制雷达：主要包括炮瞄雷达、导弹制导雷达、鱼雷攻击雷达、机载截击雷达、机载轰炸雷达、末端制导雷达、弹道导弹跟踪雷达等。
- ☞ 侦察雷达：主要包括战场侦察雷达、炮位侦察校射雷达、活动目标侦察校射雷达、侦察与地形显示雷达等。
- ☞ 航行保障雷达：主要包括航行雷达、航海雷达、地形跟随与地物回避雷达、着陆（舰）雷达。

实际上，雷达探测目标的原理与蝙蝠捕食昆虫的过程基本相似，所不同的只是蝙蝠发射的是超声波，而雷达发射的是电磁波。当雷达发射的电磁波遇到飞机、导弹等目标时，就会由于反射而产生回波，根据接收到回波的时间，就能计算出雷达到目标的距离，并在显示器上对目标加以显示。用雷达探测目标，和人用声音（声波）探测悬崖的距离在原理上是一样的。当你登山时，想知道对面山峰离你有多远，办法很简单，只要用双手呈喇叭状放在嘴前，对着山崖大喊一声，过一会儿就可听到回声，用回声时长的一半乘以音速就可得到距离[4]。

2）雷达散射面积

当物体被电磁波照射时，能量将朝各个方向散射，散射场与入射场之和就构成空间的总场。能量的空间分布依赖于物体的形状、大小、结构以及入射波的频率与特性。能量的这种分布称为散射，通常用散射截面来表征能量的分布。散射截面是物体的一个假想面积，物体本身通常称为目标或散射体。

雷达散射截面（Radar Cross Section，RCS）是基于平面波照射下目标各向同性散射的概念。雷达散射截面的定义为[5]：

$$\sigma = \lim_{R \to \infty} 4\pi R^2 \frac{S^s}{S^i} = \lim_{R \to \infty} 4\pi R^2 \frac{\left| \boldsymbol{E}^s \right|^2}{\left| \boldsymbol{E}^i \right|^2} = \lim_{R \to \infty} 4\pi R^2 \frac{\left| \boldsymbol{H}^s \right|^2}{\left| \boldsymbol{H}^i \right|^2} \qquad (4\text{-}2)$$

式中，S^s 和 S^i 表示散射场和入射场的功率密度；$\boldsymbol{E}^s$ 和 $\boldsymbol{E}^i$ 分别为散射电场和入射电场；$\boldsymbol{H}^s$ 和 $\boldsymbol{H}^i$ 分别表示散射磁场和入射磁场。

散射场是由于空间中的散射体（目标）而引起的，所以空间的总场为入射场和散射场之和：

$$\boldsymbol{E}^T = \boldsymbol{E}^i + \boldsymbol{E}^s \qquad (4\text{-}3)$$

$$\boldsymbol{H}^T = \boldsymbol{H}^i + \boldsymbol{H}^s \qquad (4\text{-}4)$$

雷达散射截面的单位是平方米（m^2），有时也用平方波长来表示。

显然，RCS 是目标结构、电磁波频率、入射场的极化形式、接收天线的极化形式，以及目标对来波方向的角向位置的函数。因此，式（4-2）中的 σ 可以表示为 $\sigma_{ij}(\theta, \varphi)$，$i$ 和 j 表示入射场的极化方向和接收天线的极化方向，如水平极化和垂直极化，而 (θ, φ) 则表示在球坐标系下的视角。

从上述公式可知，目标的 RCS 不仅仅是雷达信号入射角的函数，还与接收机的方位角相关，因此 RCS 就有了单站和双站之分。当雷达波和接收机不在同一个位置时，称为双站散射。当雷达波和接收机在同一个位置时，通常使用分离的发射天线和接收天线，严格地说，这种情况也是双站散射。不过由于目标对于两个天线的张角通常很小，测量的结果和真正的单站情形几乎一致。

另外，在高频区计算复杂目标的散射时，必须先计算很多不同部件的散射场，然后在平方之前相加以便得到部件的散射功率。这就保持了目标上各散射体之间的相位关系，可以正确地表示干涉作用。但式（4-2）给出的定义不包含相位信息，因此引入一个新的 RCS 表示方法：RCS 的平方根。根据散射场的极化关系，由远端接收机读出的信号将正比于沿接收机极化方向的散射场分量，所以定义为：

$$\sqrt{\sigma} = \lim_{R \to \infty} 2\sqrt{\pi} R \frac{\boldsymbol{E}^s \cdot \hat{e}_r}{E_0} e^{-jkR} \qquad (4\text{-}5)$$

在目标散射研究中，一般会遇到反射、绕射、表面波和凹形区域等散射机理。反射会产生最大的散射，一般由平板类目标产生。当一个目标存在多个平面时，可能存在多次反射，如入射波被照射到飞机机身上后会先反射到机翼，再反射到雷达天线。绕射场是由于目标表面的不连续性而产生的，如边缘和顶点。绕射散射的强度远小于反射散射，但该类散射可以出现很大的角度。当反射散射较弱时，绕射散射的贡献将会十分明显。表面波散射是在光滑、线状散射体表面的爬行电流产生的散射现象，如细导体圆棒、长椭球体等目标的散射。凹形区域散射又称为波导模散射，是指入射波进入一部分封闭的散射结构时产生的散射。典型的凹形区域散射体为三面角、飞机的进气道等。在散射计算中，以上几种散射机理往往是混合在一起的。

在电磁散射问题中，当目标的尺寸远大于电磁波的波长时（在微波波段，对于一般的军事目标，这一条件是成立的），电磁波与目标的相互作用就显出局部特性，与物体的形状密切相关，这就是高频散射场的局部特性，高频方法预估技术的简单性正是基于这一事实的。《雷达截面手册》第二卷给出了 7 种散射机理[6]，这些散射机理的组合形成了一个复杂目标的 RCS 特征。这些机理包括：

- 镜面反射；
- 表面不连续性散射，如边缘、拐角和尖端；
- 表面导数不连续性的散射；
- 爬行波或阴影边界的绕射；
- 行波散射；
- 凹形区域散射，如腔体、二面角和三面角；
- 多次散射。

大的散射体往往有多个散射中心，可以按 RCS 的幅度对这些散射中心进行分类：

- 最强的散射源由平板、柱面上的亮线、腔体等产生，这些散射构成了散射图的主瓣；
- 几何光学反射和边缘绕射场对散射图构成的贡献次之；
- 从边缘、顶点和细导线端点散射的球面波对散射图的贡献最小。

上述散射并没有揭示复杂目标散射场中的全部分量。在总散射场中，谐振散射在某些角度上往往会成为 RCS 的主要贡献[7-9]。谐振散射的产生原因，一是散射波的等相位干涉，二是光滑表面爬行波的镜面反射。在精确预估 RCS 时，行波散射和互相靠近的孤立散射源之间的多次散射也是要考虑的。

绕射的概念首先由 Kalashnikov 于 1911 年提出 [10]，后来 Sommerfeld 从理论上加以证明。Rubinnowicz 在 1924 年从理论上发现孔径边缘绕射 [11]，并指出形成绕射锥的边缘绕射点满足费马原理；Kerller 于 1962 年描述了相同的绕射锥（称为 Keller 锥）；Senior 和 Uslenghi 于 1972 年进行了试验验证 [12]。

绕射场概念最终是由 Keller 在 1953—1962 年期间完成的，他在几何光学的基础上，建立了一般的 GTD（Geometrical Theory of Diffraction）方法。Keller 的 GTD 理论被认为现代绕射理论最重大的进展，他提出的绕射系数是后来高频方法发展的基石。与 GTD 并行发展的高频近似 PO（Physical Optics）方法也引入了绕射项，形成 PTD（Physical Theory of Diffraction）方法。PTD 方法有两个特征：一是该理论通过对表面电流积分得到散射场，又称为辐射场积分，这一特性给计算带来很大的方便；二是表面积分电流可以分解为一致性电流和非一致性电流两部分。一致性电流是物理光学电流，由物理光学假设得到；非一致性电流是由于散射体表面不连续和介质不连续导致的。非一致性电流的求解一直是研究的热点，并已经有了很大的进展 [13-16]。

GTD 方法和 PTD 方法仅能计算 Keller 锥方向的场，为了克服这一局限性，先后出现了两种方法：一是使场的入射方向和散射方向都在 Keller 锥上，然后用等效电流方法（Method of Equivalent Current，MEC）进行计算 [17-18]；二是以经典的绕射理论为基础，通过严格的数学推导得到能够计算 Keller 锥外场的方法，如 MEC[19]、增量长度绕射系数法 [20] 和单元劈裂法 [21]。

从上面的综述可知，高频方法主要以 GTD 方法和 PTD 方法为主，GTD 方法是 GO（Geometrical Optics）方法的扩展，PTD 方法是 PO 方法的扩展。目前的工作是进一步完善这两种方法，增加它们的适应性、提高计算的精度。GTD 方法和 PTD 方法已经广泛应用于复杂目标的 RCS 计算 [22-23]，成为 RCS 预测软件开发的首选工具。

3）雷达辐射信号感知

雷达辐射信号感知是指用于探测的传感器本身并不发送电磁信号，只是对雷达辐射或经过其他设备发射的信号进行被动探测的感知手段。雷达辐射 / 反射信号感知原理如图 4-2 所示。

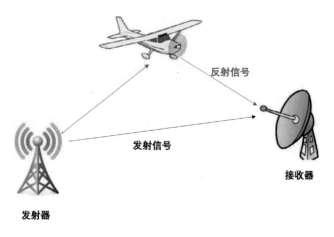

图 4-2　雷达辐射 / 反射信号感知原理

（1）到达时间差测量。传感器测量直接参考信号和反射信号之间的到达时间差，根据电磁波传播速度，可根据到达时间差来测量双基地的距离。从直接参考信号和反射信号之间的互相关可以得到二维距离多普勒矩阵，这意味着直接参考信号的不同多普勒调制副本与回波信号互相关。因此，传感器也能够估计双基地多普勒频率（相当于双基地距离率）。双基地距离测量将目标定位在一个椭球体上，发射器和接收器位于该椭球体的焦点处。

通过使用多个发射器或接收器可以确定椭球的焦点，通过测量目标方向及其与椭球焦点的距离可以获得目标位置。目标位置的精度在很大程度上取决于所用信号的带宽和接收天线的波束宽度。

（2）到达角度测量。到达角度测量是一种确定入射到天线阵列上的电磁信号传播方向的方法，该方法是通过测量天线阵列中各个元素的路径差来确定方向的。

假设接入点上有两根天线，这两根天线之间的间距为 $\lambda/2$（其中 λ 为波长），无线电信号以角度 θ 到达这两根天线。估计无线电信号到达角度的关键是分析这两根天线的接收信号相位，如图4-3所示。路径差可以简单地计算为 $\lambda\sin\theta/2$。若令 x_1 和 x_2 分别表示天线1和天线2的接收信号，则到达角度可以简单估计为

arcsin$[(\angle x_2 - \angle x_1)/\pi]$。

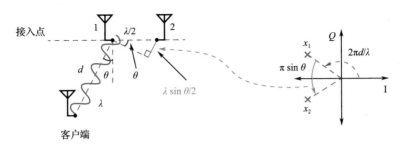

图 4-3　到达角度测量原理

（3）接收信号强度测量。由传感器测量的无线电信号的强度，通常以分贝（dB）为单位。如果被探测的雷达功率输出是已知的，则接收信号强度可用于估计发射器（被探测雷达）和接收器（传感器）之间的距离。一个典型的接收信号强度测量模型可以用式（4-6）所示的路径损耗模型来表征：

$$\text{RSS} = R_0 - 10\beta \lg r + \varepsilon \tag{4-6}$$

式中，RSS 为接收信号强度；R_0 为单位参考距离处的信号强度（通常未知）；β 为相关路径损耗指数；ε 为测量噪声。

4．磁探感知

铁磁材料本身具有固定的磁场。当铁磁材料放置在地磁场中时，会被地磁场磁化而产生感应磁场。地磁场和感应磁场会改变空间中的地磁分布，形成磁场异常。磁场异常可以通过磁力计进行测量，而磁场的测量是研究铁磁材料相关检测技术的基本条件。磁探感知通常是指通过磁场检测对固定目标或移动目标进行非接触式测量。通过磁探感知技术对获得的磁场信号进行一定的数据处理和分析，可获得正确的目标信息，进行定位并识别目标。磁探感知技术常用于潜艇探测。

1）磁探原理

潜艇是一个具有磁性的物体，其磁性用总磁矩 M 来表达。常规潜艇的磁矩（南北向）为 $1.5 \sim 2.5 \times 10^5 \, \text{A} \cdot \text{m}^2$，核潜艇的磁矩为 $4 \sim 5.5 \times 10^5 \, \text{A} \cdot \text{m}^2$。

潜艇的周围会产生由潜艇磁性引起的局部磁场，局部磁场叠加在地磁场上后表现为一个局部磁场异常。由于海水不会屏蔽静磁场，因此可采用磁场异常探测设备（磁探载荷）来识别水下的潜艇，如图 4-4 所示。潜艇越大，磁矩越大，局部磁场异常就越大，就越容易被探测到。

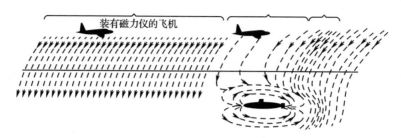

图 4-4　磁探载荷探测水下的潜艇

　　航空磁探是利用安装在飞机上的磁场传感器，通过探测地磁异常信号来发现水下铁磁性目标的技术。探测过程是典型的强干扰背景下的弱信号识别过程。对于一定磁矩的潜艇，磁探载荷的探测距离可表示为：

$$R=C\left[\dfrac{M}{\mathrm{SNR}\sqrt{(N_\mathrm{A})^2+(N_\mathrm{E})^2}}\right]^{\frac{1}{3}} \tag{4-7}$$

式中，R 为磁探载荷对潜艇的作用距离；M 为潜艇的等效磁矩（单位 A·m²）；SNR 为磁探载荷信号检测算法的最低可检测信噪比（鉴别比）；N_A 为磁探载荷空中噪声，由磁探载荷静态噪声、飞机经过磁补偿后的剩余磁干扰构成；N_E 为海洋环境噪声；C 为经验常数，取值通常为 5.325。

　　影响探测距离的因素包括：

　　（1）目标属性。对于 3000 t 左右的常规潜艇，磁矩为 2×10^5 A·m²；6000 t 左右的核潜艇，磁矩为 5×10^5 A·m²。磁场异常信号与距离的关系如图 4-5 所示。对于磁矩为 2×10^5 A·m² 的目标，在距离 600 m 处的磁场强度为 0.1 nT（100 pT）。

　　（2）海洋环境噪声。海底的岩石因成分不同而具有不同的磁性，沉积岩的磁性较小，火成岩的磁性较大；同时海深越大，相当于飞机距离海底岩石越远，其磁性对飞机的影响越小。通常将海洋地磁背景分为良好、恶劣、中等。对于良好地磁背景的海域，即海深大于 1000 m 且沉积岩地质的海域，背景地磁噪声 $N_\mathrm{E}\leqslant0.05$ nT。对于恶劣地磁背景海域，即海深小于 100 m 且火成岩地质的海域，背景地磁噪声 $N_\mathrm{E}\geqslant0.2$ nT。对于中等地磁背景海域（除良好、恶劣地磁背景海域外的海域），背景地磁噪声 N_E 为 0.05 ～ 0.2 nT。

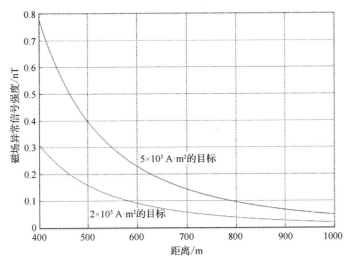

图 4-5　磁场异常信号与距离的关系

（3）飞机磁干扰。由于飞机平台结构具有磁性，机上的电气设备会在工作时产生磁干扰，对磁探载荷造成影响。固定翼飞机磁探载荷的磁敏感探头通常安装在飞机尾部伸出的磁探杆顶端，磁探杆的长度视飞机磁性的大小而定。

（4）磁探载荷的静态噪声。目前，国内外现役的磁探载荷都采用光泵探头作为探测弱磁场异常的传感器。光泵磁力仪是通过氦（He4、He3）、铯（Cs）、铷（Rb85、Rb87）、钾等元素的光磁共振效应测量外磁场的。根据工作元素不同，光泵磁力仪分别称为氦光泵、铯光泵、铷光泵、钾光泵等，它们的工作原理均类似。光泵探头的静态噪声可达到 0.1 ～ 1 pT。

2）磁探载荷工作原理

磁探载荷的主要磁敏感部件采用铯光泵磁传感器（以下简称铯光泵），铯光泵是利用Cs-133 原子受激发后，在外磁场作用下的塞曼效应来测量外部磁场的。铯原子在外磁场下会产生能级分裂，分裂后原子的相邻子能级间的能量差可用塞曼跃迁频率 f_0 表示，f_0 大小与外磁场成正比。因此，设法测得 f_0，就可测得外磁场，而且具有很高的灵敏度。

铯光泵可设计为自激励方式：将光电探测器的输出经过信号放大和移相后，直接反馈给射频线圈，整个系统工作在自动平衡激励方式下，连续输出共振频率 f_0，能实时响应外界磁场的变化。自激式铯光泵的工作原理如图 4-6 所示。

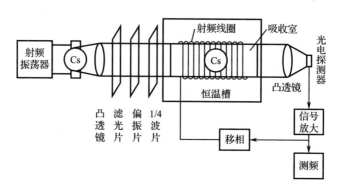

图 4-6　自激式铯光泵的工作原理

单个铯光泵探头存在工作死角，为了避免地磁场向量方向落入工作死角，在有人驾驶飞机上的磁探载荷通常采用机械结构旋转探头，或设计多个探头并互成一定角度，错开单个探头的工作死角，使得至少一个探头处于工作区间。无人机由于尺寸、重量、功耗等的限制，可通过规划航线避开单个探头的工作死角。

3）磁补偿原理

光泵磁力仪探头所测得的磁场为地磁场和飞机干扰场之和。用 H_e 来表示地磁场，H_{TOT} 表示飞机干扰场，所测磁总场 H 就等于二者之和。飞机干扰场是由于飞机在地磁场中不同的姿态引起的。

$$H = H_e + H_{TOT} \tag{4-8}$$

飞机机动动作可被分解为偏航、横滚和俯仰三种基本动作，对应偏航角 Ω、横滚角 Ψ 和俯仰角 λ，还有飞机所在地理位置的地磁倾角 Φ 和航向角 θ（与磁北方向的顺时针夹角）。这些角参数可根据机上安装的三分量磁通门磁力仪数据计算得到。

补偿飞行示意图如图 4-7 所示，补偿方法通常在 3000 m 以上地磁场平静的区域内（一般梯度小于 10 nT/km）选取正方形闭合框（补偿飞行航线），在每个边上飞机做 10°～15° 横滚飞行、5° 俯仰、偏航飞行（也可以不做偏航动作，通过转弯代替偏航，补偿动作减少至 2 个）。飞机在每个边的三种动作顺序要一致，每种动作要 3～4 个周期，并且幅值和周期大小要相同，飞机的飞行速度要与探测飞行的地速相同。补偿飞行结束后，可计算补偿系数，并根据补偿系数来获得飞机干扰场的值，从而得到接近真实的磁总场 **H** 数据。补偿模型的精度决定了补偿后剩余干扰场的大小，最终决定磁探载荷的动态噪声。

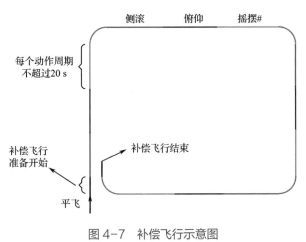

图 4-7　补偿飞行示意图

4.2.2　信号处理

信号处理（Signal Processing）是对各种类型的电信号，按各种预期的目的及要求进行加工过程的统称。对模拟信号的处理称为模拟信号处理，对数字信号的处理称为数字信号处理。所谓信号处理，就是对记录在某种介质上的信号进行处理，以便抽取出有用信息的过程，它是对信号进行提取、变换、分析、综合等处理过程的统称。

为了利用信号来生成有用的信息，就要对信号进行处理。例如，当电信号弱小时，就需要对它进行放大；当信号中混有噪声时，就需要对它进行滤波；当信号不适合传输时，就需要对它进行调制及解调；当信号遇到失真畸变时，就需要对它进行均衡；当信号类型很多时，就需要对它进行识别。

长期以来，信号处理一直是各种应用的关键组成部分。随着集成电路中处理器能力的提高，出现了从模拟设计到数字设计的转变。数字设计除了具有明显的适应性、稳定性、可测试性和低成本等优势，还可以更好地进行进一步的集成。

业界的数字信号处理器（Digital Signal Processor，DSP）芯片扩大了从模拟设计到数字设计的应用范围。DSP 芯片的速度不仅给系统集成商带来了新的挑战，也为集成提供了额外的激励。

雷达作为一种复杂的、杂波较多的集成设备，其信号与数据的处理较为复杂，本节以雷达为例介绍信号处理。

雷达信号处理需要在排除不必要的干扰的同时，提取所需的信息。特别是，监视雷达需要在消除杂波、射频干扰和噪声源的雷达回波的同时，报告目标是否存在。机载雷达也需要在多普勒散射杂波返回的情况下完成同样的工作。跟踪雷达除了要完成探测，还涉及对目标运动参数的准确估计。无论何种雷达系统，信号处理器和数据处理器执行的基本操作都是检测目标，并从接收到的波形中提取信息，以确定大量关于目标的相关参数（如位置、速度、形状和电磁信号）。信号处理设计过程的第一步就是建立更贴近雷达实际工作环境的数学模型。与雷达检测相关的几个主要研究和开发领域的技术（如最佳检测理论、自适应检测理论、非高斯信号处理、多维处理和超分辨率等）都可以用于信号处理，这些技术已经在野外雷达系统中得到了成功的应用，雷达系统专家阿方索·法里纳（Alfonso Farina）对其中一些技术进行了广泛的描述[24]。MTI（Moving Target Indicator）、MTD（Moving Target Detector）和脉冲多普勒雷达概念就是一些成功的杂波回波抑制和目标检测的处理方案。目前看来，重要的研究集中在设计杂波回波的精确统计建模上。麻省理工学院林肯实验室组织的植被地杂波数据的收集和处理得到了一系列显著的成果，这可能是最广泛的地杂波数据收集，其中一些已经用不同的算法处理了[25]。此外，在一定条件下（低掠角雷达和高分辨率雷达），杂波回波可以描述为明显非高斯性质的球不变随机过程。返回杂波和干扰可能比接收机噪声大得多，因此，可能会超过检测阈值，并出现假警报，这可能会使自动检测和跟踪系统超载。恒虚警率（Constant False Alarm Rate，CFAR）可自动提高阈值水平，从而避免额外目标报告的自动跟踪器过载[26]。

目标跟踪和识别是雷达处理链的一部分，也称为数据处理。本节只讨论目标跟踪。在目标跟踪中，需

知识链接

恒虚警率

在雷达信号检测中，当外界干扰强度变化时，雷达能自动调整其灵敏度，使雷达的虚警概率保持不变，这种特性称为恒虚警率特性。

要对目标的测量值（如距离、方位角、高度角和距离率）进行滤波处理，通过合适的时间平均来减少测量误差，估计目标的速度和加速度，预测目标的未来位置。跟踪器是随机滤波理论的一种应用，是动态系统理论的一个重要分支。动态系统的特征是系统状态量在动态变化，在定义良好的扰动和输入下实现最优控制。动态系统使用随机过程来建模被噪声损坏的数据，以及不确定的参数。首先，没有一个动态系统的数学模型是完整的，近似、不确定性和被忽视或误解的影响是数学模型中的固有成分。其次，动态系统不仅由输入命令驱动，而且由环境干扰和执行器交付命令控制能力的缺陷驱动，这些是不可控的因素，通常没有足够的确定性模型。最后，向动态系统提供数据的传感器可能只提供了关于系统状态的部分信息，引入了时延和新的动态，并且这些数据总是被噪声污染的。这些考虑证明了将动态系统的概念扩展到上述不确定性和近似模型是随机情况，这时就出现了一个基本问题，那就是必须根据数学模型和有噪声的数据来估计动态系统。研究人员利用最优滤波理论给出了求解方法，这一理论的重要突破是平稳过程的维纳滤波和卡尔曼–布什滤波，它们代表了动态和测量方程都是线性的、力和测量噪声是独立高斯分布情况下的最优滤波。在非线性、非高斯环境下进行更准确估计的需求，促使人们接受了最佳滤波的新的近似法，从而有效地超越了卡尔曼–布什理论[27]。

目前的大多信号处理系统都是在假设高斯干扰的情况下建立的，并根据信号处理的要求进行了优化。这些算法被"硬连接"到一个计算机架构中，以满足传感器运行参数的实时需求，如更新速度和传感器元件的数量。这种建造雷达系统的方法正在被改变，因为其适应性差、成本高。美国空军研究实验室的传感器理事会（Sensors Directorate）一直在从事人工智能技术方面的工作[28]，他们最初的关注点是在雷达信号处理链的 CFAR 部分，在 2001 年前后，这项工作已经从探测阶段扩展到整个雷达处理链[29]，展示了使用外部数据源影响监视雷达传感器的筛选、检测和跟踪阶段的优点。参考文献[30]中的项目展示了利用美国地质调查局获得的地图数据，根据计算标准选择距离环，而不是盲目地选择测试距离单元周围的参考距离环，从而改进机载雷达上的 STAP（Space-Time Adaptive Processing）性能。这项工作[30-31]为一个名为 KASSPER（Knowledge Aided Sensor Signal Processing and Expert Reasoning，知识辅助传感器信号处理和专家推理）的项目奠定了基础。KASSPER 项目的目标是研究如何利用外部数据源动态地改变雷达的信号处理链，从而提高雷达的性能。

4.3　单体智能决策技术

4.3.1　Markov 决策过程理论

Markov 决策过程（Markov Decision Process，MDP）理论是关于离散时间随机控制过程的理论[32]。该过程对离散、随机、序列场景下的决策过程进行了数学建模[33]，该场景中的决策结果一部分受到随机因素的影响，另一部分取决于决策者的控制[32]。

Markov 决策过程早在 20 世纪 50 年代已为人所知。1953 年，罗伊德·沙普利（Lloyd S. Shapley）首次在随机博弈背景下研究了 Markov 决策过程[34]。后来，理查德·贝尔曼（Richard Bellman）最早讨论了一般的序列决策问题，并首次使用了"Markov 决策过程"这一术语[35-36]。Markov 决策过程之所以使用俄罗斯数学家安德雷·马尔可夫（Andrey Markov）的名字命名，是由于 Markov 决策

知识链接

罗伊德·沙普利

罗伊德·沙普利是美国杰出的数学家和经济学家，对数理经济学、特别是博弈论理论做出过杰出贡献，于 2012 年获诺贝尔经济学奖。

过程是 Markov 链的扩展。罗纳德·霍华德（Ronald Howard）在其出版的专著 *Dynamic Programming and Markov Processes* 中系统地讨论了该理论的框架，并给出了有效的算法[37]。

Markov 决策过程可以形式地定义为一个四元组（S, A, T, R），其中，S 是离散状态集合；A 是离散动作集合；$T: A \times S \times S \rightarrow [0, 1]$ 是状态转移函数；$R: S \times A \rightarrow R$ 是报酬函数[38-39]。由状态转移函数定义的状态转移概率 $T(a, s, s')$ 表示在当前时刻状态为 s 的情况下，采取动作 a 后，在下一时刻状态为 s' 的条件概率值。由报酬函数定义的 $R(s, a)$ 表示在当前时刻状态为 s 的情况下，采取动作 a 所得到的报酬值。有些学者将 Markov 决策过程定义为五元组 $[S, A, A(\cdot), T, R]$，其中的 A 为所有可能的离散行动集合，而 $A(x)$ 则表示状态 x 所能采取的行动集合[40-41]。Littman 则将 Markov 决策过程定义为五元组 (S, A, T, R, β)，这里的 β 表示一个折扣因子，满足 $0 \leqslant \beta \leqslant 1$，其作用是促使决策者尽快做出决策[33]。图 4-8 给出了一个包含 3 个状态、2 个动作和 2 个报酬值的 Markov 决策过程的例子。

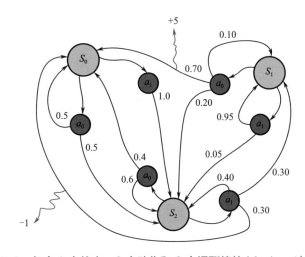

图 4-8　包含 3 个状态、2 个动作和 2 个报酬值的 Markov 决策过程

根据 Markov 决策过程的性质，即下一时刻的状态只与当前时刻的状态和当前时刻的动作有关，而与之前时刻的状态和动作无关，可定义如下 Markov 策略 $\pi: S \rightarrow A$，则 $a = \pi(s)$ 表示某个个体在状态为 s 时采取 Markov 策略（即动作）a。从某个初始状态 s 开始，一个 Markov 策略 π 的总期望折扣报酬可作为该策略的一个长期的衡量指标。据此，将一个从初始状态 s 开始并采取一个策略 π 的总期

望折扣报酬定义为[33]：

$$V^\pi(s) = R[s,\pi(s)] + \beta\sum_{s'\in S}T[s,\pi(s),s']V^\pi(s') \qquad (4\text{-}9)$$

Markov 决策过程就是给定一个初始状态 s，寻求合适的策略 π，使得式（4-9）定义的总期望折扣报酬 $V^\pi(s)$ 达到最大。罗纳德·霍华德发现，对任意的初始状态，存在一个共同的最优策略 π^*，即有[33, 37]：

$$\pi^* = \arg\max_{a\in A}\left\{R(s,a) + \beta\sum_{s'\in S}T(s,a,s')V^*(s')\right\} \qquad （4\text{-}10）$$

$$V^*(s) = \max_{a\in A}\left\{R(s,a) + \beta\sum_{s'\in S}T(s,a,s')V^*(s')\right\} \qquad （4\text{-}11）$$

有三种基本方法可以求解 Markov 决策过程问题，并找到最优策略，它们分别是值迭代法、策略迭代法、线性规划法[38]。前两种方法通过迭代求解问题，分别对值函数和策略的初始值进行不断迭代；第三种方法将问题转化为线性规划问题，然后用标准优化技术（如单纯形法）进行求解。

值迭代法从给每个状态分配一个初始值开始，这个值通常是对该状态的直接奖励。也就是说，在迭代初始，先令 $V_0(s)=R(a,s)$；然后，在每次迭代中通过最大化 Bellman 方程来逐步改进这些值。当所有状态的值都收敛时，即当上一步和当前步的迭代值之差小于设定阈值时，该迭代过程被中止，并将上一步迭代中选出的策略作为最佳策略[38]。通常，策略在值收敛之前就已经收敛。这意味着即使该值函数尚未收敛，策略也不再变化。这就产生了额外的计算成本，因此罗纳德·霍华德提出了可以更快收敛的方法，即策略迭代法[33]。

策略迭代法是从选择一个随机初始策略开始的。在迭代过程中，通过为每个状态选择可使期望值增加最多的动作来迭代地改进策略。当策略收敛时，即策略与上一次迭代相比没有变化时，迭代过程被中止[38]。由于策略的数量是有限的，每一次利用非最优策略进行迭代时都会生成一个比原来策略有严格改进的新策略，所以策略迭代法的收敛性也是能够得到保证的[33]。

线性规划法舍弃了 Bellman 方程，首先将 Markov 决策过程转换成某个线性规划问题，例如[39]：

$$\min \sum_{s \in S} V^\pi(s)$$

$$使得对任意的 s \in S, \ V^\pi(s) - \beta \sum_{s' \in S} T(s,a,s')V^\pi(s') \geqslant R(s,a) 成立 \tag{4-12}$$

然后利用标准的线性规划问题求解方法得到决策过程的最优策略。

随着 Markov 决策过程理论研究的深入，出现了多种推广形式，例如将其推广到连续时间随机过程的连续时间 Markov 决策过程[42]、在环境状态无法完全观测背景下提出的部分可观察 Markov 决策过程[43]、利用模糊推理系统进行决策的模糊 Markov 决策过程[44]等。目前，Markov 决策过程理论已经成功应用于多个领域，如强化学习、自动控制、机器人、经济学等[32, 44-49]。

4.3.2　Bayes 推理理论

Bayes 推理是一种基于 Bayes 定理的统计推理方法[50]。统计推理试图通过利用试验获得的信息减少推理的不确定性[51]，根据可观测的事物来推理不可观测的事物，是基于一些样本中的某些可观测变量得出某些待了解结论的过程。

托马斯·贝叶斯（Thomas Bayes）最先给出了一个后来称为 Bayes 定理的一个特例，最初作为逆概率问题的解决方案[52-53]。后来，皮埃尔－西蒙·拉普拉斯（Pierre-Simon Laplace）给出了 Bayes 定理的一般版本，并将其应用到天体力学、医疗统计学等领域[50, 52]。

Bayes 定理的内容可由著名的 Bayes 公式描述[50, 54]：

$$P(H \mid E) = \frac{P(E \mid H)P(H)}{P(E)} \tag{4-13}$$

式中，E 表示所获取的新数据（也称为证据）；H 表示某种假说；$P(H)$ 表示观测到新数据 E 之前 H 发生的先验概率；$P(E)$ 表示与假说 H 无关的 E 的先验概率，称为边缘似然率；$P(E|H)$ 表示在假说 H 的条件下观测到 E 的概

率，称为似然函数；$P(H|E)$ 表示观测到新数据 E 之后更新得到的假说 H 的后验概率。Bayes 定理的形象化解释如图 4-9 所示。

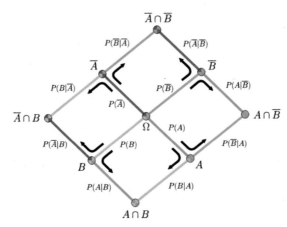

$$P(A|B) \cdot P(B) = P(A \cap B) = P(B|A) \cdot P(A)$$

图 4-9　Bayes 定理的形象化解释示例 [50]

进一步地，假设假说 H 不止有一个，而是有一个假说集 $\{H_j\}_{j=1}^{N}$，每两个假说都是互斥的（不可能同时发生），而且每一时刻必有且只有假说集中的一个假说发生。此时，Bayes 公式变为：

$$P(H_i | E) = \frac{P(E | H_i) P(H_i)}{\sum_{j=1}^{N} P(E | H_j) P(H_j)} \tag{4-14}$$

上述的 Bayes 定理是通过离散随机变量给出的。通常可以发现，推理所基于的数据是离散的，作为推理目标的未知参数通常是连续的。在这种情况下，表征其不确定性的概率分布可以表示为概率密度函数。于是，连续模型的 Bayes 定理可以描述为 [55]：

$$f(\theta | x) = \frac{f(x | \theta) f(\theta)}{f(x)} = \frac{f(x | \theta) f(\theta)}{\int_{\theta} f(x | \theta) f(\theta) \mathrm{d}\theta} \tag{4-15}$$

式中，$f(\cdot)$ 表示概率密度函数；θ 表示待确定未知参数；x 表示可观测数据。对应于离散情形，称 $f(\theta|x)$ 为后验概率密度函数，称 $f(\theta)$ 为先验概率密度函数，称 $f(x|\theta)$ 为似然函数，称归一化因子 $f(x) = \int_{\theta} f(x | \theta) f(\theta) \mathrm{d}\theta$ 为证据。上式表示，后

验 $f(\theta|x)$ 与先验 $f(\theta)$ 及似然函数 $f(\theta|x)$ 的乘积成正比。

根据 Bayes 定理，对 x 的观测可以间接地给出参数 θ 的信息，因此可以将其应用于推理与决策。

Bayes 推理就是指利用式（4-13）或式（4-15）从观测到的数据中推导出关于总体或概率分布 $f(\theta|x)$ 的属性的过程，也可以说是从"结果"推断出"原因"的过程。与传统的统计推理方法相比，Bayes 推理在得出结论时，不仅需要当前所观察到的样本信息，还要利用与过去有关的经验和知识。另外，以典型的参数估计应用为例，不同于传统的统计推理方法只寻求参数的最佳点估计（如通过最大似然估计法或最大后验估计法等），Bayes 推理试图给出参数的后验分布密度[50]。

Bayes 决策理论既提供了有效利用可观测数据 x 提供的信息进行行动选择的方法，也提供了对试验价值进行衡量和决定是否要实施某个试验的方法。所有这些都可以通过指定 $f(\theta)$、$f(x|\theta)$ 以及可能的试验价值来实现[52]。利用 Bayes 理论进行决策的一般步骤如下[56]：

（1）确定决策过程的目标。

（2）确定一组行动和一组可能的事件（状态）。

（3）为每一种可能的状态指定一个概率（即先验概率）。如果有更多的观测，则可以计算每种可能状态的后验概率。

（4）对于每个可能的状态，给每个行动指定一个预期收益（或损失）。

（5）计算收益的期望值（效用或损失函数）。

（6）从可供选择的行动方案中选择最佳决策，使预期收益最大化。

不论将 Bayes 定理用于推理还是决策，都有一个计算难题难以逾越，这就是归一化因子 $\int_{\theta} f(x|\theta) f(\theta) \mathrm{d}\theta$ 的计算问题。由于归一化因子是一个积分形式，而只有在低维度空间有极少一部分积分可以通过解析方式计算出来。因此，直到 20 世纪 80 年代 Markov 链 Monte-Carlo 方法问世以后，Bayes 定理的研究和应用才有了大幅的进展，并且可以用于解决非标准的复杂应用问题[50, 55]。Markov 链 Monte-Carlo 方法不是试图计算相关积分的显式表达式或数值近似值，而是通过统计模拟方法从感兴趣的分布生成（伪）随机样本来实现积分的近似计算[55]。为了产生一个更平稳、更能代表原分布随机性的 Markov 链，常采用 Gibbs 抽样和 Metropolis-Hastings 算法进行统计抽样[55-58]。

目前，Bayes 推理理论已成功应用于科学[59]、医学[60]、工程学（信号[61-62]、军事学[63-64] 等）、经济学[65]、人工智能[66]、哲学、体育运动、法律等诸多领域。

4.3.3　智能体自主避障

现实中的典型智能体包括无人机、无人地面车辆、无人水面舰艇、无人水下潜航器、移动机器人（Mobile Robot）等，它们在执行预定任务时都需要在任务环境中做一定的运动，通常要求智能体从某个初始点运动到任务目标点或任务目标区域。该过程可以分为两种情况，分别称为路径规划（Path Planning）和轨迹规划（Trajectory Planning）[67]。路径规划是在考虑到障碍物的几何特征和智能体的运动学约束的情况下来生成无障碍路径的；轨迹规划需要处理时间相关的各种约束，包括智能体的动力学、移动的障碍物或未知的障碍物等，所规划出来的轨迹通常也是时间相关的，即要求智能体在一定时间到达一定位置[67]。在完成路径或轨迹规划后，通常还需要一个平滑算法来生成一条满足各种运动约束的、智能体能跟踪的连续平滑路径[68-70]。

不论路径规划，还是轨迹规划，一个不可避免的问题是避障，以生成一条避开障碍物的安全可行路径。虽然避障是规划问题的一部分，但一方面由于障碍物可能是移动的（如敌方智能体、己方的其他智能体），另一方面由于一些不可预见的障碍物可能随时出现［称为突发（Pop-Up）障碍物］，使得避障问题经常脱离于规划问题而单独解决。避障问题示意图如图 4-10 所示。

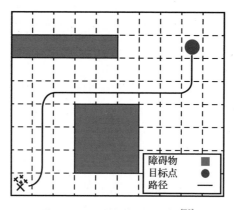

图 4-10　避障问题示意图[70]

不同于路径规划或轨迹规划中的规划式方法，避障问题需要利用反应式（Reactive）方法。规划式方法适用于离线计算，反应式方法更注重在线求解。规划式方法和反应式方法的原理如图4-11所示。两种方法必须有机结合，才能达到最终的规划目的。一方面，如果仅依靠纯路径规划，则智能体很容易与不可预见的障碍物发生碰撞；另一方面，如果没有路径规划，仅使用反应式方法，则智能体将不可能到达其任务目标点或任务目标区域[67]。

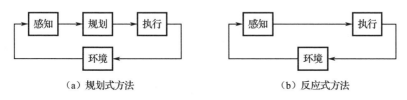

（a）规划式方法　　　　　　　　（b）反应式方法

图4-11　规划式方法和反应式方法的原理[71]

Huang等人[71]对避障算法的发展历程进行了回顾，这里概述如下。在20世纪70年代，业界开始研究避障，主要关注静态障碍物，解决思路是首先在构型空间（Configuration Space）中确定参考点在避开障碍物的同时可以运动的一个自由空间；然后在这个自由空间中找到参考点的最短路径。到了80年代，构造一个构型空间的表示成为主要方法，并且提出了几种改进算法，这几种改进算法的共同问题是无法保证最优性。从80年代中期开始，为了同时获得某种最优结果，诸多避障算法被提了出来，如基于决策理论的方法、势函数法、基于控制理论的方法和一些启发式方法等。在90年代后期，一些局部规划技术被提出了出来，其中包括动态窗口技术、不可避免碰撞状态技术、速度障碍技术等。然而，由于算法的局部性，这些局部规划技术不仅没有考虑最优性，还会导致智能体无法朝着目标前进。进入21世纪以来，随着多平台协同技术的发展，由多个平台组成的多智能体系统的协同避障问题成为研究的主要方向；同时，利用真实的无人系统对协同避障算法进行实际验证也受到了越来越多的重视。

Huang等人[71]对无人机的避障方法进行了系统性的综述，并根据算法原理的不同将无人机的避障方法分为六种类型：

➲ 路径规划法：包括路径选择法、基于图的路径选择法。

➲ 冲突消解法：包括基于规则的控制方法、确定性最优控制法、随机最优控制法、基于协议的控制方法。

- 模型预测控制法：包括线性和非线性模型预测控制方法。
- 势场法：包括原始势函数法、虚拟力函数法、调和势函数法、改进势场法、导航函数法。
- 几何制导法：包括碰撞锥法、速度障碍技术。
- 多平台的运动规划法：包括多智能体系统基于冲突的搜索法、大型系统的轨迹规划法、优先级规划法和形式验证法。

其中，多平台的运动规划法是专门针对多平台的。

Minguez 等人 [72] 在《Springer 机器人手册》中将避障方法分为两大类：一步法和多步法。其中，一步法包括启发式方法（如运动规划法）和物理类比法（如势场法及其变体）；多步法包括控制子集方法（如以向量场直方图法、障碍限制法、转向角场法为代表的运动方向控制子集法，以动态窗口法、速度障碍技术、曲率速度法为代表的速度控制子集法）和其他方法（如邻近图导航法）。

Radmanesh 等人 [70] 认为避撞方法可以分为两大类：一类是启发式方法（非精确方法），另一类是非启发式方法（精确方法）。前者注重计算效率而不注重计算结果的准确性，后者则恰恰相反。此外，他们还将计算时间和规划路径的长度作为比较指标，对势场法、向量力场法、Floyd-Warshall 算法、遗传算法、贪婪算法、多步预测策略法、A* 算法、动态规划法、近似强化学习法、混合整数线性规划法等避障方法进行了定量的性能比较。Pham 等人 [73] 根据避撞方法、机动轨迹、传感和检测机制等要素的总体特征，将无人机的避撞方法分为几何法、优化轨迹法、方向角法、力场法和其他方法。Albaker 等人 [74] 首先对避撞系统的设计因素（见图 4-12）进行了详细分析，然后据此将避障方法分为基于预定义规则的方法、基于协议的分布式避障方法、优化轨迹法、力场法和其他方法等五类。Sawalme 等人 [75] 将避障方法分为几何方法、势场方法、路径规划方法和基于视觉的方法，并对室内避障技术进行了单独讨论。Zhao 等人 [76] 对智能车辆系统的避障辅助系统进行了详细探讨，并将避障（紧急避障路径规划）方法分为势场法、基于模型和规则的方法以及最优控制法。Sharma 等人 [77] 对利用立体视觉进行避障的各项技术进行了总结。Fraga-Lamas 等人 [78] 对基于数据集和深度学习算法的避障方法研究做了概述。

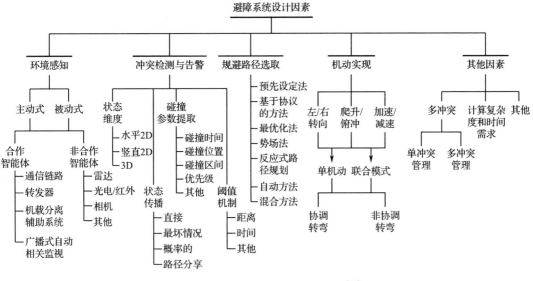

图 4-12　避撞系统的设计因素图[74]

避障算法方面虽然已经取得了丰富的成果，但仍有如下诸多现实问题需要进一步解决。

（1）环境中不确定性的有效处理问题。不确定性包括：

⮫ 智能体动力学建模的不确定性。

⮫ 控制命令跟踪精度的不确定性。

⮫ 传感器能力有限所带来的环境信息（如障碍位置、形状、运动状态等）的不确定性。

⮫ 环境中干扰（如风、大气湍流、水流、波浪、地面起伏等）的不确定性。

⮫ 导航误差引起的智能体自身状态信息的不确定性。

如何对这些不确定性进行有效处理，使智能体在这些不确定性的情况下仍然能够快速做出准确的避障，保持避障鲁棒性，是各种智能体面临的共同问题，也是各种智能体要想真正实现自主避障必须解决的关键问题。

（2）智能体运动约束的全面处理问题。无论哪种类型的智能体，都存在各种各样的运动约束，如固定翼无人机存在失速速度、最大速度、最大/最小加速度、最大/最小转向速率、最大/最小爬升速率、最大/最小爬升角度等。虽然现有的避障方法能处理其中的一部分运动约束，但无法处理智能体所面临的全部运动约束。如何使设计的避障算法可以对所有的运动约束进行全面处理，以生成一条智能体真正能沿其运动的"最优"避障路径，仍然需要大量的工作。

（3）规划式方法和反应式方法的融合问题。如前所述，规划式方法和反应式方法的作用不同，前者是一种全局方法，可实现最优，但无法处理突发障碍物；后者是一种局部方法，可有效处理突发障碍物的问题，但可能将智能体困在障碍物周围而无法向既定的目标继续前进（所谓的死锁问题[81]）。如何将这两种相矛盾的方法进行融合，使最优性和突发障碍物的规避等问题能够同时得到解决，仍是一个需要解决的问题。

（4）大型多智能体平台中的避障问题。相比于单智能体平台，多智能体平台在高效性、低成本、低能耗、鲁棒性、容错性、可扩展性等方面具有诸多优势，利用多智能体平台协同执行各种"枯燥的、恶劣的、危险的、纵深的"任务已成为必然趋势[82]。当多智能体平台进行协同时，除了智能体与环境中障碍物的碰撞避免问题，每个智能体相对于其他智能体都是障碍物，而且通常是快速移动的突发障碍物，因此还要考虑智能体与其他智能体的碰撞避免问题。当多智能体平台的规模很大时，每个智能体面临的障碍物环境会变得很密集并具有高动态性，再加上每个智能体的本体计算能力可能很有限，这就需要设计能在密集、高动态障碍物环境中快速给出最优避障策略的新式方法。

（5）三维空间中的避障算法设计问题。对于无人机、无人水下潜航器等智能体，它们所在的运动环境是三维的；它们的运动约束更为苛刻，所处的任务环境也更为复杂。当前的大多数避障算法都是针对二维空间的，尽管有一些三维空间的避障效果[83-86]，但它们都只是考虑了问题的一个侧面，没有对不确定性、运动约束等进行全面分析和处理。因此，仍需要能够处理各种复杂因素的三维空间的普适避障算法。

4.4 单体智能控制技术

4.4.1 常用控制方法

1. 比例积分微分控制

作为最经典的控制方法，比例积分微分（Proportional-Integral-Derivative，PID）控制基于最成熟的经典控制理论和十分清晰的控制器设计逻辑，具有控制器构型简单、调试方便、适用范围广的优点，因此在工业领域得到了广泛的应用。带有 PID 控制器的典型闭环控制系统示意图如图 4-13 所示。

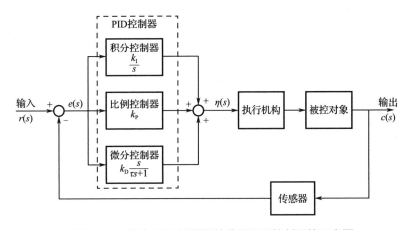

图 4-13　带有 PID 控制器的典型闭环控制系统示意图

图 4-13 中虚线部分是 PID 控制器，由比例（Proportional）控制器、积分（Integral）控制器和微分（Derivative）控制器三部分组成。根据具体应用情况，这三部分可以同时或者部分存在。其中，PID 控制器中的 P 表示自动控制系统中最基本、也是最为简单的比例控制器，即输出与输入的误差乘以某个比例系数作为系统的输入：

$$u(s) = k_{\mathrm{P}}e(s) \tag{4-16}$$

式中，$e(s) = r(s) - c(s)$，表示误差值；k_{P} 表示比例增益。在简单的控制系统中，比例控制器可以单独存在，具体的 k_{P} 值可以根据系统闭环传递函数，应用根轨迹、伯德图等各种经典控制理论中的成熟方法进行选取。

比例控制器具有构型简单的优点，但其主要缺点是容易产生稳态误差。积分控制器有利于消除稳态误差，积分控制器在时域上和拉普拉斯域上可分别表示为：

$$u(t) = k_I \int_0^t e(t)dt \qquad (4\text{-}17)$$

$$\eta(s) = \frac{k_I}{s}e(s) \qquad (4\text{-}18)$$

类似地，k_I 为积分增益。增加积分控制器的好处在于其控制量输出与累积误差成正比，因此有利于消除单纯比例控制器中容易产生的稳态误差。但另一方面，由于在系统原点上增加了一个极点，积分控制器的加入也容易使系统变得不稳定，闭环传递函数的根轨迹将会更容易向右半平面移动。

微分控制器在时域和拉普拉斯域上可表示为：

$$\eta(t) = k_D \frac{de(t)}{dt} \qquad (4\text{-}19)$$

$$\eta(s) = k_D s e(s) \qquad (4\text{-}20)$$

微分控制器的主要优点是可以在误差变大之前就对其进行修正，其主要缺点是不会对误差中的常数部分产生相应的修正。另外，微分控制器还十分容易受到噪声的影响。因此，实际中的微分控制器经常会加入低通滤波环节，即令：

$$\eta(s) = k_D \frac{s}{\tau s + 1}e(s) \qquad (4\text{-}21)$$

式中，$1/(\tau s + 1)$ 的作用是去除噪声等误差信号中的高频部分。

比例控制器、微分控制器、积分控制器各有优缺点，因此可以组合形成 PID 控制器以消除各自的缺点，达到更理想的控制效果。最终生成的控制量是三者的线性叠加，即：

$$\eta(s) = \left(k_P + \frac{k_I}{s} + k_D \frac{s}{\tau s + 1} \right)e(s) \qquad (4\text{-}22)$$

具体的增益选择可以应用齐格勒–尼科尔斯（Ziegler-Nichols）方法得到。首先，将控制器中的微分与积分部分去掉（$k_D = k_I = 0$），只保留比例控制器；然后，根据根轨迹等方法得出系统临界稳定情况下对应的比例增益 k_{pu}，以及与之对应的无阻尼振荡周期 T_u。在此基础上，得到的 PID 控制器增益设计如表 4-1 所示。

表 4-1 PID 控制器增益设计

控制器类型	k_P	k_I	k_D
P	$0.5k_{pu}$	0	0
PI	$0.45k_{pu}$	$0.45k_{pu}/0.83T_u$	0
PID	$0.6k_{pu}$	$0.6k_{pu}/0.5T_u$	$0.6k_{pu}/0.125T_u$

2. H_∞ 控制

对于基于经典控制理论的典型控制方法而言，PID 等经典控制方法具有不适用于多输入多输出（Multi-Input Multi-Output，MIMO）系统的缺陷，而线性二次型调节器（Linear Quadratic Regulator，LQR）等最优控制法在解决模型不确定性、扰动等问题上不太适用。H_∞ 控制可以一定程度上弥补两者的不足，通过"传递函数矩阵"的系统描述形式，为具有模型不确定性的 MIMO 系统提供一种频域鲁棒控制器设计方法。

H_∞ 鲁棒控制理论是在 H 空间通过抑制表征系统噪声与期望输出之间最大增益的一个无穷大范数来获得控制器的一种理论。H 空间为右半开平面解析且有界的矩阵函数空间，其范数定义为：

$$\|F\|_\infty = \sup\{\bar{\sigma}[F(s)] \,|\, \text{Re}\,s > 0\} < \infty \tag{4-23}$$

标准的 H_∞ 控制问题如图 4-14 所示，其中 G 和 K 分别表示广义控制对象和控制器。考虑有限维的线性时不变的 MIMO 系统和控制器，外部输入 w、控制器输入 u、被控制的输出 z 和被测量的输出 y 均为向量信号。

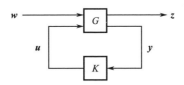

图 4-14 标准的 H_∞ 控制问题

被控对象为广义被控对象，其状态空间的实现为：

$$\begin{cases} \dot{x} = Ax + B_1w + B_2u \\ z = C_1x + D_{11}w + D_{12}u \\ y = C_2x + D_{21}w + D_{22}u \end{cases} \tag{4-24}$$

相应的传递函数矩阵 $G(s)$ 为：

$$G(s) = \begin{bmatrix} G_{11}(s) & G_{12}(s) \\ G_{21}(s) & G_{22}(s) \end{bmatrix} = \begin{bmatrix} A & B_1 & B_2 \\ C_1 & D_{11} & D_{12} \\ C_2 & D_{21} & D_{22} \end{bmatrix} \qquad (4\text{-}25)$$

对于系统 $[z \quad y]^{\mathrm{T}} = G(s)[w \quad u]^{\mathrm{T}}$，设计反馈控制 $u=Ky$，则系统的闭环传递函数可表示为：

$$T_{zw}(s) = G_{11}(s) + G_{12}(s)K[I - G_{22}(s)K]^{-1}G_{21}(s) \qquad (4\text{-}26)$$

知识链接

雅各布·弗朗西斯科·黎卡提

雅各布·弗朗西斯科·黎卡提（Jacopo Francesco Riccati，1676—1754 年），意大利数学家，主要从事微分方程的研究，提出了著名的黎卡提方程，还采用降阶的办法解二阶微分方程，得出了处理高阶微分方程的一种原则方法。

在微分方程的经典理论和近代科学的有关分支中，黎卡提方程均有重要应用。

对于闭环控制系统，最优的 H_∞ 控制器 K 可在保持闭环系统内部稳定的同时，使得 $T_{zw}(s)$ 的 H_∞ 范数最小。但是，在实际应用中，一般只求取 H_∞ 范数小于 1 情况下的控制器。控制器可以通过求解黎卡提（Riccati）方程得到。

H_∞ 鲁棒控制在解决 MIMO 系统在存在噪声、扰动、不确定性等情况下控制问题时可以起到很好的效果。但 H_∞ 控制也有其缺点：首先，由于以减小扰动影响，提升系统鲁棒性为首要目的，H_∞ 控制较为保守，为了系统鲁棒性而牺牲了部分控制效果；其次，H_∞ 系统只适用于线性系统的控制，难以应用于非线性系统的控制。

3．滑模控制

滑模控制（Sliding Mode Control，SMC）也称为变结构控制，属于一种特殊的非线性控制，且非线性表现为控制的不连续。与其他控制策略的不同之处在于系统的结构并不固定，而是可以在动态过程中，根据系统当前的状态有目的地不断变化，迫使系统按照预定滑动模态的状态轨迹运动。

滑模控制器设计的第一步是设计一个带有稳定性的滑模面（Slide Surface），使得系统的状态量到达滑模面之后，很容易被控制到稳定点上。例如，对于一个可表示为如下状态空间形式的系统：

$$\begin{aligned} \dot{x}_1 &= A_{11}x_1 + A_{12}x_2 \\ \dot{x}_2 &= A_{21}x_1 + A_{22}x_2 + Bu \end{aligned} \qquad (4\text{-}27)$$

设计滑模面为：

$$s = \begin{bmatrix} K & 1 \end{bmatrix} \begin{bmatrix} x_1 \\ x_2 \end{bmatrix} = \boldsymbol{c}^{\mathrm{T}} \boldsymbol{x} \tag{4-28}$$

当系统状态点位于滑模面上时，$s = Kx_1 + x_2$。此时系统状态量 x_1 的动态特性可表示为：

$$\dot{x}_1 = (A_{11} - A_{12}K)x_1 \tag{4-29}$$

当设计参数 K，使得 $A_{11} - A_{12}K$ 的特征根全部在右半平面时，可保证 x_1 是稳定的。保证系统状态在滑模面上对系统的稳定性非常重要，因为只有这样，才能保证系统到达滑模面之后，可以稳定到期望的状态点。

需要提及的是，在上面的例子中，出于稳定性判定的方便性考虑，将滑模面 s 设计为关于状态量的线性方程形式。事实上，滑模面的形式不止限于状态量的线性方程。当滑模面设计为非线性方程时，需要应用李雅普诺夫稳定性分析方法等较为复杂的非线性稳定性分析手段来判断系统的稳定性。

当设计完成滑模面 s，保证系统状态到达 s 上即可趋向于稳定点之后，下一步就是通过寻找 s 与控制输入 u 的关系，设计趋近律，使得在系统状态不在滑模面上的情况下，总是会向滑模面趋近。趋近律的一般形式可表示为：

$$\dot{s} = -q f_s(s) - k \operatorname{sgn}(s) \tag{4-30}$$

式中，$q \geqslant 0$、$k \geqslant 0$，对任意的 $s \neq 0$，有 $s f_s(s) > 0$，$\operatorname{sgn}()$ 为如下形式的符号函数：

$$\operatorname{sgn}(s) = \begin{cases} 1, & s > 0 \\ 0, & s = 0 \\ -1, & s < 0 \end{cases} \tag{4-31}$$

按照这种形式设计趋近律可保证在 $s > 0$ 时 $\dot{s} < 0$，在 $s < 0$ 时 $\dot{s} > 0$，即始终保证系统状态向滑模面移动。

由于滑动模态可以进行设计且与对象参数及扰动无关，这就使得滑模控制具有快速响应、对于参数变化及扰动不灵敏、无须系统在线辨识、物理实现简单等优点。但是，滑模控制的主要缺点是容易出现抖振现象。从理论上讲，一旦系统状态控制到了滑模面上，自然会沿着滑模面到达稳定点。但在实际应用中，由于存在系统未建模部分、控制时延、噪声等多种因素，很容易出现状态点在控制面上下快速抖动的情况。这种抖振现象会对自主系统的机械结构造成一定影响。

4．神经网络控制

神经网络是目前人工智能相关技术中最具代表性的技术，可以为自主单体智能水平的提升提供重要的技术支撑。利用神经网络设计的控制器可以对十分复杂的、难以用明确的数学模型或者规则进行精确描述的强非线性、多输入多输出系统进行控制，具有很强的容错性。神经网络具有强大的信息综合处理能力，可以同时处理大量不同类型的输入，并能很好地解决输入信息之间的互补性和冗余性问题。多层前馈神经网络模型示意图如图 4-15 所示。

下面首先对神经网络进行简要介绍。以图 4-15 所示模型为例，其数学模型可表示为：

$$g\left[\boldsymbol{W}^{(1)}\boldsymbol{a}^{(1)} \right] = \boldsymbol{a}^{(2)}$$
$$g\left[\boldsymbol{W}^{(2)}\boldsymbol{a}^{(2)} \right] = \boldsymbol{a}^{(3)}$$
$$\cdots$$
$$g\left[\boldsymbol{W}^{(n)}\boldsymbol{a}^{(n)} \right] = \boldsymbol{a}^{(n+1)} = \boldsymbol{z} \tag{4-32}$$

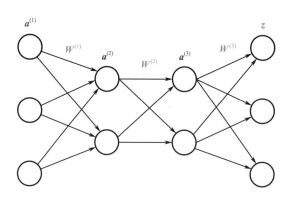

图 4-15 多层前馈神经网络模型示意图

式中，$a^{(1)}$ 和 z 分别为输入向量和输出向量，中间各个层的层数和每层的节点数可以由设计者灵活掌握；$W^{(m)}$ 是由从第 m 层到第 $m+1$ 层的各个连接的权值组成的矩阵。激活函数 $g(x)$ 一般采用 ReLU（Rectified Linear Unit）函数：

ReLU 函数

ReLU 函数又称为修正线性单元，是一种人工神经网络中常用的激活函数（Activation Function），通常指代以斜坡函数及其变种为代表的非线性函数。

$$g(x) = \begin{cases} x, & x \geqslant 0 \\ 0, & x < 0 \end{cases} \tag{4-33}$$

人工神经网络的设计启发来源于网状结构的生命体中枢神经的网络结构，其中某个神经细胞好比网络中的一个节点。ReLU 函数在一定程度上体现了生物神经元对于激励的线性响应，以及当低于某个阈值时就不再响应的特性。通过训练，对各个权值 $W^{(m)}$ 进行辨识后，就可以通过一系列最简单的线性数学关系组成的多层复杂网络，来趋近十分复杂的非线性系统。

神经网络在控制系统中有多种多样的应用。例如，可以充当对象的模型、控制器或者优化计算环节等。下面简要列举几种神经网络在控制系统中的典型应用形式。

1）神经网络直接逆控制

神经网络直接逆控制是神经网络在控制器上应用的最为简单、直接的形式，如图 4-16 所示。通过训练，使得控制器趋向控制对象的逆，可以保证系统输出与期望的控制命令相同。

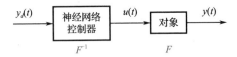

图 4-16　神经网络直接逆控制

此类简单直观的控制方法在神经网络逆模型不够准确的情况下，具有抗干扰能力差、缺乏鲁棒性等缺点。这些缺陷可以在一定程度上通过设置评价函数调整控制器权值来消除。

2）神经网络监督控制

神经网络控制器基于传统控制器的输出，在线学习调整网络的权值，使反馈控制输入趋近于零，从而使神经网络控制器逐渐在控制作用中占据主导地位，最终取消反馈控制器的作用。

神经网络监督控制如图 4-17 所示，它可以看成一个上文提到的神经网络直接逆控制器与一个传统的基于负反馈控制器的并联叠加，同时对一个被控对象进行控制。其中，传统控制器根据实际输出与期望输出之间的误差值来生成控制命令 u_p。u_p 在作用给被控对象的同时，还可以作为神经网络应有的输出，对神经网络中的各个权值进行在线学习。当神经网络最终学习到趋近于被控对象的逆的时候，期望输出与实际输出之间的误差将不存在，传统控制器的输入将趋近于零。此时，系统的控制完全由神经网络控制器完成，传统控制器只起到监督作用。一旦系统出现干扰，负责监督的传统控制器将重新起作用，从而弥补单纯的神经网络直接逆控制缺乏鲁棒性的缺陷。

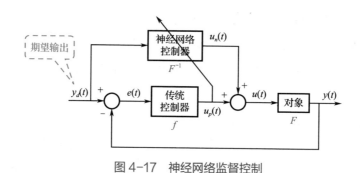

图 4-17　神经网络监督控制

3）神经网络自适应控制

神经网络经常被用于自适应控制，控制那些含有未知因素、容易随时间变化的对象。自适应控制主要分为自校正控制和模型参考自适应控制两类。

自校正控制又分为直接自校正和间接自校正。直接自校正是通过调整神经网络控制器本身的参数来实现自适应控制的，与神经网络直接逆控制没有本质区别，在此不做详细描述。在间接自校正中，神经网络的角色不是控制器，而是估计器，其作用是调整常规控制器的参数来实现自适应控制。神经网络间接自校正控制如图 4-18 所示。

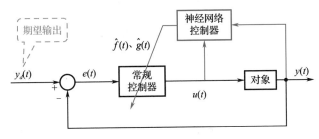

图 4-18　神经网络间接自校正控制

将被控对象的输入 $u(t)$ 与输出 $y(t)$ 作为神经网络估计器的输入，对被控对象进行估计。假定被控对象为仿射非线性系统 $y(t)=f(t)+g(t)u(t)$，则神经网络估计器需要非线性函数 $f(t)$ 和 $g(t)$ 的逼近函数 $\hat{f}(t)$ 和 $\hat{g}(t)$，并用于常规控制器的调整。此时常规控制器的输出为：

$$u(t) = \frac{y_d(t) - \hat{f}(t)}{\hat{g}(t)} \tag{4-34}$$

神经网络模型参考自适应控制是指用一个稳定且动态特性良好的"标准"模型来为一个神经网络控制器提供学习的"参考"，最终使得闭环系统趋向于标准模型。神经网络模型参考自适应控制如图 4-19 所示。

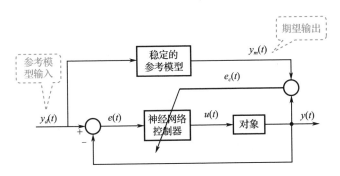

图 4-19　神经网络模型参考自适应控制

标准的参考模型在输入控制命令的情况下，其输出 $y_m(t)$ 与神经网络闭环控制下的实际输出 $y(t)$ 之间的差值用于调整神经网络的权值。

4）神经网络内模控制

神经网络内模控制的最大特点是存在一个正向的、模拟被控对象的神经网络近似模型，与被控对象并联。此模型即神经网络内模。此外，前向通道上还有一个神经网络控制器，一般用于趋近于被控对象的逆。典型的神经网络内模控制如图 4-20 所示。其中，虚线部分表示两个神经网络训练优化所需的数据的传递过程。

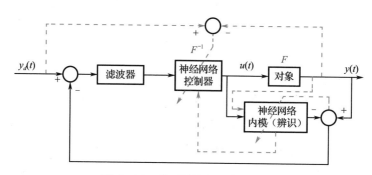

图 4-20　典型的神经网络内模控制

当控制器生成的控制命令同时施加于实际被控对象和神经网络内模时，二者输出的差值将反馈至系统输入信号中。当神经网络内模足够趋近于对象，二者输出基本相同时，反馈信号基本为零，整个控制系统等价于简单的神经网络直接逆控制。当对象不确定性导致实际输出结果与应有的输出结果出现偏差时，将这个偏差负反馈至输入信号中以便缩小偏差，同时调整两个神经网络的相关权值，实现对系统的自适应控制。

4.4.2　最优控制

简单来说，最优控制是指为一定时间范围内的动态系统找到一个控制律，使得某种目标函数达到最优的过程。具体来说，最优控制就是，对一个在一定时间范围内（可为无穷时间区间）的受控动态系统或运动过程，从其可行控制方案集中找出一个最优的控制策略，使系统在由初始状态转移到目标状态的同时，状态量和控制量满足其自身约束以及外界环境约束，并使某项性能指标（目标函数）值达到最优 [87-88]。最优控制问题的组成要素如图 4-21 所示。

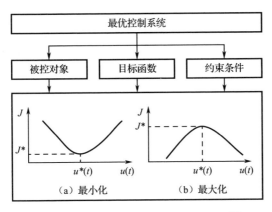

图 4-21　最优控制问题的组成要素[89]

一般连续时间最优控制问题的数学描述为[88, 90]：

$$J^* = \min_{u(t)} J = \min_{u(t)} \left\{ \varphi[x(t_0),t_0,x(t_f),t_f] + \int_{t_0}^{t_f} L[x(t),u(t),t]\mathrm{d}t \right\}$$

使得

$$\begin{cases} \dot{x}(t)=a[x(t),u(t),t] \\ b[x(t),u(t),t] \leqslant 0 \\ \varphi[x(t_0),t_0,x(t_f),t_f]=0 \end{cases} \tag{4-35}$$

式中，J 为性能指标（目标函数）；t 为时间变量；$x(t)$ 和 $u(t)$ 分别为动态系统的状态量和控制量；t_0 和 t_f 分别为初始时刻和结束时刻；$\varphi[x(t_0),t_0,x(t_f),t_f]$ 为终端型性能指标，$\int_{t_0}^{t_f} L[x(t),u(t),t]\mathrm{d}t$ 为积分型性能指标；$L[x(t),u(t),t]$ 被称为拉格朗日（Lagrange）项。第一个约束为受控系统的动态方程；第二个约束为动态轨迹约束，表示动态系统在变化过程中状态量和控制量所应满足的条件，其中包括状态量和控制量自身的上界和下界；第三个约束为边界条件，表示动态系统在初始时刻和结束时刻应该满足的条件。

当性能指标中只有终端型性能指标时，最优控制问题被称为 Mayer 问题；当性能指标中只有积分型性能指标时，最优控制问题被称为 Lagrange 问题；当两种类型的性能指标均存在时，最优控制问题被称为 Bolza 问题[90]。这三种问题可以相互转换。

根据不同标准，可将最优控制问题进行分类[91]：

- 根据约束的有无，可分为无约束最优控制问题和有约束最优控制问题。
- 根据动态方程是否含有随机性，可分为确定最优控制问题和随机最优控制问题。
- 根据动态方程和约束条件是否是线性的，可分为线性最优控制问题和非线性最优控制问题。
- 根据模型是否建立在连续时间上，可分为连续时间最优控制问题和离散时间最优控制问题。

一些典型的最优控制问题包括[89, 92]：

（1）最短时间问题。要求动态系统从初始状态到期望目标状态的时间最短，此时目标函数为：

$$J = t_f - t_0 = \int_{t_0}^{t_f} \mathrm{d}t \qquad (4\text{-}36)$$

（2）最小控制代价问题。要求动态系统从初始状态到期望目标状态所用的控制代价最小，此时目标函数为：

$$J = \int_{t_0}^{t_f} u^{\mathrm{T}}(t) \boldsymbol{R} u(t) \mathrm{d}t \qquad (4\text{-}37)$$

式中，$\boldsymbol{R}$ 是一个正定权值矩阵。

（3）燃料最省问题。要求动态系统从初始状态到期望目标状态所用的燃料最少，此时目标函数为：

$$J = \int_{t_0}^{t_f} |u(t)| \mathrm{d}t \qquad (4\text{-}38)$$

（4）末端控制问题。要求动态系统的末端状态与期望目标状态 $r(t_f)$ 的误差最小，此时目标函数为：

$$J = [x(t_f) - r(t_f)]^{\mathrm{T}} \boldsymbol{H} [x(t_f) - r(t_f)] \qquad (4\text{-}39)$$

式中，$\boldsymbol{H}$ 是一个正定权值矩阵。

（5）跟踪问题。要求动态系统在时间范围 $[t_0, t_f]$ 内与期望轨迹的状态 $r(t)$ 之间的误差达到最小，此时目标函数为：

$$J = \int_{t_0}^{t_f} \{[x(t) - r(t)]^{\mathrm{T}} \boldsymbol{Q} [x(t) - r(t)] + u^{\mathrm{T}}(t) \boldsymbol{R} u(t)\} \mathrm{d}t \qquad (4\text{-}40)$$

式中，$\boldsymbol{Q}$ 和 $\boldsymbol{R}$ 均为时间范围 $[t_0, t_f]$ 内的正定权值矩阵。

（6）调节问题。这是跟踪问题的一个特例，此时期望轨迹的状态为 $r(t) = 0$。

最优控制理论最早可以追溯到 1696 年，著名的瑞士数学家约翰·伯努利（Johann Bernoulli）在 *Acta Eruditorum* 杂志上提出了最短时间问题（见图 4-22）。随后，包括约翰·伯努利本人以及牛顿（Newton）、莱布尼兹（Leibniz）、契恩豪斯（Tschirnhaus）、雅各布·伯努利（Jakob Bernoulli）等在内的多位著名科学家对此挑战做出了回应，给出了各自的解决方案。虽然在之后的 200 余年间，莱昂哈德·欧拉（Leonhard Euler）、约瑟夫 - 路易·拉格朗日（Joseph-Louis Lagrange）、阿德里安 - 马里·勒让德（Andrien-Marie Legendre）、卡尔·雅可比（Carl Jacobi）、威廉·哈密顿（William Hamilton）、卡尔·魏尔施特拉斯（Karl Weierstrass）、阿道夫·迈耶（Adolph Mayer）、奥斯卡·博尔扎（Oskar Bolza）等人都对该领域做出了一定的贡献，但直到 20 世纪五六十年代，才出现了里程碑式的成果，其中包括苏联学者列夫·庞特里亚金（Lev Pontryagin）等人于 1956 年提出的极大值原理（也称为极小值原理）、美国学者理查德·贝尔曼等人于 1957 年提出的动态规划，以及美国学者鲁道夫·埃米尔·卡尔曼于 20 世纪 60 年代提出来的线性二次调节器和卡尔曼滤波器 [91, 93]。

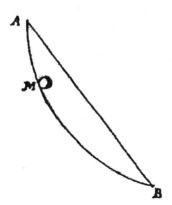

注：该图取自约翰·伯努利 1696 年的手稿。

图 4-22　约翰·伯努利提出的最短时间问题 [94]

庞特里亚金的极小值原理给出了最优控制问题解存在的必要条件，具体内容如下 [91, 95]：

对于式（4-35）描述的最优控制问题，存在最优控制 $u^*(t)$ ［对应最优状态轨

迹 $x^*(t)$]，使目标函数 J 最小的必要条件是存在最优协态变量 $\lambda^*(t)$，使得下述 4 个条件成立：

$$H[x^*(t),u^*(t),\lambda^*(t),t] \leqslant H[x^*(t),u(t),\lambda^*(t),t], \text{ 对任意} t \in [t_0,t_f]\text{和}u(t) \in U\text{均成立}$$
$$(4\text{-}41)$$

$$\dot{\lambda}(t) = -\frac{\partial H[x(t),u(t),\lambda(t),t]}{\partial x(t)}\bigg|_{x(t)=x^*(t),u(t)=u^*(t),\lambda(t)=\lambda^*(t)}, \text{ 对任意} t \in [t_0,t_f]\text{均成立}$$
$$(4\text{-}42)$$

$$H[x(t_f),u(t_f),\lambda(t_f),t_f] + \frac{\partial \varphi[x(t_0),t_0,x(t_f),t_f]}{\partial t_f} = 0 \qquad (4\text{-}43)$$

$$\lambda^{\mathrm{T}}(t_f) = \frac{\partial \varphi[x(t_0),t_0,x(t_f),t_f]}{\partial x(t_f)}, \text{ 若} t_f \text{是给定的, 而} x(t_f)\text{是自由的} \qquad (4\text{-}44)$$

式中，$\lambda(t)$ 为协态变量；U 为可行控制的集合；H 是哈密顿（Hamilton）函数，由式（4-45）计算：

$$H[x(t),u(t),\lambda(t),t] = \lambda^{\mathrm{T}}(t)a[x(t),u(t),t] + L[x(t),u(t),t] \qquad (4\text{-}45)$$

对于式（4-35）描述的最优控制问题，其哈密顿-雅可比-贝尔曼（Hamilton-Jacobi-Bellman，HJB）方程为[96]：

$$\frac{\partial J}{\partial t} = -\min_{u(t)}\left\{ L[x(t),u(t),t] + \left[\frac{\partial J}{\partial x(t)}\right]^{\mathrm{T}} a[x(t),u(t),t] \right\} \qquad (4\text{-}46)$$

若只在某一个区域求解，HJB 方程是最优控制存在的必要条件；若在整个状态空间下求解，HJB 方程则是最优控制存在的充分必要条件[96]。

虽然极小值原理和 HJB 方程都给出了最优控制问题解存在的条件，但由于这些条件同样很复杂，在大多数情况下很难获得它们的解析解，因此，仍然需要数值方法的帮助。

最优控制问题的求解方法可分为间接法和直接法[87]。间接法就是通过解析方法或数值方法，首先对极小值原理中的必要条件和 HJB 方程进行求解，然后据此间接地得到原最优控制问题解的方法。直接法是直接求解原最优控制问题的方法[97]。间接法包括对由极小值原理导出的微分或差分方程的两点边值问题进行求解的各种算法、对 HJB 方程进行求解的各种算法、对线性二次型最优控制问题的黎卡提方程进行求解的各种算法等[87]。直接法主要包括牛顿-拉夫森方法、有限差分方法、惩罚函数法、配点法、微分包含方法、伪谱方法等 [87, 92, 97]。

4.4.3 智能体复杂敏捷运动控制

良好的运动控制能力，可以保证智能体根据集群算法的命令生成相应的内环控制输入，准确高效地完成自身的机动动作。单体运动控制是智能集群运动控制的基础。相比于传统的运动控制而言，作为智能无人集群中的单体，其运动控制在效率和精度上具有更高的要求。例如，一个拥有多个节点的集群，由于采用只有相邻单元通信的分布式控制方式，实现某个编队队形的整体稳定时间可能会随着集群内单体数量的增加而大幅增加（类似"幽灵堵车"现象）。另外，在进行集群密集编队的情况下，防撞的要求使得对控制精度的要求更为严格。

知识链接

"幽灵堵车"现象

"幽灵堵车"现象是指无特定原因的交通拥堵现象。在拥挤的公路上，很可能仅仅由于某个司机急刹车、突然变道或者超车，造成短暂的停顿，就会在这辆车的后方引发一连串的停顿——这条道路像撞上幽灵一样发生了堵车。哪怕第一辆车停下来后只需要两秒就能启动，可到最后一辆汽车启动时，可能就要几十分钟了。

智能单体运动控制一方面具有较为严苛的使用需求，另一方面在技术实现上也有不小的难度。这种难度主要源于以下三个方面：

（1）所要控制运动形式的复杂程度。对于较为简单的运动模式和较为封闭的运动环境而言，实现无人系统的运动控制并不存在很大问题。例如，在轨道交通领域早已实现了无人自主驾驶。简单的运动模式使得被控对象的动力学、运动学模型十分简单，应用经典的控制理论就能很好解决系统稳定性、控制品质等问题。对于封闭环境下的自动驾驶而言，由于无人车本身的运动形式复杂程度较低，应用常规控制器即可实现较好的内回路控制 [98]。工业实现的关键技术主要在信息感知、识别和融合等方面。然而，当智能体的结构较为复杂，需要完成较为复杂的运动时，运动控制系统的设计难度就会显著提升。足式机器人控制就是其中较为典型的一个例子。例如，著名的波士顿动力（Boston Dynamics）公司开发的 Big Dog、Spot 等系列四足机器人，其初始需求是为美国陆军提供能够在山地等复杂地形下托运装备物资的无人系统，因此传统的轮式机器人是无法满足需求的。对于此类无人单体，其运动控制需要通过同时协调控制系统的多个自由度的运动来实现。当所要协调控制的多个自由度上运动学与动力学互相交联耦合时，被控系统就会变为多输入多输出系统，且在大幅值相对运动下会不可避免地呈现出显著的几何非线性特征。在此类情况下，传统的针对单输入单输出系统或者基于线性模型的控制方法变得不再适用。这是智能体复杂运动问题如此关键的原因所在。

（2）模型或者环境的不确定性。例如，无人飞行器或无人潜航器的运动控制在很多情况下都需要通过气动力或水动力来完成。虽然其本身的运动自由度可能并没有复杂机器人的运动自由度多，但是来自流体力的影响加入到了其运动的动力学中，增加了系统的复杂程度。在一些特定的情况下，如翼面类型结构在当地攻角较小的情况下，流体力可以通过线性化假设转化为等效的阻尼力和刚度力，便于对系统进行稳定性分析与控制系统设计。但是，在很多线性化假设不成立的非理想情况下，复杂的纳维－斯托克斯（Navier-Stokes）方程决定的流体力无法加入整体力学方程中求解，在很多情况下只能作为未建模部分，给被控系统带来了很大的不确定性。另外，开放流体环境中的阵风、湍流等现象也可能给系统带来扰动。这些不确定性因素将会对控制系统的鲁棒性和自适应性带来挑战。

知识链接

纳维－斯托克斯方程

纳维－斯托克斯方程（Navier-Stokes Equations）被称为数学史上最难最复杂的公式之一，以法国工程师兼物理学家克劳德-路易·纳维（Claude-Louis Navier）、爱尔兰物理学和数学家乔治·斯托克斯（George Stokes）两人命名，是一组描述粘性不可压缩流体动量守恒的偏微分方程，表达了牛顿流体运动时的动量和质量守恒。

（3）对敏捷的、高机动性运动控制的实现。事实上，自主无人系统在理论上的敏捷机动能力的开发潜力可以远超有人系统，这是因为无人系统的机动控制不受人体所能承受的最大加速度限制。但在实际应用中，无人机、无人车等无人系统的机动能力远未能达到有人驾驶系统的能力，这是由于高机动敏捷运动为自主运动控制系统的实现提出了一系列难题。首先，高机动运动将会增加被控对象本身动力学模型的非线性程度。例如，对于单个刚体的六自由度运动，各方向较高的速度和角速度将会导致各方向运动耦合效应的显著增加，系统非线性程度将会明显增强。其次，高机动运动可能会显著增加系统的复杂程度。高频的控制输入信号将使得系统结构动力学进入高阶模态。随着运动控制频率范围的提升，在控制系统中应用的传感器和执行机构的带宽可能会逐渐无法满足频差要求的情况下，其本身的时滞等动态特性将会加入系统动力学中，这些都会进一步增加复杂运动控制模型的阶数，提升精确建模和控制系统设计的难度。当控制系统的控制频率与被控高频运动之间没有明显频差时，连续控制的相关理论工具都将不再适用，只能将其当成离散控制进行处理。

综上所述，实现智能体的复杂敏捷运动控制是一个综合性的问题，需要解决非线性、多输入多输出、系统不确定性等多方面的技术难题。本书 4.4.1 节从应用角度简要介绍了几种常用的控制方法，并介绍了其主要利弊。这些方法都可以作为解决智能体复杂敏捷运动控制的工具。需要指出的是，除了 4.4.1 节介绍的典型控制方法，还有诸如增益调度、模型预测、反步法等多种控制理论大家庭中的方法可以用来解决此类问题。对于不同类型的自主无人单体，在不同环境下需要实现不同类型的运动控制，其面对的主要矛盾千差万别，所对应的合理控制器类型和构型的选择与设计也不尽相同，需要控制工程师在具体问题中进行具体分析。

具备一定智能程度的无人系统单体，可应用人工智能手段为运动控制器赋能，帮助解决复杂敏捷运动控制中的一系列棘手问题，这种潜在的可能性是非智能单体所不具备的，值得我们对其进行深入思考和研究。本书 4.4.1 节着重介绍了神经网络在控制系统中可能的各种应用形式。除了目前的技术水平下实时性较差，不太适用于高机动控制，此类控制方法可以很好地解决复杂多输入多输出、非线性、不确定性、系统扰动等问题。除了神经网络，诸如迭代学习控制、模糊控制等各种其他智能控制算法都可以单独或组合地应用于智能系统的运动控制，进而从底层的内回路为智能无人集群的应用提供支撑。

目前，具有一定智能程度的自主无人系统单体运动控制已经在工程上实现了。除了为人们所熟知的波士顿动力公司的明星产品 Atlas 和 Spot，还有航母自主起降的 X-47B 无人机和可实现空中加油的 MQ-25 无人机等，这些任务都需要无人系统具有较高质量、精度的运动控制能力，是目前智能无人装备在作战应用方面可以实现的最强自主运动控制能力的代表。目前来看，相关技术的开发与集成验证工作仍然任重而道远。

4.5　本章小结

　　本章从单体的感知、决策、控制三个方面对单体智能进行了探讨。感知是为了获取外界知识，通过一定手段感知外界环境，并利用合适的方法对感知到的数据进行处理，转化为单体能够理解的信息，它是每个单体采取一切行动的前提。单体根据感知到的信息，通过决策、规划等确定未来的行动策略，并由控制技术去实现。近来广受关注的机器学习理论、量子计算理论必将使装备智能水平提升到前所未有的高度。

参考文献

[1]　殷兴良. 气动光学原理 [M]. 北京：中国宇航出版社，2003.

[2]　安毓英，曾晓东，冯喆珺. 光电探测与信号处理 [M]. 北京：科学出版社，2010.

[3]　小月，任俊，周耀明. 军事情报与侦察武器 [M]. 北京：军事谊文出版社，2001.

[4]　崔金泰，郭放. 冲破战争的迷雾——侦察与反侦察 [M]. 长沙：国防科技大学出版社，2000.

[5]　Knott E F, Shaeffer J F, Tuley M T. 雷达散射截面——预估、测量和缩减 [M]. 阮领锋，陈海，译. 北京：电子工业出版社，1988.

[6]　Ruck G T. Radar cross handbook，Vol.2[M]. New York：Plenum Press，1970.

[7]　康利鸿. 海面超宽带雷达回波特性研究 [D]. 长沙：国防科技大学，1999.

[8]　Senior T B A. A survey of analytical techniques for cross-section estimation[J]. Proceedings of the IEEE，1965，53（8）：822-833.

[9]　Crispin J W，Maffett A L. Radar cross-section estimation for simple shapes[J]. Proceedings of the IEEE，1965，53（8）：833-848.

[10]　Kalashnikov A. The Gouy-Sommerfeld diffraction[J]. Journal of Russian Physical-Chemistry Society，1912，44（3）：137-144.

[11]　Rubinowicz A. Zur kirchhoffschen beugungstheorie[J]. Annalen der Physik，1924，378（5-6）：339-364.

[12]　Senior T B A，Uslenghi P L E. Experimental detection of the edge-diffraction cone[J]. Proceedings of the IEEE，1972，60（11）：1448-1448.

[13]　Asvestas J S. A class of functions with removable singularities and their application to the physical theory of diffraction[J]. Electromagnetics，1995，15（2）：143-155.

[14] Michaeli A. Incremental diffraction coefficients for the extended physical theory of diffraction[J]. IEEE Transactions on Antennas and Propagation，1995，43（7）：732-734.

[15] Syed H H，Volakis J L. PTD analysis of impedance structures[J]. IEEE Transactions on Antennas and Propagation，1996，44（7）：983-988.

[16] Bouche D P，Molinet F A，Mittra R A J. Asymptotic and hybrid techniques for electromagnetic scattering[J]. Proceedings of the IEEE，1993，81（12）：1658-1684.

[17] Sikta F，Burnside W，Chu T T，et al. First-order equivalent current and corner diffraction scattering from flat plate structures[J]. IEEE Transactions on Antennas and Propagation，1983，31（4）：584-589.

[18] Sunahara Y，Ohmine H，Aoki H，et al. Separated equivalent edge current method for calculating scattering cross sections of polyhedron structures[J]. IEICE Transactions on Communications，1993，76（11）：1439-1444.

[19] Michaeli A. Equivalent edge currents for arbitrary aspects of observation[J]. IEEE Transactions on Antennas and Propagation，1984，32（3）：252-258.

[20] Ufimtsev P Y. Elementary edge waves and the physical theory of diffraction[J]. Electromagnetics，1991，11（2）：125-160.

[21] 崔索民. 混合法和等效边缘电磁流法及其在电磁散射中的应用 [D]. 西安：西安电子科技大学，1995.

[22] Andersh D J，Hazlett M，Lee S W，et al. XPATCH：A high-frequency electromagnetic scattering prediction code and environment for complex three-dimensional objects[J]. IEEE Antennas and Propagation Magazine，1994，36（1）：65-69.

[23] Domingo M，Rivas F，Perez J，et al. Computation of the RCS of complex bodies modeled using NURBS surfaces[J]. IEEE Antennas and Propagation Magazine，1995，37（6）：36-47.

[24] Farina A. Antenna-based signal processing techniques for radar systems[M]. Boston：Artech House Publishers，1992.

[25] Lombardo P，Greco M，Gini F，et al. Impact of clutter spectra on radar performance prediction[J]. IEEE Transactions on Aerospace and Electronic Systems，2001，37（3）：1022-1038.

[26] Skolnik M I. Introduction to radar systems[M]. New York：McGraw-Hill，1980.

[27] Ristic B，Arulampalam S，Gordon N. Beyond the Kalman filter：Tracking applications of particle filters[M]. Boston：Artech House Publishers，2003.

[28] Baldygo W，Brown R，Wicks M，et al. Artificial intelligence applications to constant false alarm rate（CFAR）processing[C]//The Record of the 1993 IEEE National Radar Conference. IEEE，1993：275-280.

[29] Morgan C，Moyer L. Knowledge base applications to adaptive space-time processing：AFRL-SN-RS-TR-2001 -146[R]. 2001，Volumes I-VI. Rome，NY，USA：ITT Systems，2001.

[30] Capraro C T，Capraro G T，Weiner D D，et al. Improved STAP performance using knowledge-aided secondary data selection[C]//Proceedings of the 2004 IEEE Radar Conference. IEEE，2004：361-365.

[31] Capraro C T，Capraro G T，Weiner D D，et al. Knowledge based map space time adaptive processing（KBMapSTAP）[C]//Proceedings of the 2001 International Conference on Imaging Science，Systems，and Technology. 2001：533-538.

[32] Wikipedia.Markov decision process[EB/OL]. [2020-12-24]. https://en.wikipedia.org/wiki/Markov_decision_process.

[33] Littman M L. Markov decision processes[M] //Wright J D. International encyclopedia of the social & behavioral sciences. 2nd ed. Oxford，：Pergamon Press，2015.

[34] Shapley L S. Stochastic games[J]. Proceedings of the national academy of sciences，1953，39（10）：1095-1100.

[35] Bellman R. A Markovian decision process[J]. Journal of Mathematics and Mechanics，1957：679-684.

[36] Bellman R E. Dynamic Programming[M]. Princeton：Princeton University Press，1957.

[37] Howard R A. Dynamic programming and Markov processes[M]. Cambridge，MA：The Technology Press of MIT，1960.

[38] Sucar L E. Markov decision processes[M]//Sucar L E. Probabilistic graphical models：Principles and applications. London：Springer，2015.

[39] Uther W. Markov decision processes[M]//Sammut C，Webb G I. Encyclopedia of machine learning and data mining. Boston：Springer，2017.

[40] Chang H S，Hu J，Fu M C，et al. Markov decision processes[M] //Chang H S，Hu J，Fu M C，et al. Simulation-based algorithms for Markov decision processes. London：Springer，2013.

[41] 刘克. 实用马尔可夫决策过程 [M]. 北京：清华大学出版社，2004．

[42] Guo X，Hernández-Lerma O. Continuous-time Markov decision processes：Theory and applications[M]. Berlin：Springer，2009.

[43] Littman M L. A tutorial on partially observable Markov decision processes[J]. Journal of Mathematical Psychology，2009，53（3）：119-125.

[44] Fakoor M，Kosari A，Jafarzadeh M. Humanoid robot path planning with fuzzy Markov decision processes[J]. Journal of Applied Research and Technology，2016，14（5）：300-310.

[45] Girard J，Emami M R. Concurrent Markov decision processes for robot team learning[J]. Engineering Applications of Artificial Intelligence，2015，39：223-234.

[46] Kochenderfer M J，Chryssanthacopoulos J P. Collision avoidance using partially controlled Markov decision processes[C]//International Conference on Agents and Artificial Intelligence. Springer，Berlin，Heidelberg，2011：86-100.

[47] Jia S，Wang X，Ji X，et al. A continuous-time Markov decision process based method on pursuit-evasion problem[J]. IFAC Proceedings Volumes，2014，47（3）：620-625.

[48] Ma Y，Chou C. Weapon target assignment decision based on Markov decision process in air defense[C]//International Computer Science Conference. Springer，Berlin，Heidelberg，2012：353-360.

[49] Ragi S，Chong E K P. UAV path planning in a dynamic environment via partially observable Markov decision process[J]. IEEE Transactions on Aerospace and Electronic Systems，2013，49（4）：2397-2412.

[50] Wikipedia. 贝叶斯定理 [EB/OL]. [2020-12-24]. https://zh.wikipedia.org/wiki/%E8%B4%9D%E5%8F%B6%E6%96%AF%E5%AE%9A%E7%90%86.

[51] Parmigiani G. Decision theory：Bayesian[M] //Smelser N J，Baltes P B. International encyclopedia of the social & behavioral sciences. Oxford：Pergamon Press，2001.

[52] Wikipedia. Thomas Bayes [EB/OL]. [2020-12-24]. https://en.wikipedia.org/wiki/Thomas_Bayes.

[53] Bayes T. LII. An essay towards solving a problem in the doctrine of chances. By the late Rev. Mr. Bayes，FRS communicated by Mr. Price，in a letter to John Canton，AMFR S[J]. Philosophical transactions of the Royal Society of London，1763（53）：370-418.

[54] Mathy F，Chekaf M. Introduction to Bayesian analysis[M]. //Mathy F，Chekaf M. Experiments and modeling in cognitive science. London：ISTE Press-Elsevier，2018.

[55] Wilks D S. Bayesian inference[M] //Wilks D S. Statistical methods in the atmospheric sciences. 4th ed. Amsterdam，Netherlands：Elsevier，2019.

[56] Ramachandran K M，Tsokos C P. Bayesian estimation inference[M] //Ramachandran K M，Tsokos C P. Mathematical statistics with applications in R. 2nd ed. Cambridge，MA：Academic Press，2015.

[57] Theodoridis S. Bayesian learning：Inference and the EM algorithm[M]//Theodoridis S. Machine learning. Cambridge，MA：Academic Press，2015.

[58] Wikipedia. Markov chain Monte Carlo [EB/OL]. [2020-12-24]. https://en.wikipedia.org/wiki/Markov_chain_Monte_Carlo.

[59] Ganguli D，Simoncelli E P. Efficient sensory encoding and Bayesian inference with heterogeneous neural populations[J]. Neural computation，2014，26（10）：2103-2134.

[60] Wang S，Tokgoz A，Huang Y，et al. Bayesian inference-based estimation of normal aortic，aneurysmal and atherosclerotic tissue mechanical properties：From material testing，modeling and histology[J]. IEEE Transactions on Biomedical Engineering，2019，66（8）：2269-2278.

[61] Bai X，Wang G. Novel ISAR autofocusing method based on Bayesian inference[J]. The Journal of Engineering，2019（19）：5793-5796.

[62] Liu Y，Simeone O，Haimovich A M，et al. Modulation classification for MIMO-OFDM signals via approximate Bayesian inference[J]. IEEE Transactions on Vehicular Technology，2017，66（1）：268-281.

[63] Huang C，Dong K，Huang H，et al. Autonomous air combat maneuver decision using Bayesian inference and moving horizon optimization[J]. Journal of Systems Engineering and Electronics，2018，29（1）：86-97.

[64] Ma F，Chen Y，Yan X，et al. Target recognition for coastal surveillance based on radar images and generalised Bayesian inference[J]. IET Intelligent Transport Systems，2018，12（2）：103-112.

[65] Gao R，Li Y，Bai Y，et al. Bayesian inference for optimal risk hedging strategy using put options with stock liquidity[J]. IEEE Access，2019，7：146046-146056.

[66] Guo S，Yu Z，Deng F，et al. Hierarchical Bayesian inference and learning in spiking neural networks[J]. IEEE Transactions on Cybernetics，2019，49（1）：133-145.

[67] Kunchev V，Jain L，Ivancevic V，et al. Path planning and obstacle avoidance for autonomous mobile robots：A review[M]. //Gabrys B，Howlett R J，Jain L C. Knowledge-based intelligent information and engineering systems. Berlin，Heidelberg，Germany：Springer，2006：537-544.

[68] 陈成，何玉庆，卜春光，等. 基于四阶贝塞尔曲线的无人车可行轨迹规划 [J]. 自动化学报，2015，41（03）：486-496.

[69] Mehdi S B，Choe R，Cichella V，et al. Collision avoidance through path replanning using Bézier curves[C]//AIAA Guidance，Navigation，and Control Conference. 2015：0598.

[70] Radmanesh M，Kumar M，Guentert P H，et al. Overview of path-planning and obstacle avoidance algorithms for UAVs：A comparative study[J]. Unmanned Systems，2018，6（2）：95-118.

[71] Huang S，Teo R S H，Tan K K. Collision avoidance of multi unmanned aerial vehicles：A review[J]. Annual Reviews in Control，2019，48：147-164.

[72] Minguez J，Lamiraux F，Laumond J-P. Motion planning and obstacle avoidance[M]. //Siciliano B，Khatib O. Springer handbook of robotics. Berlin，Heidelberg，Germany：Springer，2016：1177-1202.

[73] Pham H，Smolka S A，Stoller S D，et al. A survey on unmanned aerial vehicle collision avoidance systems[J]. arXiv，2015：arXiv：1508.07723.

[74] Albaker B M，Rahim N A. A survey of collision avoidance approaches for unmanned aerial vehicles[C]//2009 International Conference for Technical Postgraduates. IEEE，2009：1-7.

[75] Sawalmeh A H，Othman N S. An overview of collision avoidance approaches and network architecture of unmanned aerial vehicles（UAVs）[J]. International Journal of Engineering & Technology，2018，7（4.35）：924-934.

[76] Zhao Z，Zhou L，Zhu Q，et al. A review of essential technologies for collision avoidance assistance systems[J]. Advances in Mechanical Engineering，2017，9（10）：1-15.

[77] Sharma P S，Chitaliya D N G. Obstacle avoidance using stereo vision：A survey[J]. International Journal of Innovative Research in Computer and Communication Engineering，2015，3（01）：24-29.

[78] Fraga-Lamas P，Ramos L，Mondéjar-Guerra V，et al. A review on IoT deep learning UAV systems for autonomous obstacle detection and collision avoidance[J]. Remote Sensing，2019，11（18）：2144.

[79] Goerzen C，Kong Z，Mettler B. A survey of motion planning algorithms from the perspective of autonomous UAV guidance[J]. Journal of Intelligent and Robotic Systems，2010，57（1-4）：65-100.

[80] Dadkhah N，Mettler B. Survey of motion planning literature in the presence of uncertainty：Considerations for UAV guidance[J]. Journal of Intelligent and Robotic Systems，2012，65（1）：233-246.

[81] Alonso-Mora J，DeCastro J A，Raman V，et al. Reactive mission and motion planning with deadlock resolution avoiding dynamic obstacles[J]. Autonomous Robots，2018，42（4）：801-824.

[82] Chung S J，Paranjape A A，Dames P，et al. A survey on aerial swarm robotics[J]. IEEE Transactions on Robotics，2018，34（4）：837-855.

[83] Jenie Y I，van Kampen E J，de Visser C C，et al. Three-dimensional velocity obstacle method for uncoordinated avoidance maneuvers of unmanned aerial vehicles[J]. Journal of Guidance，Control，and Dynamics，2016，30（10）：2312-2323.

[84] Anderson E. Quadrotor implementation of the three-dimensional distributed reactive collision avoidance algorithm[D]. Seattle：University of Washington，2011.

[85] Lin Z，Castano L，Mortimer E，et al. Fast 3D collision avoidance algorithm for fixed wing UAS[J]. Journal of Intelligent and Robotic Systems，2020，97（3）：577-604.

[86] Tan C Y，Huang S，Tan K K，et al. Three dimensional collision avoidance for multi unmanned aerial vehicles using velocity obstacle[J]. Journal of Intelligent and Robotic Systems，2020，97（1）：227-248.

[87] 刘熔洁. 非线性系统的最优控制问题研究及其若干应用 [D]. 南京：东南大学，2015.

[88] Wikipedia. Optimal control[EB/OL]. [2020-12-24]. https://en.wikipedia.org/wiki/Optimal_control.

[89] Naidu D S. Optimal Control Systems[M]. Boca Raton，FL：CRC Press，2002.

[90] 李丽花. 混杂系统的最优控制 [D]. 上海：上海理工大学，2014.

[91] 王凤君. 广义系统的若干最优控制问题研究 [D]. 沈阳：东北大学，2016.

[92] Karyotis V，Khouzani M H R. Appendix C - Optimal Control Theory and Hamiltonians[M]// Karyotis V，Khouzani M. Malware diffusion models for wireless complex networks：Theory and applications. Burlington，MA：Morgan Kaufmann，2016.

[93] Becerra V M. Optimal control[J]. Scholarpedia，2008，3（1）：5354.

[94] Sussmann H J，Willems J C. 300 years of optimal control：from the brachystochrone to the maximum principle[J]. IEEE Control Systems Magazine，1997，17（3）：32-44.

[95] Wikipedia. Pontryagin's maximum principle [EB/OL]. [2020-12-24]. https://en.wikipedia.org/wiki/Pontryagin%27s_maximum_principle.

[96] Wikipedia. Hamilton-Jacobi-Bellman equation [EB/OL]. [2020-12-24]. https://en.wikipedia.org/wiki/Hamilton%E2%80%93Jacobi%E2%80%93Bellman_equation.

[97] Ben-Asher J Z. Optimal control theory with aerospace applications[M]. Reston，VA，USA：American Institute of Aeronautics and Astronautics，2010.

[98] Paden B，Čáp M，Yong S Z，et al. A survey of motion planning and control techniques for self-driving urban vehicles[J]. IEEE Transactions on intelligent vehicles，2016，1（1）：33-55.

第 5 章

群体智能

5.1 引言

　　群体智能是科学家在观察蚂蚁、蜜蜂、鸟群、狼群等的群体协同行为时发现的。科学家在观察动物的群体协同行为的过程中发现，多个智能水平很低的动物个体通过一定的协同方法能表现出复杂的、远超单体智能水平之和的行为能力。此外，群体通过科学有效的合作还能表现出鲁棒性、高效率、分布式、容错性等单体很难表现出来的特性和优势。

　　与单体类似，一个群体要想拥有完整的智能，也需要感知、认知、决策、控制、执行能力。不同的是，群体中每个个体不需要拥有上述的全部能力，只需要具备一个或几个能力即可。此外，群体中相邻个体之间还需要进行通信，以实现功能协同。群体智能的组成要素如图 5-1 所示，据此，群体智能技术主要分为群体态势感知技术、群体智能决策技术、群体自主控制技术和群体自主组网技术。前三类群体智能技术均涉及群体中个体之间的协同行为机制。例如，群体在对某个目标进行定位、跟踪时，每个个体可能仅能获知目标的不完整信息，需要将多个个体的不完整信息组合起来才能实现对目标的定位、跟踪；或者说，虽然每个个体都可以获知目标的完整信息，但获取的信息均较为粗糙，只有通过多个个体的信息协同才能对目标进行精确定位、跟踪。当群体进行决策时，总是希望达成某种最有意义的决策，这不可避免地就需要具备不同功能和能力的个体之间的有机协同。群体需要协同一致才能完成既定任务，这需要各个个体达成一致；或者保持某种精确编队队形，或者形成某种自组织队形，这就需要每个个体根据任务要求和相邻个体的信息不断调整自己的行为。群体自主组网技术则为前三类技术的协同提供了基础和保障。

　　本章旨在对上述四种群体智能技术进行介绍。群体态势感知技术包括对目标的定位、识别、动态跟踪，以及根据这些结果进行的态势感知与预测，我们首先对态势感知的概念进行阐述，然后分别对协同目标定位、协同目标识别、协同目标跟踪的内涵和方法等进行概括。针对群体智能决策技术，我们主要研究协同任务分配技术和协同航路规划技术，并对起源于群体行为模式的、近年来被大量用于规划与决策的群体智能优化技术进行介绍。针对群体自主控制技术，我们主要从多智能体系统一致性控制、集群编队控制、集群蜂拥控制等内容进行讨论。针对群体自主组网技术，我们首先给出一些基本的通信理论，然后介绍集群自组网技术，最后对通信抗干扰和通信安全等内容进行探讨。

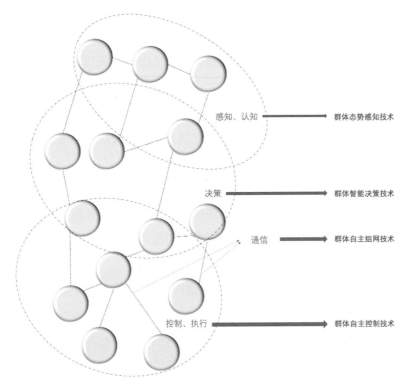

图 5-1　群体智能的组成要素

5.2　群体态势感知

5.2.1　协同态势感知

态势感知兴起于第一次世界大战时期的军事航空领域，但直到 20 世纪 80 年代才开始受到学术界的关注 [1-2]。除了军事领域，态势感知现已应用到空中交通

米卡·安德斯雷

米卡·安德斯雷是态势感知研究领域的著名女科学家。2013 年 6 月被任命为新一任美国空军首席科学家。

管制、公安执法、卫生保健、自动驾驶等诸多领域 [3-4]。

米卡·安德斯雷（Mica Endsley）将态势感知定义为"对一定时间和空间范围内的态势要素进行感知，并对其意义进行理解，进而对这些态势要素在未来一段时间内的状态进行预测"的过程 [1]。从该定义可以看到，态势感知的模型可以分为以下三个层次 [1]：

第一层为环境要素察觉（Perception），是指对环境中相关要素的状态、属性、动态等的察觉与感知。例如，一个战术指挥官需要知道当前区域内敌我双方作战力量的位置、类型、数量、性能、动态及相互间的关系等。

第二层为当前态势理解（Com-prehension），是指在第一层对环境要素进行分散感知的基础上，对各要素进行综合、理解，形成环境的整体图景以及对其中各要素的重要性进行判断。例如，一个经验丰富的战术指挥官可以从几架密集编队飞行的敌方飞机中判断出它们的作战意图。

第三层为未来态势预测（Prediction），是态势感知的最高级，是在前两层的基础上，对环境的未来状态、发展趋势等进行预测的过程，旨在令态势感知主体提前采取行动和措施应对未来可能出现的状况。例如，一个战术指挥官通过预判敌方飞机可能的攻击目标，使相应目标提前保持迎战状态或采取避让措施。

虽然上面的定义仍有争议，但该定义是目前为止接受范围最广的有关态势感知的定义和解释 [5]。图 5-2 所示为态势感知在动态决策过程中所扮演的角色。

目前，态势感知已逐渐由最初的个体态势感知概念发展为团队态势感知、共享态势感知和分布式态势感知 [5, 7]。其中团队态势感知通常是指团队中每个成员分别进行个体态势感知，然后综合成一个总体态势；共享态势感知强调每个成员的感知范围有重叠的情况；而分布式态势感知则强调形成总体态势的过程是分布式进行的。

对于智能无人集群所处的军事领域，其态势要素（战场态势要素）一般包括战略部署、作战计划、兵力对比、兵力部署、火力分配、作战意图，以及具体的作战实体（如作战平台、作战武器）等的状态、形势与发展趋势 [8]。参考文献 [6]

将这些要素分为兵力部署作战能力、动态目标、战场环境、政治 / 经济 / 社会环境、对抗措施要素等五类，其中的对抗措施要素是从其他四类要素提取出来的，可以对敌我双方产生对抗的兵力、动态目标、地点、环境，以及可能的冲突样式和结果等进行预测。战场态势要素包含的具体内容如图 5-3 所示。

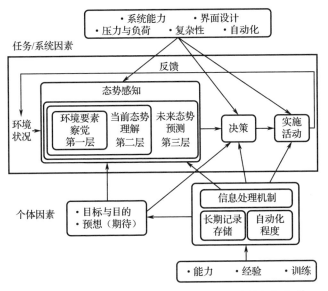

图 5-2　态势感知在动态决策过程中所扮演的角色 [1, 6]

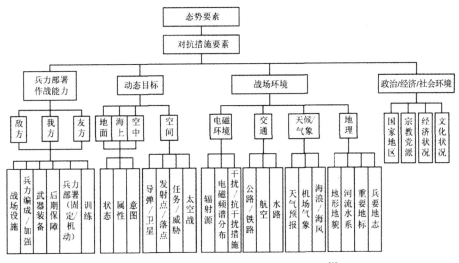

图 5-3　战场态势要素包含的具体内容 [6]

未来战场环境必将呈现出强对抗、高动态、不确定性大等特点，分布式智能无人集群作战将是未来智能化战争中的重要作战形式，也是未来战斗力的主要增长点。作为集群执行后续任务的基本信息来源，集群分布式协同态势感知是智能无人集群作战的重要基础保障，是集群高效决策和协同行动的前提。分布式协同态势感知是指智能无人集群中的每个无人平台首先利用自身携带的同质或异质传感器对战场环境中的各要素进行探测，然后根据由集群系统拓扑关系确定的所能获知（探测方式、共享方式等）的信息进行分布式融合，以形成对当前战场态势及各环境要素的无冲突、一致的认知和理解，以及对未来一段时间内战场态势及各环境要素的合理趋势预测，从而为智能无人集群接下来的战术行动和决策提供依据。可以看到，以协同目标定位、协同目标识别、协同目标跟踪等为代表的多源数据融合技术是分布式协同态势感知能够顺利完成的基本保障，后续部分将对上述三种技术的发展现状进行概述。

5.2.2 协同目标定位

目标定位，即确定一个放射源或者反射源目标的位置或者广义状态的过程，它在军用和民用领域中都有着非常广泛的应用[9-10]。在实际应用中，对目标定位结果的本质要求是高精度。无人平台搭载的传感器可以提供诸如距离（Range）[11]、到达角度（Angle-Of-Arrival，AOA）[12]、到达时间（Time-Of-Arrival，TOA）或到达时间差（Time-Difference-Of-Arrival，TDOA）[13]以及接收信号强度（Received Signal Strength，RSS）[14]等有关目标信息的带噪声测量。

当利用智能无人集群对目标进行定位时，每个无人平台上搭载的传感器都可以通过平台间通信组成传感器网络，传感器网络可以通过共享目标测量信息来对目标进行协同定位。协同目标定位就是利用平台上搭载的同质或异质传感器对同一个目标进行观测，并充分利用各传感器上相互独立的测量信息对目标进行定位，以协同方式提高目标定位的精度，降低目标状态估计的不确定性。

协同定位方法大致可以分为基于距离的协同定位方法和基于非距离的协同定位方法[15]。

基于距离的协同定位方法具有高精度、对不同无线电技术的适用性和易于实现的特性，得到了广泛的应用，该类方法又可以分为几何方法、优化方法、统计估计方法等[16]。

在没有测量噪声并且传感器数量较少的情况下，几何方法由于其简单性而被大量应用。最常用的几何方法有三边定位法、三角定位法、多边定位法等。三边定位法首先以各传感器位置为圆心、以各传感器与目标之间的距离测量值为半径画圆，然后将这些圆的交点作为目标定位位置[17]，其原理如图 5-4（a）所示。为了使用三边定位法，在二维空间中，需要使用三个已知位置及其相应的距离测量值；在三维空间中，需要四个已知位置和相应的距离测量值。为了成功使用三边定位法进行定位，各传感器的位置必须是非共线的（在二维空间中）或非共面的（在三维空间中）。当各传感器的测量值为到达角度时，可利用三角定位法进行定位，即将各传感器与目标之间视线的交点作为目标定位位置[18]，如图 5-4（b）所示。多边定位法则是一种利用每两个传感器相对于目标的距离差（一般可由到达时间差得到）形成的双曲线进行协同定位的几何技术[19]，如图 5-4（c）所示。

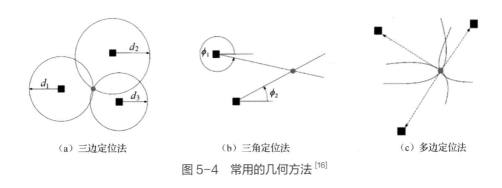

（a）三边定位法　　　　　　（b）三角定位法　　　　　　（c）多边定位法

图 5-4　常用的几何方法[16]

然而，由于传感器的测量值不可能是完全无噪声的，当噪声存在时，不管采用哪种几何方法进行定位，交点数目都将不止一个。特别是当传感器较多、在三维空间进行定位时，几何方法无法确定哪个交点更接近于真实目标位置。因此，几何方法多用于一些传感器精度较高、检测环境杂波较少的情况，也可以用来为迭代法提供初始位置。

在优化方法中，协同定位问题可以建模为一个凸优化问题，并使用现有的求解线性规划和半定规划的算法进行求解[20]。半定规划是线性规划的推广，其形式为：

$$x^* = \arg\min_x c^T x$$

$$使得 \begin{cases} F(x) = F_0 + x_1 F_1 + \cdots + x_n F_n \\ Ax < b \\ F_i = F_i^T, \qquad i = 0, 1, 2, \cdots, n \end{cases} \qquad (5\text{-}1)$$

式中，$x = [x_1, x_2, \cdots, x_n]^T$，$x_i$ 表示第 i 个传感器平台的状态向量；A、b、c、F_i 均为相应维数的已知矩阵；$c^T x$ 为目标函数。这是一个典型的约束最优化问题，可以利用传统最优化算法或现代智能优化算法对其进行求解，得到"最优"目标定位结果 x^*。在文献 [20] 中，研究人员对随机分布于 $10R \times 10R$ 正方形中的 200 个目标的定位结果进行了仿真分析（其中 R 为传感器间的通信距离），他们发现，平均定位误差随着传感器数目的增加而逐渐减小。当传感器的数量较少时，目标定位结果与随机猜测结果的误差一样大。当传感器数增加到 18 个时，平均定位误差减小到 R；当传感器数增加到 50 个时，该误差减小到 $0.5R$。

优化方法的一个主要问题是如何选取和设计合适的优化问题求解算法，在避免陷入局部最优的同时提升寻优效率。一些常用的优化方法包括迭代法（如牛顿法、梯度下降法）、网格搜索方法、线性估计方法、凸松弛方法等 [21-28]。

这些年来常用的协同定位方法是统计估计方法，该方法可以有效处理测量中的噪声，既能对静态目标进行定位，也能对动态目标进行跟踪 [29-30]（即目标的动态定位，详细内容可参见 5.2.4 节）。统计估计方法可以分为两种：一种是最大似然估计（Maximum Likelihood Estimation，MLE）法，该方法仅利用当前测量数据，不使用状态先验知识 [21]；另一种是顺序贝叶斯估计（Sequential Bayesian Estimation，SBE）法，不同于最大似然估计法，该方法不仅需要利用当前测量数据，也需要使用状态先验知识 [31]。

最大似然估计法通过最大化测量数据的似然函数来找到系统状态的估计 [32-33]。最大似然估计器可以建模为：

$$\hat{x} = \arg\max_x f(Y|x) \qquad (5\text{-}2)$$

式中，Y 为当前测量集；x 表示目标的可能位置；$f(Y|x)$ 表示当目标位于 x 时观测值为 Y 的条件概率；$\hat{x}$ 为最大似然估计法得到的目标定位结果。具体来说，最大似然估计法会选择系统参数的值，该参数使观测到的数据比该参数的任何其他值的可能性都大。

在顺序贝叶斯估计法中，系统状态使用递归贝叶斯规则进行迭代估计，贝叶斯规则认为，后验概率与似然函数值和预测先验概率的乘积成比例[33-35]。一般的顺序贝叶斯估计法的算法步骤如图5-5所示。

一般状态空间模型：
$$x_k = f(x_{k-1}, u_{k-1}, w_{k-1}, k-1)$$
$$y_k = h(x_k, u_k, v_k, k),$$

其中w_k和v_k为相互独立的零均值高斯白噪声过程，方差分别为Σ_w和Σ_v.

定义：令
$$\tilde{x}_k^- = x_k - \hat{x}_k^-, \qquad \tilde{y}_k = y_k - \hat{y}_k.$$

初始化：对$k = 0$，令
$$\hat{x}_0^+ = \mathbb{E}\left[x_0\right]$$
$$\Sigma_{\tilde{x},0}^+ = \mathbb{E}\left[(x_0 - \hat{x}_0^+)(x_0 - \hat{x}_0^+)^T\right].$$

运算：对$k = 1, 2, \cdots$，计算

状态估计时间更新 $\hat{x}_k^- = \mathbb{E}\left[f(x_{k-1}, u_{k-1}, w_{k-1}, k-1) \mid \mathbb{Y}_{k-1}\right].$

误差协方差时间更新 $\Sigma_{\tilde{x},k}^- = \mathbb{E}\left[(\tilde{x}_k^-)(\tilde{x}_k^-)^T\right].$

输出估计 $\hat{y}_k = \mathbb{E}\left[h(x_k, u_k, v_k, k) \mid \mathbb{Y}_{k-1}\right].$

估计器增益矩阵 $L_k = \mathbb{E}\left[(\tilde{x}_k^-)(\tilde{y}_k)^T\right]\left(\mathbb{E}\left[(\tilde{y}_k)(\tilde{y}_k)^T\right]\right)^{-1}.$

状态估计量测更新 $\hat{x}_k^+ = \hat{x}_k^- + L_k\left(y_k - \hat{y}_k\right).$

误差协方差量测更新 $\Sigma_{\tilde{x},k}^+ = \Sigma_{\tilde{x},k}^- - L_k\Sigma_{\tilde{y},k}L_k^T.$

图5-5   一般的顺序贝叶斯估计法的算法步骤[36]

同最大似然估计法一样，似然函数值是利用测量模型来计算的。顺序贝叶斯估计法很难给出解析解。在做出一定假设的少数情况下，最优解是存在的，可用卡尔曼滤波器（Kalman Filter，KF）[37]和基于网格的滤波器[38]求得最优解。在其他情况下，只能采用一些次优的解决方法，如扩展卡尔曼滤波器（Extended Kalman Filter，EKF）[39]、无迹卡尔曼滤波器（Unscented Kalman Filter，UKF）[40]、Sigma点滤波器（Sigma-point Kalman Filter，SPKF）[41]、粒子滤波器（Particle Filter，PF）[31]等。

一些其他的基于距离的协同定位方法还有多维标度方法（Multi-Dimensional Scaling，MDS）[42]、航位推算法（Dead Reckoning，DR）[29]等。

最常用的基于非距离的协同定位方法是指纹定位法[16, 43, 44]。通常，它可以被描述为多假设检验决策问题，旨在基于先前获得的观察（即指纹）推导出最佳

假设（目标位置）。指纹定位法包括两个阶段，即训练阶段和定位阶段。在训练阶段，在所有样本位置收集指纹[16]。在定位阶段，将获得的无线电测量值与在样本位置收集的所有观测值进行比较，并将最适合的样本位置作为估计的目标位置。为了提高位置估计对训练数据不准确性的鲁棒性，相关的文献提出了多种改进技术。例如，在文献[45]中，统计学习被用来设计基于支持向量机的算法。

除了在传感器网络固定的情况下设计更加精确的定位方法，为了进一步提高定位精度，通常还可以采取以下三种被称为传感器节点管理或传感器网络配置的主动感知策略。

- ➲ 第一种策略是使传感器平台沿着按一定规则设计好的路径运动[46-48]。
- ➲ 第二种策略是将多个传感器组成一个传感器网络，利用多个传感器对同一个目标进行联合观测与协同定位[48-50]。
- ➲ 第三种策略是前两种的结合，即令整个传感器网络在沿一定路径运动的同时对目标进行协同定位[48, 50]。

上述这些策略的一个共同本质是大大增加了传感器网络对目标的测量信息量。

大量的研究证明，当采用传感器网络进行协同定位时，传感器网络与目标位置的相对几何构型（传感器网络的几何配置）会对目标定位的精度产生显著的影响。Martínez 等人给出了在二维和三维空间中同质测距传感器网络的最优几何配置条件，并为传感器平台设计了运动策略来维持得到的最优配置[51]。在文献[52-55]中，Bishop 等人通过最大化 Fisher 信息矩阵（Fisher Information Matrix，FIM）的行列式［det（FIM）］研究了同质传感器网络的最优配置，他们发现，对具有相同测量噪声的同质传感器，均匀配置是一个最优配置，而且当传感器数目大于一定值时，最优配置有无穷多个。Zhao 等人利用一个新的优化标准，将二维和三维同质测距、测向、测信号强度传感器网络的最优配置问题建模成一个统一的参数优化问题，并利用框架理论给出了该问题在非正则和正则情况下的解[56]，他们发现，当目标源位置到传感器位置的单位视线组成一个紧框架时，det（FIM）将达到最大。

Moreno-Salinas 等人将测量噪声建模成更准确的距离相关的形式，并通过最大化 det（FIM）研究了用于水下目标定位的水面传感器网络的最优配置[57]。Perez-Ramirez 等人利用了另一种距离相关的噪声模型，提出了一种基于平均

Fisher 信息的平滑极大极小算法，用来确定传感器网络的最优配置，以实现自主车辆的精确定位[58]。Yang 等人明确地考虑了目标位置估计的不确定性，并通过最大化更新信息矩阵的迹讨论了测距、测向传感器网络的最优配置[59]。Jourdan 等人定义了一个位置误差界，用于表征目标定位的精度和传感器网络配置的优劣，并依此提出了一种 RELOCATE 算法来最小化该位置误差界，进而实现了智能体的精确定位[60]。

由于能提供更加多样的信息用以目标定位，近年来，异质传感器网络的最优配置问题得到了越来越多的关注。Doğancay 为由测向传感器、测时传感器和机械扫描雷达组成的异质传感器网络的无人机平台设计了飞行路径，以逐步实现目标信息量的最大化[61]。Meng 等人则对异质测距、测向传感器网络和异质测向、测时差传感器网络的最优配置问题进行了较为细致的研究[62]。

5.2.3　协同目标识别

目标识别是指根据传感器测得的数据来对感兴趣目标进行识别的能力[63]。传感器包括雷达［如现今常用的合成孔径雷达（Synthetic Aperture Radar，SAR）、激光雷达等］、声呐、光电成像传感器、红外遥测传感器等[64-65]，它们可以探测到关于目标的雷达回波信号、声信号、振动信号、磁信号、图像信息等有用数据[66]。由于不同空间目标的特性不同，探测、识别手段也有很大差异，因此按照所在空间的不同，目标通常被分为空间目标、弹道目标、空中目标、地面目标、海上目标、水下目标、地下目标等[67-68]。识别的目的是对目标的属性、类别或类型等进行判定[67-68]。例如，对一架飞机而言，它是军用飞机还是民用飞机，它是有人机还是无人机，它是友方、敌方还是中立方飞机，它是哪一型号的战斗机等。上述定义中的"能力"是指目标识别中的探测设备、探测方法、识别设备、识别算法等。

北约将目标识别从粗到细分为如下 6 个步骤[69]：

（1）检测（Detection）：将目标与场景中的其他对象分开。

（2）分类（Classification）：对目标进行分类，确定其属性，如它是一架飞机。

（3）识别（Recognition）：确定目标的类型，如它是一架战斗机。

（4）辨别（Identification）：确定目标的具体类别（如型号等），如它是一架米格 -29 战斗机。

（5）表征（Characterisation）：确定目标的更具体类别（如型号变型等），如它是一架米格 -29 PL 战斗机。

（6）细节识别（Fingerprinting）：确定目标的细节特征，如它是一架带有侦察吊舱的米格 -29 PL 战斗机。

不难看到，随着识别结果要求变得越来越精细，对传感器的性能要求也变得越来越高。反之，对目标识别到何种程度，取决于所收集到的关于目标的信息量的大小和质量。

在探测到目标、形成目标数据库后，就可以利用一定的目标识别方法对目标进行识别了。Tait 将传统的目标识别方法分为模板匹配和特征提取两类[67]。模板匹配是一种比较不同数据集相似性的方法，是图像识别和模式识别技术的最简单形式之一。在一个比较器中，存储了一组模式或参考模板，通过确定哪个参考模板与数据的相似度最高可以来识别目标。相似度大小可由欧氏距离或如下互相关值确定：

$$C(t) = \int_{-\infty}^{\infty} x(\tau) y(t+\tau) \mathrm{d}\tau \tag{5-3}$$

式中，$x(\tau)$ 和 $y(\tau)$ 是两组不同的距离像（Range Profile）。特征提取方法包括特征提取器和分类器。传感器的测量结果首先被阈值化；然后被送到特征提取器中，提取出用于分类的特征（称为特征向量）；最后将特征传到分类器，以识别目标的属性、类别或类型。典型的分类器包括基于规则的分类器、基于欧氏距离的分类器、贝叶斯分类器等。由于特征提取方法使用的是从目标特性中提取出的特征向量，而不是目标特性本身，所以相比于模板匹配方法，特征提取方法能更好地处理噪声和目标特性的随机变化。

El-Darymli 等人将目标识别方法分为基于特征的方法、基于模型的方法和基于半模型的方法[70]。基于特征的方法是一种自上而下的方法，它仅依赖于代表性特征；基于模型的方法是一种自下而上的方法，可将智能知识整合到系统设计中；基于半模型的方法是一种中间方法。基于特征的方法计算复杂度最小，但识别精度也最低；相反，基于模型的方法识别精度最高，但计算复杂度也最高。

文献 [71] 认为目标识别方法从出现到现在经历了经典的统计模式识别方法、基于知识的方法、基于模型的方法、基于多传感器数据融合的方法、基于人工神经网络和专家系统混合应用的方法、基于深度学习的方法 6 个阶段。文献 [72] 将目标识别方法分为基于模型的方法、基于模板的方法、基于卷积神经网络的方法、基于核机器学习的方法、复合方法。文献 [73-74] 认为目标识别方法可以分为经典的基于统计模式的方法、基于支持向量机的方法、基于知识的方法、基于模型与匹配的方法、基于多源数据融合的方法、基于人工神经网络的方法和基于深度学习的方法等。

随着对目标识别能力要求越来越高（如更精细的识别结果、更高的识别效率、更低的识别成本等）、识别环境越来越复杂（如复杂多变的战场环境、各种干扰和欺骗手段等），仅靠单个传感器进行目标识别早已变得不太现实了。将多个传感器得到的多源多样目标数据（多种类型、多个角度、多个层面）进行融合以实现协同目标识别，可以大大提升目标识别的抗干扰性能、稳定性、有效性、可靠性和容错性 [75-77]（典型的多图像传感器数据融合的效果如表 5-1 所示）。因此，基于多传感器数据融合的目标识别（或称协同目标识别）已成为目标识别技术的重要发展趋势之一。

表 5-1　典型的多图像传感器数据融合的效果 [78]

传感器 1	传感器 2	融合效果
可见光	红外	穿透力强，全天候
可见光	SAR	扩展场景的电磁波谱域表达，可用于绘制地形图等
毫米波（MMW）	红外	穿透力强，分辨率高
SAR	红外	空间、光谱分辨率高，全天候
红外	紫外	适合识别背景
红外	微光	全天候全被动观测，适合识别暗照度伪装
红外	红外	增强目标对比度，提高探测距离和识别能力
SAR	SAR	穿透力强，分辨率高，全天候
多光谱	全色	适合特征与纹理识别
可见光	红外 +SAR	分辨能力强，全天候

在利用多传感器进行目标识别时，首先要考虑的问题是需要使用哪些传感器，然后要考虑如何对选用传感器进行合理组合、如何将多源信息进行融合的问题 [77]。对于前一个问题，需要设计者充分考虑识别任务的背景、环境和需求，可配置传

感器的类型、工作环境和各项参数，敌方目标的可能属性和类型等因素。对于后一个问题，有多种融合方式，如图 5-6 所示。

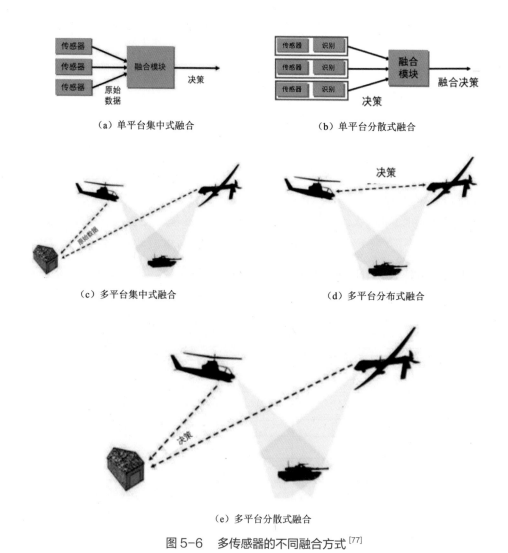

（a）单平台集中式融合   （b）单平台分散式融合

（c）多平台集中式融合   （d）多平台分布式融合

（e）多平台分散式融合

图 5-6　多传感器的不同融合方式[77]

- 单平台集中式融合：将所有传感器配置到一个平台上，并在该平台上对各传感器收集的原始数据进行融合，以得到识别结果。

- 单平台分散式融合：同样将所有传感器配置到一个平台上，但将每个传感器的识别结果进行融合。

⊃ 多平台集中式融合：将传感器配置到不同平台上，但各传感器获取的数据要传输到一个融合中心进行融合。

⊃ 多平台分布式融合：同样将不同传感器配置到不同平台上，而且每个平台既可以根据各自传感器数据进行独立的目标识别，也可以在本平台的融合模块中将本平台传感器数据和接收到的来自其他平台传感器的数据进行融合，以对目标实现协同识别。

⊃ 多平台分散式融合：与多平台集中式融合方式的不同点是该方式向融合中心传输的是各平台的识别结果，而非原始数据。

一般来说，对于识别精度来说，集中式要比分布式和分散式好，多平台要比单平台好；对于识别效率来说，分布式的最好，集中式的最差，单平台要比多平台好。

根据融合内容所处层级的不同，可以将协同目标识别中的多传感器数据融合分为数据级融合、特征级融合和决策级融合 [77-78]。数据级融合是指对来自两个或多个传感器的原始数据或经过简单处理的数据进行的融合。例如，对多个图像传感器来说，数据级融合就是对各传感器采集到的原始图像或经过少许处理的图像进行融合，也称为像素级融合 [78]。特征级融合是指对从各传感器数据中提取出来的特征进行的融合。相比于数据级融合只能对同质多传感器数据进行融合，特征级融合可以对异质多传感器进行融合，如激光雷达＋高光谱图像传感器、音频传感器＋视频传感器、磁力仪＋陀螺仪＋加速度计等组合互补传感器 [77]。决策级融合是指对各传感器的识别结果进行的融合，也称为声明后融合或多分类器融合。决策级融合的结果既可以是硬决策，也可以是软决策 [77]。例如，一个典型的硬决策结果为"待识别目标是一架战斗机"，而一个典型的软决策结果为"待识别目标是一架战斗机的可能性为 60%，是一架运输机的可能性为 25%，是一架轰炸机的可能性为 15%"。硬决策级融合方法主要有多数投票法、综合排名法、Borda 计数法、Condorcet 标准法等；软决策级融合方法主要有朴素贝叶斯平均法、贝叶斯置信集成法、Dempster-Shafer 证据推理法等 [77]。数据级融合处理的数据量最大，决策级融合处理的数据量最小，但丢失的关于目标的重要信息也最多。多图像传感器数据融合的不同层次如图 5-7 所示。

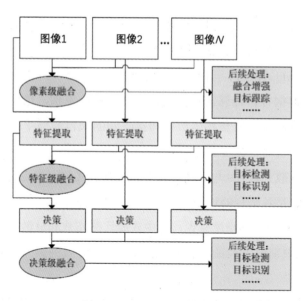

图 5-7　多图像传感器数据融合的不同层次[78]

5.2.4　协同目标跟踪

目标跟踪有两种含义：一种是指利用传感器的测量信息（传感器收到的关于目标的回波）对目标进行动态状态估计的过程；另一种是指利用运动平台对运动目标进行空间位置跟踪的过程。前者属于感知范畴，后者属于航路规划、运动控制的范畴。本节仅考虑第一种目标跟踪，第二种目标跟踪的一些代表性研究成果可参见文献 [79-86]。

目标跟踪是指对传感器测量信息进行处理，以维持对感兴趣目标当前状态估计的过程，其中的"状态"除了指通常的目标运动状态，还可以包括目标的谱特性、未知常数等[87-88]。目标跟踪可以看成广义的、动态的目标定位，因为它不仅需要知道动态目标在当前时刻的位置，还需要知道其当前速度、加速度等非位置量。与目标识别相比，目标跟踪主要需要知道的是目标的运动状态，而目标识别主要需要知道的是目标的不同粒度的"身份"信息。

根据目标在传感器中的表现形式，可将目标跟踪分为点目标跟踪和视频目标跟踪[77]。前者的目标在传感器中没有形状信息，只能被看成一个移动的点；而后者中的目标在传感器中占据多个像素、有一定形状，不再是一个点。前者多见于雷达、声呐等利用电磁波进行探测的远距离传感器；而后者多见于利用光电相机、红外相机、SAR 等利用图像进行探测的近距离传感器。随着近年来图像处理、模式识别、机器学习等技术的快速发展，视频目标跟踪已成为计算机视觉领域的一项重要研究内容，关于它的发展现状和趋势可参见文献 [77，89-95]。本节集中于点目标跟踪的相关问题，并在不引起混淆的情况下，将其简称为目标跟踪。

根据传感器数目和目标数目的不同，可将目标跟踪问题分为单传感器单目标跟踪、单传感器多目标跟踪、多传感器单目标跟踪、多传感器多目标跟踪，其中后两者需要多个传感器协同对一个目标进行跟踪，属于协同目标跟踪，也称多传感器目标跟踪或多源目标跟踪。之所以即使对于一个传感器和一个目标的情形，目标跟踪问题也不容易解决，是因为不确定性的广泛存在，特别是对于非合作目标的情形。不确定性至少包括目标不确定性和测量不确定性[87-88]，前者包括目标数量（大小和变化）、运动模型、机动性能等，后者包括测量噪声、非完全检测概率（检测概率小于 1）、杂波（环境非目标物、干扰 / 欺骗目标的回波）、随机虚警等。各种目标跟踪就是尽可能消除这些不确定性的过程。

在多个传感器和一个目标的协同目标跟踪情形中，如何对来自多个传感器的测量信息进行融合是关键问题。类似于协同目标识别中的多传感器数据融合，融合架构可以分为三种[96]：集中式、分布式和分散式，如图 5-8 所示。

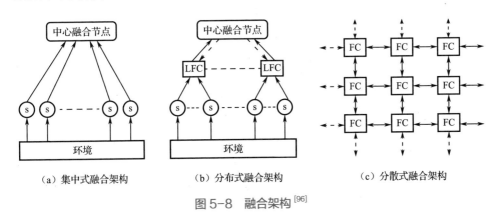

（a）集中式融合架构　　　　（b）分布式融合架构　　　　（c）分散式融合架构

图 5-8　融合架构[96]

图 5-8 中，FC 表示融合中心，LFC 表示本地融合中心。集中式融合在收集到所有传感器的测量数据后，进行数据级融合，以生成对目标的状态估计。分布

式融合将收集到的数据存在本地融合中心，先在其中进行局部数据级融合，再将融合结果（状态估计值）送到中心融合节点进行全局数据融合，形成最终的融合结果。在分散式融合中，每个传感器均是一个融合中心，在收到与之通信的所有传感器的测量数据后，利用一定的手段对它们进行数据级融合，可得到分散式状态估计值。

上述数据级融合的实现方式主要有两种：一种是顺序方式，另一种是并行方式[96]。在顺序方式中，融合中心（全局融合中心或局部融合中心）依次利用每个传感器的测量数据进行估计，前一个传感器的估计结果作为后一个传感器的先验知识，直到所有传感器的测量数据都使用完。在并行方式中，融合中心将收到的所有传感器的测量数据组合成一个"超级"测量，并将其看成来自一个"超级"传感器的测量，经过一次融合即可得到最终融合结果。

目标跟踪中最常用的融合技术是卡尔曼滤波器及其变式。卡尔曼滤波器是一种基于状态空间模型的递归状态估计方法。在每一个测量时刻，卡尔曼滤波器都是由时间更新（预测）和测量更新（估计）两步组成的，时间更新和测量更新分别如图 5-9 和图 5-10 所示。

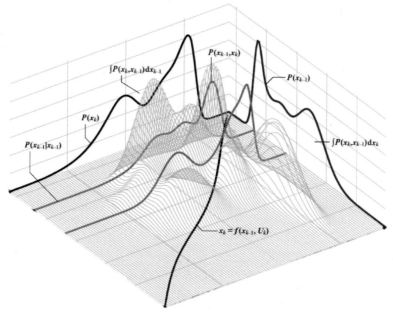

图 5-9　卡尔曼滤波器的时间更新[97]

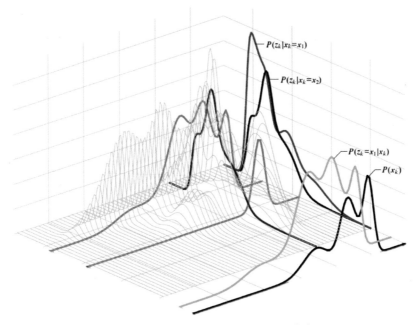

$P(z_k|x_k=x_1)$

$P(z_k|x_k=x_2)$

$P(z_k=x_1|x_k)$

$P(x_k)$

图 5-10　卡尔曼滤波器的测量更新 [97]

对于线性系统和高斯噪声而言，卡尔曼滤波器的跟踪结果是最优估计值 [37]。但对于非线性系统而言，只能用卡尔曼滤波器的一些近似变式得到次优跟踪结果，这些变式包括扩展卡尔曼滤波器 [39]、无迹卡尔曼滤波器 [40]、Sigma 点滤波器 [41]、平均差分滤波器（Divided Difference Filter，DDF）[98]、容积卡尔曼滤波器（Cubature Kalman Filter，CKF）[99] 等。当动态系统为非线性系统并且噪声非高斯时，上述滤波方法均会产生较大偏差。此时，需要借助粒子滤波器 [31]、样条滤波器（Spline Filter）[100-101] 等方法实现目标跟踪。当对目标（特别是高机动目标）的运动方式知之甚少时，用一个运动模型很难描述其运动规律。因此，雅可夫·巴尔 - 沙洛姆（Yaakov Bar-Shalom）等人提出了一种多模型方法，用多个运动模型及它们之间的转移概率来描述目标的运动，其中的交互式多模型（Interacting Multiple Model，IMM）方法已被广泛用于处理高机动目标跟踪的问题 [102-104]。有关目标跟踪方法的更多内容可参见李晓榕教授等人的系列综述 [104-111]。

在多个传感器和多个目标的协同目标跟踪情形中，在进行多传感器数据融合之前的一项重要工作是数据关联，如图 5-11 所示。假设只有一个传感器，在不考虑杂波的情况下，对单目标跟踪，可以认为所有测量都来自该目标；但对多目标跟踪情形，由于测量中并未带有目标标签，所以无法直接判断两个相邻的测量分别来自哪个目标，因此，需要进行数据关联。简单来说，数据关联是确定传感器的每个测量是来源于哪个目标或杂波的过程。典型的数据关联方法包括最近邻（Nearest Neighbor）方法[87, 112]、概率数据关联（Probabilistic Data Association，PDA）方法[87, 96, 112]、联合概率数据关联（Joint Probabilistic Data Association Filter，JPDA）方法[87, 96, 112]、多假设（Multiple Hypothesis Tracking，MHT）方法[87, 96]、多维分配方法（Multidimensional Assignment，MDA）[87, 113-114]等。数据关联将多传感器多目标跟踪问题分解为多个多传感器单目标跟踪问题，从而可用前述方法进行协同目标跟踪。然而，数据关联问题本质上是一个NP-Hard问题[113]，随着目标数目和传感器数目的增加，问题规模成指数增长，因此，上述数据关联方法的计算复杂度都很高，难以适应大规模协同目标跟踪问题。尽管已经提出了许多改进方案用来提高数据关联的效率，但是其中大多数都是以牺牲数据关联性能为代价的[88]。

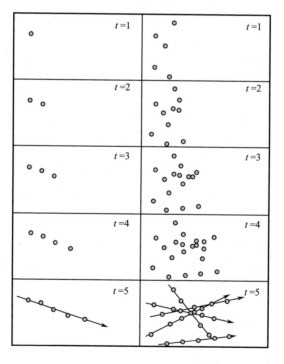

图 5-11　数据关联示意图[115]

近些年，一些不依赖于数据关联的多传感器多目标跟踪技术快速发展了起来。罗纳德·马勒（Ronald P. S. Mahler）将随机有限集（Random Finite Set，RFS）理论引入目标跟踪领域，提出了概率假设密度（Probability Hypothesis Density，PHD）滤波器、基数概率假设密度（Cardinalized Probability Hypothesis Density，CPHD）滤波器、多目标多伯努利（Multi-Target Multi-Bernoulli，MeMBer）滤波器等，它们不仅能同时处理数据关联和目标状态估计问题，而且能处理目标数目和传感器数目随时变化的情况[116-118]。由于这些滤波器的上述优势，目前很多研究人员仍在针对这些方法的某些缺点、不同应用场景等进行持续改进[88, 119-136]。

5.3　群体智能决策

5.3.1　协同任务分配

任务分配问题是指如何将合适的任务分配给合适的任务平台在合适的时间去完成，即为每个任务平台分配一项或一组具有时序关系的任务，在满足任务、环境、载荷能力等方面约束的同时，使得某种任务效能达到最优[137-138]。

任务分配的约束包括不同任务的时序关系、任务的类型（权值或优先级等）、完成每项任务需要的平台数量、平台载荷类型及数量、平台航时、平台航程、平台间通信能力等[138]。

任务效能函数通常为任务执行时间、任务完成率、任务完成代价、能量消耗、任务总航程、以某种指标衡量的作战效能等[137, 139-141]。在进行任务分配时，需要它们中的某一个或多个达到最小或最大，以实现多个任务平台的"最优"协同。

任务分配的结果包括[139]：

⮞ 用于执行每项任务的平台数目。

⮞ 每个任务平台执行所分配任务的时间。

◐ 执行同一任务的多个平台的协同方式。

可以看到，任务分配问题在本质上是一个带多种约束的单目标或多目标最优化问题。图 5-12 所示为一个典型的多无人机任务分配问题。该问题可建模为如下最优分配问题[138]：

$$J^* = \max_{\sigma_{ij}} J = \max_{\sigma_{ij}} \left\{ \sum_{i=1}^{N} \sum_{j=1}^{M} \sigma_{ij} r_{ij} \right\}$$

$$使得 \sum_{i=1}^{N} \sigma_{ij} \geqslant 1, \quad 对于 j = 1, 2, \cdots, M \tag{5-4}$$

式中，r_{ij} 为将任务 j 分配给无人机 i 时的收益值；σ_{ij} 为 0-1 变量，$\sigma_{ij}=1$ 表示将任务 j 分配给无人机 i；N 为无人机的个数；M 为任务的个数，$N \geqslant M$。

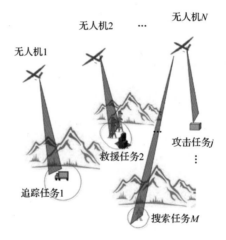

图 5-12　典型的多无人机任务分配问题[138]

根据任务分配前已知信息的多少，可以将任务分配问题分为定向问题、沿指定路径搜索问题、搜索－跟踪／攻击问题、搜索问题[142]，如图 5-13 所示。现在研究的大部分任务分配问题均假设已知任务及其位置；若执行任务过程中有未知任务出现并需要完成，则需要任务平台具备动态任务分配的感知、计算等能力。

图 5-13　以已知信息量多少为标准的任务分配问题的分类[142]

Gerkey 等人结合平台类型、任务类型和分配类型这三个维度（见图 5-14）对任务分配问题进行了详细的分类[143]。其中单任务平台（ST）表示只能执行一种任务的平台，多任务平台（MT）表示可以执行多种任务的平台；单平台任务（SR）表示只需要一个平台即可完成的任务，多平台任务（MR）表示需要多个平台才能完成的任务；瞬时分配（IA）表示只考虑当前时刻的分配，时段分配（TA）表示既需要考虑当前时刻的分配，也需要考虑未来一段时间的分配。根据这三个维度，可以将任务分配问题分为 8 类，例如，ST-SR-IA 表示单任务平台、单平台任务情况下的瞬时分配任务，现有的研究成果多属于该类型，具体可参见文献 [143]。

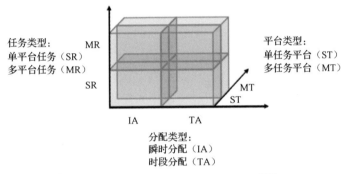

图 5-14　任务分配问题的三个维度[143]

Korsah 等人在此基础上，提出了一种两级分类法，即在 Gerkey 等人分类的方法之上又增加了一级分类标准——关联度[144]。其中关联度包括无关联（ND）、进度内关联（ID）、进度间关联（XD）、复杂关联（CD）。据此，对任务分配问题进行了如图 5-15 所示的两级分类。不同类型的任务分配，其基本数学模型和求解方法差别也较大，具体可参见文献 [144]。

根据平台之间协同意图的不同，任务分配问题可以分为意图合作式分配和自组织式分配[139-140]。前者中每个平台根据获取的其他平台的信息，主动进行有优化意图的任务分配，经过一定的迭代后，可使预期效能目标达到最优或次优。而自组织式分配则借鉴生物群体的自组织行为方式，试图通过一些简单的行为规则实现任务分配。该类方法虽然思想简单、易于实现、对通信要求低，但最终所涌现出的群体行为难以预测，所得结果是否最优也难以判定。

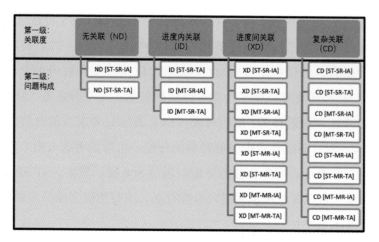

第一级: 关联度	无关联 (ND)	进度内关联 (ID)	进度间关联 (XD)	复杂关联 (CD)
第二级: 问题构成	ND [ST-SR-IA]	ID [ST-SR-TA]	XD [ST-SR-IA]	CD [ST-SR-IA]
	ND [ST-SR-TA]	ID [MT-SR-IA]	XD [ST-SR-TA]	CD [ST-SR-TA]
		ID [MT-SR-TA]	XD [MT-SR-IA]	CD [MT-SR-IA]
			XD [MT-SR-TA]	CD [MT-SR-TA]
			XD [ST-MR-IA]	CD [ST-MR-IA]
			XD [ST-MR-TA]	CD [ST-MR-TA]
			XD [MT-MR-IA]	CD [MT-MR-IA]
			XD [MT-MR-TA]	CD [MT-MR-TA]

图5-15 任务分配问题的两级分类[144]

网络流优化问题

网络流优化问题一般是指在有向图中分配流量,使每条边的流量不会超过它的容量约束,同时达到路径长度最小或者花费最小等目标函数的优化问题。因为在运筹学中,我们经常把有向图称为网络,所以这类基于有向图流量分配的优化问题也被称之为网络流优化问题。网络流优化属于组合优化问题的一种。

背包问题

背包问题 (Knapsack Problem) 是一种组合优化的 NP 完全问题。问题可以描述为:给定一组物品,每种物品都有自己的重量和价格,在限定的总重量内,我们如何选择,才能使得物品的总价格最高。问题的名称来源于如何选择最合适的物品并放置于给定背包中,背包的空间有限,但我们需要最大化背包内所装物品的价值。背包问题通常出现在资源分配中,决策者必须分别从一组不可分割的项目或任务中进行选择,而这些项目又有时间或预算的限制。

背包问题历史悠久,甚至可以追溯到 1897 年。"背包问题"一词最早出现于数学家托拜厄斯·丹齐格的早期研究中,他研究的问题是如何打包行李,要求最大化所选行李的价值且不能超载。

根据有无任务分配中心,任务分配问题可分为集中式和分布式两种[142, 145-146]。

集中式任务分配通常可以建模为旅行商问题模型、车辆路径问题模型、网络流优化模型、混合整数线性规划模型、背包问题模型、动态网络流优化模型、动态规划模型、多维多选择背包问题、指派问题模型[(见式(5-4)]、多处理器资源分配问题模型等[137-138, 147-149]。在建立模型后,既可以通过相应的传统最优化算法(如分支定界法、匈牙利法等)求解,也可以通过近些年蓬勃发展的生物启发式方法(如遗传算法、粒子群算法等)求解,得到最终的任务分配结果[137, 145]。集中式方法的一个优势是,在计算资源充足的情况下,可以得到最优任务分配策略。

分布式任务分配可建模为分布式混合整数线性规划模型、分布式马尔可夫决策过程模型、博弈模型、群体行为模型等。在建立模型后,可以利用合同网法、分布式拍卖算法、基于市场的方法、基于协商一致性的方法等[140,145-147,149-151]进行求解。与集中式任务分配相比，分布式任务分配难以保证解的最优性，但计算量小，比较适合动态环境中的任务分配。

集中式和分布式两种任务分配方式的特点比较可参见表5-2[145]。

任务分配中的待解决问题[137, 142, 147-149, 152]包括：

○ 大部分研究仍局限于集中式任务分配，对在实际中应用更为迫切的分布式任务分配的研究仍不够成熟；所建立模型仍较为简单，只能描述少数任务分配场景；已有的分布式方法只能处理个别简单问题，缺乏通用高效的分布式任务分配策略生成方法。

○ 如上所述，现有的大部分任务分配问题仅考虑较为简单的单任务平台、单平台任务的情形，对复杂的多任务平台、多平台任务情形下的任务分配的研究仍较少，缺乏有效的解决方案。

表5-2 任务分配方式的比较

任务分配方式	优 点	缺 点	适用范围
集中式	（1）分配算法的实现简单；（2）具备产生全局最优解的能力	（1）通信集中，易造成拥堵，影响算法效率；（2）计算难以满足实时性要求；（3）分配中心必须实时掌握所有平台的信息，通信质量将严重影响分配结果；（4）有平台加入或退出时，需重新分配	已知且确定的环境、规模较小的系统
分布式	（1）可并行计算，能快速调整分配策略；（2）分布式通信，不容易影响算法效率；（3）平台可动态加入或退出，容错性、扩展性和鲁棒性较好	（1）难以保证分配结果的质量，容易陷入局部最优；（2）在调整平台之间任务时进行的对话、协商会增加系统的通信负担；（3）通信更频繁，通信质量将更大程度地影响分配结果	动态环境、中等至大规模系统

○ 对动态、复杂环境下的任务分配问题仍没有很好的解决办法，一方面是由于其中的很多因素无法用准确的数学语言描述，另一方面是由于任务

平台的感知能力、通信能力、计算能力等仍不能满足需求。

⊃ 在未来应用场景中，不同空间、不同类型、具备不同任务能力的平台可组成异构群体系统，用于执行某任务环境中的多个复杂任务，相比于同质群体系统，它所执行任务的范围更广、能力更强，任务完成更高效，生存力也更高。然而，目前仍缺乏对异构群体系统的多任务分配问题的研究。

⊃ 其他问题，包括实时性问题、大规模群体问题、任务空间 / 约束条件等难以建模问题、未知不确定环境问题等。

任务分配的一个特例是武器目标分配，也称火力分配，是在考虑杀伤概率最大化的意义下，将多个武器分配给多个目标。Alan S. Manne 最先将该问题的防御版本，即导弹分配问题，引入运筹学领域，旨在为来袭导弹分配可用的拦截器，以最小化敌方导弹摧毁我方受保护资产的概率[153]。

武器目标分配问题分为静态武器目标分配问题和动态武器目标分配问题，前者不考虑己方武器性能、数量以及敌方目标状态（数量、位置、存活情况等）的变化，而后者是在考虑这些变化时的动态分配。

一个典型的静态武器目标分配问题模型为：

$$J^* = \max_{\sigma_{ij}} J = \max_{\sigma_{ij}} \left\{ \sum_{j=1}^{N} V_j \prod_{i=1}^{M} (1-p_{ij})^{\sigma_{ij}} \right\} \qquad (5\text{-}5)$$

使得

$$\sum_{j=1}^{N} \sigma_{ij} \leqslant w_i, \quad 对 i=1,2,\cdots,M$$

$$\sigma_{ij} = \mathbb{Z}_+, \quad 对 i=1,2,\cdots,M; j=1,2,\cdots,N$$

式中，σ_{ij} 为分配给目标 j 的类型 i 武器的个数；p_{ij} 为类型 i 武器对目标 j 的毁伤概率，w_i 为类型 i 武器的总个数；V_j 为目标 j 的价值。可以看到，该模型与任务分配模型基本相同。

Malcolm 利用单纯形法快速找到静态武器目标分配的最优解[154]。Johansson 和 Falkman 通过对 9 种武器 -8 个目标和 9 种武器 -9 个目标两个静态问题的研究，利用穷举法说明了该问题的组合爆炸性[155]。Rosenberger 等人利用分支定界法解决了 8 种武器 -4 个目标的静态问题[156]。Ahuja 等人提出了三种提升分支定界法搜索效率的下界策略，即广义网络流方法、最大边际收益方法和最小成本流方法[157]。遗传算法、粒子群算法、蚁群算法等智能优化算法被广泛应用于求解静态武器目标分配问题。例如，Lee 等人将免疫算法的快速收敛优势和蚁群算法的空间搜索优势结合在一起，提出了一种混合启发式算法，用于解决静态武器目标分配问题[158]；Shang 等人则结合了免疫算法与一种基于改进交叉算子的遗传算法[159]；Zeng 等人将贪婪搜索策略引入离散粒子群算法，解决了 60 种武器 -60 个目标的静态武器目标分配问题[160]；Lee 考虑到分配给每个武器的目标有上限，提出了一种增强超大规模邻域搜索算法，解决了 100 种武器 -100 个目标的静态武器目标分配问题[161]。此外，模拟退火算法、禁忌搜索算法等也被单独或与其他方法结合用于该问题的求解。

动态武器目标分配问题大致可以分为两类，一种为打 - 看 - 打模型，另一种为多阶段模型[162]。前一种模型首先进行一次分配，然后对剩余的武器和目标情况进行观察，最后将剩余的武器分配给剩余的目标。在后一种模型中，除了第一阶段与前一种模型的第一次分配相同，剩余阶段分配中的目标状态均由概率分布决定。

动态武器目标分配问题的研究仍较少，解决仍不彻底。Ahner 和 Parson 利用改进的最大边际收益算法提出了凹自适应值估计算法[163]，用于解决两阶段动态武器目标分配问题。该算法通过第二阶段中目标数量的随机实现，并迭代更新凹值估计的次梯度，来估计第二阶段分配的值。他们在所有武器对同一目标的毁伤概率相同的情况下，证明了解的最优性。Sikaen 使用反向归纳过程递归地寻求优化问题的策略[164]。Murphey 设计了一种分解算法[165]，首先通过一些启发式算法解决第一阶段的分配问题，然后针对所有可能的第二阶段目标结果求解第二阶段的原始问题和对偶问题，并将这些解视为第二阶段的预期目标函数值。如果当前预期目标函数值大于前一次的值，就进行剪枝。重复该过程，直到找到最优解为止。Xin 等人考虑了能力约束、战略约束、资源约束和交战可行性约束，提出了虚拟置换的概念，并据此为禁忌搜索算法构造了一个精细局部搜索算子，实现了动态武器目标分配问题的高质量实时决策[166]。Khosla 利用模拟退火算法来计算遗传算法选择群体的适应度，提出了一种混合模拟退火 - 遗传算法，解决了网络中心战背景下的武器目标分配问题[167]。Leboucher 等人利用匈牙利算法求解第一阶段的分配问题，利用结合进化博弈论的粒子群算法求解第二阶段的分配问题[168]。

5.3.2　协同航路规划

无论哪种运动平台，要想完成预定任务，至少要解决如下三个问题[169]：

⊃ 我在哪里？

⊃ 我要去哪里？

⊃ 我怎么去那里？

这三个问题分别对应导航定位与地图构建、任务规划、航路规划这三项内容。

航路规划也称为路径规划、路线规划，是指在一个已知或部分已知的环境中，为运动平台规划一条从初始状态到目标状态的路径，使如下条件得到满足[170-173]：

⊃ 某项性能指标达到最优。

⊃ 满足任务约束，如时间限制等。

⊃ 满足环境约束，如不与障碍物发生碰撞、绕开高危险区域等。

⊃ 满足平台性能约束，如速度、角速度、加速度等的限制。

对于由多个运动平台组成的群体系统，其航路规划被称为协同航路规划。对于协同航路规划，除了要满足航路规划的上述条件，还需要满足多平台间的协同需求（包括时间协同、空间协同、任务协同等）、避免平台间的碰撞等[172, 174-175]。不难看出，航路规划问题和协同航路规划问题在本质上均是带复杂约束的单目标或多目标非线性优化问题。

根据运动平台或由其组成的群体系统对环境信息的感知程度，可将航路规划分为全局航路规划（也称静态航路规划或离线航路规划）和局部航路规划（也称动态航路规划或在线航路规划）[169, 176-177]。全局航路规划是在已知当前环境信息的条件下，离线规划出一条运动平台可跟踪的全局航路的过程。而局部航路规划则针对环境信息不完整或完全未知的场景，首先需要通过本地传感器对环境进行感知，然后通过一些在线的反应式规划技术为运动平台规划出局部航路，以适应当前环境的具体情况。第 4 章中的智能体自主避障实际上就是局部航路规划中的一种。全局航路规划和局部航路规划的比较[169]如表 5-3 所示。

表 5-3 全局航路规划和局部航路规划的比较

全局航路规划	局部航路规划
基于地图的	基于传感器的
慎思式的	反应式的
响应慢	响应快
运动空间信息已知	运动空间信息不完整或未知
在向目标运动之前，生成一条可行路径	在生成避障路径的同时，向目标运动
离线	在线

对协同航路规划来说，根据算法执行方式的不同，可将其分为集中式协同航路规划和分布式协同航路规划[172, 178-179]。集中式协同航路规划有一个计算中心，在收集到所有的有用信息后，可以为每个个体计算出一条最优的航迹，但需要的通信量和计算量均较大，当群体规模较大时，难以满足在线实时性要求。分布式协同航路规划不存在计算中心，每个个体根据自身获取的局部信息来计算航路，得到的航路在大多情况下都不是最优的，但该方式的通信量和计算量均较小，可以实现大规模群体协同的在线实时航路规划。

航路规划的具体研究内容包括[180-181]：建立环境模型、选取航迹形式、确定约束条件、确定代价函数、设计规划算法等。

在航路规划之初，需要对运动平台的运动空间以及空间中的障碍物、禁飞区、火力威胁、气象条件等进行数学描述。根据空间类型的不同，常用的运动空间建模方法有网格法、拓扑地图法、概率路线图法（概率路线图模型见图 5-16）等[182-184]。

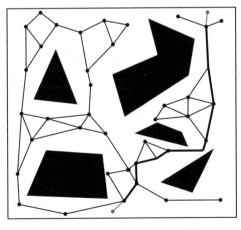

图 5-16　概率路线图模型[170]

Voronoi 图法

Voronoi 图（Voronoi Diagram）法是由俄国数学家格乔奇·沃若诺侬（Georgy Voronoi）建立的空间分割算法。灵感来源于笛卡儿用凸域分割空间的思想。Voronoi 图法在几何、晶体学、建筑学、地理学、气象学、信息系统等许多领域都有广泛的应用。

Delaunay 三角剖分法

在数学和计算几何领域，平面上的点集 P 的一个 Delaunay 三角剖分 DT，使得在 P 中没有点严格处于 DT（P）中任意一个三角形外接圆的内部。Delaunay 三角剖分法最大化了此三角剖分中三角形的最小角，换句话，此算法尽量避免出现"极瘦"的三角形。此算法命名来源于鲍里斯·德劳内（Boris Delaunay），以纪念他自 1934 年以来在此领域的工作。

网格法可分为规则网格法和不规则网格法。规则网格法包括单元分解法（单元分解模型见图 5-17）、单元树法等；不规则网格法包括可视图法（可视图模型见图 5-18）、Voronoi 图法（Voronoi 图模型见图 5-19）、Delaunay 三角剖分法、切向图法等。空间中的其他元素通常根据其形状数据、对运动平台的影响模型等被建模为规则或不规则的几何形状[185]。

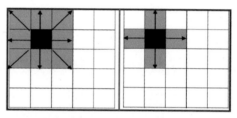

图 5-17　单元分解模型[186]

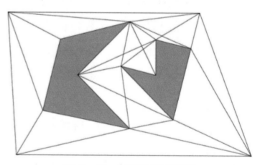

图 5-18　可视图模型[171]

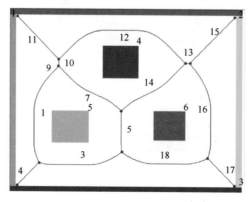

图 5-19　Voronoi 图模型[171]

航迹是航路规划的输出,它一般有两种表示方法[180-181]:一种是用平台运动学、动力学描述的连续平滑航迹;另一种是用航迹点表示的离散几何航迹。前者将航路规划与航迹平滑结合在一起,直接生成一条可供运动平台跟踪的平滑轨迹;后者首先计算出一系列离散的航迹点,然后利用航迹平滑技术由这些点生成一条光滑的满足运动平台性能约束的可行航迹,供运动平台跟踪[180-181]。由于后者具有精度可调、便于计算、实现代价低等优点,现有的大部分航路规划方法都采用航迹点表示航迹[185]。

如前所述,约束条件包括任务约束、环境约束、平台性能约束等[172, 181]。任务约束包括完成时间、目标状态、几何队形等[172, 181];环境约束包括地形、障碍物、禁飞区、火力威胁、气象条件等[181, 187];平台性能约束包括最大航时、最大航程、最大/最小速度、最大/最小加速度、最大/最小转向角速度、最小转弯半径、最大爬升角、最大俯冲角、最大爬升率、最大俯冲率、最大/最小飞行高度、最大感知距离、最大通信距离、最小安全距离、最大法向过载等[172, 185, 187-189]。

要执行的任务不同,代价函数也会有所不同。常见的代价函数包括最短路径、最短时间、最少能量消耗、最小暴露风险、最大光滑度、最大安全性等[179-182]。

在完成对航路规划问题的完整建模后,还需要设计合适的算法求解对应的模型。到目前为止,已经有众多用于求解不同场景下航路规划问题的方法。

大部分研究者将这些方法分为如下两类[176, 186, 190-191]:经典方法和进化方法(也称为生物启发式方法)。另有一些研究者认为在此基础上还应增加第三类方法,即混合方法[177, 192]。经典方法包括单元分解法、基于采样的方法、势场法、路线图法等;进化方法则包括差分进化算法、蚁群算法、粒子群算法、人工蜂群算法、遗传算法、神经网络算法、模糊逻辑算法等;而混合方法则是两种或多种方法的结合,以发挥每种方法的优势、弥补它们的劣势。

经典方法的优点是设计简单、易于实现,缺点是计算代价高、易陷入局部极小值、难以处理未知环境、可能出现给不出可行航迹的情况等,该方法主要用于环境信息已知(对应结构化环境)情况下的航路规划。相比之下,进化方法的优点是优化能力强、求解效率高、智能水平高、能处理未知环境中的不确定性、至少能给出次优航迹等,不同的进化方法也存在设计复杂、计算代价高、收敛时间长、易陷入局部极小值、存在振荡、初值难以选择、需求的环境数据集难以获取等缺点中的一个或多个。进行方法可用于非结构化、难以精确建模的动态环境。混合方法虽然可以结合两个或多个方法的优点，但其设计更为复杂，且其适用性和兼容性不高，所以目前的使用仍较少。

Goerzen 等人[193]将无微分约束的航路规划方法归纳为路线图方法、单元分解法、势场法、概率方法、加权区域问题方法等，将有微分约束的航路规划方法归纳为标准二维解方法、状态空间采样方法、轨迹形成方法、数学优化方法、势场法等。无微分约束情形下航路规划方法的比较如表 5-4 所示，有微分约束情形下航路规划方法的比较如表 5-5 所示。

表 5–4　无微分约束情形下航路规划方法的比较[193]

分　类	方　　　法	问题模型	维度	完备性	最优性	时间复杂度
路线图方法	可视图法	点模型	2	完备	最优	$O(N^2)$
	边缘采样可视图法	点模型	3	完备	分辨率最优	—
	Voronoi 图法	点模型	2	完备	非最优	$O(M\log N)$
	自由路线法	点模型	2	不完备	非最优	—
	轮廓图法	点模型	2、3	完备	非最优	$O[\exp(D, N)]$
精确单元分解方法	梯形分解法	点模型	2	完备	非最优	$O(M\log N)$
	临界曲线和非临界区域法	刚体模型	2	完备	非最优	$O(N^2\log N)$
	柱面代数分解法	刚体模型	2、3	完备	非最优	$O\{\exp[\exp(N)]\}\,O[\mathrm{poly}(P)]$
近似单元分解方法	矩形分解法	点模型	2	分辨率完备	非最优	—
	单元树分解法	点模型	2、3	分辨率完备	非最优	—
	近似‑分解法	点模型	2	分辨率完备	非最优	—
势场法	势引导法	任意	2、3	完备	非最优	
	调和势函数法	点模型	2、3	完备	非最优	$O(M\log M)$
	波前扩展法	刚体模型	2、3	分辨率完备	分辨率最优	$O(M\log M)$
	带骨架的波前扩展法	刚体模型	2、3	分辨率完备	非最优	$O(M\log M)$
	连续 Dijkstra 法	刚体模型	2	完备	最优	$O(N^2\log N)$

分 类	方 法	问题模型	维度	完备性	最优性	时间复杂度
概率方法	随机势场法	任意	2、3	—	非最优	—
	全局学习法	任意	2、3	概率性完备	非最优	—
加权区域问题方法	精确算法	多边形加权区域	2	完备	最优	$O(N^8 \log N)$
	近似算法	多边形加权区域	2	完备	分辨率最优	$O(NM \log NM)$
	网格测地距离法	加权网格	2、3	分辨率完备	分辨率最优	$O(M \log M)$

表 5-5 有微分约束情形下航路规划方法的比较 [193]

分 类	方 法	完备性	最优性	可靠性	时间复杂度
标准二维解方法	标准二维解方法	完备	最优	可靠	$O[\exp(N)]$
状态空间采样方法	状态空间晶格搜索法	分辨率完备	分辨率最优	分辨率可靠	$O(NC^d \text{err}^{-6d})$
	带插值的动态规划法	分辨率完备	分辨率最优	分辨率可靠	$O(NC^d \text{err}^{-3d})$
	快速扩展随机树法（RRT）	概率性完备	非最优	分辨率可靠	—
	可达图、快速扩展密集树法（RDT）	分辨率完备	分辨率最优	分辨率可靠	—
	剪枝可达图法	分辨率完备	分辨率最优	分辨率可靠	—
轨迹形成方法	关联边界点法	分辨率完备	—	—	—
	机动自动化法	分辨率完备	—	分辨率可靠	—
	解耦法	—	非最优	—	$O[\text{poly}(N)]$
	规划－变形法（样条平滑法）	—	非最优	—	—
	航路约束下的轨迹规划法	分辨率完备	非最优	分辨率可靠	—
	平面切片法	分辨率完备	非最优	分辨率可靠	—
数学优化方法	基于梯度的轨迹优化法	分辨率完备	分辨率最优	分辨率可靠	$O[\exp(M)]$
	模型预测控制法（滚动时域法）	—	—	分辨率可靠	—
势场法	航路约束下的轨迹规划法	分辨率完备	非最优	分辨率可靠	$O(M \log M)$
	随机势场法	—	非最优	—	—

Debnath 等人 [194] 将已有方法分为组合方法、基于采样的方法和生物启发式方法，具体分类如图 5-20 所示。

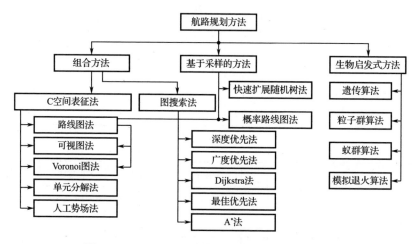

图 5-20　Debnath 等人对航路规划方法的分类

Himawan Triharmint 等人 [195] 则将现有方法分为网格方法、进化方法和曲线方法，其中曲线方法包括几何方法和线性方法，这三种方法的基本思路分别如图 5-21、图 5-22 和图 5-23 所示。

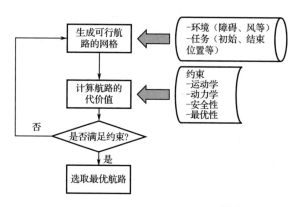

图 5-21　网格方法的基本思路 [195]

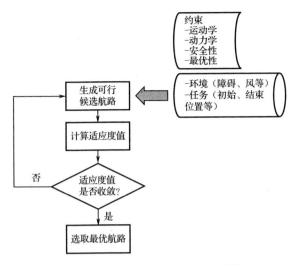

图 5-22 进化方法的基本思路[195]

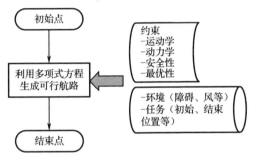

图 5-23 曲线方法的基本思路[195]

当前，专门设计用于协同航路规划问题的方法较少，现有的大多协同航路规划方法都是单体航路规划方法的扩展。与单体航路规划方法相比，协同航路规划方法需要额外处理每个个体航路之间的协同关系，包括空间协同、时间协同、任务协同等[172, 180]。目前通常采用的一种协同航路规划方法是，首先利用某种单体航路规划方法为群体中的每个个体规划出一条航迹，然后通过速度调整、机动调整、协同时间调整、航路长度调整等局部调整技术来消解不同个体航迹在空间、时间、任务等层面可能存在的冲突[172, 180]。另一种方法是先直接将上述各种协同需求作为约束条件建模到优化问题中，再通过传统最优化算法或现代智能优化算法对优化问题进行求解，最终得到无冲突、满足协同需求的航迹[180]。但后一种方法需要借助数值计算方法，而数值计算方法的一个显著缺点是计算量较大，特别是当群体规模较大时，所以后一种方法在很多时候只适用于离线的协同航路规划。赵明等人[175]认为协同航路规划方法可以分为由单体航路规划推广而来的方法、基于群体智能的方法和基于路径优化的方法。其中，前两类方法基本与上述两类协同航路规划方法对应。而基于路径优化的方法则将航路规划、协同规划、航路平滑等利用样条函数、Bézier 曲线等进行统一处理，得到运动平台最终能跟踪的平滑曲线；但该方法目前只能处理简单的协同航路规划问题，而且无法保证航路规划的最优性[175]。

尽管大量学者已经对航路规划问题进行了深入研究，并取得了丰硕的研究成果，但仍存在一些需要解决的难题，其中包括[170, 172, 181, 196-197]：

- 运动平台性能处理技术仍不够完善。
- 局部航路规划方法处理高动态复杂环境的能力仍有待提高。
- 利用智能优化算法进行航路规划时的实时性与最优性的矛盾消除问题。
- 三维空间运动平台的航路规划和协同航路规划问题仍未得到很好的解决。
- 更复杂但同时在某些任务场景下更符合实际需求的轨迹规划（带时间戳的航路规划）的研究成果仍较少。
- 将不同性能的方法进行有机融合以获取更好规划性能的尝试仍有待广泛开展。
- 高性能（实时性、鲁棒性、自适应性等）的协同航路规划方法仍有待开发。
- 感知能力、通信网络受限或出现故障等无法准确建模情况下的协同航路规划方法是一个重要研究方向。
- 异构运动平台的协同航路规划可能需要开发新的协同方法。

5.3.3 群体智能优化算法

1. 典型的群体智能优化算法

基于群体智能开发出来的优化算法（群体智能优化算法）是无人集群涌现出智能水平的核心，也可以说是群体智能的"灵魂"。具体的算法主要包括粒子群算法、蚁群算法、人工蜂群算法、人工鱼群算法、灰狼优化算法、蜘蛛猴优化算法等。其中，"优化"的概念更强调算法的本质属性，即用一种自主的形式，自动找到问题的全局最优解或局部最优解。这个"最优解"可能是人类工程师大概可以预想的，解的大致范围在人类工程师的预料之中，人通过一定工作量也能够得到类似的解。在这种情况下，算法的主要作用是代替人的大量劳动。另外，这个求解出来的"最优解"也可能落在人类工程师的认知能力之外。这些一般都是我们期望人工智能能够实现的效果。本节将简要介绍几种目前应用较为广泛的典型群体智能优化算法。

1）粒子群算法

粒子群算法是一种经典的群体智能算法，该方法最早由社会心理学家詹姆斯·肯尼迪和电气工程师罗素·埃伯哈特（Russel Eberhart）于 1995 年提出。和许多其他群体智能算法一样，粒子群算法受到自然界中鸟群群体行为的启发，用来解决许多科学与工程技术领域都会遇到的各类非线性、非凸、组合性的优化问题。

自然界中的鸟可以通过群体效应获得很多的好处。例如，在觅食过程中，食物地点和觅食经验可以共享给整个群体；在对抗捕食者方面，更多的眼睛和耳朵可以提升发现捕食者的概率，同时众多的个体可以在一定程度上迷惑捕食者，并且可以分摊捕食者带来的威胁，使得每个个体受到的威胁更小等。

詹姆斯·肯尼迪和罗素·埃伯哈特建立了粒子群优化模型，其中群内的每个个体被称为粒子。在一个 D 维的空间中，在 t 时刻时，粒子 i 的位置向量 $\boldsymbol{x}_i^t$、速度向量 $\boldsymbol{v}_i^t$ 和曾经到过的最优位置 $\boldsymbol{p}_i^t$ 可分别表示为：

$$
\begin{aligned}
\boldsymbol{x}_i^t &= (x_{i1}^t, x_{i2}^t, \cdots, x_{iD}^t)^{\mathrm{T}} \\
\boldsymbol{v}_i^t &= (v_{i1}^t, v_{i2}^t, \cdots, v_{iD}^t)^{\mathrm{T}} \\
\boldsymbol{p}_i^t &= (p_{i1}^t, p_{i2}^t, \cdots, p_{iD}^t)^{\mathrm{T}}
\end{aligned}
\tag{5-6}
$$

对于粒子 i 而言，其下一个时间步长的速度更新方程可表示为：

$$
v_{id}^{t+1} = v_{id}^t + c_1 r_1 (p_{id}^t - x_{id}^t) + c_2 r_2 (p_{gd}^t - x_{id}^t)
\tag{5-7}
$$

式中，p_{gd}^t 的下角标 "g" 表示群体中的最佳粒子。由于迭代的时间步长取单位时间，因此在式（5-7）中，速度与位置的量纲一致，该式是理解 PSO 算法的关键，等号右边包含如下三项：第一项是上一个时刻的速度 v_{id}^t，这一项可以理解为粒子的"动量",体现了该粒子之前运动方向的"记忆",其主要作用是防止粒子大幅度改变运动方向;第二项一般被称为自我认知部分,这一项的存在使得粒子当前的位置总是会向粒子自己认为的最优位置靠近;第三项则一般被称为社交部分,这一项主要负责在整个群体内共享信息,也就是说,群体中的每个粒子都可以学习其他粒子。粒子群算法原理如图 5-24 所示。

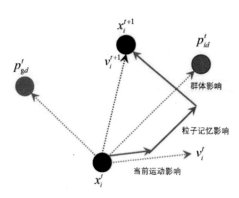

图 5-24　粒子群算法原理

式(5-7)中的常数 c_1 和 c_2 分别为自我认知尺度因子与社交尺度因子,它们主要有两个作用,一是调节粒子的运动加速度,c_1 和 c_2 的值越大,粒子的加速度就越大;二是调节算法中自我认知部分与社交部分的影响比例。对于基本粒子群算法,一般取 $c_1=c_2=2$。常数 r_1 和 r_2 是 $0\sim1$ 的随机数,为算法提供需要的变异。

在计算得到 $t+1$ 时刻的速度后,粒子 i 的位置更新迭代方程可表示为:

$$x_{id}^{t+1} = x_{id}^{t} + v_{id}^{t+1} \tag{5-8}$$

粒子群算法的具体步骤如下:

(1)初始化一群粒子(规模为 N),包括随机位置和速度。

(2)计算每个粒子的适应度。

(3)对于每个粒子,将其适应度与其经过的最好位置 p_{id}^{t} 进行比较。如果较好,则将其作为当前的最好位置 p_{id}^{t}。

(4)对于每个粒子,将其适应度与粒子群经过的最好位置 p_{gd}^{t} 进行比较。如果较好,则将其作为当前粒子群的最好位置 p_{gd}^{t}。

(5)根据式(5-7)和式(5-8)调整粒子的速度和位置。

(6)若未达到结束条件,则转到步骤(2)。

从粒子群算法的具体步骤可以看出,该算法主要由变异和选择两部分组成。由于该算法中没有交叉,粒子具有很好的移动性,因此可以进行高效率探测。然而,p_{gd}^{t} 的应用具有"双刃剑"的效果,其优点在于可以通过粒子向当前已知的最优位置移动来使得迭代过程快速收敛;但同时也会导致过早收敛,使得无法找到问题的全局最优解。

2）人工蜂群算法

基本人工蜂群（ABC）算法最早是由德尔维什·卡拉博加于 2005 年提出的 [199]，随后又发展出了许多其他版本。ABC 算法来源于自然界中蜜蜂觅食过程中的集群行为。蜂群在觅食过程中，不但体现了很强的自组织性，还具有明显的分工特点。被分配去执行觅食任务的蜜蜂，一般会分成以下三种类型：

- 受雇蜂：负责对蜜源进行开采，并通过跳舞的方式将蜜源的相关信息告知其他蜜蜂。
- 旁观蜂：负责在巢中观察受雇蜂的舞蹈，得到蜜源的相关信息，据此选择某个蜜源进行开采。
- 侦察蜂：负责搜索蜂群未知的新蜜源。

蜜蜂的这三种类型是可以互相灵活转化的。例如，旁观蜂在选择蜜源之后自动变成受雇蜂，受雇蜂在蜜源枯竭后会放弃原有蜜源变成旁观蜂或者侦察蜂，侦察蜂在搜索到蜜源后会自动转化为受雇蜂。这些过程在某种程度上体现了算法中的正反馈（优质蜜源吸引新的旁观蜂）、负反馈（放弃枯竭蜜源）和起伏效应（Fluctuation Effect，如侦察蜂寻找新蜜源）等。

下面对德尔维什·卡拉博加据此提出的人工蜂群算法进行详细的阐述，该算法的总体步骤如下：

（1）初始化。

（2）进入循环迭代过程，重复以下步骤，直到满足结束条件为止。

① 受雇蜂阶段。

② 旁观蜂阶段。

③ 记录目前的最优解。

④ 侦察蜂阶段。

初始化阶段的主要任务是对蜜源信息进行初始化。初始化方程如下：

$$x_{ij} = x_j^{\min} + U(0,1)(x_j^{\max} - x_j^{\min}) \tag{5-9}$$

式中，$i = 1, 2, \cdots, SN$，SN 为蜜源的个数，由于每只受雇蜂和旁观蜂都对应一个蜜源，因此，此处的 SN 也等于受雇蜂和旁观蜂的数量；$j = 1, 2, \cdots, D$，D 为蜜源位置的解维度，因此第 i 个蜜源的位置信息可表示为 D 维向量 $\boldsymbol{X}_i = [x_{i1}\ x_{i2}\cdots x_{iD}]$，这也是算法所要优化的对象；$x_j^{\min}$ 和 $x_j^{\max}$ 分别为第 j 个维度上所能取到的最小值和最大值；$U(0,1)$ 表示在 $0\sim1$ 上服从均匀分布的随机数。从初始化方程可以看出，初始蜜源的位置是在可取的范围内完全随机生成的，需要在后续的算法步骤中进行迭代优化。

在初始化之后，算法开始循环迭代过程。循环迭代的第一个阶段为受雇蜂阶段。在此阶段中，用一个蜜源位置周围搜索的算法来模拟自然界中受雇蜂开采蜜源的行为。基本 ABC 算法的当地搜索方程可表示为：

$$x'_{ij} = x_{ij} + \phi_{ij}(x_{ij} - x_{kj}) \tag{5-10}$$

式中，k 表示随机选择的一个相邻蜜源的编号；ϕ_{ij} 在 $[-1，1]$ 上服从均匀分布。在得到蜜源附近的搜索结果后，应用贪婪选择策略，通过计算适应度 fit（$\boldsymbol{X}_i$）将搜寻后的蜜源位置 $\boldsymbol{X}'_i = [x'_{i1}\ x'_{i2}\cdots x'_{iD}]$ 与原有的蜜源位置 $\boldsymbol{X}_i = [x_{i1}\ x_{i2}\cdots x_{iD}]$ 进行比较，优胜劣汰。当地搜索与贪婪选择存在于每次迭代的每个蜜源开采过程中。

受雇蜂阶段结束之后便是旁观蜂阶段。此阶段的主要任务也是搜寻选择更好的解。但是，受雇蜂阶段的搜索是一个一个地在每个蜜源附近独立进行的，并对搜索前后的结果优劣进行自行对比。而在旁观蜂阶段，不同蜜源之间通过适应度函数计算来进行横向比较。每个蜜源对应的旁观蜂在观察自己指定蜜源的同时，也观察其他蜜源的情况，然后计算如下概率值：

$$p_i = \frac{\mathrm{fit}(\boldsymbol{X}_i)}{\displaystyle\sum_{m=1}^{\mathrm{SN}}\mathrm{fit}(\boldsymbol{X}_m)} \tag{5-11}$$

概率值 p_i 表示第 i 个旁观蜂在观察各个蜜源之后，对自己对应蜜源在各个蜜源中的相对优劣程度进行的一个量化评价。基于概率值 p_i，旁观蜂应用某个选择方案，来决定是否对此蜜源进行进一步探测。在 ABC 算法中，此处采用轮盘赌的选择方法。此外，还可以采用基于排名的方法、随机全局采样法、锦标赛选择法等多种其他选择方案。概率值更高的蜜源更容易被旁观蜂选中。如果蜜源未被选中，则意味着旁观蜂对此蜜源不感兴趣，不做任何处理。如果被选中，则意味着旁观蜂认为这个蜜源有探测价值，并对此蜜源进行进一步探测，重复式（5-10）

中的受雇蜂搜索工作。同样，如果新结果的适应度更高，则对蜜源信息进行更新优化，否则保留原结果。

再之后便是侦察蜂阶段。当旁观蜂阶段结束后，会针对每个蜜源的更新情况进行判断。对于算法设计中给定的阈值 T，如果发现某个蜜源已经进行了 T 次迭代，但蜜源信息一直没有被更新，则认为这个蜜源已经是局部最优的，没有继续开采的必要。因此，该蜜源对应的受雇蜂则自动转化为侦察蜂，进行新蜜源的探测。随机探测的过程与式（5-9）中的蜜源初始化过程相同。

侦察蜂阶段结束后，ABC 算法就完成可一次循环迭代，并从受雇蜂阶段开始下一个循环迭代周期。满足两种条件可以结束循环迭代：一是最终优化的准则得到了满足；二是迭代的次数超过了算法预设的最高次数。纵观整个 ABC 算法，其可控参数有三个：蜜源的个数、最大迭代次数、在判定蜜源枯竭（结果为局部最优）所用的结果不变情况下的最大迭代次数限制。

3）蜘蛛猴优化算法

蜘蛛猴优化（Spider Monkey Optimization，SMO）算法是一种相对较新的群体智能算法[200]，现已被应用于解决各类复杂优化问题。SMO 算法的设计主要受到生长在拉丁美洲的蜘蛛猴的群体觅食行为的启发。蜘蛛猴觅食过程中的社会组织行为大概可以概括为如下几点：

- 每个猴群有 40 ~ 50 个个体。
- 每个猴群分出的子猴群在白天的觅食过程中分散到不同的方向上觅食，并且晚上在聚居地交流觅食经验。
- 猴群领导根据当天觅食情况决定第二天的觅食策略。如果猴群领导发现所觅得的食物不够吃，那么第二天它就会将猴群分成更小的子单元，并分开觅食。

SMO 算法正是受上述行为特点启发而设计的。在 SMO 算法中，每只猴子对应一个潜在的解，食物稀缺的现象对应待优化的解没有得到改进。SMO 算法具体分为以下几个步骤：

（1）初始化阶段。在初始化阶段，SMO 算法生成一个包括 N 只猴子的、均匀分布的初始猴群。如果用 $SM_i = [SM_{i1} \ SM_{i2} \ \cdots \ SM_{iD}]$ 表示第 i 只猴子对应的需要搜寻的 D 维位置信息（待优化解），则初始化方程可表示为：

$$\mathrm{SM}_{ij} = \mathrm{SM}_{\min j} + U(0,1) \times (\mathrm{SM}_{\max j} - \mathrm{SM}_{\min j}) \qquad (5\text{-}12)$$

式中，其中 $\mathrm{SM}_{\max j}$ 和 $\mathrm{SM}_{\min j}$ 分别为待优化解中第 j 维的搜索上界和下界。这种初始化方式与 ABC 算法中的初始化方式一致。

（2）当地领导阶段（Local Leader Phase，LLP）。此阶段对于 SMO 算法而言十分重要。在此阶段，对于每只猴子，在 $0 \sim 1$ 之间生成一个随机数，并将其与一个固定的可能性值 p_r（p_r 一般取 $0.1 \sim 0.8$ 之间的某个值）进行对比。当随机数小于 p_r 时，SM_i 在此阶段不更新；否则，该猴子根据自己的经验与当地领导猴的经验来对自己要搜索的位置进行更新，更新方程如下：

$$\mathrm{SM}'_{ij} = \mathrm{SM}_{\min j} + U(0,1) \times (\mathrm{LL}_{kj} - \mathrm{SM}_{ij}) + U(-1,1) \times (\mathrm{SM}_{rj} - \mathrm{SM}_{ij}) \qquad (5\text{-}13)$$

式中，LL_{kj} 表示第 k 个子猴群的当地领导所对应的位置在第 j 个维度的坐标值；下标 r 对应于该子猴群中一只异于第 i 只猴子的另一只猴子。式（5-13）中，等号右边的第一项体现了该猴子个体本身的自信或偏执；第二项体现了该猴子个体对子猴群领导的跟随；第三项则为算法的搜索过程提供波动特性，使得算法具有随机特性，避免过早陷入局部最优。

（3）全局领导阶段（Global Leader Phase，GLP）。全局领导阶段在当地领导阶段之后进行。在此阶段，首先计算每只猴子对应解的适应度，然后根据适应度生成的概率值判定是否对相应的解进行更新。适应度的计算公式如下：

$$\mathrm{fit}_i = \begin{cases} 1/(1+f_i), & f_i \geqslant 0 \\ 1+|f_i|, & f_i < 0 \end{cases} \qquad (5\text{-}14)$$

式中，f_i 表示目标函数；fit_i 表示适应度。基于此适应度，概率值 p_i 可用式（5-15）计算得出：

$$p_i = \frac{\mathrm{fit}_i}{\sum\limits_{n=1}^{N} \mathrm{fit}_n} \qquad \text{或} \qquad p_i = \frac{0.9 \times \mathrm{fit}_i}{\mathrm{fit}_{\max} + 1} \qquad (5\text{-}15)$$

式中，$\mathrm{fit}_{\max}$ 表示猴群中最大的适应度。类似地，将 p_i 与从均匀分布中生成的一个随机数 $U(0, 1)$ 进行对比。如果 p_i 更大，则 SM_i 不做更新；如果 p_i 更小，则 SM_i 通过式（5-16）进行更新：

$$\mathrm{SM}'_{ij} = \mathrm{SM}_{ij} + U(0,1) \times (\mathrm{GL}_j - \mathrm{SM}_{ij}) + U(-1,1) \times (\mathrm{SM}_{rj} - \mathrm{SM}_{ij}) \qquad (5\text{-}16)$$

式中，$GL = [GL_1 \ GL_2 \cdots GL_D]$ 为整个猴群的全局领导对应的解。式（5-16）所示的更新方程与当地领导阶段的更新方程十分类似，唯一不同之处在于用 GL_j 代替了 LL_{kj}，即使用全局领导对每个个体的吸引力代替了子猴群当地领导的吸引力。式（5-16）等号右边其他两项的作用与当地领导阶段对应项的作用相同。

从此阶段的算法中可以看出，具有更大适应度的解有更大的被更新机会。在某个解被更新之后再应用贪婪算法，将更新前后的解进行对比，并保留更好的解。

（4）全局领导学习阶段。此阶段的主要作用是找出整个群体中的最优解。找到的最优解将被确定为新的全局领导，同时，还需要检查全局领导对应的解 GL 在这一次循环中是否被更新。如果未被更新，则全局领导限制计数值（Global Limit Count，GLC）增加 1，否则将该值重置为 0。

（5）当地领导学习阶段。类似于上一阶段，在此阶段，每个子猴群通过贪婪算法选出子猴群中的最优解作为新的当地领导。同样地，如果在一次循环中子猴群的最优解没有更新，则当地领导限制计数值（Local Limit Count，LLC）增加 1，否则重置为 0。

（6）当地领导决策阶段。在全局领导和当地领导都确认之后，首先将 LLC 与算法预先设定好的当地领导限制值（Local Leader Limit，LLL）进行比较。如果 LLC>LLL，即子猴群中的最优解在限定的迭代次数之内都未能得到更新，则可以认为此时这个子猴群已经陷入了局部最优，因此对该子猴群进行重置。重置的方式如下：

首先，将 LLC 的值再次重置为 0；然后，类似于当地领导阶段，针对子猴群中的第 i 只猴子，随机生成服从均匀分布的随机数 $U(0, 1)$，并将其与 p_r 进行对比。当 $U(0, 1) \geqslant p_r$ 时，对该猴子对应的解进行随机重置，重置的方程与初始化过程中的式（5-12）相同；当 $U(0, 1) < p_r$ 时，该猴子对应的解将用式（5-17）所示方程进行重置。

$$SM'_{ij} = SM_{ij} + U(0,1) \times (GL_j - SM_{ij}) + U(0,1) \times (SM_{rj} - LL_{kj}) \qquad (5-17)$$

式中，等号右侧的第二项和第三项分别代表全局领导与当地领导对重置解的位置的影响。当地领导决策阶段的具体步骤如下：

① 若 LLC>LLL，则令 LLC=0。

② 对于 $j=1, 2, \cdots, D$，若 $U(0,1) \geqslant p_r$，则利用式（5-13）计算 SM'_{ij}；否则，

利用式（5-17）计算 SM'_{ij}。

（7）全局领导决策阶段。与当地领导决策阶段相似，将 GLC 与算法预先设定好的全局领导限制值（Global Leader Limit，GLL）进行比较。设置 GLL 的主要作用是防止最优解过早收敛现象的发生，其值一般为整个猴群猴子数量的 $1/2 \sim 2$ 倍。

如果 GLC>GLL，也就是说在限定的迭代次数之内，由于"食物匮乏"，全局最优解一直没有得到更新，那么全局领导则会考虑将猴群分成更多的子猴群。首先将 GLC 重置为 0，然后检查现有的子猴群数量是否已经超过预设的最大子猴群数量。如果没有超过，则进一步将猴群分成更多的子猴群；如果已经超过，则将所有子猴群重新合并成一个猴群，在重新合并后再对每个子猴群的当地领导进行更新。

2．群体智能在无人集群中的应用前景展望

群体智能算法作为一类优化算法，可以广泛应用于智能机器人、过程控制、金融、电信等众多领域的优化问题。相对于其他应用方向而言，群体智能算法在无人集群中应用的难度是需要在物理世界中再现类似生物群体的群体智能效果。对于算法本身而言，例如 PSO 算法中的粒子运动、ABC 算法中的旁观蜂对蜜源信息的探测、SMO 算法中的全局领导根据食物来源信息进行分组决策等都可以是虚拟的，这些必要的算法步骤都可以在计算机中用简单的算式和逻辑来轻松实现。但在物理世界中，这些过程都需要智能机器人去一步一步进行实际操作，由此也会带来一系列的工程问题。

由此可见，群体智能的实现需要群体中所有单个无人节点能力的支持。这些能力不但包括基本的单体信息感知能力和行动控制能力，也包括通信能力和自主分析决策能力。也就是说，群体智能在无人系统上的实现需要以单体智能作为基础。群体智能相关技术的实现与成熟预计会在无人节点实现单体智能之后。

在清醒地认识到群体智能涌现效应在无人集群上应用过程中将会面临技术难题的同时，我们也可以看到，群体智能算法的一些内在特点很可能会为这些技术难题的解决提供一定的方便。在当前技术背景下，单体自主程度有限的现实会限制无人集群群体智能涌现的实现。但是，自然界中的蜜蜂、蚂蚁等群居类昆虫可

以在每个单体智能程度十分有限的情况下，实现群体智能涌现效应。这种现象与群体智能涌现的基本特征紧密相关。从前面介绍的几种群体智能算法的实现细节中不难看出，这些算法具有很强的相似性。例如，这些群体智能算法涉及的运算方式都十分简单，整个系统的"自组织性"都是基于简单的突变和选择逻辑架构而实现的；另外，这些群体智能算法也都没有复杂的交叉过程。这些特点都与群体智能涌现的基本特征相一致。

如果充分利用这些特点，那么未来具备群体智能涌现能力的无人集群（智能无人集群）的出现时间可能会远早于我们的预期。从单体的智能程度来讲，每个无人节点可能并不需要很高的智能程度和很强的自主性，甚至可能只需要具备基于简单逻辑规则的决策能力即可支持相关的算法。这是完全可以基于现有的技术来实现的。从通信的角度来讲，无中心化分布式的群体架构大大降低了对每个无人节点通信能力的要求。这些都对智能无人集群的实现提供了方便。从这个角度来看，智能无人集群的出现可能只是时间、成本和系统集成上的问题。

5.4 群体自主控制

5.4.1 多智能体系统一致性控制

智能体是构成多智能体系统的最基本单元。在多智能体系统中，智能体既可以是一只鸟、一条鱼、一个人等生物，也可以是机器人、无人机、卫星等人造非生物[201]。Russell 和 Norvig 将智能体定义为一个能够通过与其相连的传感器感知环境，并通过执行器作用于环境的、有适应能力的自主实体[202]。一个智能体的典型组成结构如图 5-25 所示。

图 5-25　一个智能体的典型组成结构 [202]

与一个简单的控制器相比，智能体具备如下特征 [202]：

⊃ 情境性：是指智能体能够通过传感器和执行器的动作与环境之间形成的相互作用。

⊃ 自主性：是指在无须其他智能体或人为干预的情况下，一个智能体可以独立选择其行为的能力。

⊃ 推理能力：是指智能体能够处理某些抽象目标的能力，如通过信息的一般化来推断观测结果。

⊃ 反应能力：是指智能体能够感知环境状况并及时做出反应，以应对环境的变化。

⊃ 主动性：是指智能体能够应对不确定性做出合适的反应，以主动适应动态环境中的任何变化。

⊃ 社会性：是指在需要的时候，智能体能够与其他智能体交互，通过信息共享、学习进化、行为协同等方式来达到一个共同的目标。

此外，智能体的特征还包括可移动性、时间连续性、协同性等。根据智能体特征的多少，可以将智能体分为弱智能体和强智能体。

多智能体系统是由多个智能体组成的，并通过相互间的信息交互、行为协同等，作为一个整体以分布式方式完成单个智能体难以完成的某项预定任务或实现某种目的的智能系统 [201-203]。根据不同的标准，可以对多智能体系统进行分类，如图 5-26 所示。

相比于单个智能体，多智能体系统有如下优势 [201-203]：

⊃ 高效性：多智能体系统中的并行计算和异步行为，大大提升了任务完成的效率。

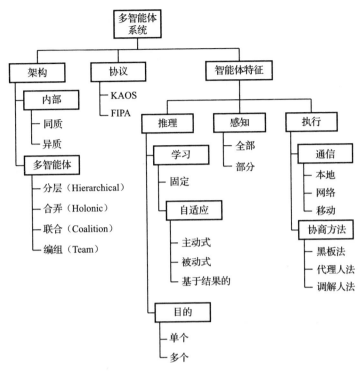

图 5-26　多智能体系统的分类[202]

- 可靠性和鲁棒性：当多智能体系统中的部分智能体出现故障或退出系统时，并不会使整个系统失效，系统仍可以正常工作。
- 可扩展性和灵活性：多智能体系统的分布式特性使得智能体可以随时加入或退出多智能体系统。
- 经济性：可以用大量低成本的智能体组成多智能体系统，完成一个智能体需要花费很大代价才能完成（甚至无法完成）的任务。
- 可重用性：可以通过更换部分或全部智能体的某些功能模块，很容易地实现多智能体系统在其他任务中的重复利用。

同时，由于多智能体系统的复杂性，要想充分发挥其优势，还存在一些技术问题需要突破，具体包括[202]：

（1）环境方面：一个智能体的行为不仅能改变自己的环境，也会改变邻近智能体的环境，这就要求每个智能体必须有预测其他智能体行为的能力，以便更好地完成任务。这可能会导致系统的不稳定甚至混乱，如果环境是动态变化的，问题就会变得更复杂。此时，每个智能体需要区分其他智能体的行为和环境变化等带来的不同影响。

（2）感知方面：在多智能体系统中，智能体分布在整个环境中，每个智能体所搭载的传感器的作用范围有限，致使其知识和视野有限，无法掌握全局信息。因此，每个智能体基于这些部分信息所做出的决策是次优的，也就很难使整个多智能体系统的决策达到全局最优。

（3）行为选择方面：在多智能体系统中，通常假设每个智能体都知道它的整个动作空间，并且状态空间到动作空间的映射可以通过经验来完成。然而，不是每个智能体都能经历所有的状态，因此要创建上述映射，就必须学习具有类似能力或具有决策权的其他智能体的经验。对于合作智能体，可以通过通信来实现学习。但对于非合作智能体，相互共享信息是不可能的。因此，在创建一个更精确的环境模型之前，必须对需要掌握的"有多少局部信息"和"其他智能体的能力大小"等进行量化。

（4）冲突解决方面：由于每个智能体均没有全局信息，所以相互之间的冲突是难以避免的，即一个智能体选取的行为动作很可能会对另一个智能体产生不利的影响。此时，必须在智能体之间共享关于约束、行为偏好和目标优先级等的信息。其中一个最主要的问题是，什么时候将这些信息传递给哪个智能体。

（5）推理方面：对于每个智能体，可以通过试错法将状态空间映射到动作空间，以进行推理。然而，在多智能体系统中，由于智能体之间的相互影响，这么做是不合理的。此外，多智能体系统可能是异构的，即不同的智能体具有不同目标和能力，不同智能体之间可能是非合作甚至相互制约的。因此，根据每个智能体的目标和能力为其确定合适的推理机制，对于实现多智能体系统的全局最优是至关重要的。

多智能体系统的最根本问题是其一致性问题（Consensus Problem）[204]。所谓多智能体系统一致性，是指为完成某项任务或达到某种目标，为多智能体系统中的每个智能体设计一定的控制算法（也称协议），使得随着时间的推移，系统中所有智能体的某个或某些状态最终趋于相同[203-205]。例如，使多颗卫星保持相同姿态、使多辆汽车保持相同速度、使多个粒子保持相同速度和方向等[201, 206]。在一致性定义中，最终趋同的状态被称为信息状态，用来使该信息状态达到一致的算法（协议）被称为一致性算法（协议）[206]。一致性算法描述了多智能体系统中智能体之间相互作用的规则，以及各智能体与其邻居智能体之间信息交互的过程[204]。

根据多智能体系统中各智能体的初始状态以及最终收敛的一致状态值的不同，多智能体系统一致性可分为渐进一致性、平均一致性、最大一致性、最小一致性和分组一致性等[205]。根据多智能体系统中是否存在领导者，多智能体系统一致性可以分为无领导者一致性和有领导者一致性[207]。当有多个领导者时，有领导者一致性又称为包容一致性[207]。

多机器人系统中的集群编队控制、蜂拥控制、聚集控制、同步控制、交汇控制等都是多智能体系统一致性的应用特例[201, 205-206]。例如，一种典型的多机器人集群编队控制就是令相邻机器人之间的距离与它们之间相应的期望距离的误差（该值即上述的信息状态）最终趋于 0。

当前，多智能体系统一致性主要研究以下几个方面的内容[201]：设计有效的一致性算法、系统一致性的稳定性证明、通信网络的一般化、智能体模型的一般化、收敛速度分析、一致性在不同领域的一些应用特例等。

一致性问题的研究可追溯到 20 世纪 70 年代，DeGroot 在管理科学与统计学领域首次提出了一致性的问题和基于一致性的加权平均法，并以此来估计一组个体共有的包含某些未知变量的概率分布函数[205, 208]。1982 年，Borkar 等人系统地研究了渐进同步一致性问题[209]。1987 年，Reynolds 对自然界中鸟群、鱼群等的群体行为进行了计算机仿真，并开创性地提出了一个包含集群聚合、速度匹配、碰撞避免三条规则的描述生物集群现象的 Boids 模型[210]。1992 年，Benediktsson 等人首次将一致性概念推广到传感器网络的数据融合领域[211]。1995 年，在 Boids 模型的基础上，匈牙利科学院院士 Vicsek 等人提出了后来被称为 Vicsek 模型的群体行为模型，该模型将群体中的每个个体看成自驱动的粒子，每个粒子的运动方向由其自身方向和邻居粒子方向决定，在粒子密度大且噪声较小的情况下，群体中每个个体的运动方向将趋于一致[212]。Vicsek 模型的群体行为结果如图 5-27 所示。2004 年，Olfati-Saber 和 Murray 在前人研究的基础上，首次系统性地提出了描述和解决多智能体系统一致性问题的理论框架，给出了一系列重要理论成果，包括基本一致性控制协议、收敛速度分析、平均一致性的充要条件等[213]。此后，对多智能体系统一致性理论和应用的研究便呈现出蓬勃发展的趋势，具体研究成

果可参见文献 [203, 206, 214] 及其中的参考文献。

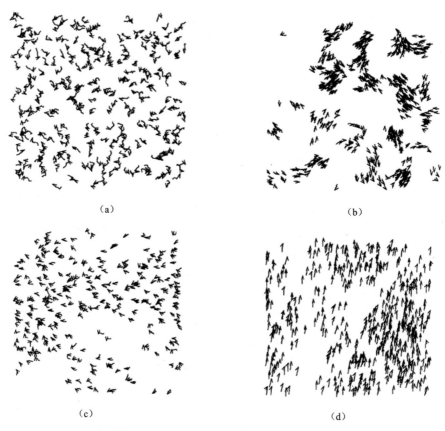

（a）　　　　　　　　　　　　　　　（b）

（c）　　　　　　　　　　　　　　　（d）

图 5-27　Vicsek 模型的群体行为结果 [212]

下面列出了一些典型多智能体系统的基本一致性协议 [206]。

当多智能体系统中每个智能体的动态过程可用式（5-18）所示的一阶系统描述时，即：

$$\dot{\boldsymbol{x}}_i(t) = u_i(t) \tag{5-18}$$

式中，$\boldsymbol{x}_i(t)$ 为第 i 个智能体的状态向量；$u_i(t)$ 为其控制量。其一致性协议可设计为：

$$u_i(t) = -\sum_{j \in N_i(t)} a_{ij}(t)[\boldsymbol{x}_i(t) - \boldsymbol{x}_j(t)] \tag{5-19}$$

式中，$N_i(t)$ 为第 i 个智能体在 t 时刻的邻居智能体的集合；$a_{ij}(t)$ 表示第 i 个智能体和第 j 个智能体在 t 时刻的通信关系。当这两个智能体之间有通信时，$a_{ij}(t) \neq 0$［一般来说 $a_{ij}(t)>0$］；否则，$a_{ij}(t)=0$。

当多智能体系统中每个智能体的动态过程可用更为实际的二阶系统描述时，即：

$$\begin{cases} \dot{\pmb{x}}_i(t) = \pmb{v}_i(t) \\ \dot{\pmb{v}}_i(t) = u_i(t) \end{cases} \tag{5-20}$$

式中，$\pmb{v}_i$ 一般表示第 i 个智能体的速度向量。其一致性协议可设计为：

$$u_i(t) = -\sum_{j \in N_i(t)} a_{ij}(t)\{[\pmb{x}_i(t) - \pmb{x}_j(t)] + \gamma[\pmb{v}_i(t) - \pmb{v}_j(t)]\} \tag{5-21}$$

式中，γ 为一个正尺度因子，用于平衡位置误差 $\pmb{x}_i(t) - \pmb{x}_j(t)$ 和速度误差 $\pmb{v}_i(t) - \pmb{v}_j(t)$。

进一步，考虑智能体间的通信时延，一阶和二阶多智能体系统的一致性协议分别变为：

$$u_i(t) = -\sum_{j \in N_i(t)} a_{ij}(t)\{\pmb{x}_i(t) - \pmb{x}_j[t - \tau_{ij}(t)]\} \tag{5-22}$$

$$u_i(t) = -\sum_{j \in N_i(t)} a_{ij}(t)\{\{\pmb{x}_i(t) - \pmb{x}_j[t - \tau_{ij}(t)]\} + \gamma\{\pmb{v}_i(t) - \pmb{v}_j[t - \tau_{ij}(t)]\}\} \tag{5-23}$$

式中，$\tau_{ij}(t)$ 一般可解释为第 i 个智能体接收到第 j 个智能体状态信息所用的时间。

当多智能体系统中存在一个领导者时，一阶和二阶多智能体系统的一致性协议则分别变为：

$$u_i(t) = -a_{i0}(t)[\pmb{x}_i(t) - \pmb{x}_0(t)] - \sum_{j \in N_i(t)} a_{ij}(t)[\pmb{x}_i(t) - \pmb{x}_j(t)] \tag{5-24}$$

$$u_i(t) = a_{i0}(t)\{\dot{\pmb{v}}_0(t) - \alpha[\pmb{v}_i(t) - \pmb{v}_0(t)]\} - \sum_{j \in N_i(t)} a_{ij}(t)\{[\pmb{x}_i(t) - \pmb{x}_j(t)] + \gamma[\pmb{v}_i(t) - \pmb{v}_j(t)]\} \tag{5-25}$$

式中，$a_{i0}(t)$ 表示第 i 个智能体与领导者的通信关系，即第 i 个智能体能否获知领导者的状态信息；$\pmb{x}_0(t)$、$\pmb{v}_0(t)$、$\dot{\pmb{v}}_0(t)$ 分别为领导者的位置、速度、加速度信息；α 为一个正尺度因子。

更多的一阶、二阶线性和非线性系统以及一般高阶系统的一致性协议可参见参考文献 [214]。

不同于早期多智能体系统研究的理想建模，现阶段的研究主要集中于多智能体系统在真实运行环境中时的各种非理想建模条件下的一致性，其中包括：

- 通信异常情况（如非连通通信网络、高动态通信网络、非对称通信时延、通信丢包、受到赛博攻击等）下的一致性 [203-204, 206, 215]。
- 状态约束和输入受限下的一致性 [216]。
- 高阶多智能体系统的一致性 [217]。
- 有限时间 [217] 和固定时间 [218] 的一致性。
- 基于事件触发机制的一致性 [219]。
- 基于机器学习的一致性 [220]。
- 随机多智能体系统的一致性 [217]。

5.4.2　集群编队控制

集群编队控制是指为群体系统中的每个个体设计合适的控制策略，使群体系统形成并保持一个期望的固定或时变的几何形状的过程 [221-223]。集群编队控制的研究内容主要包括 [222-224]：

（1）队形设计：为执行不同任务的群体系统设计合适的编队形状，可以达到节省燃料、延长航程、增加灵活性等目的，更高效地完成指定任务。实践证明，鸟群以"V"形编队飞行时能节省能量消耗，如图 5-28 所示。受到鸟群飞行编队的启发，常用的队形如图 5-29 所示。

（a）以"V"形编队飞行的鹮 [225] 　　　　（b）以"V"形编队飞行的鹈鹕 [226]

图 5-28　以"V"形编队飞行的鸟群

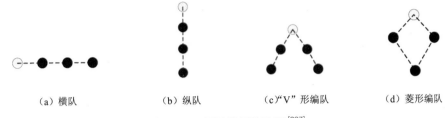

(a) 横队   (b) 纵队   (c)"V"形编队   (d) 菱形编队

图 5-29　四种常见的队形[227]

（2）队形生成：设计合适的控制策略，使群体系统由初始状态逐渐形成期望的几何形状，如图 5-30（a）所示。

（3）队形保持：设计合适的控制策略，使群体系统在运动或跟踪指定轨迹（如敌方目标的运动轨迹）的同时保持期望的几何形状，如图 5-30（b）所示。

（4）队形重构：设计合适的控制策略，使群体系统在需要的时候能够快速变换队形，如图 5-30（c）所示，包括队形伸缩、队形切换等。

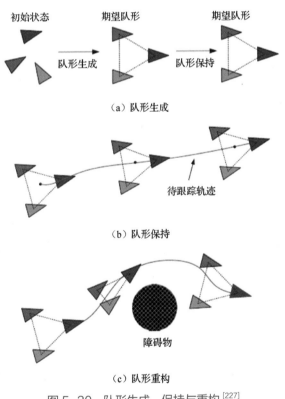

（a）队形生成

（b）队形保持

（c）队形重构

图 5-30　队形生成、保持与重构[227]

（5）编队避障：设计合适的避障策略，使群体系统能及时感知到碰撞危险并以编队形式快速避开障碍物。

（6）性能分析：对设计的集群编队控制策略的收敛性、稳定性、收敛速度、收敛条件等进行定性和定量分析。

（7）提升集群编队控制性能：设计合适的控制策略，使群体系统能适应动态变化的复杂环境，如噪声、干扰、个体故障、通信异常等，以提升集群编队控制的鲁棒性、自适应性、容错性、可扩展性等。

考虑一个由 N 个个体组成的群体系统，对于每个个体 $i=1,2,\cdots,N$，有[228]：

$$\begin{cases} \dot{x}_i = f_i(x_i, u_i) \\ y_i = g_i(x_1, x_2, \cdots, x_N) \\ z_i = h_i(x_i) \end{cases} \tag{5-26}$$

式中，$x_i \in \mathbb{R}^{n_i}$、$u_i \in \mathbb{R}^{p_i}$、$y_i \in \mathbb{R}^{q_i}$、$z_i \in \mathbb{R}^r$ 分别为个体 i 的状态、控制、测量、输出。令 $z^* \in \mathbb{R}^{rN}$，并令 $F:\mathbb{R}^{rN} \to \mathbb{R}^M$，则群体系统的期望编队队形可表示为：

$$F(z) = F(z^*) \tag{5-27}$$

进而，一个一般的集群编队控制问题可以描述为[228]：利用群体系统的测量 $\{y_i\}_{i=1}^N$，为其设计一个合适的控制策略，使得集合 $E_{z^*} = \{x : F(z) = F(z^*)\}$ 相对于群体系统是渐进稳定的。

根据控制方式的不同，集群编队控制可以分为集中式控制（Centralized Control）、分布式控制（Distributed Control）和分散式控制（Decentralized Control）[229-230]，如图 5-31 所示。在集中式控制中，每个个体都需要知道整个群体系统的状态信息（位置、速度等），控制效果最好；但是，需要交互的信息量也最大，对设备的通信、计算能力要求也最高。在分布式控制中，每个个体只需知道与之相邻的个体的状态信息，控制效果随着交互信息量的减少而降低。与集中式控制相比，分布式控制的通信量和计算量均较小，实现也较简单。在分散式控制中，每个个体只需要与事先约定好的某些个体进行信息交互即可，该方式结构最简单，通信量和计算量最小，但控制效果也最差。

根据感知能力和交互能力的大小，集群编队控制方法可以分为基于绝对位置的方法、基于相对位置的方法和基于相对距离的方法[228]，如图 5-32 所示，三种集群编队控制方法的区别如表 5-6 所示。这三种方法的编队队形函数分别为：

（a）集中式控制　　　　　（b）分散式控制　　　　　（c）分布式控制

图 5-31　集群编队控制的方式 [231]

$$F(z) = z \tag{5-28}$$

$$F(z) = [\cdots(z_j - z_i)^{\mathrm{T}}\cdots]^{\mathrm{T}} \tag{5-29}$$

$$F(z) = [\cdots\|z_j - z_i\|\cdots]^{\mathrm{T}} \tag{5-30}$$

式中，$z_i \in \mathbb{R}^r$、$z_j \in \mathbb{R}^r$ 分别为个体 i、个体 j 的输出。

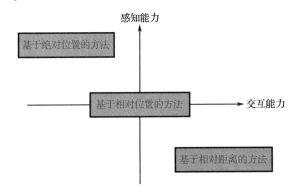

图 5-32　依据感知能力和交互能力对集群编队控制方法的分类 [228]

表 5-6　三种集群编队控制方法的区别 [228]

	基于绝对位置的方法	基于相对位置的方法	基于相对距离的方法
感知变量	位置	邻居相对位置	邻居相对位置
控制变量	位置	邻居相对位置	邻居相对距离
坐标系	全局坐标系	局部坐标系（需对齐方位）	局部坐标系
交互拓扑	无须交互	连通或存在生成树	刚性或持久

根据控制策略思想的不同,集群编队控制方法可分为领航－跟随法、虚拟结构法、

行为控制法、人工势场法、基于多智能体系统一致性理论的方法等[224, 232-233]。

领航－跟随法是目前最为成熟的集群编队控制方法[234-235]，其基本思想是将系统中的某个个体作为领航者，其余个体作为跟随者，在编队过程中，领航者按照预先规划好的路径运动，而跟随者通过一定的控制策略与领航者之间保持一定的相对位置和方向运动，如图 5-33 所示。领航－跟随法的优点是简化了群体系统控制的复杂度，层级明确、扩展性好；但领航者没有跟随者的信息反馈，无法根据当前的编队状况调整运动策略；另外，由于编队对领航者的过分依赖，当领航者控制失效或者发生故障时，就会无法维持整个编队。

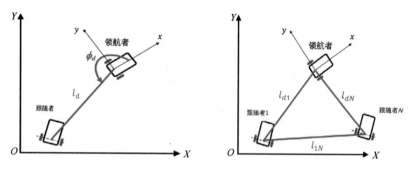

图 5-33　领航－跟随法的基本思想[236]

虚拟结构法的主要思想是将由多个个体组成的队形看成一个刚性的虚拟结构，每个个体是该结构上的一个节点。当编队运动时，每个个体跟踪刚体上对应的节点进行运动[237-238]，如图 5-34 所示。虚拟结构法的优点是思想简单，无须为编队选择领航者，且具有较高的集群编队控制精度；但由于它是一种集中式控制方法，容错能力较差，且需要进行大量通信。

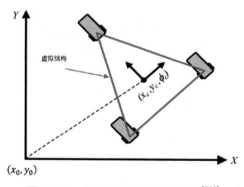

图 5-34　虚拟结构法的基本思想[236]

行为控制法首先为每个个体设计一些基本行为模式，如避障、避撞、目标搜索、目标跟踪、编队保持等，然后根据每个个体自身和环境的信息反馈，以及由此计算出的各行为模式的权值，为其选择最合适的行为模式[239-240]。行为控制法具有实时反馈的特点，是一种完全分布式的控制方法。行为控制法的优点是系统可扩展性好，可以动态加入新的个体，也允许部分个体出现故障；而且，编队中个体间的彼此合作易于实现，不会出现单点失败的情形；行为控制法的主要缺点是难以对系统进行严格的数学描述，无法用数学语言严格地分析其稳定性。行为控制法的行为模式示例如图 5-35 所示。

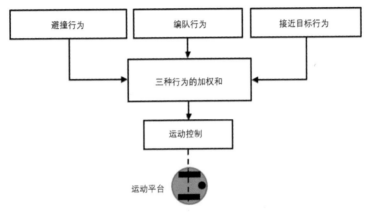

图 5-35　行为控制法的行为模式示例[241]

人工势场法为整个运动空间定义一个势能场，它一般分为目标势能场和障碍物势能场两部分[242-243]。目标势能场对每个个体施加吸引力，而障碍物势能场则对每个个体施加排斥力。总势能场的负梯度为处于相应位置处的个体提供一个参考运动策略。当两个势能场的合力为零时，就可以形成一个稳定编队。人工势场法的优点是有完备的数学论证，易于应用，特别适用于避障；其缺点是势函数不好设计，设计出的势能场中很可能存在局部极小点，这会严重影响编队的全局收敛性。人工势场法的基本思想如图 5-36 所示。

近年来，随着多智能体系统理论的发展，基于多智能体系统一致性理论的集群编队控制方法（通过为每个智能体设计控制律，使多智能体系统中由编队队形确定的某些状态量趋于一致，以达到集群编队控制）的优势逐渐凸显[217, 244-245]，其基本思想如图 5-37 所示。

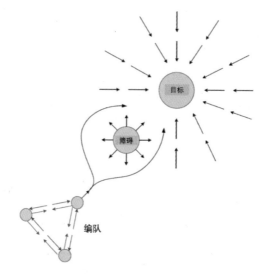

图 5-36　人工势场法的基本思想[227]

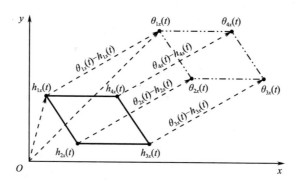

图 5-37　基于多智能体系统一致性理论的集群编队控制方法的基本思想[245]

与上述几种传统的集群编队控制方法相比，基于多智能体系统一致性理论的集群编队控制方法仅需要邻域内个体的局部信息，通过完全分布式的方法即可实现大规模群体系统的集群编队控制，稳定性较容易分析，而且群体系统的鲁棒性、灵活性、可扩展性、容错性等都显著增强。但也存在一些缺点，首先，现有的大部分一致性结果都是基于线性模型的，难以满足具有复杂非线性动态行为的群体系统的集群编队控制需求；其次，分布式控制强依赖于通信拓扑的连通性，当连通性达不到要求时，既可能出现形不成编队队形的情况，也可能出现形成错误编队队形的情况。

此外，集群编队控制方法还有基于图论的方法、模型预测控制法等[236, 246]。

虽然集群编队控制理论与技术已经取得了丰硕的成果，但在它们能普遍用于实际群体系统之前，仍有诸多问题需要解决。

（1）平台性能约束问题[246]。无论哪种运动平台（有人、无人；水下、地面、水面、空中、临近空间、太空），由于其机械、电子、能源等系统的有限能力，运动平台的某些控制量和状态量会受到不同程度的约束。然而，大部分集群编队控制方法要么未考虑这些约束，要么只对其中少部分约束做了处理，仍缺乏对性能约束进行全面处理的方法。

（2）通信异常问题[223, 229, 236, 247-248]。上述方法（特别是分布式方法）均对个体间的通信交互有不同程度的依赖。在现实中，由于通信模式、带宽、距离等约束的存在，总会有不同程度和类型的非理想情况和异常情况，如接收时延、数据丢包、动态拓扑、受到攻击等，这些通信异常情况下的集群编队控制将持续作为该理论和技术的研究重点。

（3）强非线性动力学模型问题[229, 247-248]。现有的集群编队控制方法（特别是基于多智能体系统一致性理论的方法）大多是基于线性运动模型的，很难反映大多数运动平台（如机器人、无人机、无人水下潜航器等）的动力学特性，所以，以此为模型设计的集群编队控制方法很难直接应用到现实中的群体系统。因此，需要以强非线性动力学模型作为个体模型，并同时考虑平台性能约束，来设计更接近实际的集群编队控制方法。

（4）动态复杂环境问题[223, 246]。群体系统的任务环境经常是处于高动态变化中的复杂环境，其中可能包括密集障碍物、未知突发威胁、未知的环境/气候干扰等，如何对它们进行合理建模和有效处理，以尽可能减小对群体系统编队的影响、提升编队的鲁棒性是必须解决的问题。

（5）三维集群编队控制问题[224, 248]。现有的编队多局限于二维空间，而事实上，大多数运动平台都在三维空间运动。虽然在三维集群编队控制方面已经有一些零散结果，但仍有很多问题需要解决，如三维集群编队队形设计问题、三维空间图论问题、三维集群编队控制理论和方法的系统性建立问题等。

（6）异质群体系统问题[227, 248]。现有的大多数集群编队控制问题都是在同质系统的假设下考虑的，即所有个体的模型和性能都是相同的，这固然简化了集群编队控制的设计，但也大大限制了群体系统的更广泛应用。不同空间、不同类型的运动平台所擅长执行的任务往往有很大的差异，正因如此，可将不同空间和不同类型的多个运动平台组成一个有机的异质群体系统，与同质群体系统相比，该异质群体系统所能执行的任务可以很复杂。由于异质群体系统（特别是由不同空间的运动平台组成的群体系统，如无人机、无人船、无人水下潜航器组成的异质群体系统）的动力学特性可能相差很大，其集群编队控制问题是一个极具挑战性的问题。

（7）容错控制问题[227, 236, 246]。当群体系统中的某个或某些个体出现网络故障或机械故障时，编队队形会出现混乱。如何设计能容忍一定故障的集群编队控制策略，使得群体系统通过做出尽可能少的变化，继续以期望的稳定队形执行预定任务，也是十分值得考虑的问题。

（8）大规模群体系统的实时在线集群编队控制问题[223, 247]。随着分布式协同技术的独特优势得到越来越多的认可，由数量众多、功能分布、成本很低、尺寸很小的运动平台组成的大规模群体系统，很可能将逐渐代替功能集中、成本很高、尺寸很大的单一平台，成为未来军用领域的主要作战力量。然而，大规模群体系统的正常运行需要大量通信、计算等资源的支撑，如何在有限资源的情况下，设计合适的控制策略，使得大规模群体系统能实时实现编队形成、保持、重构等，是将来必将面对的难题。

（9）队形重构问题[222, 246]。在某些情况下，如前方出现了密集障碍物、任务发生改变等，群体系统的编队队形需要快速重构，以适应这些变化。当前，对该问题中涉及的队形重构时机、队形选取依据、队形重构策略等方面的研究仍然很少，仍需要对此进行大量深入的技术探索。

（10）感知能力有限问题[228]。感知能力有限意味着可用于集群编队控制的信息也十分有限（如只能感知到邻居的角度信息等），进而加大了集群编队控制策略的设计难度和理论分析难度。对于基于相对距离的方法，由于感知能力很有限（只能感知到相对距离），相比于基于绝对位置和相对位置的方法，对此类方法的研究仍然很不成熟；且由于此类方法往往对应非线性系统，而非线性系统的稳定性分析较为复杂，所以此类方法的理论结果仍很缺乏，全局稳定性只有在极少数情况下才能得到保证。

5.4.3 集群蜂拥控制

自然界中的许多动物（如鸟类、鱼类、蜜蜂和狼群）都以群居的生活方式在一起活动，并与群居的其他成员合作以获取生存资源，这类群居动物也称为社会性动物。群居动物之间相互关照、相互协同，无论捕食、迁徙还是养育后代等行为都以集体为单位。受群居动物的集体行为的启发，多智能体系统中的个体（智能体）也可以使用简单的规则以形成集群并相互协同完成指定任务目标[249]。作为多智能体一致性研究的一个重要子课题，多年来，蜂拥控制受到了学者们的广泛研究。

最开始，生物学家观察各种群居动物的社会性行为，并总结归纳生物群体的行为习惯和运行规则。他们发现很多动物（如羊群、鹿群和鱼类等）在遭遇天敌的追捕时会尽量避免单独躲避，而是形成一个稳定紧密的整体一起逃离，这种策略使得群体的损失降到了最低。同时，一些动物（如狼群、鬣狗和狮子等）以集体合作的方式进行捕猎，这些动物有条不紊地共同对猎物发起进攻，往往能够以小博大，并极大地提高了捕获猎物的成功率。还有一些动物（如蚂蚁和蜜蜂）在没有领导者指导的情形下，不仅能够合作构建出结构稳健的巢穴，也能通过信息素、舞蹈或者语音信息与其他同类进行沟通，以协同觅食并能沿着最优路线前往食物所在处。

计算机科学和实验物理学领域的专家利用仿生模拟的方法证明，这些复杂的群体行为结果可以由简单的个体行为规则所获得，即大量的同类型个体可以根据简单的规则自组织形成不同的模式，既可以非线性地相互交换信息，也可以合作完成联合决策，从而使得整个群体表现出涌现特性（Emergent Property，EP）。1987 年，Reynold 开创性地引入了一个经典的蜂拥模型来描述自然界中观察到的生物群体的这些群体行为，该模型由三个简单启发式规则组成[210]，即：

- 碰撞避免：个体间保持期望的距离，并避免与其他个体发生碰撞。
- 速度匹配：个体与其邻域内的其他个体的速度趋于一致。
- 集群聚合：个体与其邻域内的其他个体汇聚在一起，并保持聚合的形态。

Reynold 的研究工作使蜂拥模型迅速地应用在分布式控制等相关领域，虽然 Reynolds 尚未进行严格的理论推导和数学证明，但奠定了蜂拥算法研究的基础。

2006 年，Olfati-Saber 在多智能体系统一致性理论的基础上，提出了基于人工势函数的蜂拥算法，为系统性的蜂拥算法研究提供了完整的理论框架[250]。该理论框架包含三个蜂拥算法：

- 第一个蜂拥算法仅关注两个移动节点之间的交互而不在系统中考虑目标追踪的问题，这导致多智能体系统中的分裂现象。
- 第二个蜂拥算法体现了 Reynold 在自由空间中蜂拥算法的三个规则。通过导航反馈，移动节点可以形成一个集群来跟踪移动的目标。
- 第三个蜂拥算法能够控制移动节点避免与复杂环境中的障碍物相碰撞，同时与其他节点也要避免碰撞并能达成速度匹配。基于图论和集体动力学，Olfati-Saber 进一步提供了蜂拥控制算法的稳定性分析。

与编队控制中追求群体保持一定的几何形状不同，蜂拥控制试图通过一些简单规则，使集群能更好地模拟自然界中大规模群居生物的群体行为。

基于碰撞避免、速度匹配和集群聚合这三个规则，目前已经有很多研究工作关注基于蜂拥现象的运动控制算法、多智能体系统中的碰撞避免机制[251-254]。在文献 [251] 中，Cucker 等人提出了一种针对碰撞避免的蜂拥算法的通用框架，这项工作旨在扩展一些传统模型，如 Vicsek 模型和类 Vicsek 模型[212,255]。在文献 [252] 中，Zhang 等人为二阶多智能体系统开发了一种预测性蜂拥控制方法，可以用于避免移动节点之间的碰撞。文献 [254] 研究了间歇性非线性速度测量的移动传感器网络蜂拥控制问题，提出了一种新的算法来确保移动节点之间能够速度匹配，同时保证相邻节点能够避免碰撞。目前，针对蜂拥算法碰撞避免机制的研究，不仅要考虑节点与障碍物之间的避撞问题，也要考虑不同节点之间需要保持的期望距离。

基于吸引力 / 排斥力的人工势场方法很适合解决蜂拥控制中的碰撞避免、速度匹配和集群聚合的问题。对于两个距离很远的移动节点，它们之间的吸引力很小或者几乎没有互相吸引的作用。当两个移动节点的距离越来越近时，就会产生吸引力使节点聚集在一起，并使它们的位置和速度向量趋于一致。但是，人工势函数会在两个将要碰撞的节点间或者节点与障碍物间产生排斥力，以防止它们发生碰撞。Wang 等人在文献 [256] 中提出了一种基于势函数的连接保留蜂拥算法，使移动节点能够以一致的速度在指定区域内移动。文献 [257] 提出了一种基于个体的多智能体系统蜂拥算法，在这项研究中，作者主要关注如何构建合适的节点间吸引力和排斥力，使移动节点能够与其邻居节点达到速度匹配的要求。人工势场方法为蜂拥控制提供了有效的解决方案，然而已有的研究工作通常假设所有移动节点只能表现出一致的行为，而不能针对不同的任务做出不同的决策。这种假设限制了蜂拥算法的实用性和有效性。

针对单目标和多目标跟踪问题，很多研究都关注 Leader-Follower 模型[258-260]。文献 [259] 提出了一种分布式领航－跟随蜂拥控制协议，使通知到的普通节点以时变速度跟随虚拟领导者并与其速度匹配。为了处理具有拓扑变化的有向图中的蜂拥问题，文献 [258] 提出了二阶跟踪控制算法，使移动节点跟踪其领导者。Zhou 等人在文献 [260] 中设计了一个分布式运动控制方案，用于在多节点系统中选择伪领导者，所选择的伪领导者可以获取有关运行环境的信息。这些研究将具备引导信息的单独个体当成领导者，其他个体则跟随它在指定区域内运动，从而实现群体的同步，不仅能够减少系统的通信和能量开销，还能更有效地进行自组织和自控制。只有少数领导者节点掌握网络中的重要信息，然而一旦这些节点发生故障，则会引起整体系统的紊乱以及跟踪效率的下降。因此，针对领航－跟随模型的鲁棒性较差的问题，还需要做进一步的研究。

目前，关于蜂拥控制的研究工作已经在生物科学、计算机科学、实验物理学、数学以及机器人动力学等领域全面展开，这些研究工作关注蜂拥控制中的稳定性和收敛性[261-262]、蜂拥领航－跟随控制机制[263-264]、集群通信技术[265-268]、目标精准定位[81, 269]、蜂拥人工势场控制[270]、针对经典 Cucker-Smale 模型的后续研究[271-273]，以及对蜂拥控制的实验、仿真和理论验证[274-275] 等方面的问题。除此之外，还有大量基于蜂拥控制规则所延伸的协调控制算法。文献 [276] 提出了一种受独居动物行为规律启发的抗蜂拥算法，通过设计合理高效的节点导航策略来最大化移动节点的区域覆盖。与蜂拥控制类似，抗蜂拥算法也包括三个基本规则，即碰撞避免、分散化、自私性。基于单个移动节点的区域感知信息和相邻节点之间的信息交换，Ganganath 等人[277-278] 提出了两种可扩展的抗蜂拥算法，用于为无障碍物和障碍物密集的指定区域提供所需的可靠区域覆盖服务。文献 [279-280] 提出了用于跟踪多个目标的蜂拥算法，用于控制同构网络中的移动节点在每个目标周围形成多个子编队。Semnani 等人在文献 [281] 提出了一种用于搜索和跟踪多个目标的混合蜂拥控制算法。这些研究工作基于从移动节点到目标的距离以及当前跟踪目标的节点的数量，移动节点选择要跟踪的目标并与其他节点合作监控多个目标。同时，剩余的移动节点可以根据其自动导航策略继续搜索指定区域内的其他目标。

5.5　群体自主组网

5.5.1　基本通信理论

1. 排队论

排队论也称为随机服务系统理论，是运筹学的分支，主要研究服务系统中排队现象的随机规律，已经广泛应用于电信、交通、计算机网络、运输等资源共享的随机服务系统。排队论构造的排队模型，可以预测队列长度和排队时间。排队论起源于阿格纳·克拉鲁普·厄朗（Agner Krarup Erlang）的研究，阿格纳·克拉鲁普·厄朗在研究电话交换系统时创建了哥本哈根电话交换的模型[282]，并由此发展成了排队论学科。

排队论在分组交换网络中得到了广泛应用。每个数据包（也称为分组）在到达交换机时会被存储转发，因此需要排队进行转发，就会在交换机中形成一个排队系统。服务到达率 λ 是单位时间到达交换机的分组数量，服务数目 m 是交换机端口数量。在数据通信网络中，$1/\mu$ 表示分组的平均长度，交换机端口信道容量为 C，转发分组的平均时延为 $1/(\mu C)$，每个端口的发送速率为 μC，具有 m 个转发端口的交换机的转发速率为 $m\mu C$。

在理解排队论之前，首先需要了解概率论的知识，尤其是指数分布和泊松分布。在概率论和统计学中，指数分布是一种连续概率分布，可以用来表示独立随机事件发生的时间间隔，如旅客进入机场的时间间隔、打进客服中心电话的时间间隔等。指数分布的概率密度函数可以表示为：

$$f(x;\lambda) = \begin{cases} \lambda e^{-\lambda x}, & x \geq 0 \\ 0, & x < 0 \end{cases} \qquad (5\text{-}31)$$

式中，λ 是分布参数，$\lambda > 0$，代表单位时间内发生该事件的次数。泊松分布是概率论和统计学中的一种常见的离散概率分布，是由法国数学家西莫恩·德尼·泊松（Siméon-Denis Poisson）在 1838 年提出的。泊松分布适用于描述单位时间内随机事件发生次数的概率分布，如某一服务设施在一定时间内受到服务请求的次数、电话交换机接到呼叫的次数、汽车站台的候客人数、机器出现故障的次数、自然灾害发生的次数等。泊松分布的概率质量函数可以表示为：

$$P(X=k) = \frac{e^{-\lambda}\lambda^k}{k!} \qquad (5\text{-}32)$$

式中，λ 是单位时间内随机事件的平均发生率。泊松过程是一种重要的随机过程。在泊松过程中，第 k 次随机事件与第 $k+1$ 次随机事件出现的时间间隔服从指数分布。根据泊松过程的定义，长度为 t 的时间段内没有随机事件出现的概率等于 $\frac{e^{-\lambda t}(\lambda t)^0}{0!} = e^{-\lambda t}$，长度为 t 的时间段内随机事件发生一次的概率等于 $\frac{e^{-\lambda t}(\lambda t)^1}{1!} = e^{-\lambda t}\lambda t$，所以在第 k 次随机事件后长度为 t 的时间段内，第 $k+n$ 次（$n=1,2,3\cdots$）随机事件出现的概率等于 $1 - e^{-\lambda t}$，这是指数分布。

人们很容易想到所有队列都像杂货店结账台一样运作。就是说，当新客户到达时，将其添加到队列的末尾，直到在其到达之前的所有客户都按照到达的顺序得到服务后，才对新客户进行服务。这里使用的是先到先服务（First-Come First-Service，FCFS）。尽管 FCFS 是处理队列的非常常用的方法，但它并不是唯一的方法，其他方法包括后到先服务（Last-Come First-Service，LCFS）和随机顺序服务（Service In Random Order，SIRO）。尽管后两种方法可能会极大地影响特定客户的等待时间（没有人希望 LCFS），但通常不会影响队列本身的重要结果，因为到达者都在不断地接受服务。

M/G/1 是一个队列模型，其中的到达时间是马尔可夫的（由泊松过程调制）[283]。M/G/1 是以 Kendall 记号表示的，是 M/M/1 的拓展。在 M/M/1 中，服务时间必须服从指数分布。M/G/1 的经典应用是对固定磁盘的性能进行建模。以 M/G/1 表示的队列是一个随机过程，其状态空间为集合 {0，1，2，3…}，其中的值对应于队列中的客户数量，包括服务。状态 i 到 $i+1$ 的过渡表示新客户的到来，客户的到来时间服从参数 λ 的指数分布。状态 i 到 $i-1$ 的过渡表示已服务、完成服务并离开的客户。服务单个客户所需的时间可以由系统分配，从客户到达到开始服务的时间是随机变量，假定在统计上是独立的。

排队论的调度策略有多种，通常以 FCFS 的方式为客户提供服务，但也有其他的调度策略，如：

  ◯ 后到先服务：先发制人，不抢先，不能中断正在进行的服务。

  ◯ 最短作业优先：在任何时候都优先为所需服务时间最短的客户服务。

  ◯ 最短剩余处理时间：下一个要服务的工作是剩余处理要求最少的工作。

通常，可以通过比较队列中的平均停留时间来评估调度策略，也可以通过公平性来评估调度策略。

在实际应用中，队列的长度是排队调度策略优劣的一项指标。队列过长会导致不好的影响，如在网络交换机中排队的分组过多会导致交换机的存储溢出，导致丢包和转发时延增加。排队论中使用 Pollaczek-Khinchine 方法[284] 来表示平均排队长度。Pollaczek-Khinchine 方法的概率生成函数的固定队列长度分布式可通过 Pollaczek-Khinchine 变换方程给定，即：

$$\pi(z) = \frac{(1-z)(1-\rho)g[\lambda(1-z)]}{g[\lambda(1-z)]-z} \qquad (5\text{-}33)$$

式中，$g(s)$ 是服务时间概率密度函数的拉普拉斯（Laplace）变换。在 M/M/1 中，服务时间以参数 μ 服从指数分布的情况，$g(s)=\mu/(\mu+s)$。通过直接计算或使用补充变量的方法可以解决单个状态概率，上述的 Pollaczek-Khinchine 变换方程给出了排队系统的平均队列长度和平均等待时间。

繁忙时段是指访问状态 0 到状态 1、2、3…中花费的时间。繁忙时段的预期长度为 $1/(\mu-\lambda)$，其中 $1/\mu$ 是预期的服务时间，λ 是泊松过程控制的到达速率。可以证明，繁忙时段的概率密度函数 $\phi(s)$ 服从如下的 Kendall 方程，即：

$$\phi(s) = g[s + \lambda - \lambda\phi(s)] \qquad (5\text{-}34)$$

式中，g 是服务时间分配函数的 Laplace-Stieltjes 变换。只有在特殊情况下，即 M/M/1 中，才能精确地求解该变换关系。但是对于任何 s，都可以计算 $\phi(s)$ 的值，并通过上下界进行迭代以数值方式计算分布函数。

等待 / 响应时间是等待时间分布的 Laplace-Stieltjes 变换，记为 $W^*(s)$，由下述的 Pollaczek-Khinchine 变换给出：

$$W^*(s) = \frac{(1-\rho)sg(s)}{s-\lambda[1-g(s)]} \qquad (5\text{-}35)$$

式中，$g(s)$ 是服务时间概率密度函数的 Laplace-Stieltjes 变换。

排队论主要研究排队系统在不同的条件下（最主要的是顾客到达的随机规律和服务时间的随机规律）产生的排队现象的随机规律性，也就是要建立反映这种随机性的数学模型。研究的最终目的是运用这些规律，设计实际的排队系统并做出最优的决策，从而降低等待 / 响应时间，提高排队系统的运行效率。

2. 图论

图论（Graph Theory）是组合数学的一个分支，和其他数学分支，如群论、矩阵论、拓扑学等有着密切的关系。图是图论的主要研究对象。图是由若干给定的顶点，以及连接两顶点的边所构成的图形，这种图形通常用来描述某些事物之间的某种特定关系，顶点用于代表事物，连接两顶点的边用于表示两个事物间具有某种关系。

图论中有许多定义，以下是一些与之相关的最基本的定义。

在图论中，图是有序对 $G = \{V, E\}$，V 是点集，$E \subseteq \{\{x, y\} : (x, y) \in V^2, x \neq y\}$ 是边集，由所有无序顶点对构成（换句话说，边连接了顶点对）。对于一个边 (x, y)，顶点 x 和 y 被称为边的端点，边连接了这两个点。

图论可以解决子图相关问题（包括哈密顿回路问题、分团问题和最大独立集问题）、染色问题、路径问题、网络流与匹配问题、覆盖问题等。

哈密顿回路问题可视为一个子图同构问题，即给定一个包含 n 个顶点的图，是否存在一个子图与具有 n 个顶点的图同构。该问题是一个 NP 完全问题，是旅行商问题的特殊形式。分团问题是指在给定图中寻找最大的团。最大独立集问题是指在给定的图中寻找最大的无边导出子图。

许多问题都与图的染色方式有关，如四色问题、完美图问题。由四色问题引出的四色定理是一个著名的数学定理：如果在平面上画出一些邻接的有限区域，那么可以用四种颜色来给这些区域染色，使得每两个邻接区域的染色都不一样[285]。1976 年，数学家凯尼斯·阿佩尔（Kenneth Appel）和沃夫冈·哈肯（Wolfgang Haken）借助电子计算机首次得到一个关于该定理的一个完全证明，四色问题也终于成为四色定理。这是首个主要借助计算机证明的定理。

路径问题主要包括科尼斯堡七桥问题、最小生成树问题、最短路径问题和旅行商问题等。路径问题在网络路由中得到了广泛的应用，接下来着重介绍路径算法（也称为路由算法）中经典的最短路径算法。最短路径算法包括 Dijkstra 算法、A* 算法、Bellman-Ford 算法等。下面以网络路由协议 OSPF（Open Shortest Path First）使用的 Dijkstra 算法为例介绍最短路径算法。

Dijkstra 算法（迪杰斯特拉算法）是由荷兰计算机科学家艾兹赫尔·韦伯·迪杰斯特拉（Edsger Wybe Dijkstra）在 1956 年提出的算法，并于 3 年后在期刊上发表[286]。Dijkstra 算法使用与广度优先搜索类似的方法解决权值图的单源最短路径问题。Dijkstra 算法及其改进的算法在寻路、交通和规划等工程中已经得到了广泛的应用。

5.5.2　集群自组网

对于智能无人集群而言，最重要的设计问题之一就是通信。这对于无人机之间的合作与协同至关重要。如果所有的无人机都直接与基础设施连接，如地面站或卫星，则无人机之间的通信可以通过基础设施来实现。但是，这种基于基础设施的通信体系结构限制了智能无人集群的功能。无人机之间的自组织网络可以解决完全基于基础设施的无人机集群网络所引发的问题。

小型无人机非常轻，有效载荷容量有限。尽管其能力有限，但多架小型无人机的集群行为仍可以完成复杂的任务。无人机的集群行为需要协同的功能，无人机必须相互通信以实现协同。但是，由于小型无人机的有效载荷有限，可能无法携带与基础设施通信的硬件。无人机自组网需要相对较轻且便宜的硬件，可用于在小型无人机之间建立网络。借助无人机自组网体系结构，无人机集群可以防止自身碰撞，并且可以实现无人机之间的协同以成功完成任务。

无人机集群自组网协议的设计需要具有自适应性、可拓展性、低时延等特性[287]。

自适应性：无人机具有高度的移动性，始终会更改其位置。由于操作要求，无人机的路线可能不同，并且无人机之间的距离不会恒定，这是必须考虑的一个问题。必须考虑的另一个问题是无人机的故障。由于技术问题或针对多无人机的攻击，某些无人机在运行过程中可能会发生故障。无人机的故障会减少无人机的数量，所以可能需要加入新的无人机才能维持多无人机系统的运行。不仅无人机的故障和无人机的加入会更改飞行自组网（Flying Ad Hoc Network，FANET）参数，而且环境条件也会影响 FANET。如果天气发生出乎意料的变化，自组网的数据链接可能无法工作，因此 FANET 的设计应使多无人机能够在高度动态的环境中继续运行。另外，在多无人机系统操作期间还可能会更新被执行的任务，有关任务的数据或信息可能需要更新飞行计划。

可拓展性：与单无人机相比，多无人机的协同工作可以提高多无人机系统的性能。实际上，这是使用多无人机系统的主要动机。在许多应用中，多无人机系统性能的提高与无人机的数量密切相关。例如，更多数量的无人机可以更快地完成搜索和救援任务。设计的 FANET 协议和算法，应当可以使任意数量的无人机一起运行，并且性能下降最小。

低时延：时延是所有网络的最重要的设计问题之一，FANET 也不例外。FANET 对时延的要求完全取决于具体应用，特别是对于实时 FANET（如军事监视），必须在一定的时延范围内传输数据包。另外，低等待时间对于避免多架无人机之间的碰撞是有效的。

1. 集群网络结构

无人集群网络采用的是分层自组织网络架构（见图 5-38），将网络分为管理主网（主网）和按作战任务需求动态建立的任务子网（子网）。

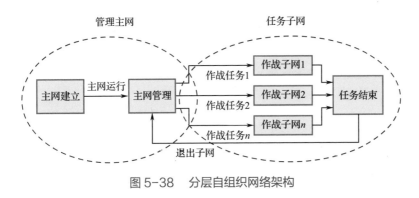

图 5-38　分层自组织网络架构

主网是由全体参战单元组建的，并通过分布式网络管理机制进行实时管理与维护的统一网络。当任务系统下达作战任务时，主网依据各作战任务自组织有效的任务参与成员组建子网，实施作战任务。主网与子网形成分层次的网络管理结构，系统地完成各类作战任务。作战任务结束后，子网自动解除，成员退出子网，重新回到主网中。主网支持多个子网并行工作，不同子网通过任务识别号进行标识。任务识别号由任务系统在分配任务时指定，并统一标定。主网的功能是分发处理用户入网、校时、网络维护、网络拓扑结构感知等基本信息和公共信息，实现时空精确同步以及网络动态管理，包括拓扑管理、资源管理、任务管理等。子网是基于作战任务而实时、自动形成的协同任务网络，依据作战任务对传输时延、速率和安全等要求，子网的建立选择采用全向或定向天线以及合适的传输波形进行组网。组成子网的最小单元是实现特定作战任务的功能编队，由任务识别号标识。当作战任务为综合的协同作战任务时，子网可包含多个功能编队，此时，子网由协同任务识别号标识，功能编队则由协同任务识别号下的任务识别号标识。

集群柔性动态自组网技术采用分层的协议设计架构，由网络层、链路层和物理层组成。集群组网协议架构如图 5-39 所示。

软件定义网络

软件定义网络是由美国斯坦福大学 Clean Slate 研究组提出的一种新型网络创新架构，可通过软件编程的形式定义和控制网络，具有控制平面和转发平面分离及开放性可编程的特点，被认为网络领域的一场革命，为新型互联网体系结构研究提供了新的途径，也极大地推动了下一代互联网的发展。

网络层和链路层借鉴软件定义网络（Software Defined Network，SDN）的设计思想，把底层的通信传输设备封装成遵循统一协议的通信设备，由统一的网络控制软件实现接入和路由功能，可实现组网体制的软件重构。

网络层采用 IP 协议体系架构和 Ad Hoc 无线自组织网络技术，路由采用先验式和反应式相结合的混合路由协议，以实现路由的强鲁棒性。网络采用了分簇结构（分层分布式控制结构），以保证网络规模、立体覆盖和网络实时性方面的要求。网络管理借鉴简单网络管理协议（Simple Network Management Protocol，SNMP），以实现对整个网络的管理和监视。

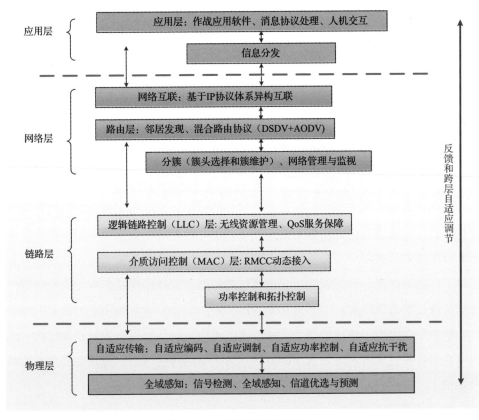

图 5-39　集群组网协议架构

　　链路层采用根据集群协同作战任务功能划分的综合多址自主协同接入技术，基于分配和竞争的混合接入方式，以保证网络成员的快速入/出网、成员间极低的端到端传输时延以及网络拓扑结构快速变化适应能力。逻辑链路控制（Logical Link Control，LLC）层采用基于加权公平排队（Weighted Fair Queuing，WFQ）算法改进的资源优化调度算法、多级优先级的业务区分以及流量控制等技术，以保证良好的服务质量（Quality of Service，QoS）。

　　物理层采用软件无线电（Software Defined Radio，SDR）的设计思想，实现通信波形和协议的软件重构，可根据地理环境、电磁环

知识链接

软件无线电

　　软件无线电是一种无线电广播通信技术，它基于软件定义的无线通信协议而非通过硬连线实现。频带、空中接口协议和功能可通过软件下载和更新来升级，而不用完全更换硬件。

境和通信距离，进行自适应编码、自适应调制、自适应功率控制以保证良好的通信质量。同时基于频谱感知的结果，自适应地选择频谱资源，提高通信的抗干扰性能。

接下来将从物理层、链路层、网络层三个层面介绍无人机自组网的相关技术。

2．物理层

物理层主要涉及基本的信号传输技术，如信号的调制或编码。通过改变信号的频率、幅度和相位，各种数据位序列可以用不同的波形表示。简单地说，在物理层中，数据位通常被调制为正弦波形。自组网系统的性能高度依赖于物理层，而极高的移动性给无人机自组网带来了额外的问题。为了给无人机自组网开发鲁棒性高、可持续的数据通信体系结构，必须很好地理解和定义物理层。最近，研究人员在模拟和实际环境中，对无人机到无人机，以及无人机到地面的通信方案进行了广泛的研究。研究表明，无线电传播模型和天线结构是影响无人机自组网物理层设计的关键因素。

首先来看无线电传播模型。电磁波通过无线信道从发射机辐射到接收机，无线电波的传播特征可表达为数学函数，称为无线电传播模型。与其他类型的无线网络相比，FANET 在无线电传播方面面临如下几个独特的挑战：

- 通信距离的变化。
- 天线辐射方向图对通信的影响。
- 地面反射效果。
- 无人机平台和车载电子设备造成的阴影。
- 飞机姿态（俯仰、侧倾、偏航等）对无线链路质量的影响。
- 环境条件。
- 无意干扰和敌对干扰。

由于上述因素，FANET 中的通信链路会随着时间的变化表现出不同的质量。Ahmed 等人[288]研究了无人机到无人机、无人机到地面，以及地面到无人机的通信链路特性。这项研究比较了每种通信链路的自由空间和双射线地面近似模型，并且当无人机接近地面时，观察到灰色区域的存在。灰色区域表明无人机到无人机通信链路的无线电传播模型类似于双射线地面近似模型，并且 FANET 协议设计者必须意识到由于衰落而存在灰色区域的情况。

接着来看天线结构。天线结构是高效 FANET 通信体系结构的最关键因素之一。无人机之间的距离比无线自组网（又称移动自组网，Mobile Ad-Hoc Network，MANET）和车辆自组网（Vehicular Ad-Hoc Network，VANET）的典型节点距离长，它直接影响 FANET 的天线结构。使用功率更大的无线电可以克服此问题，但在更长的距离上仍可能出现高链路损耗和变化。为了克服这种现象，可以利用无线信道的空间和时间分集来部署多个接收机，从而提高分组的传输速率。结果表明，无人机接收机在短时间尺度上表现出较差的分组接收相关性，最终需要使用多个发射机和接收机来提高分组的传输速率。

天线类型是影响 FANET 性能的另一个因素。在文献 [288] 中，为 FANET 应用部署了两种类型的天线：定向天线和全向天线。全向天线在所有方向上发送信号，定向天线可以在所需方向上发送信号。

在高速移动的环境中，如在 FANET 中，节点位置经常变化，全向天线具有发送信号和接收信号的天然优势。在全向天线中，不需要节点位置信息。但是，与全向天线相比，定向天线具备一些其他优势。首先，定向天线的传输范围比全向天线的传输范围大。对于 FANET 来说，这可能是一个重要的优势，因为 FANET 的节点之间的距离比 MANET 节点之间的距离长。在更大的传输范围中减少跳数，可以降低时延。特别是在 FANET 实时应用（如军事监视）中，时延是最主要的设计因素之一。

3. 链路层

高移动性是 FANET 最独特的特性之一，它为 MAC（Media Access Control，介质访问控制）层提出了新问题。由于高移动性以及节点之间距离的变化，FANET 中的链路质量会频繁发生变化。链路质量的变化和链路中断将直接影响 FANET 中的 MAC 层设计。分组时延是在设计无人集群网络 MAC 层时必须考虑的一个问题，尤其是对于 FANET 实时应用，必须限制分组时延，这会带来新的挑战。幸运的是，可以使用新技术来满足无人集群网络对 MAC 层的要求。具有多分组接收功能的定向天线和全双工无线电链路是可以在无人集群网络的 MAC 层中使用的、极具前景的两种技术[289]。

（1）基于定向天线的无人集群网络 MAC 层。如前所述，相对于无人集群网络的全向天线而言，定向天线具有多个优势，但也带来了独特的设计问题，尤其是对于 MAC 层的设计。

大多数现有的基于定向天线的 MAC 层是针对 MANET 和 VANET 设计的，但也有一些关于使用定向天线的无人集群网络 MAC 层设计。例如，Alshbatat 和 Dong[290] 提出了针对无人机的自适应 MAC（Adaptive MAC protocol for UAV，AMUAV）协议。AMUAV 协议利用全向天线发送控制包（RTS、CTS 和 ACK），利用定向天线发送分组。事实证明，基于定向天线的 AMUAV 协议可以提高多无人机系统的吞吐量，降低端到端时延和误码率。

（2）具有全双工无线电和多分组接收的 MAC 层。在早期的无线通信中，不能同时进行接收和发送的操作。随着无线电电路的最新发展，现在可以在同一信道上实现全双工无线通信。早期无线通信的另一个限制是无法实现分组接收。如果发送方不止一个，则接收方将无法正确接收数据。幸运的是，借助多分组接收（Multi-Packet Reception，MPR）无线电电路，可以从多个发送方接收数据。全双工和 MPR 无线电电路对无人集群网络 MAC 层具有重大影响。信道状态信息（Channel State Information，CSI）是全双工无线电电路的最重要参数之一，在高度动态的环境（如无人集群网络）中，几乎不可能确定完美的 CSI。Cai 等人[291] 提出了一种基于令牌的无人集群网络 MAC 层，该 MAC 层具有全双工和多分组接收（MPR）无线电电路，可以频繁地更新 CSI，以便无人机随时获取最新的 CSI。即使可获取的信道知识不完善，性能结果也显示了所提出 MAC 层的有效性。

4. 网络层

最初的无人集群网络是使用现有的 MANET 路由协议设计的。

基于反向路径转发（Topology Broadcast based on Reverse Path Forwarding，TBRPF）的拓扑广播（基本上是一种主动协议）被用于网络层，以最大限度地减少开销[292]。Brown 等人[293] 开发了一个具有动态源路由（Dynamic Source Routing，DSR）协议的无人集群网络测试平台，选择 DSR 协议的主要动机是其反应性结构。只有当源节点具有要发送的数据时，才会尝试查找到目标的路径。DSR 协议比无人集群网络的主动方法更合适，因为无人集群网络的节点是高速移动的，并且其网络拓扑不稳定。

由于无人集群网络的节点具有很高的移动性，因此与主动方法一样，维护路由表并不是最佳选择。但是，在每个分组传输之前的重复路径查找（如在反应式路由中）也可能是穷举性的。基于节点位置信息的路由协议就可以满足无人集群网络的要求，基于位置的贪婪边界无状态路由（Greedy Perimeter Stateless Routing，GPSR）协议优于主动和被动路由解决方案[294]。Shirani 等人[295] 开发了一个仿真框架来研究无人集群网络的基于位置的路由协议。基于贪婪地理转发的路由协议可用于密集部署的无人集群网络，但是在稀疏部署的情况下，可靠性可能是一个严重的问题。对于要求 100% 可靠的应用，应结合使用其他的方法。

尽管第一个无人集群网络使用了现有的 MANET 路由协议，但由于无人机的特定问题，如链路质量的快速变化和节点的快速移动性，大多数 MANET 路由协议都不是无人集群网络的理想选择。因此，近年来开发了无人集群网络的专用路由协议。

Alshbatat 等人[296] 提出了一种新的带有定向天线的无人集群网络路由协议，称为定向优化链路状态路由（Directional Optimized Link State Routing，DOLSR）协议。该协议是在众所周知的优化链路状态路由（Optimized Link State Routing，OLSR）协议的基础上提出的。影响 OLSR 协议性能的最重要因素之一是多点中继（Multi-Point Relay，MPR）节点的选择。发送方选择一组 MPR 节点，以便 MPR 节点可以覆盖两个跃点邻居。通过使用 MPR 节点，可以减少消息开销，并使等待时间最小化。OLSR 协议最具决定性的设计参数之一是 MPR 节点的数量，它对时延有极大的影响。仿真研究表明，DOLSR 协议可以减少带有定向天线的 MPR 节点数量，并带来更低的端到端时延。

文献 [297] 中提出了一种用于无人集群网络的面向地理位置移动性的路由（Geographic Position Mobility Oriented Routing，GPMOR）协议。传统的基于位置的路由协议仅依赖于节点的位置信息，但 GPMOR 协议使用高斯-马尔可夫移动模型预测无人机的运动，并使用此信息来确定下一跳。与已有的基于位置的 MANET 路由协议相比，GPMOR 协议可以在时延和数据传输率方面提供有效的数据转发解决方案。

用于无人集群网络的另一套路由协议集是分层协议，这是为解决网络的可扩展性问题而开发的。在分层协议中，网络由位于不同任务区域的多个集群组成，每个集群都有一个集群簇首（Cluster Head，CH），每个集群中的所有节点都在集群簇首的直接传输范围内。集群簇首一方面代表整个集群，与上层无人机或卫星直接或间接相连；另一方面，集群簇首还可以向集群中的其他节点广播数据。

层次结构路由的最关键的设计问题之一是集群的形成。移动性预测聚类是为无人集群网络开发的聚类形成算法[298]。无人集群网络节点的高移动性结构导致了集群的频繁更新，而移动性预测聚类旨在通过预测并更新网络拓扑来解决此问题。移动性预测聚类借助字典 Trie 结构预测算法和链路失效时间迁移模型来预测无人机的迁移结构，对这些模型参数进行加权求和后，选择其邻居中权值最大的无人机作为集群簇首。仿真研究表明，这种集群簇首选择方案可以提高集群和集群簇首的稳定性。

文献 [299] 提出了一种用于无人机集群网络的聚类算法。该聚类算法首先在地面上构建集群；然后在多无人机系统运行期间对构建的集群进行更新。该聚类算法通过地理信息选择集群簇首，在部署无人机后，根据任务信息调整集群结构。仿真结果表明，该聚类算法可以有效地提高无人机集群网络的稳定性，保证无人机集群网络的动态组网能力。

以数据为中心的路由协议也可以用于无人机集群网络。无人机通常是为特定任务生产的，很难将多无人机系统用于不同的任务。以数据为中心的路由协议可以处理无人机集群中同一多无人机系统上的不同类型的应用程序。以数据为中心的通信网络体系结构通常使用发布－订阅模型[300]，将称为发布者的数据生产者与称为订阅者的数据消费者联系起来，以数据为中心的路由协议对网络内的数据进行聚合。与泛洪（Flooding）算法不同，以数据为中心的路由协议仅仅将注册的数据类型／内容分发给订阅者，在这种情况下，点对多点数据传输可能比点对点数据传输更可取。以数据为中心的通信网络在三个维度上实现了解耦：

⊃ 空间解耦：发布者和订阅者可以在任何地方。

⊃ 时间解耦：可以立即或稍后将数据分发给订阅者。

⊃ 流程解耦：交付可以可靠地进行。

当无人机集群网络在预定的路径中包含数量有限的无人机时，发布－订阅模型可能是首选的，因为此时需要的协同最少。

5．集群网络协议

1）集群自组网的路由协议设计

（1）路由协议的设计。目前的路由协议主要可以分为两大类：基于表驱动的路由协议和按需路由协议，如图 5-40 所示。

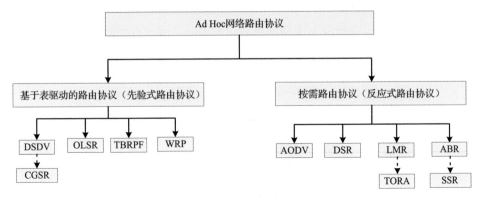

图 5-40　路由协议分类示意图

在基于表驱动的路由协议（先验式或主动式路由协议）中，每个节点都维护着一张该节点到网络中其他节点的路由表，并根据网络拓扑的变化随时更新路由表，这张路由表可以准确地反映网络的拓扑结构。一旦源节点要发送报文，就可以立即获得源节点到达目的节点的路由。这种路由协议的时延较小，但路由开销较大，适合较小型的网络。

在按需路由协议（反应式或者被动式路由协议）中，节点不需要维护路由表，当源节点需要发送数据时才发起路由查找过程。按需路由协议的开销较小，但数据传输的时延较大，适合较大型的网络。

为了防止无人机发生碰撞，支撑无人机集群内以及无人机集群之间的安全飞行，智能无人机集群增加了相对位置定位功能，在网络层实现相对位置定位协议。相对位置定位协议通过计算相对位置定位信息的往返时延来初步确定无人机之间的相对位置关系，综合自身的卫星导航信息以及周期性交互的平台位置信息，并针对不同测量方式的位置信息误差特征，利用整体平差法对各种位置信息进行综合处理，构建整体平差处理的实时动态权，以提高相对定位数据的解算精度。在完成无人机本身与其周围一跳范围内邻居节点相对位置的精确定位基础上，进一步借助无线网络，无人机可以将本地感知信息通过路由信令进行广播，与其通信范围内（多跳）的无人机进行共享位置信息，最终形成全网统一的地理位置定位。通过对无人机在空域中的位置、高度和速度等信息进行计算，利用它们当前时刻的航行诸元来预测它们未来时刻的位置，判断无人机之间的间隔是否小于规定的安全值，从而实现碰撞冲突的预测、告警功能，保证无人机在碰撞前做出快速反应。

根据无人对抗平台组网采用的网络架构的不同，可以自适应选择不同的路由协议。网络层的处理流程如图 5-41 所示。

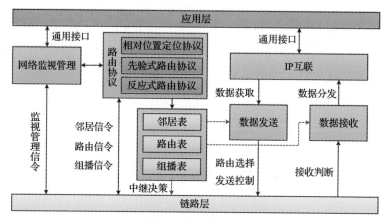

图 5-41　网络层的处理流程

平面网络结构（见图 5-42）通常选择先验式路由协议。每个节点都会维护一张路由表，用于记录该节点到网络中其他节点的路由信息。节点周期性地与邻居节点交互网络信令，通过时间驱动机制更新路由信息，尽量减少路由等控制信息对无线信道的占用。通过引入序列号机制解决了路由环路和计数到无穷问题。先验式路由协议可以实时维护网络的路由信息，因此可以快速进行路由选择，寻找最佳路径，其实时性较强。

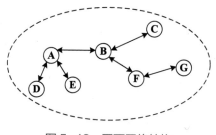

图 5-42　平面网络结构

网络各节点周期性地向邻居节点广播邻居信令、路由信令和组播信令。邻居信令包含信道接收质量和发送节点标识等信息，网络节点通过邻居信令可以获得链路的信道状态，形成相邻节点的邻居表，为路由选择和发送控制提供支撑。路由信令包含目的节点标识、序列号和路由代价等信息，网络节点通过路由信令可获得到达网络内所有节点的路由信息，形成到所有网络内节点的路由表，用于数据选路和中继决策。组播信令包含节点加入的组播组信息，网络节点通过组播信令可获得所有的组播组及其成员，并结合邻居表的内容形成组播表，支持组播组成员的动态加入或退出。

分级网络结构（见图5-43）通常选择结合先验式路由协议和反应式路由协议特点的混合式路由协议。在一个簇内，由于采用平面网络结构，规模相对较小，通常采用先验式路由协议，以降低时延。在簇与簇之间通信时，通常采用反应式路由协议，由簇头为簇间节点提供合适的路由信息，以降低路由开销。

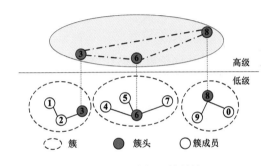

图5-43　分级网络结构

分级网络结构可以分为多频分级结构和单频分级结构。

多频分级结构：网络可划分为多级，簇头之间组成高级网络，采用与低级网络不同的跳频图案或频率，多级网络之间的通信互不影响。高级网络是整个网络的骨干传输网，为低级网络提供数据传输服务。簇内节点不需要维护复杂的路由信息，只需要负责簇内节点间的路由发现及维护，减少了网络中路由控制信息的数量。簇头负责维护本簇节点和其他簇节点的路由信息，簇头周期性地广播本簇内节点的路由信息，其他簇头收到路由信息后，便可构建到达该簇节点的路由表，最终簇头可获得全网节点的拓扑图。当跨簇的节点进行数据传输时，首先由源节点查找簇内路由表，将数据发送至簇头，然后由簇头查找簇间路由表，将数据继续转发至下一跳簇头，最后由目的节点所在簇的簇头将数据发送至目的节点。

单频分级结构：当网络中的节点需要往其他节点发送数据，且无有效的路由时，将由源节点进行一次路由发现过程。收到路由请求报文的中间节点，将会检查自身是不是目的节点或者是否存在到目的节点的有效路由。如果不是，则再检查是否接收过相同的请求报文；如果是则直接丢弃；否则，转发该请求报文，并为之建立起一个反向的路由表。当目的节点或者存在到目的节点的有效路由的中间节点接收到该报文后，就会向源节点发送一个相应的路由回复报文。当源节点接收到路由回复报文后就建立路由，此次路由发现过程结束，源节点开始发送数据并进入路由维护阶段。若在路由维护阶段发现有断路的情况，则会进行本地修复或者向源节点发送一个错误报文，进而由源节点重新发起一次路由请求的过程。

（2）路由选择决策。路由选择是基于路由代价和路由稳定度两个指标进行的，综合考虑了路由的传输效率和鲁棒性。路由代价可衡量通过不同路由向目的节点传输数据所需的通信代价，用于选择通信代价最低且传输效率最高的路由。路由稳定度可衡量不同路由持续保持有效的程度，用于选择稳定度最高且对网络鲁棒性影响最小的路由。路由选择决策优先考虑路由稳定度，保障网络的强鲁棒性；其次考虑路由代价，保障路由传输的高效、低时延特性。

路由代价是通过路由信令进行逐跳统计的。网络节点先通过邻居信令的交互来获得单跳链路代价，再通过路由信令的交互，累加路由上各跳链路的代价，从而获得网络节点到目的节点的路由代价。单跳链路代价反映的是链路传输速率和功率特征。

链路传输参数是根据邻居表中下一跳节点的链路质量，在自适应传输模式集合中进行选择的。链路参数选择的原则如下：

⮩ 首选传输功率最小的模式参数。

⮩ 如果有多种模式可以使传输功率最小，则采用传输速率最大的模式。

为了实现路由协议的鲁棒性，减少网络的不稳定波动，路由协议为路由表中每条路由设置了稳定度指标，用于预测和反映链路的持续有效程度。

⮩ 根据无人机飞行的特点，构建节点高速运动模型，综合采用几何方法和马尔可夫转移概率矩阵方法对链路持续稳定时间进行建模，为链路稳定度预测提供理论依据和输入参数。

⊃ 对路由表的更新也应遵循稳定度规则。路由信息更新后，设置为非稳定路由，只有在一定数量的路由信令周期内路由信息没有变化或路由代价没有增加的情况下，才设定为稳定路由。在邻居信令到达后，路由代价将减小，只有经过信令序列号校准机制处理后能满足一定的条件，才对路由表中稳定路由的信息进行更新，确保网络使用稳定的路由。

2）无人机集群动态分簇设计

目前常用的分簇算法主要有最小 ID 分簇算法、最高节点度分簇算法和基于地理位置的分簇算法等。大多数分簇算法只考虑某一个因素对分簇的影响，而且倾向于选择某些节点（如 ID 最小、节点度最高、移动性最弱）作为簇头，这些节点的任务过于繁重，使得其能量过早耗尽而失效，因此综合考虑各种因素，实现最佳分簇成为当前分簇算法研究的重点。

无人机集群动态分簇通常使用两种分簇算法：基于权值的自适应分簇算法和基于网管配置的分簇算法。基于权值的自适应分簇算法综合考虑网络节点的剩余能量、位置分布、链路连通关系和节点属性等因素，并为各个影响因素分配不同的权值，进而提出一种归一化的分簇度量标准，该分簇算法既能以最优的节点分布和能量消耗保证网络最大范围的连通，又能最大程度地满足作战任务的需求。基于网管配置的分簇算法用于指挥人员根据任务区域变化或特殊对抗需求，通过网管来人为划分簇头及簇节点。基于网管配置的分簇算法的优先级高于基于权值的自适应分簇算法。

3）无人机集群异构网络互联

网络层通常采用通用化的 IP 网络技术，主要包括外部 IP 协议和内部 IP 协议。外部 IP 协议实现了无人对抗平台网络与外部其他 IP 网络的互联互通，实现了无缝的异构网络接入；内部 IP 协议主要实现了无人对抗平台网络内部之间的 IP 业务传输。在军用移动信息网中使用 IP 协议，可有效屏蔽底层传输的差异性，向上提供透明的端到端服务，使用统一的编址、寻址标准，可增强网络的扩展性，对语音、视频和数据等业务的支持性较好。

无人对抗平台网络可装备多个通信链路，并采用不同的寻址标识来区分每条通信链路，通过 IP 映射机制对网络 IP 地址与链路寻址标识进行合理映射，为通用化 IP 协议提供标准化接口，支持不同通信链路的可扩展性，进而能够支持更

数据链

数据链（Data Link）是指互通数据的链路，在军事上所说的数据链就是一张数据网，就像互联网一样。从本质上讲，数据链是一种旨在实现信息数据高效、安全传输的系统与手段。在军事上，按照适用范围可以将数据链大致分为三类：通用战术数据链、情报级数据链和武器级数据链。

自治系统

自治系统是一个有权自主地决定在本系统中应采用各种路由协议的小型网络单位。这个网络单位可以是一个简单的网络，也可以是一个由一个或多个普通的网络管理员来控制的网络群体，是一个单独的可管理的网络单元。一个自治系统有时也被称为一个路由选择域（Routing Domain）。根据自治系统连接和运作方式，可将其分为多出口的自治系统、末端自治系统和中转自治系统。

多异构网络接入的能力。

在 IP 网络中，IP 报头的信息较大（最少 20 B），而现有数据链支持的速率和底层帧长度较小，IP 报头将会对通信网络的带宽、时延等性能产生较大的影响。采用 IP 报头压缩机制可以减小 IP 协议的开销。借鉴头部压缩协议（如 RObust Header Compression，ROHC）的工作机制，IP 报头压缩机制使用基于上下文的压缩和解压缩方式，可以有效压缩 IP 报头的冗余信息，且与标准 IP 协议有广泛的适用性和兼容性。

无人对抗平台网络与外部 IP 网络采用边界网关协议（Border Gateway Protocol，BGP）进行信息交互。BGP 是运行于自治系统之间的经典路由协议，可以实现自治系统间无环路的域间路由。网络内部 IP 协议主要完成三项功能：在网络内承载边界网关节点之间的路由信息，进行 BGP 路由表的信息交换，形成统一的 BGP 路由表；发布所有边界网关的 BGP 路由表，使网络内部节点获得外网出口的路由信息；实现类似开放最短路径优先（Open Shortest Path First，OSPF）协议的 IGP（Interior Gateway Protocol）路由协议，在网络中发布每个无人对抗平台的链路状态。

5.5.3 通信抗干扰技术

1. 干扰类型与方式

干扰类型大致可以分为有意干扰和无意干扰两类。

1）有意干扰

有意干扰通常是指人为的恶意干扰。对无人机数据链的干扰主要是利用无线电干扰设备发射电磁波，对无人机数据链的接收功能进行干扰。从实施方式的角度来看，无人机数据链的干扰通常可以分为压制性干扰和欺骗性干扰。压制性干扰是指采用无线电干扰设备发射某种干扰信号，遮蔽敌方数据链的信号，使敌方数据链设备接收到的有用信号模糊不清或者完全被遮盖，导致敌方难以检测到有用信号。欺骗性干扰是指通过有意模仿敌方数据链信号，发送给敌方数据链设备，使敌方无人机执行我方发送的命令。

压制性干扰利用噪声或类似噪声的干扰信号压制或淹没有用的信号，阻止接收设备检测目标信息。作为一种通用性很强的干扰措施，噪声干扰得到了广泛的应用。这是因为任何通信链路都有内部噪声，无论接收机采取什么手段都无法消除内部噪声，所以接收机内部的噪声一直是影响接收机接收能力的一个重要因素。只要外部噪声干扰信号进入接收机，同时使该噪声干扰信号有着与内部噪声相似的特性，接收机就无法消除噪声干扰信号。噪声干扰还有一个重要的优点就是需要了解敌方链路的信息很少，噪声干扰机不需要详细了解敌方无人机数据链的信号特征和处理信号的环节，只需要知道通信链路的工作频率，无线电干扰设备比较简单。

一般来说，噪声干扰信号的选取必须满足下面三个条件：

- 容易得到足够大的功率。
- 干扰频谱足够宽。
- 具有难以抗干扰的时间特性。

通常我们选择服从正态分布的噪声作为噪声干扰信号，这是因为：

- 接收机的内部噪声通常服从正态分布，服从正态分布的外部噪声在进入接收机内部后不容易被识别和消除。
- 许多实际的噪声源是服从正态分布的，易得到服从正态分布的噪声。
- 从信息论的角度来看，服从正态分布的噪声具有最大的压制式熵。

按照干扰频道的宽度可以将压制性干扰分为瞄准式干扰、半瞄准式干扰和阻塞式干扰。瞄准式干扰的中心频率与敌方无人机数据链的信号频率重合。半瞄准式干扰的频率重合准确度较差，即干扰信号频谱与敌方数据链的通信频谱没有完全重合。阻塞式干扰的辐射频率很宽,通常能够覆盖敌方数据链的整个工作频段。三种类型压制性干扰的优缺点如表 5-7 所示。

表 5-7 三种类型压制性干扰的优缺点

压制性干扰	优　点	缺　点
瞄准式干扰	功率集中,干扰信号频谱较窄,干扰信号的能量全部用来压制敌方数据链的通信信号,功率利用率高,效果好	要求频率重合度高,需要引导干扰信号频率的侦察设备在一定的频带范围内反复扫描
半瞄准式干扰	全部或绝大部分的干扰信号频谱能够通过敌方数据链的射频滤波器,虽然与敌方数据链的信号频谱重合度不高,但也能形成一定程度的干扰	干扰功率不集中,利用率低
阻塞式干扰	既不需要频率重合设备,也不需要引导干扰信号的侦察设备,设备相对简单,能够同时压制频带内多个数据链的通信频段	干扰信号功率分散,且效率不高,同时落入干扰信号频带内的己方通信信号也将受到干扰

欺骗性干扰的目的是使敌方无人机执行我方发送的虚假命令。欺骗性干扰主要有两种:一种是在截获并解析敌方数据链信号的基础上,实施干扰;另外一种是通过长期的侦听,侦察机快速侦察和接收无人机数据链的信息,干扰系统对信号的一些基本参数进行截获(如截获信号的工作频段、符号速率、调制方式等),然后以此为前提,对接收到的数据链信号进行复制(经过时延、放大)后,发送到敌方无人机数据链设备实施干扰。欺骗性干扰使接收机成功锁定到类似于无人机链路发送信号的虚假信号上,进而定位到错误位置或得到有偏差的时间信息。在此期间,被欺骗的设备常常无法意识到已经被干扰,导致被诱导完成欺骗方所设定的任务。这种欺骗性干扰信号与真实的信号有较强的相关性,所以干扰效果比较好。

2)无意干扰

无意干扰通常指无人机通信链路所处电磁环境中的其他通信设备所导致的干扰,通常包含电离层/对流层干扰、多路径干扰、传输过程或接收体系中存在的宽带高斯噪声干扰、电磁环境中的各种电子设备所泄漏的电磁波带来的宽带或窄带干扰。

电离层/对流层干扰主要是指电离层、对流层的运动所引起的多普勒频移造成了信道的频率扩散,信道的频率扩散造成了接收信号频谱的扩散,即造成了时间选择性衰落。

多路径干扰是指在电磁波信号从发送到接收的传播过程中，由于建筑物、植被、大气层等的多次反射、散射和绕射，导致接收到的信号并不是从唯一路径传播而来的，而是从多个路径、不同散射源传播来的众多信号干涉叠加合成的，即多径传播（Multipath Propagation）现象。无线信道的主要特征之一就是具有多径传播。通过分析多径效应的物理成因可知，不同路径的信号到达接收方的距离不同，因而时延就不同；不同的时延与载波频率相乘可得到不同的相位值；接收方接收到的是各路径信号的叠加，相位相同的信号在叠加后，幅度或功率会得到增强，相位相反的信号在叠加后，幅度或功率会受到衰减，合成信号的幅度具有明显的随机变化特性。

宽带高斯噪声干扰主要是指信号在传播过程中，电磁空间存在噪声，发送的信号会与噪声叠加在一起，从而使一部分信号混杂在噪声中，宽带高斯噪声会造成信号的失真，影响信号的接收。

电磁环境中的各种电子设备所泄漏的电磁波带来的宽带或窄带干扰是指信号在传播过程中，可能和其他通信设备发出的信号相互干扰，使接收方接收到多个发射设备的合成信号，无法识别噪声特征，从而无法正常接收信号。

2．抗干扰技术

目前，国内外无人机数据链采用的多种抗干扰技术主要包括扩展频谱技术、自适应天线技术、信道编码技术、多输入多输出技术和链路自适应技术[301-302]。

1）扩展频谱技术

（1）直接序列扩频。直接序列扩频（Direct Sequence Spread Spectrum，DSSS）系统简称直扩（DS）系统，就是直接用具有高码率的扩频码序列在发送方去扩展信号的频谱，在接收方用相同的扩频码序列去进行解扩，把展宽后的扩频信号还原成原始信号。直接序列扩频系统的组成如图5-44所示。

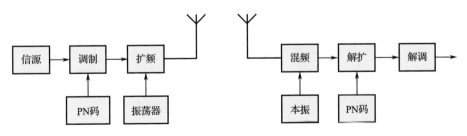

图5-44 直接序列扩频系统的组成

直接序列扩频系统通过扩展无线信号的频带，降低其功率谱密度，也就是降低单位频带内的功率，这样就能将无线通信信号淹没隐藏在噪声中。无线通信信号是通过直接序列扩频法来避免干扰的。

直接序列扩频系统的抗干扰能力强、保密性好，具有抗衰落、抗多径干扰能力，具有多址能力。由于直接序列扩频系统中采用伪码（如 PN 码）序列扩频，可以将不同的伪随机序列作为不同用户的地址码，实现码分多址。但直接序列扩频系统需要的频带宽，相对于 FDMA（Frequency Division Multiple Access，频分多址）、TDMA（Time Division Multiple Access，时分多址），采用直接序列扩频技术的 CDMA（Code Division Multiple Access，码分多址）在移动通信的实现更为复杂。

直接序列扩频技术可用于对抗多径干扰、窄带干扰、单音干扰。

（2）跳频。跳频（Frequency Hopping，FH）系统的主要特点是，收发双方的载波频率在某一扩频序列（也叫伪随机序列）的控制下，不断随机地在很宽的频带范围内跳变。可用信道带宽被分割成大量相邻的频率间隔，简称频隙，在任意一个信号传输间隔内，发送信号会占据一个或多个可用的频隙。跳频系统的组成如图 5-45 所示。

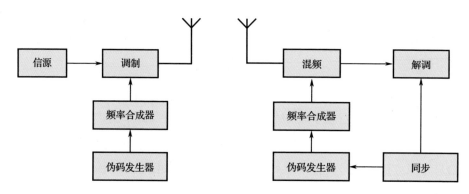

图 5-45　跳频系统的组成

跳频技术采用多个载波频率并在这些频率间随机跳变，由于在载波频率间进行切换需要时间，因此工作在突发传输状态，具有很强的抗干扰能力。在带宽较宽的情况，跳频比直接序列扩频更为实用。

跳频技术的特点如下：

⊃ 抗干扰性强，甚至在信号被噪声完全淹没的情况下，也能保持可靠的通信。

◯ 频谱利用率高，易于实现码分多址。

◯ 兼容性好，可以与一个不跳频的窄带通信系统在定频上建立通信。

◯ 频率利用率高，不存在网间干扰。

跳频技术可以对抗多径干扰、邻道干扰、人为瞄准式干扰。

（3）跳时。跳时（Time Hopping，TH）系统中的发送信号在时间轴上跳变，首先把时间轴分成许多时片，然后由扩频码序列来控制在一帧内的哪个时片发送信号。我们可以把跳时理解为用一个定码序列进行选择的多时片的时移键控。

由于跳时系统采用时间很短的时片来发送信号，相对说来，信号的频谱被展宽了。在发送方，首先将输入的数据存储起来，然后由扩频码发生器的扩频码序列来控制通－断开关，经二相或四相调制后由射频发射机发射。在接收方，首先由射频接收机输出的中频信号经本地产生的与发送方相同的扩频码序列来控制通－断开关，然后经二相或四相解调后送到数据存储器。只要收发双方在时间上严格同步，就能正确地恢复原始数据。

跳时系统使发送信号在时间轴上跳变，敌方不易掌握发送信号在时间上的规律性，可以提高抗干扰性能。但跳时系统对抗干扰性能的提高效果不是特别明显，并且开销较大，因此应用相对并不广泛。

（4）混合方式。上述的几种基本扩频方式可以组合起来，构成各种混合方式，如 DS/FH、DS/TH、DS/FH/TH 等方式。采用混合方式在技术上要复杂一些，实现起来也要困难一些，但混合方式的优点是能够得到只用单一方式得不到的特性。

DS/TH 方式相当于在扩频方式中增加了时间复用，采用这种方式可以容纳更多的用户。在实现上，DS 方式本身已有严格的收发双方的扩频码同步，加上 TH 方式，只不过增加了一个通－断开关，并不会增加太多技术上的复杂性。

DS/FH/TH 方式把三种扩频方式组合在一起，在技术实现上是很复杂的。但对于一个有多种功能要求的系统，DS、FH、TH 等方式可分别实现各自独特的功能。

DS/FH 方式相对容易实现，但在具体设计 DS/FH 混合扩频系统时，需要考虑跳频频点数的选择、跳频速率的选择、扩频处理增益的折中、混合扩频同步等技术问题。目前，DS/FH 混合扩频系统的跳速多为 500 ～ 1000 跳 / 秒。

2）自适应天线技术

目前的无人机数据链多采用定向天线技术进行抗干扰。定向天线是指在某一个或某几个特定方向上，发射及接收的电磁波特别强，而在其他方向上发射及接收的电磁波为零或极小，通过抑制干扰信号的接收来达到抗干扰的目的。天线的波束越窄，隐蔽性就越强，抗干扰能力也越强。自适应天线技术利用相控阵天线原理，对来自各个方向的波束进行空间滤波，通过对天线阵元的激励进行调整，优化天线阵列方向图，利用数字信号处理技术对干扰信号进行处理和识别，在干扰源方向形成波束的零点，抑制接收方向以外的信号，从而降低了干扰。

自适应天线技术通过对天线各阵元进行自适应加权处理，自动控制和优化天线阵的方向图，在干扰源方向上产生深度零陷，使信号受到的干扰最少，适用于雷达、卫星以及无人机等多种数据链。

自适应天线技术能够抑制接收方向以外的信号，降低干扰，同时减少电磁环境污染。该方法的不足之处是在零点方向形成了盲区，会影响该区域用户的正常使用，且硬件成本较高。

自适应天线技术能有效抑制宽带干扰、窄带干扰、同频干扰和各种不同形式的干扰等。只要干扰信号跟发送信号方向不一致，都能够被抑制。

3）信道编码技术

由于受到干扰或其他原因，数据链在传输数据时会存在误码，使接收方收到的遥控命令、遥测参数或图像等信息发生错误。由香农的信道编码理论可知，只要信息的传输速率低于信道容量，就可以找到一种信道编码方法，使差错概率任意小。因此，通过信道编码对数据进行处理，可以提高数据链的抗干扰能力。可供选用的信道编码方式主要有卷积码、BCH 码、RS 码、交织码和级联码等。例如，美军的 Link16 数据链在信息段采用了 RS(31, 16) 编码，在每 15 bit 信息段后加入 16 bit 的监督段，可以检测和纠正 8 bit 的误差。在对 Link16 数据链进行干扰时，至少需要其信息误码率达到 0.45，才能使 Link16 数据链无法检测和纠正误码，实现有效干扰。

信道编码为抗干扰的实现提供了坚实的基础，一些接收信号处理的抗干扰技术都必须与信道编码结合起来才能发挥作用。

信道编码的复杂度越高，链路设备的处理时间就越长，因此，要综合考虑无人机数据链对传输时延和抗干扰性能的要求，设计无人机数据链的信道编码。可以说，信道编码是最基本的抗干扰技术，也是目前通信中基本的纠错技术，因此在各种通信链路中，纠错编码是必不可少的。数据链中常用的纠错编码主要有RS 码、Turbo 码和 LDPC 码。

表 5-8 针对数据链常用的纠错编码性能进行了对比，信道编码技术可用于对抗窄带干扰、单音干扰、多音干扰、梳状谱干扰。

表 5-8 数据链常用的纠错编码性能对比

比较项	编码类型		
	LDPC 码	Turbo 码	RS 码
纠错性能	很强	很强	强
编码复杂度	复杂	较简单	简单
解码复杂度	简单	复杂	简单
抗干扰能力	强	强	一般

4）多输入多输出技术

多输入多输出（MIMO）技术通过在发送方使用多个天线发送信号、在接收方使用多个天线接收信号，并与 OFDM（Orthogonal Frequency Division Multiplexing，正交频分复用）技术、时空编码相结合，能够实现空间分集、时间分集和频率分集，可以在空域、时域、频域上实现抗干扰。

MIMO 技术可以在不增加带宽的情况下提高通信系统容量和频谱利用率。将MIMO 技术用于无人机数据链中，可以增大信息传输容量，降低截获概率，增强抗干扰能力，提高任务适应能力。MIMO 技术常与 OFDM 技术一起使用，来对抗多径衰落和频率选择性衰落。当天线数目较多时，天线的空间布局方式多种多样，从而其空间相关矩阵也多种多样，相应的MIMO 容量的情况也相当复杂。因此，需要在兼顾复用增益和分集增益的情况下，选择合适的编/解码策略，提升抗干扰性能。

MIMO 技术的频率分集可以抑制窄带及宽带干扰，空时分集可以有效对抗无意干扰。

5）链路自适应技术

链路自适应技术是指系统根据当前获取的信道信息，自适应地调整系统传输参数的行为，用以克服或者适应当前信道变化带来的影响。从链路自适应技术的基本原理可以看出，链路自适应技术主要包含两方面的内容：一方面是信道信息的获取，准确和有效地获取当前信道环境参数，以及采用什么样的信道指示参数能够更有效和准确地反映信道的状况；另一方面是传输参数的调整，其中包含调制方式、编码方式、冗余信息、发射功率以及时频资源等参数的调整。

在通常情况下，链路自适应技术主要包含以下几种技术：

（1）自适应天线技术。自适应天线技术不仅可以降低干扰，还可以减少电磁环境污染。扩频技术与自适应天线技术的结合是美国军事卫星通信系统抗干扰的主要手段。

（2）自适应跳频与自适应信道选择技术。自适应跳频是指系统能自动识别某个信道/频率段受到的干扰，并自适应地改变跳频模式，重新跳到无干扰的频段上，从而克服部分信道被干扰带来的影响。自适应跳频技术是跳频技术的一个重要发展方向，它的发展取决于自适应信号处理技术的进步。

自适应信道选择同自适应跳频类似，是实时监测信道特性和质量，及时准确地发现敌方实施的电子干扰种类和特性，迅速采取相应的抗干扰措施；或者在遇到干扰时，自动切换到最佳信道或次最佳信道上继续进行通信。

（3）自适应功率控制技术。自适应控制功率可以根据干扰信号电平的高低来调整发射机的输出功率，使输出信号电平随干扰信号电平的变化而变化，这样既能节省信号功率，又能压制干扰信号。

自适应技术能够连续测量跟踪信号和系统特性的变化，采用自适应算法、高速数码信号处理方法自动改变系统的结构和参数，使通信系统能适应电磁环境的变化而保持优良性能，它既能保护系统尽可能地消除干扰的影响，又能有效地对抗无意干扰和压制式干扰。

5.5.4 通信安全

1. 集群自组网的路由安全

路由威胁是对系统的最通用威胁。下面是网络系统必须满足的最常见要求[303]：

⊃ 机密性：机密性可确保未经授权的节点不会访问路由信息，对机密性的威胁意味着路由信息已被破坏。

- 完整性：网络中的所有节点都应具有正确的路由信息，只有遵循正确的路由过程，这些路由信息才能实现。如果路由信息已被更改、更新或删除，则意味着存在完整性威胁。

- 可用性：可用性是指节点能够在需要时访问路由信息，并且没有任何额外的时延，不受网络状态的影响。

- 授权：仅允许授权节点访问路由信息，未经授权的节点不能访问路由信息。授权是最重要的属性之一，可以为节点提供访问控制服务。

- 可靠性：由于自组织网络最初是为战争或自然灾害等紧急情况而开发的，在这些紧急情况下无法使用集中式网络，可靠性是重要的考虑因素之一。因此，需要紧急程序，以便使协议不会因内存限制或任何其他导致失败的限制而在网络负载大或路由表被填满的情况下失败。

威胁既可以分为外部威胁（或称外部攻击）和内部威胁，也可以分为主动攻击和被动攻击。

外部威胁是由网络外部的实体或未经授权的节点发起的，这类威胁通常攻击较低的层，即物理层和数据链路层。由于在 Ad Hoc 网络中，节点继承了移动性质，因此很难保护物理层和数据链路层。

内部威胁不容易被检测到，因为节点是网络的组成部分，它们在自组织网络中得到了授权，即它们来自受信任的源。根据节点的行为，可以将它们分为四个组：故障节点、严重故障节点、自私节点和恶意节点。

- 故障节点：如果节点无法执行诸如转发数据或路由信息之类的操作，则称该节点为故障节点。

- 严重故障节点：确实具有故障节点属性的节点，以及具有在正确格式的数据中发送错误信息的附加功能的节点，均被称为严重故障节点。

- 自私节点：这些节点出于自身利益参与网络，如提高其性能或节省资源，如果发现涉及个人成本，则它们开始表现为故障节点。这些节点实际上开始丢弃数据包，这几乎是大多数路由协议都检测不到的。

- 恶意节点：恶意节点有意通过拒绝服务来中断路由协议的运行，具有可以容纳任何故障节点的功能。

根据威胁的行动，可以将威胁进一步分为被动攻击和主动攻击两类。

○ 被动攻击（被动窃听）：是指未经授权的节点静默侦听网络流量，甚至路由更新信息，用来收集数据和其他信息。被动攻击可以通过干扰拓扑结构，了解节点的地理位置并标识使用频繁的节点，从而威胁网络。

○ 主动攻击：与被动攻击不同，主动攻击旨在通过发送信号或数据来破坏网络。拒绝服务攻击是导致通信信道被阻塞的常用主动攻击方式之一。

2. 集群自组网攻击

集群自组网比任何其他常规网络更容易受到攻击，攻击者可以广泛利用诸如移动性和开放式通信之类的功能进行攻击。如上所述，威胁可分为主动攻击和被动攻击，也可以分为外部威胁和内部威胁[304]，因此，有必要了解可能的攻击，以开发出可靠的解决方案。

通常，每种攻击都针对特定的网络层次，无线自组织网络（MANET）不同网络层次可能受到的攻击如图 5-46 所示。

图 5-46 MANET 的不同网络层次可能受到的攻击

1）物理层攻击

（1）窃听。这是一种在未经发送方或接收方同意的情况下从网络秘密捕获数据包的技术，目的是窃取机密信息。窃听是一种被动攻击，MANET 中可能受到窃听，因为所有频道都是无线的，任何人都可以访问。

（2）干扰。在这种攻击中，干扰器传输无线电信号以破坏信息流。干扰器不断发送强信号（随机噪声和脉冲），从而阻塞网络中的有效流量。干扰是一种主动的 DoS 攻击，将使数据丢失或损坏，从而阻止目标接收正确的信息。

（3）拦截。在开放空间中的通信，攻击者可以轻松拦截 MANET 中的数据包，拦截可以是主动的也可以是被动的。攻击者可以访问路由信息，并且可以在发送到下一跳之前检查或优化数据。入侵者还可以将伪造的信息传输到路由中的其他节点。

2）数据链路层攻击

（1）流量分析和监听。流量监听是指观察网络活动以收集节点的状态和位置、网络拓扑、流量模式、有关源和目的节点的信息等的过程。通过流量分析可以进一步分析获取到的信息，提取出机密信息。

（2）WEP 弱点。WEP（Wired Equivalent Privacy）是一种安全算法，是 IEEE 802.11 标准中的一种隐私组件，通过 CRC32 校验和来确保数据完整性，通过流密码 RC4 来提供数据机密性。WEP 具有以下缺陷：

- WEP 面临着密钥管理问题，即使将密钥保持足够长的时间，也不应连续两次使用同一密钥，或者长时间使用同一个密钥，因为攻击者可以通过抓取数据帧来破解密钥。

- 由于初始化向量（Initialization Vector，IV）是使用流密码 RC4 作为平面文本发送的，因此攻击者可以轻松地通过分析相对较少的流量来执行分析攻击并破解密钥。

- 初始化向量通常是一个 24 bit 的随机数，与私钥一起用于平面文本，但是 IEEE 802.11 标准没有提供 IV 的实现规范。

3）网络层攻击

（1）黑洞攻击。黑洞攻击类似于宇宙黑洞（死星，Death Star），宇宙黑洞吸收物质和能量，恶意节点以类似的方式丢弃通过它传输的数据包。源节点广播路由请求包（Route Request，RREQ），以找到到达目的节点的最短和最快的方法。恶意节点在接收到 RREQ 时，立即将伪造的路由应答包（Route Reply，RREP）发送到源节点，以假装它具有到达目的节点的最短路径。当源节点收到伪造的 RREP 时，会丢弃其他 RREP 并开始传输数据包。一旦恶意节点接收到数据包，就进一步丢弃这些数据包。

（2）协同式黑洞攻击。协同式黑洞攻击是黑洞攻击的扩展，其中的多个节点将参与破坏通信。在黑洞攻击中，如果能够以某种方式联系到恶意节点之后的直接节点，并找到如下问题的答案，即是否具有通往恶意节点的路由和通往目的节点的路由，那么就可以轻松地判断该节点是否恶意节点。但是，如果直接节点也是恶意节点，则此安全机制就会受到影响。

（3）灰洞攻击。灰洞攻击也像黑洞一样丢弃数据包，但它们的行为却大不相同。在灰洞攻击中，恶意节点会在路由发现阶段正常运行，即当通过恶意节点发送 RREQ 或 RREP 时，它不会执行任何恶意活动；一旦恶意节点接收到数据包，则把数据包丢弃。灰洞攻击的行为可以表征为：

↪ 恶意节点丢弃所有通过它的数据包。

↪ 恶意节点仅丢弃从某个特定源传输的数据包。

↪ 恶意节点仅丢弃将要传输到某个特定目的节点的数据包。

↪ 恶意节点仅在某些特定时间丢弃数据包，而在其他时间则表现正常。

由于灰洞攻击的这种不可预测的行为，因此这种攻击是很难被检测到的。

（4）水母攻击：水母攻击是一种被动攻击，在这种攻击中，不是丢弃数据包，而是延迟了数据包的传输或打乱了数据包的顺序（形成加扰数据包），从而降低了服务质量（QoS）。加扰数据包的主要目的是降低网络吞吐量并消耗网络性能。水母攻击完全遵循路由协议，是很难被检测到的。水母攻击具有以下功能：

↪ 攻击者可以将数据包在缓冲区中存储一段时间后再进行传输，这将增加网络时延。

↪ 攻击者在捕获数据包后按照加扰顺序将其发送出去，由于目的节点接收的数据包的顺序不匹配，因此会带来对数据包进行重新排序的时延。

（5）虫洞攻击。虫洞攻击是 MANET 上最激烈、最复杂的攻击之一。虫洞可以定义为两个密谋攻击者之间的路由，该伪造路由比网络中的原始路由短，这将导致路由机制失败。通过两个节点之间的有线链路或高频链路来建立伪造路由，攻击者可以在一个节点上捕获数据包并将数据包传输到另一个节点，后者可以有选择地或完全地丢弃数据包或将其重新分配回网络中。虫洞攻击可以通过建立路由控制消息来中断路由。任何形式的加密都对虫洞攻击无济于事，因为攻击者无须获取数据包的内容即可进行攻击。

（6）Sybil 攻击。Sybil 攻击可以看成欺骗攻击，其中恶意节点可以窃取网络中其他合法节点的身份。在 Sybil 攻击中，将窃取合法节点身份的节点称为恶意节点或 Sybil 攻击者，而将身份被盗的节点称为 Sybil 节点。由于 Sybil 攻击者可以具有多个节点的身份，因此可以轻松地误导合法节点，并且可以接收正在传输到 Sybil 节点的所有数据包。

Sybil 攻击的不同形式可以从三个维度来表示：

- 直接通信和间接通信。在直接通信中，恶意节点可以从 Sybil 节点获取所有的数据包，合法节点接收到的 Sybil 节点发送的所有数据包实际上是由恶意节点发送的。在间接通信中，一个或多个恶意节点进入发送方和 Sybil 节点之间，并假装正在将所有接收到的数据包传输到 Sybil 节点，但实际上并非如此。
- 伪造和被盗的身份。Sybil 攻击者既可以伪造与合法节点的标识兼容的新标识，也可以窃取合法节点的标识并将其分配给 Sybil 节点。
- 同时和非同时。在同时使用所有身份的过程中，攻击者频繁地遍历这些身份，以致它们似乎在同一时间被使用。在非同时使用中，攻击者会在一段时间内一个接一个地使用相同数量的身份。

4）传输层攻击

（1）会话劫持。在会话劫持中，攻击者是通过将自己声明为经过身份验证的用户来劫持会话的。由于仅在会话开始时对用户进行身份验证，因此攻击者可以利用这一点来进行劫持会话。攻击者实际上是在欺骗用户计算机的 IP 地址，并确定其序列号，之后占用较高流量。通过会话劫持，攻击者可以完全控制会话。会话劫持可进一步分为三类：主动会话劫持、被动会话劫持和混合会话劫持。

- 主动会话劫持通过完全断开服务器与客户端之间的连接来完全控制会话。攻击者首先在任一客户端执行"拒绝服务"攻击，将该客户端完全从会话中淘汰并断开连接；然后将自己伪装成经过身份验证的用户，并与服务器通信。
- 被动会话劫持类似于主动会话劫持，唯一的区别是前者不强制客户端退出会话，而是监听客户端与服务器之间的流量。
- 混合会话劫持是主动会话劫持和被动会话劫持的组合。在这种攻击中，攻击者首先监听客户端和服务器之间的流量，以发现有用的信息，然后通过伪装身份来进行攻击。

（2）泛洪攻击。泛洪攻击的主要目的是降低网络性能。在泛洪攻击中，攻击者要么旨在浪费诸如电池电量和计算单元之类的资源，要么旨在通过向网络中填充无用的数据包来耗尽诸如带宽之类的资源。例如，恶意节点可以重复广播网络中实际上不存在的节点路由来请求数据包。由于目的节点不存在，因此数据包将在网络内无目的地泛洪，从而增加网络流量，并消耗带宽和电池电量。如果不及时检查泛洪攻击，可能导致拒绝服务。

5）应用层攻击

（1）数据损坏。应用层是最接近最终用户的网络层次，因此为恶意节点提供了执行最广泛攻击的机会，攻击者可以在网络中的节点上执行各种类型的恶意代码，从而导致数据损坏，甚至会使整个应用程序失败。这些恶意代码可能是病毒（如蠕虫、特洛伊木马等），它们不仅会影响应用程序，而且也可能损害系统。病毒是恶意代码，它们将自身附加到可执行文件或程序上，在用户运行该文件或程序时"感染"系统或数据。通过共享或传输这些文件或程序可以很容易地传播病毒，但用户在运行或打开该文件或程序之前不会损害系统。

蠕虫是病毒的一个子类，具有复制自身的能力，可以通过系统的信息传输功能将其自身传输给其他用户，无须任何人工干预。蠕虫要复制自身，还会消耗大量的系统内存，这些能力使蠕虫变得更加危险。

当打开或运行特洛伊木马时，虽然它不复制自身也不感染文件，但它可以删除文件、破坏信息，甚至可以通过创建"后门"来向攻击者提供被攻击系统的访问权限。

（2）抵赖攻击。在抵赖攻击中，恶意节点或自私节点可以通过操纵存储在日志文件中的条目来拒绝参与数据传输。安装防火墙和端到端加密不足以预防抵赖攻击，数字签名是一种可以用来预防抵赖攻击的技术。

5.6 本章小结

本章对群体智能中涉及的一些基础理论和协同技术进行了探讨，基础理论包括协同态势感知理论、多智能体系统一致性理论、最优控制理论、基本通信理论等，协同技术包括协同态势感知领域中的协同目标识别、协同目标定位、协同目标跟踪等技术，集群自主控制中的协同任务分配、协同航路规划、集群编队控制、集群蜂拥控制等技术，以及协同组网中的自组织网络、通信抗干扰、通信安全等技术。这些技术均是一个群体能够发挥其优势的保障，它们的发展水平和自主性水平直接关系到群体智能的技术水平和智能装备的自主性水平的高低。值得注意的是，群体装备要想真正利用群体智能技术达到人类所期望的作战效能，还有很多技术难关需要突破，如非理想环境、计算单元的算力有限等。

参考文献

[1] Endsley M R. Toward a theory of situation awareness in dynamic systems[J]. Human Factors，1995，37（1）：32-64.

[2] Stanton N A，Young M S. A proposed psychological model of driving automation[J]. Theoretical Issues in Ergonomics Science，Taylor & Francis，2000，1（4）：315-331.

[3] Wikipedia. Situation awareness[EB/OL]. [2020-12-24]. https://en.wikipedia.org/wiki/Situation_awareness.

[4] Salmon P，Stanton N，Walker G，et al. Situation awareness measurement：A review of applicability for C4I environments[J]. Applied Ergonomics，2006，37（2）：225-238.

[5] Salmon P M，Stanton N A，Walker G H，et al. What really is going on? Review of situation awareness models for individuals and teams[J]. Theoretical Issues in Ergonomics Science，2008，9（4）：297-323.

[6] 赵宗贵，李君灵，王珂. 战场态势估计概念、结构与效能 [J]. 中国电子科学研究院学报，2010，5（03）：226-230.

[7] 赵慧赟，张东戈. 战场态势感知研究综述 [C]// 中国指挥与控制学会. 第三届中国指挥控制大会论文集（下册），2015：6.

[8] 肖圣龙，石章松，吴中红. 现代信息条件下的战场态势感知概念与技术 [J]. 舰船电子工程，2014，34（11）：13-15，138.

[9] Lowell J R. Military applications of localization, tracking, and targeting[J]. IEEE Wireless Communications, 2011, 18 (2): 60-65.

[10] Rantakokko J, Händel P, Fredholm M, et al. User requirements for localization and tracking technology : A survey of mission-specific needs and constraints[C]//2010 International Conference on Indoor Positioning and Indoor Navigation. IEEE, 2010 : 1-9.

[11] Marani G, Choi S K. Underwater target localization : Autonomous intervention with the DIDSON sonar in SAUVIM[J]. IEEE Robotics and Automation Magazine, 2010, 17 (1): 64-70.

[12] Zhong J, Lin Z, Chen Z, et al. Cooperative localization using angle-of-arrival information[C]//11th IEEE International Conference on Control & Automation (ICCA). IEEE, 2014 : 19-24.

[13] Xu E, Ding Z, Dasgupta S. Source localization in wireless sensor networks from signal time-of-arrival measurements[J]. IEEE Transactions on Signal Processing, 2011, 59 (6): 2887-2897.

[14] Li X. Collaborative localization with received-signal strength in wireless sensor networks[J]. IEEE Transactions on Vehicular Technology, 2007, 56 (6): 3807-3817.

[15] Nazir U, Shahid N, Arshad M A, et al. Classification of localization algorithms for wireless sensor network : A survey[C]//2012 International Conference on Open Source Systems and Technologies. IEEE, 2012 : 1-5.

[16] Tomic S. Target localization and tracking in wireless sensor networks[D]. Lisboa, Portugal : Universidade NOVA de Lisboa, 2017.

[17] Manolakis D E. Efficient solution and performance analysis of 3-D position estimation by trilateration[J]. IEEE Transactions on Aerospace and Electronic systems, 1996, 32 (4): 1239-1248.

[18] Sayed A H, Tarighat A, Khajehnouri N. Network-based wireless location : challenges faced in developing techniques for accurate wireless location information[J]. IEEE Signal Processing Magazine, 2005, 22 (4): 24-40.

[19] Fang B T. Simple solutions for hyperbolic and related position fixes[J]. IEEE Transactions on Aerospace and Electronic Systems, 1990, 26 (5): 748-753.

[20] Doherty L, El Ghaoui L. Convex position estimation in wireless sensor networks[C]// Proceedings of IEEE INFOCOM 2001.. IEEE, 2001, 3 : 1655-1663.

[21] Kay S M. Fundamentals of statistical signal processing : Estimation theory[M]. Englewood Cliffs, NJ, USA : Prentice Hall PTR, 1993.

[22] Li X. Collaborative localization with received-signal strength in wireless sensor networks[J]. IEEE Transactions on Vehicular Technology, 2007, 56 (6): 3807-3817.

[23] Lui K W K, Ma W K, So H C, et al. Semi-definite programming algorithms for sensor network node localization with uncertainties in anchor positions and/or propagation speed[J]. IEEE Transactions on Signal Processing, 2008, 57 (2): 752-763.

[24] Ouyang R W，Wong A K S，Lea C T. Received signal strength-based wireless localization via semidefinite programming : Noncooperative and cooperative schemes[J]. IEEE Transactions on Vehicular Technology，2010，59（3）：1307-1318.

[25] Wang G，Yang K. A new approach to sensor node localization using RSS measurements in wireless sensor networks[J]. IEEE Transactions on Wireless Communications，2011，10（5）：1389-1395.

[26] Chen H，Wang G，Wang Z，et al. Non-line-of-sight node localization based on semi-definite programming in wireless sensor networks[J]. IEEE Transactions on Wireless Communications，2011，11（1）：108-116.

[27] Wang G，Chen H，Li Y，et al. On received-signal-strength based localization with unknown transmit power and path loss exponent[J]. IEEE Wireless Communications Letters，2012，1（5）：536-539.

[28] Vaghefi R M，Gholami M R，Buehrer R M，et al. Cooperative received signal strength-based sensor localization with unknown transmit powers[J]. IEEE Transactions on Signal Processing，2012，61（6）：1389-1403.

[29] Amundson I，Koutsoukos X D. A survey on localization for mobile wireless sensor networks[C]//International Workshop on Mobile Entity Localization and Tracking in GPS-less Environments. Springer，Berlin，Heidelberg，2009 : 235-254.

[30] Akgul F O，Heidari M，Alsindi N，et al. Localization algorithms and strategies for wireless sensor networks : Monitoring and surveillance techniques for target tracking[M]//Mao G，Fidan B. Localization Algorithms and Strategies for Wireless Sensor Networks. Hershey，PA，USA : IGI Global，2009 : 54-95.

[31] Arulampalam M S，Maskell S，Gordon N，et al. A tutorial on particle filters for online nonlinear/non-Gaussian Bayesian tracking[J]. IEEE Transactions on Signal Processing，2002，50（2）：174-188.

[32] Kuang X，Shao H. Maximum likelihood localization algorithm using wireless sensor networks[C]//Proceedings of the First International Conference on Innovative Computing，Information and Control. IEEE，2006，3 : 263-266.

[33] Mendalka M，Kulas L，Nyka K. Localization in wireless sensor networks based on ZigBee platform[C]//Proceedings of the MIKON 2008 17th International Conference on Microwaves，Radar and Wireless Communications. IEEE，2008 : 1-4.

[34] Ladd A M，Bekris K E，Rudys A P，et al. On the feasibility of using wireless ethernet for indoor localization[J]. IEEE Transactions on Robotics and Automation，2004，20（3）：555-559.

[35] Fox V，Hightower J，Liao L，et al. Bayesian filtering for location estimation[J]. IEEE Pervasive Computing，2003，2（3）：24-33.

[36] Plett G, DeLima P, Pack D. Target localization using multiple UAVs with sensor fusion via sigma-point Kalman filtering[C]//AIAA Infotech@ Aerospace 2007 Conference and Exhibit. 2007 : AIAA 2007-2845.

[37] Kalman R E.A new approach to linear filtering and prediction problems[J]. Transaction of the ASME : Journal of Basic Engineering, 1960, 82 (Series D): 35-45.

[38] Martinez-Espla J J, Martinez-Marin T, Lopez-Sanchez J M. Using a grid-based filter to solve InSAR phase unwrapping[J]. IEEE Geoscience and Remote Sensing Letters, 2008, 5 (2): 147-151.

[39] Welch G, Bishop G. An introduction to the Kalman filter : Technical Report TR 95-041[R]. University of North Carolina at Chapel Hill, NC, USA : 2004.

[40] Julier S J, Uhlmann J K. Unscented filtering and nonlinear estimation[J]. Proceedings of the IEEE, 2004, 92 (3): 401-422.

[41] Van Der Merwe R, Wan E, Julier S. Sigma-point Kalman filters for nonlinear estimation and sensor-fusion : Applications to integrated navigation[C]//AIAA Guidance, Navigation, and Control Conference and Exhibit. 2004 : AIAA 2004-5120.

[42] Shang Y, Rumi W, Zhang Y, et al. Localization from connectivity in sensor networks[J]. IEEE Transactions on Parallel and Distributed Systems, 2004, 15 (11): 961-974.

[43] Kumar S, Hegde R M. A review of localization and tracking algorithms in wireless sensor networks[J]. arXiv preprint arXiv : 1701.02080, 2017.

[44] Blumenthal J, Grossmann R, Golatowski F, et al. Weighted centroid localization in zigbee-based sensor networks[C]//2007 IEEE International Symposium on Intelligent Signal Processing. IEEE, 2007 : 1-6.

[45] Brunato M, Battiti R. Statistical learning theory for location fingerprinting in wireless LANs[J]. Computer Networks, 2005, 47 (6): 825-845.

[46] Oshman Y, Davidson P. Optimization of observer trajectories for bearings-only target localization[J]. IEEE Transactions on Aerospace and Electronic Systems, 1999, 35 (3): 892-902.

[47] Hernandez M L. Optimal sensor trajectories in bearings-only tracking[C]//Proceedings of the Seventh International Conference on Information Fusion. 2004 : 893-900.

[48] Doğançay K. Single-and multi-platform constrained sensor path optimization for angle-of-arrival target tracking[C]//2010 18th European Signal Processing Conference. IEEE, 2010 : 835-839.

[49] Sukumar S R, Bozdogan H, Page D L, et al. Uncertainty minimization in multi-sensor localization systems using model selection theory[C]//2008 19th International Conference on Pattern Recognition. IEEE, 2008 : 1-4.

[50] Semper S R, Crassidis J L. Decentralized geolocation and optimal path planning using limited UAVs[C]//2009 12th International Conference on Information Fusion. IEEE, 2009 : 355-362.

[51] Martínez S，Bullo F. Optimal sensor placement and motion coordination for target tracking[J]. Automatica，2006，42（4）: 661-668.

[52] Doğançay K，Hmam H. Optimal angular sensor separation for AOA localization[J]. Signal Processing，2008，88（5）: 1248-1260.

[53] Bishop A N，Jensfelt P. An optimality analysis of sensor-target geometries for signal strength based localization[C]//2009 International Conference on Intelligent Sensors，Sensor Networks and Information Processing. IEEE，2009 : 127-132.

[54] Bishop A N，Fidan B，Anderson B D O，et al. Optimality analysis of sensor-target localization geometries[J]. Automatica，2010，46（3）: 479-492.

[55] Doğançay K，Hmam H. On optimal sensor placement for time-difference-of-arrival localization utilizing uncertainty minimization[C]//2009 17th European Signal Processing Conference. IEEE，2009 : 1136-1140.

[56] Zhao S，Chen B M，Lee T H. Optimal sensor placement for target localisation and tracking in 2D and 3D[J]. International Journal of Control，2013，86（10）: 1687-1704.

[57] Moreno-Salinas D，Pascoal A M，Aranda J. Optimal sensor placement for underwater positioning with uncertainty in the target location[C]//2011 IEEE International Conference on Robotics and Automation. IEEE，2011 : 2308-2314.

[58] Perez-Ramirez J，Borah D K，Voelz D G. Optimal 3-D landmark placement for vehicle localization using heterogeneous sensors[J]. IEEE Transactions on Vehicular Technology，2013，62（7）: 2987-2999.

[59] Yang C，Kaplan L，Blasch E，et al. Optimal placement of heterogeneous sensors for targets with Gaussian priors[J]. IEEE Transactions on Aerospace and Electronic Systems，2013，49（3）: 1637-1653.

[60] Jourdan D B，Roy N. Optimal sensor placement for agent localization[J]. ACM Transactions on Sensor Networks，2008，4（3）: 13.

[61] Doğançay K. UAV path planning for passive emitter localization[J]. IEEE Transactions on Aerospace and Electronic Systems，2012，48（2）: 1150-1166.

[62] Meng W，Xie L，Xiao W. Optimality analysis of sensor-source geometries in heterogeneous sensor networks[J]. IEEE Transactions on Wireless Communications，2013，12（4）: 1958-1967.

[63] Wikipedia. Automatic target recognition[EB/OL]. [2020-12-24]. https://en.wikipedia.org/wiki/Automatic_target_recognition.

[64] Zhang X，Yao L，Liu X. A Multi-sensor target recognition information fusion approach based on improved evidence reasoning rule[C]//International Conference on Space Information Network. Springer，Singapore，2018 : 215-228.

[65] 王伟男，周亮. 基于图像处理技术的军事目标识别方法综述 [J]. 电脑与信息技术，2020，28（01）: 4-8.

[66] 李开明，张群，罗迎，等. 地面车辆目标识别研究综述 [J]. 电子学报，2014，42（03）：538-546.

[67] Tait P. Introduction to radar target recognition[M]. London，UK：Institution of Engineering and Technology，2005.

[68] 马林. 雷达目标识别技术综述 [J]. 现代雷达，2011，33（06）：1-7.

[69] Blacknell D，Griffiths H. Radar automatic target recognition（ATR）and non-cooperative target recognition（NCTR）[M]. London，UK：Institution of Engineering and Technology，2013.

[70] El-Darymli K，Gill E W，McGuire P，et al. Automatic target recognition in synthetic aperture radar imagery：A state-of-the-art review[J]. IEEE access，2016，4：6014-6058.

[71] 叶春辉. 基于深度学习的地面军事目标识别技术研究 [D]. 沈阳：沈阳工业大学，2020.

[72] 王伟男，杨朝红. 基于图像处理技术的目标识别方法综述 [J]. 电脑与信息技术，2019，27（06）：9-15.

[73] 刘士建，金璐. 自动目标识别算法发展综述 [J]. 电光与控制，2016，23（10）：1-7.

[74] 张中伟，付泱，刘辉. 无人机自动目标识别算法研究综述 [C]// 中国航空学会. 2019 年（第四届）中国航空科学技术大会论文集，2019：323-329.

[75] Zhang X，Yao L，Liu X. A multi-sensor target recognition information fusion approach based on improved evidence reasoning rule[C]//International Conference on Space Information Network. Springer，Singapore，2018：215-228.

[76] Xiao Y，Shi Z. Application of multi-sensor data fusion technology in target recognition[C]//2011 3rd International Conference on Advanced Computer Control. IEEE，2011：441-444.

[77] Schachter B J. Automatic target recognition[M]. 3rd ed.Washington：SPIE Press，2018.

[78] 漆昇翔，刘强，徐国靖，等. 面向机载应用的多传感器图像融合技术综述 [J]. 航空电子技术，2016，47（04）：5-11.

[79] Frew E W，Lawrence D A，Morris S. Coordinated standoff tracking of moving targets using Lyapunov guidance vector fields[J]. Journal of guidance，control，and dynamics，2008，31(2)：290-306.

[80] Summers T H，Akella M R，Mears M J. Coordinated standoff tracking of moving targets：Control laws and information architectures[J]. Journal of Guidance，Control，and Dynamics，2009，32（1）：56-69.

[81] Wang Z，Gu D. Cooperative target tracking control of multiple robots[J]. IEEE Transactions on Industrial Electronics，2011，59（8）：3232-3240.

[82] Yu H，Beard R W，Argyle M，et al. Probabilistic path planning for cooperative target tracking using aerial and ground vehicles[C]//Proceedings of the 2011 American Control Conference. IEEE，2011：4673-4678.

[83] Oh H，Turchi D，Kim S，et al. Coordinated standoff tracking using path shaping for multiple UAVs[J]. IEEE Transactions on Aerospace and Electronic Systems，2014，50（1）：348-363.

[84] Oh H，Kim S，Shin H，et al. Coordinated standoff tracking of moving target groups using multiple UAVs[J]. IEEE Transactions on Aerospace and Electronic Systems，2015，51（2）：1501-1514.

[85] Hausman K，Müller J，Hariharan A，et al. Cooperative control for target tracking with onboard sensing[C]//The 14th International Symposium on Experimental Robotics. Springer，Cham，2016：879-892.

[86] Yao P，Wang H，Su Z. Cooperative path planning with applications to target tracking and obstacle avoidance for multi-UAVs[J]. Aerospace Science and Technology，2016，54：10-22.

[87] 韩崇昭. 多源信息融合 [M]. 北京：清华大学出版社，2010.

[88] Liu L，Ji H，Zhang W，et al. Multi-sensor fusion for multi-target tracking using measurement division[J]. IET Radar，Sonar & Navigation，2020，14（9）：1451-1461.

[89] Pan Z，Liu S，Fu W. A review of visual moving target tracking[J]. Multimedia Tools and Applications，2017，76（16）：16989-17018.

[90] Yilmaz A，Javed O，Shah M. Object tracking：A survey[J]. ACM Computing Surveys，2006，38（4）：13.

[91] Deori B，Thounaojam D M. A survey on moving object tracking in video[J]. International Journal on Information Theory，2014，3（3）：31-46.

[92] Walia G S，Kapoor R. Recent advances on multicue object tracking：A survey[J]. Artificial Intelligence Review，2016，46（1）：1-39.

[93] Poiesi F，Cavallaro A. Chapter 19 - Multi-Target Tracking in Video[M]//Trussell J，Srivastava A，Roy-Chowdhury A K，et al. Academic press library in signal processing：Volume 4. New York，NY，USA：Academic Press，2014：561-582.

[94] 李均利，尹宽，储诚曦，等. 视频目标跟踪技术综述 [J]. 燕山大学学报，2019，43（03）：251-262.

[95] 葛宝义，左宪章，胡永江. 视觉目标跟踪方法研究综述 [J]. 中国图象图形学报，2018，23（08）：1091-1107.

[96] Chen X，Tharmarasa R，Kirubarajan T. Multitarget multisensor tracking[M]//Sidiropoulos N D，Gini F，Chellappa R，et al. Academic Press Library in Signal Processing：Volume 2. New York，NY，USA：Academic Press，2014，2：759-812.

[97] Durrant-Whyte H，Henderson T C. Multisensor data fusion[M]//Siciliano B，Khatib O. Springer handbook of robotics. Cham，Switzerland：Springer，2016：867-896.

[98] NøRgaard M，Poulsen N K，Ravn O. New developments in state estimation for nonlinear systems[J]. Automatica，2000，36（11）：1627-1638.

[99] Arasaratnam I，Haykin S. Cubature kalman filters[J]. IEEE Transactions on Automatic Control，2009，54（6）：1254-1269.

[100] Punithakumar K，Kirubarajan T. Spline filter for nonlinear/non-Gaussian Bayesian tracking[C]// Proceedings Volume 6699，Signal and Data Processing of Small Targets 2007. SPIE，2007，6699：Article 66990N.

[101] He X, Sithiravel R, Tharmarasa R, et al. A spline filter for multidimensional nonlinear state estimation[J]. Signal Processing, 2014, 102：282-295.

[102] Blom H A P, Bar-Shalom Y. The interacting multiple model algorithm for systems with Markovian switching coefficients[J]. IEEE Transactions on Automatic Control, 1988, 33（8）: 780-783.

[103] Li X R, Bar-Shalom Y. Multiple-model estimation with variable structure[J]. IEEE Transactions on Automatic control, 1996, 41（4）: 478-493.

[104] Li X R, Jilkov V P. Survey of maneuvering target tracking. Part V: Multiple-model methods[J]. IEEE Transactions on Aerospace and Electronic Systems, 2005, 41（4）: 1255-1321.

[105] Li X R, Jilkov V P. Survey of maneuvering target tracking. Part I: Dynamic models[J]. IEEE Transactions on Aerospace and Electronic Systems, 2003, 39（4）: 1333-1364.

[106] Li X R, Jilkov V P. Survey of maneuvering target tracking. Part II: Motion models of ballistic and space targets[J]. IEEE Transactions on Aerospace and Electronic Systems, IEEE, 2010, 46（1）: 96-119.

[107] Li X R, Jilkov V P. A survey of maneuvering target tracking-Part III: Measurement models[C]//Proceedings of SPIE Conference on Signal and Data Processing of Small Targets 2001. SPIE, 2001, 4473: Article 4473-41.

[108] Li X R, Jilkov V P. A survey of maneuvering target tracking-Part IV: Decision-based methods[C]//Proceedings of SPIE Conference on Signal and Data Processing of Small Targets 2002. SPIE, 2002, 4728: Article 4728-60.

[109] Li X R, Jilkov V P. A survey of maneuvering target tracking-Part VIa: Density-based exact nonlinear filtering[C]//Proceedings of SPIE Conference on Signal and Data Processing of Small Targets 2010. SPIE, 2010, 7698: Article 76981D.

[110] Li X R, Jilkov V P. A survey of maneuvering target tracking-Part VIb: Approximate nonlinear density filtering in mixed time[C]//Proceedings of SPIE Conference on Signal and Data Processing of Small Targets 2010. SPIE, 2010, 7698: Article 76981E.

[111] Li X R, Jilkov V P. A survey of maneuvering target tracking-Part VIc: Approximate nonlinear density filtering in discrete time[C]//Proceedings of SPIE Conference on Signal and Data Processing of Small Targets 2012. SPIE, 2012, 8393: Article 83930V.

[112] Singh S, Smith D. Approaches to multisensor data fusion in target tracking: A survey[J]. IEEE Transactions on Knowledge & Data Engineering, 2006, 18（12）: 1696-1710.

[113] Deb S, Yeddanapudi M, Pattipati K, et al. A generalized S-D assignment algorithm for multisensor-multitarget state estimation[J]. IEEE Transactions on Aerospace and Electronic systems, 1997, 33（2）: 523-538.

[114] Sathyan T, Sinha A, Kirubarajan T, et al. MDA-based data association with prior track information for passive multitarget tracking[J]. IEEE Transactions on Aerospace and Electronic Systems, 2011, 47（1）: 539-556.

[115] Liggins M E, Hall D L, Llinas J. Handbook of multisensor data fusion : Theory and practice[M]. 2nd ed. Boca Raton, FL, USA: CRC Press, 2009.

[116] Mahler R P S. Statistical multisource-multitarget information fusion[M]. Boston : Artech House Publishers, 2007.

[117] Mahler R P S. Multitarget Bayes filtering via first-order multitarget moments[J]. IEEE Transactions on Aerospace and Electronic systems, 2003, 39 (4): 1152-1178.

[118] Mahler R P S. PHD filters of higher order in target number[J]. IEEE Transactions on Aerospace and Electronic systems, 2007, 43 (4): 1523-1543.

[119] Vo B N, Ma W K. The Gaussian mixture probability hypothesis density filter[J]. IEEE Transactions on signal processing, 2006, 54 (11): 4091-4104.

[120] Vo B T, Vo B N, Cantoni A. The cardinality balanced multi-target multi-Bernoulli filter and its implementations[J]. IEEE Transactions on Signal Processing, 2008, 57 (2): 409-423.

[121] Lian F, Han C, Liu W. Estimating unknown clutter intensity for PHD filter[J]. IEEE Transactions on Aerospace and Electronic Systems, 2010, 46 (4): 2066-2078.

[122] Ristic B, Clark D, Vo B N, et al. Adaptive target birth intensity for PHD and CPHD filters[J]. IEEE Transactions on Aerospace and Electronic Systems, 2012, 48 (2): 1656-1668.

[123] Luo S H, Xu H, Xu Y. Couple-sensor CBMeMBer filter[J]. Electronics letters, 2012, 48(24): 1553-1554.

[124] Ouyang C, Ji H, Li C. Improved multi-target multi-Bernoulli filter[J]. IET Radar, Sonar & Navigation, 2012, 6 (6): 458-464.

[125] Beard M, Vo B T, Vo B N, et al. A partially uniform target birth model for Gaussian mixture PHD/CPHD filtering[J]. IEEE Transactions on Aerospace and Electronic Systems, 2013, 49 (4): 2835-2844.

[126] Lundgren M, Svensson L, Hammarstrand L. A CPHD filter for tracking with spawning models[J]. IEEE Journal of Selected Topics in Signal Processing, 2013, 7 (3): 496-507.

[127] Dunne D, Kirubarajan T. Multiple model multi-Bernoulli filters for manoeuvering targets[J]. IEEE Transactions on Aerospace and Electronic Systems, 2013, 49 (4): 2679-2692.

[128] Yang J L, Ge H W. An improved multi-target tracking algorithm based on CBMeMBer filter and variational Bayesian approximation[J]. Signal Processing, 2013, 93 (9): 2510-2515.

[129] Vo B T, Vo B N, Hoseinnezhad R, et al. Robust multi-Bernoulli filtering[J]. IEEE Journal of Selected Topics in Signal Processing, 2013, 7 (3): 399-409.

[130] Vo B N, Vo B T, Phung D. Labeled random finite sets and the Bayes multi-target tracking filter[J]. IEEE Transactions on Signal Processing, 2014, 62 (24): 6554-6567.

[131] Zhang G, Lian F, Han C. CBMeMBer filters for nonstandard targets, I : extended targets[C]//17th International Conference on Information Fusion. IEEE, 2014 : 1-6.

[132] Zhang G, Lian F, Han C. CBMeMBer filters for nonstandard targets, II : Unresolved targets[C]//17th International Conference on Information Fusion. IEEE, 2014 : 1-6.

[133] Reuter S, Vo B T, Vo B N, et al. The labeled multi-Bernoulli filter[J]. IEEE Transactions on Signal Processing, 2014, 62 (12): 3246-3260.

[134] Williams J L. An efficient, variational approximation of the best fitting multi-Bernoulli filter[J]. IEEE Transactions on Signal Processing, 2014, 63 (1): 258-273.

[135] Deusch H, Reuter S, Dietmayer K. The labeled multi-Bernoulli SLAM filter[J]. IEEE Signal Processing Letters, 2015, 22 (10): 1561-1565.

[136] Beard M, Vo B T, Vo B N. Bayesian multi-target tracking with merged measurements using labelled random finite sets[J]. IEEE Transactions on Signal Processing, 2015, 63 (6): 1433-1447.

[137] 苏菲. 动态环境下多 UCAV 分布式在线协同任务规划技术研究 [D]. 长沙: 国防科技大学, 2013.

[138] 齐小刚, 李博, 范英盛, 等. 多约束下多无人机的任务规划研究综述 [J]. 智能系统学报, 2020, 15 (02): 204-217.

[139] 周菁. 自组织多机器人系统任务分配建模与设计 [D]. 西安: 西北工业大学, 2015.

[140] Mosteo A R, Montano L. A survey of multi-robot task allocation[R]. Zaragoza, Spain: Instituto de Investigación en Ingeniería de Aragón, University of Zaragoza, 2010.

[141] Koubâa A, Bennaceur H, Chaari I, et al. Different approaches to solve the MRTA problem[M]//Koubâa A, Bennaceur H, Chaari I, et al. Robot path planning and cooperation: Foundations, algorithms and experimentations. Cham, Switzerland: Springer, 2018: 145-168.

[142] Henchey M, Rosen S. Emerging approaches to support dynamic mission planning: survey and recommendations for future research[J]. The Journal of Defense Modeling and Simulation, 2020: 1548512919898750.

[143] Gerkey B P, Mataric M J. A formal analysis and taxonomy of task allocation in multi-robot systems[J]. The International Journal of Robotics Research, 2004, 23 (9): 939-954.

[144] Korsah G A, Stentz A, Dias M B. A comprehensive taxonomy for multi-robot task allocation[J]. The International Journal of Robotics Research, 2013, 32 (12): 1495-1512.

[145] 唐苏妍, 朱一凡, 李群, 等. 多 Agent 系统任务分配方法综述 [J]. 系统工程与电子技术, 2010, 32 (10): 2155-2161.

[146] Khamis A, Hussein A, Elmogy A. Multi-robot task allocation: A review of the state-of-the-art[M]//Koubâa A, Martínez-de Dios J. Cooperative robots and sensor networks 2015. Cham, Switzerland: Springer, 2015: 31-51.

[147] 吴蔚楠. 多无人飞行器分布式任务规划技术研究 [D]. 哈尔滨: 哈尔滨工业大学, 2018.

[148] 邓启波. 多无人机协同任务规划技术研究 [D]. 北京: 北京理工大学, 2014.

[149] 陈侠. 乔艳芝. 无人机任务分配综述 [J]. 沈阳航空航天大学学报, 2016, 33 (06): 1-7.

[150] 缪永飞. 多 UAV 联合搜救任务规划建模及优化方法研究 [D]. 武汉: 武汉理工大学, 2017.

[151] Koubâa A，Bennaceur H，Chaari I，et al. General background on multi-robot task allocation[M]//Koubâa A，Bennaceur H，Chaari I，et al. Robot path planning and cooperation：Foundations，algorithms and experimentations. Cham，Switzerland：Springer，2018：129-144.

[152] 沈林成，陈璟，王楠. 飞行器任务规划技术综述 [J]. 航空学报，2014，35（03）：593-606.

[153] Manne A S. A target-assignment problem[J]. Operations Research，1958，6（3）：346-351.

[154] Malcolm W P. On the Character and Complexity of Certain Defensive Resource Allocation Problems[R]. Defence Science and Technology Organisation Salisbury（Australia）Systems Sciences Lab，2004.

[155] Johansson F，Falkman G. An empirical investigation of the static weapon-target allocation problem[C]//Proceedings of the 3rd Skövde Workshop on Information Fusion Topics. 2009：63-67.

[156] Rosenberger J M，Hwang H S，Pallerla R P，et al. The generalized weapon target assignment problem[R]. Texas University at Arlington，2005.

[157] Ahuja R K，Kumar A，Jha K C，et al. Exact and heuristic algorithms for the weapon-target assignment problem[J]. Operations research，2007，55（6）：1136-1146.

[158] Lee Z J，Lee C Y，Su S F. An immunity-based ant colony optimization algorithm for solving weapon–target assignment problem[J]. Applied Soft Computing，2002，2（1）：39-47.

[159] Shang G，Zaiyue Z，Xiaoru Z，et al. Immune genetic algorithm for weapon-target assignment problem[C]//Workshop on Intelligent Information Technology Application（IITA 2007）. IEEE，2007：145-148.

[160] Zeng X，Zhu Y，Nan L，et al. Solving weapon-target assignment problem using discrete particle swarm optimization[C]//2006 6th World Congress on Intelligent Control and Automation. IEEE，2006，1：3562-3565.

[161] Lee M Z. Constrained weapon–target assignment：Enhanced very large scale neighborhood search algorithm[J]. IEEE Transactions on Systems，Man，and Cybernetics-Part A：Systems and Humans，2009，40（1）：198-204.

[162] Kline A，Ahner D，Hill R. The weapon-target assignment problem[J]. Computers & Operations Research，2019，105：226-236.

[163] Ahner D K，Parson C R. Optimal multi-stage allocation of weapons to targets using adaptive dynamic programming[J]. Optimization Letters，2015，9（8）：1689-1701.

[164] Sikanen T. Solving weapon target assignment problem with dynamic programming[J]. Independent Research Projects in Applied Mathematics，2008：32.

[165] Murphey R A. An approximate algorithm for a weapon target assignment stochastic program[M]//Approximation and Complexity in Numerical Optimization. Springer，Boston，MA，2000：406-421.

[166] Xin B，Chen J，Zhang J，et al. Efficient decision makings for dynamic weapon-target assignment by virtual permutation and tabu search heuristics[J]. IEEE Transactions on Systems，Man，and Cybernetics，Part C（Applications and Reviews），2010，40（6）：649-662.

[167] Khosla D. Hybrid genetic approach for the dynamic weapon-target allocation problem[C]// Battlespace Digitization and Network-centric Warfare. SPIE，2001，4396：244-259.

[168] Leboucher C，Shin H S，Siarry P，et al. A Two-Step Optimisation Method for Dynamic Weapon Target Assignment Problem[M]//Recent Advances on Meta-Heuristics and Their Application to Real Scenarios. IntechOpen，2013.

[169] Koubâa A，Bennaceur H，Chaari I，et al. Introduction to mobile robot path planning[M]// Koubâa A，Bennaceur H，Chaari I，et al. Robot path planning and cooperation：Foundations，algorithms and experimentations. Cham，Switzerland：Springer，2018：13-51.

[170] Aggarwal S，Kumar N. Path planning techniques for unmanned aerial vehicles：A review，solutions，and challenges[J]. Computer Communications，2020，149：270-299.

[171] Gasparetto A，Boscariol P，Lanzutti A，et al. Path planning and trajectory planning algorithms：A general overview[M]//Carbone G，Gomez-Bravo F. Motion and operation planning of robotic systems. Cham，Switzerland：Springer，2015：3-27.

[172] Cheng X M，Cao D，Li C T. Survey of cooperative path planning for multiple unmanned aerial vehicles[J]. Applied Mechanics and Materials，2014，668：388-393.

[173] 赵帅. 低空空域下多无人机无冲突路径规划研究 [D]. 南京：南京航空航天大学，2019.

[174] 丁晟辉. 地面多移动机器人协同避障与路径规划技术 [D]. 南京：南京航空航天大学，2019.

[175] 赵明. 多无人机系统的协同目标分配和航迹规划方法研究 [D]. 哈尔滨：哈尔滨工业大学，2016.

[176] Raja P，Pugazhenthi S. Optimal path planning of mobile robots：A review[J]. International Journal of Physical Sciences，2012，7（9）：1314-1320.

[177] Ayawli B B K，Chellali R，Appiah A Y，et al. An overview of nature-inspired，conventional，and hybrid methods of autonomous vehicle path planning[J]. Journal of Advanced Transportation，2018，2018：Article ID 8269698.

[178] Dewangan R K，Shukla A，Godfrey W W. Survey on prioritized multi robot path planning[C]//2017 IEEE International Conference on Smart Technologies and Management for Computing，Communication，Controls，Energy and Materials. IEEE，2017：423-428.

[179] 雷艳敏. 多机器人系统的动态路径规划方法研究 [D]. 哈尔滨：哈尔滨工程大学，2011.

[180] 潘点恒，何兵. 多无人飞行器在线协同航迹规划技术综述 [J]. 飞航导弹，2018（07）：54-57.

[181] 王琼，刘美万，任伟建，等. 无人机航迹规划常用算法综述 [J]. 吉林大学学报（信息科学版），2019，37（01）：58-67.

[182] Zhang H，Lin W，Chen A. Path planning for the mobile robot：A review[J]. Symmetry，2018，10（10）：450.

[183] Li D，Wang P，Du L. Path planning technologies for autonomous underwater vehicles-A review[J]. IEEE Access，2019，7：9745-9768.

[184] Ou L，Liu W，Yan X，et al. A review of representation，model，algorithm and constraints for mobile robot path planning[C]//2018 IEEE 4th Information Technology and Mechatronics Engineering Conference. IEEE，2018：563-569.

[185] Song B，Qi G，Xu L. A survey of three-dimensional flight path planning for unmanned aerial vehicle[C]//2019 Chinese Control and Decision Conference. IEEE，2019：5010-5015.

[186] Patle B K，Pandey A，Parhi D R K，et al. A review：On path planning strategies for navigation of mobile robot[J]. Defence Technology，2019，15（4）：582-606.

[187] Zhao Y，Zheng Z，Liu Y. Survey on computational-intelligence-based UAV path planning[J]. Knowledge-Based Systems，2018，158：54-64.

[188] Tsourdos A，White B，Shanmugavel M. Cooperative path planning of unmanned aerial vehicles[M]. Chichester，UK：John Wiley & Sons，2010.

[189] 孙小雷. 基于多阶段航迹预测的无人机任务规划方法研究 [D]. 哈尔滨:哈尔滨工业大学，2015.

[190] Mac T T，Copot C，Tran D T，et al. Heuristic approaches in robot path planning：A survey[J]. Robotics and Autonomous Systems，2016，86：13-28.

[191] 盛亮，包磊，吴鹏飞. 启发式方法在机器人路径规划优化中的应用综述 [J]. 电光与控制，2018，25（09）：58-64.

[192] Khaksar W，Vivekananthen S，Saharia K S M，et al. A review on mobile robots motion path planning in unknown environments[C]//2015 IEEE International Symposium on Robotics and Intelligent Sensors. IEEE，2015：295-300.

[193] Goerzen C，Kong Z，Mettler B. A survey of motion planning algorithms from the perspective of autonomous UAV guidance[J]. Journal of Intelligent and Robotic Systems，2010，57（1-4）：65-100.

[194] Debnath S K，Omar R，Latip N B A. A review on energy efficient path planning algorithms for unmanned air vehicles[M]//Alfred R，Lim Y，Ibrahim A A A，et al. Computational science and technology. Singapore：Springer，2019：523-532.

[195] Triharminto H H，Prabuwono A S，Adji T B，et al. UAV dynamic path planning for intercepting of a moving target：A review[C]//16th FIRA RoboWorld Congress. Springer，Berlin，Heidelberg，2013：206-219.

[196] 陈麒杰，晋玉强，韩露. 无人机路径规划算法研究综述 [J]. 飞航导弹，2020（05）：54-58.

[197] 陈洋，赵新刚，韩建达. 移动机器人 3 维路径规划方法综述 [J]. 机器人，2010，32（04）：568-576.

[198] Bonabeau E，Dorigo M，Théraulaz G. Swarm intelligence：From natural to artificial systems[M]. Oxford，UK：Oxford University Press，1999.

[199] Karaboga D. An idea based on honey bee swarm for numerical optimization[R]. Kayseri，Turkey：Erciyes University，2005.

[200] Bansal J C，Sharma H，Jadon S S，et al. Spider Monkey Optimization algorithm for numerical optimization[J]. Memetic Computing，2014，6（1）：31-47.

[201] 潘欢. 二阶多智能体一致性算法研究 [D]. 长沙：中南大学，2012.

[202] Balaji P G，Srinivasan D. An introduction to multi-agent systems[M]// Srinivasan D，Jain L C. Innovations in multi-agent systems and applications - 1. Studies in computational intelligence. Berlin，Heidelberg，Germany：Springer，2010：1-27.

[203] 李杨，徐峰，谢光强，等. 多智能体技术发展及其应用综述 [J]. 计算机工程与应用，2018，54（09）：13-21.

[204] 孙凤兰. 多智能体网络的一致性研究 [D]. 武汉：华中科技大学，2012.

[205] 纪良浩. 多智能体网络的一致性问题研究 [D]. 重庆：重庆大学，2014.

[206] Ren W，Beard R W. Distributed consensus in multi-vehicle cooperative control[M]. London，UK：Springer，2008.

[207] 王刚. 多智能体一致性分布式控制问题研究 [D]. 上海：上海理工大学，2018.

[208] 周博. 多智能体的一致性控制及优化 [D]. 重庆：西南大学，2016.

[209] Borkar V，Varaiya P. Asymptotic agreement in distributed estimation[J]. IEEE Transactions on Automatic Control，1982，27（3）：650-655.

[210] Reynolds C W. Flocks，herds and schools：A distributed behavioral model[J]. SIGGRAPH Computer Graphics，1987，21（4）：25-34.

[211] Benediktsson J A，Swain P H. Consensus theoretic classification methods[J]. IEEE Transactions on Systems，Man，and Cybernetics，1992，22（4）：688-704.

[212] Vicsek T，Czirók A，Ben-Jacob E，et al. Novel type of phase transition in a system of self-driven particles[J]. Physical Review Letters，1995，75：1226-1229.

[213] Olfati-Saber R，Murray R M. Consensus problems in networks of agents with switching topology and time-delays[J]. IEEE Transactions on Automatic Control，2004，49（9）：1520-1533.

[214] Yu W，Wen G，Chen G，et al. Distributed cooperative control of multi-agent systems[M]. Singapore：John Wiley & Sons，2017.

[215] 施孟佶. 复杂环境下多智能体一致性控制及其在协同飞行中的应用 [D]. 成都：电子科技大学，2017.

[216] Wang Q，Gao H，Alsaadi F，et al. An overview of consensus problems in constrained multi-agent coordination[J]. Systems Science & Control Engineering，2014，2（1）：275-284.

[217] Zhu B，Xie L，Han D，et al. A survey on recent progress in control of swarm systems[J]. Science China Information Sciences，2017，60（7）：070201.

[218] Zuo Z，Han Q L，Ning B，et al. An overview of recent advances in fixed-time cooperative control of multiagent systems[J]. IEEE Transactions on Industrial Informatics，2018，14（6）：2322-2334.

[219] Ding L，Han Q L，Ge X，et al. An overview of recent advances in event-triggered consensus of multiagent systems[J]. IEEE Transactions on Cybernetics，2018，48（4）：1110-1123.

[220] Busoniu L，Babuska R，De Schutter B. A comprehensive survey of multiagent reinforcement learning[J]. IEEE Transactions on Systems，Man，and Cybernetics，Part C，2008，38（2）：156-172.

[221] 赵恩娇. 多飞行器编队控制及协同制导方法 [D]. 哈尔滨：哈尔滨工业大学，2018.

[222] 韩志敏. 基于图拉普拉斯的多自主体系统分布式运动编队控制 [D]. 杭州：浙江大学，2016.

[223] 赵学远，周绍磊，王帅磊，等. 多无人机系统编队控制综述 [J]. 仪表技术，2020（01）：40-42.

[224] 宗群，王丹丹，邵士凯，等. 多无人机协同编队飞行控制研究现状及发展 [J]. 哈尔滨工业大学学报，2017，49（03）：1-14.

[225] Portugal S J，Hubel T Y，Fritz J，et al. Upwash exploitation and downwash avoidance by flap phasing in ibis formation flight[J]. Nature，2014，505（7483）：399-402.

[226] Weimerskirch H，Martin J，Clerquin Y，et al. Energy saving in flight formation[J]. Nature，2001，413（6857）：697-698.

[227] Liu Y，Bucknall R. A survey of formation control and motion planning of multiple unmanned vehicles[J]. Robotica，2018，36（7）：1019-1047.

[228] Oh K K，Park M C，Ahn H S. A survey of multi-agent formation control[J]. Automatica，2015，53：424-440.

[229] 朱旭. 基于信息一致性的多无人机编队控制方法研究 [D]. 西安：西北工业大学，2014.

[230] 李乐宝. 四旋翼无人机编队飞行控制方法的研究 [D]. 杭州：浙江大学，2017.

[231] Mac S. Distributed Love[EB/OL].[2020-12-24]. https://steemit.com/philosophy/@scottiemac/distributed-love.

[232] 梁月乾. 无人机系统的协同目标追踪方法研究 [D]. 北京：北京航空航天大学，2017.

[233] 董琦，梁月乾，赵彦杰. 基于自适应有限时间干扰观测器的无人机集群编队控制方法 [J]. 中国科学：技术科学，2020，50（04）：423-438.

[234] Desai J P，Ostrowski J P，Kumar V. Modeling and control of formations of nonholonomic mobile robots[J]. IEEE Transactions on Robotics and Automation，2001，17（6）：905-908.

[235] Yoon S，Park S，Kim Y. Guidance law for standoff tracking of a moving target with leader-follower unmanned aerial vehicles[C]//AIAA Guidance，Navigation，and Control Conference. 2012：AIAA 2012-4824

[236] Kamel M A，Yu X，Zhang Y. Formation control and coordination of multiple unmanned ground vehicles in normal and faulty situations：A review[J]. Annual Reviews in Control，2020.

[237] Tan K H, Lewis M A. Virtual structures for high-precision cooperative mobile robotic control[C]//Proceedings of IEEE/RSJ International Conference on Intelligent Robots and Systems. IEEE, 1996: 132-139.

[238] Beard R W, Lawton J, Hadaegh F Y. A coordination architecture for spacecraft formation control[J]. IEEE Transactions on Control Systems Technology, 2001, 9 (6): 777-790.

[239] Balch T, Arkin R C. Behavior-based formation control for multirobot teams[J]. IEEE Transactions on Robotics and Automation, 1998, 14 (6): 926-939.

[240] Monteiro S, Bicho E. Attractor dynamics approach to formation control: Theory and application[J]. Autonomous Robots, 2010, 29 (3): 331-355.

[241] Issa B, Rashid A T. A survey of multi-mobile robot formation control[J]. International Journal of Computer Applications, 2019, 181 (48): 12-16.

[242] Balch T, Hybinette M. Social potentials for scalable multi-robot formations[C]// Proceedings of the 2000 IEEE International Conference on Robotics and Automation. IEEE, 2000: 73-80.

[243] Bennet D J, MacInnes C R, Suzuki M, et al. Autonomous three-dimensional formation flight for a swarm of unmanned aerial vehicles[J]. Journal of Guidance, Control, and Dynamics, 2011, 34 (6): 1899-1908.

[244] Ren W. Consensus strategies for cooperative control of vehicle formations[J]. IET Control Theory Applications, 2007, 1 (2): 505-512.

[245] Dong X, Yu B, Shi Z, et al. Time-varying formation control for unmanned aerial vehicles: Theories and applications[J]. IEEE Transactions on Control Systems Technology, 2015, 23(1): 340-348.

[246] 刘银萍, 杨宜民. 多机器人编队控制的研究综述 [J]. 控制工程, 2010, 17 (S3): 182-186.

[247] 贾永楠, 李擎. 多机器人编队控制研究进展 [J]. 工程科学学报, 2018, 40 (08): 893-900.

[248] 王祥科, 李迅, 郑志强. 多智能体系统编队控制相关问题研究综述 [J]. 控制与决策, 2013, 28 (11): 1601-1613.

[249] Xiong N, He J, Park J H, et al. Decentralized flocking algorithms for a swarm of mobile robots: Problem, current research and future directions[C]//2009 6th IEEE Consumer Communications and Networking Conference. IEEE, 2009: 1-6.

[250] Olfati-Saber R. Flocking for multi-agent dynamic systems: Algorithms and theory[J]. IEEE Transactions on Automatic Control, 2006, 51 (3): 401-420.

[251] Cucker F, Dong J G. A general collision-avoiding flocking framework[J]. IEEE Transactions on Automatic Control, 2011, 56 (5): 1124-1129.

[252] Zhang H T, Cheng Z, Chen G, et al. Model predictive flocking control for second-order multi-agent systems with input constraints[J]. IEEE Transactions on Circuits and Systems I: Regular Papers, 2015, 62 (6): 1599-1606.

[253] Mastellone S, Stipanović D M, Graunke C R, et al. Formation control and collision avoidance for multi-agent non-holonomic systems : Theory and experiments[J]. The International Journal of Robotics Research, 2008, 27 (1): 107-126.

[254] Wen G, Duan Z, Li Z, et al. Flocking of multi - agent dynamical systems with intermittent nonlinear velocity measurements[J]. International Journal of Robust and Nonlinear Control, 2012, 22 (16): 1790-1805.

[255] Barbaro A B T, Canizo J A, Carrillo J A, et al. Phase transitions in a kinetic flocking model of Cucker--Smale type[J]. Multiscale Modeling & Simulation, 2016, 14 (3): 1063-1088.

[256] Wang M, Su H, Zhao M, et al. Flocking of multiple autonomous agents with preserved network connectivity and heterogeneous nonlinear dynamics[J]. Neurocomputing, 2013, 115 : 169-177.

[257] Zhang H T, Zhai C, Chen Z. A general alignment repulsion algorithm for flocking of multi-agent systems[J]. IEEE Transactions on Automatic Control, 2010, 56 (2): 430-435.

[258] Guo W, Lü J, Chen S, et al. Second-order tracking control for leader–follower multi-agent flocking in directed graphs with switching topology[J]. Systems & Control Letters, 2011, 60 (12): 1051-1058.

[259] Yu W, Chen G, Cao M. Distributed leader–follower flocking control for multi-agent dynamical systems with time-varying velocities[J]. Systems & Control Letters, 2010, 59 (9): 543-552.

[260] Zhou J, Wu X, Yu W, et al. Flocking of multi-agent dynamical systems based on pseudo-leader mechanism[J]. Systems & Control Letters, 2012, 61 (1): 195-202.

[261] Duan R, Fornasier M, Toscani G. A kinetic flocking model with diffusion[J]. Communications in Mathematical Physics, 2010, 300 (1): 95-145.

[262] Chazelle B. The convergence of bird flocking[J]. Journal of the ACM, 2014, 61 (4): 1-35.

[263] Su H, Wang X, Yang W. Flocking in multi - agent systems with multiple virtual leaders[J]. Asian Journal of Control, 2008, 10 (2): 238-245.

[264] Su H, Zhang N, Chen M Z Q, et al. Adaptive flocking with a virtual leader of multiple agents governed by locally Lipschitz nonlinearity[J]. Nonlinear Analysis : Real World Applications, 2013, 14 (1): 798-806.

[265] Ferrante E, Turgut A E, Mathews N, et al. Flocking in stationary and non-stationary environments : A novel communication strategy for heading alignment[C]//International Conference on Parallel Problem Solving from Nature. Springer, Berlin, Heidelberg, 2010 : 331-340.

[266] Do K D. Flocking for multiple elliptical agents with limited communication ranges[J]. IEEE Transactions on Robotics, 2011, 27 (5): 931-942.

[267] Luo X, Liu D, Guan X, et al. Flocking in target pursuit for multi-agent systems with partial informed agents[J]. IET Control Theory & Applications, 2012, 6 (4): 560-569.

[268] Konak A, Buchert G E, Juro J. A flocking-based approach to maintain connectivity in mobile wireless ad hoc networks[J]. Applied Soft Computing, 2013, 13（2）: 1284-1291.

[269] Su H, Li Z, Chen M Z Q. Distributed estimation and control for two-target tracking mobile sensor networks[J]. Journal of the Franklin Institute, 2017, 354（7）: 2994-3007.

[270] Sahu B K, Subudhi B. Flocking control of multiple AUVs based on fuzzy potential functions[J]. IEEE Transactions on Fuzzy Systems, 2017, 26（5）: 2539-2551.

[271] Haskovec J. Flocking dynamics and mean-field limit in the Cucker–Smale-type model with topological interactions[J]. Physica D : Nonlinear Phenomena, 2013, 261 : 42-51.

[272] Ton T V, Linh N T H, Yagi A. Flocking and non-flocking behavior in a stochastic Cucker–Smale system[J]. Analysis and Applications, 2014, 12（01）: 63-73.

[273] Ha S Y, Tadmor E. From particle to kinetic and hydrodynamic descriptions of flocking[J]. Kinetic & Related Models, 2008, 1（3）: 415-435.

[274] Agueh M, Illner R, Richardson A. Analysis and simulations of a refined flocking and swarming model of Cucker-Smale type[J]. Kinetic & Related Models, 2011, 4（1）: 1-16.

[275] Regmi A, Sandoval R, Byrne R, et al. Experimental implementation of flocking algorithms in wheeled mobile robots[C]//Proceedings of the 2005 American Control Conference. IEEE, 2005 : 4917-4922.

[276] Miao Y Q, Khamis A, Kamel M S. Applying anti-flocking model in mobile surveillance systems[C]//2010 International Conference on Autonomous and Intelligent Systems, AIS 2010. IEEE, 2010 : 1-6.

[277] Ganganath N, Cheng C T, Chi K T. Distributed antiflocking algorithms for dynamic coverage of mobile sensor networks[J]. IEEE Transactions on Industrial Informatics, 2016, 12（5）: 1795-1805.

[278] Ganganath N, Cheng C T, Chi K T. Distributed anti-flocking control for mobile surveillance systems[C]//2015 IEEE International Symposium on Circuits and Systems. IEEE, 2015 : 1726-1729.

[279] Jing G, Zheng Y, Wang L. Flocking of multi-agent systems with multiple groups[J]. International Journal of Control, 2014, 87（12）: 2573-2582.

[280] Luo X, Li S, Guan X. Flocking algorithm with multi-target tracking for multi-agent systems[J]. Pattern Recognition Letters, 2010, 31（9）: 800-805.

[281] Semnani S H, Basir O A. Semi-flocking algorithm for motion control of mobile sensors in large-scale surveillance systems[J]. IEEE Transactions on Cybernetics, 2014, 45（1）: 129-137.

[282] Erlang A K. The theory of probabilities and telephone conversations[J]. Nyt Tidsskrift for Matematik B, 1909, 20 : 33-39.

[283] Harrison P G, Patel N M. Performance modelling of communication networks and computer architectures [M]. Boston, MA, USA : Addison-Wesley Longman Publishing Co., Inc., 1992.

[284] Pollaczek F. Über eine aufgabe der wahrscheinlichkeitstheorie. I[J]. Mathematische Zeitschrift, 1930, 32（1）: 64-100.

[285] Chartrand G，Zhang P. Chromatic graph theory[M]. Boca Raton，FL，USA：CRC Press, 2019.

[286] Dijkstra E W. A note on two problems in connexion with graphs[J]. Numerische mathematik, 1959, 1（1）: 269-271.

[287] Bekmezci I，Sahingoz O K，Temel Ş. Flying ad-hoc networks（FANETs）: A survey[J]. Ad Hoc Networks, 2013, 11（3）: 1254-1270.

[288] Ahmed N，Kanhere S S，Jha S. Link characterization for aerial wireless sensor networks[C]//2011 IEEE GLOBECOM Workshops. IEEE, 2011 : 1274-1279.

[289] Choi J I，Jain M，Srinivasan K，et al. Achieving single channel，full duplex wireless communication[C]//Proceedings of the Sixteenth Annual International Conference On Mobile Computing And Networking. ACM，2010 : 1-12.

[290] Alshbatat A I，Dong L. Adaptive MAC protocol for UAV communication networks using directional antennas[C]//2010 International Conference on Networking，Sensing and Control. IEEE，2010 : 598-603.

[291] Cai Y，Yu F R，Li J，et al. MAC performance improvement in UAV ad-hoc networks with full-duplex radios and multi-packet reception capability[C]//2012 IEEE International Conference on Communications. IEEE，2012 : 523-527.

[292] Bellur B，Ogier R G. A reliable，efficient topology broadcast protocol for dynamic networks[C]//IEEE INFOCOM'99. IEEE，1999, 1 : 178-186.

[293] Johnson D B，Maltz D A. Dynamic source routing in ad hoc wireless networks[M]//Imielinski T, Korth H F. Mobile computing. Boston，MA，USA : Springer，1996 : 153-181.

[294] Karp B，Kung H T. GPSR : Greedy perimeter stateless routing for wireless networks[C]// Proceedings of the 6th Annual International Conference on Mobile Computing and Networking. ACM，2000 : 243-254.

[295] Shirani R，St-Hilaire M，Kunz T，et al. The performance of greedy geographic forwarding in unmanned aeronautical ad-hoc networks[C]//2011 Ninth Annual Communication Networks and Services Research Conference. IEEE，2011 : 161-166.

[296] Alshabtat A I，Dong L，Li J，et al. Low latency routing algorithm for unmanned aerial vehicles ad-hoc networks[J]. International Journal of Electrical and Computer Engineering，2010，6(1): 48-54.

[297] Lin L，Sun Q，Li J，et al. A novel geographic position mobility oriented routing strategy for UAVs[J]. Journal of Computational Information Systems，2012, 8（2）: 709-716.

[298] Zang C，Zang S. Mobility prediction clustering algorithm for UAV networking[C]//2011 IEEE GLOBECOM Workshops. IEEE，2011 : 1158-1161.

[299] Liu K，Zhang J，Zhang T. The clustering algorithm of UAV networking in near-space[C]//2008 8th International Symposium on Antennas，Propagation and EM Theory. IEEE，2008：1550-1553.

[300] Ko J，Mahajan A，Sengupta R. A network-centric UAV organization for search and pursuit operations[C]//Proceedings of the IEEE Aerospace Conference. IEEE，2002，6：6-6.

[301] 宁国强,张卫东,侯波,等. 通信中干扰及抗干扰技术综述 [J]. 四川兵工学报,2011,32（05）：115-119+130.

[302] 李思佳，毛玉泉，郑秋容，等. UAV 数据链抗干扰的关键技术研究综述 [J]. 计算机应用研究，2011，28（06）：2020-2024.

[303] Chandan R R，Mishra P K. A review of security challenges in ad-hoc network[J]. International Journal of Applied Engineering Research，2018，13（22）：16117-16126.

[304] Cerri D，Ghioni A. Securing AODV：The A-SAODV secure routing prototype[J]. IEEE Communications Magazine，2008，46（2）：120-125.

第 6 章

体系智能

6.1 引言

在现代战争中，一个个体甚至一个小群体都很难在战争中生存，更不用说获得最终的胜利了。不同类型、不同功能、不同能力的个体或群体之间的相互协同已经成为现代战争中必不可少的一环了。例如，与传统的利用一个大型察打一体无人机相比，一群搭载侦察设备的小型无人机与一群具备目标打击能力的小型无人机在协同完成指定察打一体任务时，它们的任务成功率、完成效率会更高。当然，这也需要一定的前提，即各群体内部以及不同群体之间经过科学高效的协同，能够表现出足够高的协同智能。

体系智能是涉及多个群体智能的系统智能，重点在于系统与系统之间的协同，以及由此产生的整体效能最优化。未来智能化战争的一个最显著特征是体系化作战。在体系化作战中，一个独立的作战单元（如一架战斗机、一辆坦克）是很难生存下来的，更不用说仅靠它来赢得战争的胜利。体系化作战示例如图 6-1 所示，战场上的各个作战单元通过相互间的通信，来实现信息共享、资源分配、战术协同等，构成作战体系，以期达到利用最小的代价换取最大的胜利的目标。本书所探讨的军事领域的体系智能，是对全域的参战人员、指控系统、作战单元、通信网络、武器系统等各子系统的科学调度与整合，以实现全域范围内的态势、决策、行为等的共享融合，形成具备自主、精准、高效、全域、跨域、灵活、聚能等特征的高级智能[1]。

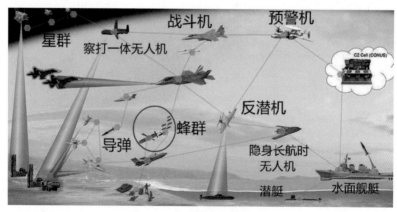

图 6-1　体系化作战示例[2]

体系智能技术包括体系态势融合技术、体系智能决策技术、体系智能组网技术、体系智能协同技术、体系智能作战管理技术等。本章接下来的各节将分别对这五种体系智能技术进行探讨，其中体系态势融合技术主要介绍异构多源数据融合的架构、分类和技术；体系智能决策技术主要以体系对抗博弈为例进行阐述；体系智能组网技术将从网络架构、异构网络管理、跨域网关管理、网络安全四个方面展开介绍；体系智能协同技术主要讨论人机交互和有人－无人自主协同作战等技术；体系智能作战管理技术主要介绍数字战场构建、战场资源管理、集群网络管理、云－边－端协同计算等技术。

6.2 体系态势融合

体系中各子系统通过分享各自的态势结果，来达到体系级的态势融合，以理解全域的当前态势状态，并预测未来态势发展。在体系态势融合中，融合的信息一般来自不同类型的传感器，因此体系态势融合与无人集群的异构多源数据融合类似。本节以跨域异构无人集群的异构多源数据融合为例对体系态势融合技术进行简要阐述。

无人集群分布在跨域异构空间，无人平台自身的设备状态会生成多种数据，不同的无人平台上会装载多种传感器对外部环境进行感知。为了维护无人平台的正常运行，以及对外部环境的多手段、多域的全局感知，需要采用数据融合技术对无人集群的数据进行融合分析。数据融合技术可以将来自多个传感器的数据和来自关联数据库的相关信息结合在一起，实现比使用单个传感器更高的准确性和更具体的推断。

无人集群的数据融合技术面临如下的问题：

⊃ 网络带宽受限：相比于高带宽的有线网络，无人集群使用的无线网络通常是带宽受限的，在进行海量数据的分布式融合时会面临问题。

- 存储空间受限：受限于无人平台的空间，机载处理器的存储空间通常难以满足海量数据存储与融合的需求。
- 计算能力受限：相比于地面服务器集群，无人集群的数据计算能力有限，如何处理分析海量的数据是个难题。

6.2.1　异构多源数据融合架构

设计无人集群的异构多源数据融合时的主要问题之一是在哪里进行数据融合。与群体系统中的多传感器数据融合类似，可以将异构多源数据融合的架构分为如下类型[3]：

1．集中式架构

在集中式架构中，融合节点位于中央处理中心，该中央处理中心从所有的输入源接收数据。所有的数据融合都是在中央处理中心进行的，该中央处理中心使用来自所有输入源的原始测量值。在此方案中，输入源仅获得观测值，将其作为测量值发送到中央处理中心，在中央处理中心中进行数据融合。假设已经准确地进行了数据对准和数据关联，并且传输数据所需的时间也不重要，那么集中式方案在理论上是最佳的。但是，上述假设在实际系统中是不成立的。此外，通过网络发送原始数据所需的大量带宽是集中式架构的一个缺点，当采用集中式架构在视觉传感器网络中融合数据时，带宽将成为瓶颈。在不同输入源之间传输数据的时延是可变的，这对集中式架构的影响比对其他类型结构的影响更大。

2．分散式架构

在分散式架构中，每个节点都有自己的处理能力，没有单点数据融合，因此每个节点都将本地数据与接收到的数据融合在一起处理。数据融合是自动进行的，每个节点都要考虑本地数据及其从对等节点接收到的数据。分散式架构的数据融合算法通常是使用 Fisher 和 Shannon 度量值，而不是对象的状态来传输信息的[4]。分散式架构的主要缺点是通信成本高，是每个通信步骤的 $O(n^2)$，其中 n 是节点数量。当节点数量增加时，分散式架构可能会遇到可伸缩性问题。

3．分布式架构

在分布式架构中，每个源节点在将数据传输到融合节点之前，都会对自身的测量值进行独立处理；融合节点负责从源节点接收数据。也就是说，在将数据传输到融合节点之前，源节点会先进行数据关联和状态估计。因此，每个源节点仅基于其本地视图提供对象状态的估计，并且此信息是融合过程的输入，融合过程提供了融合的全局视图。分布式架构提供了不同的选项和变体，如从单融合节点变为包含多个中间融合节点的结构。

4．分层式架构

分层式架构是分散式架构和分布式架构的组合，在该架构中，数据融合过程是在分层的不同级别上进行的。

原则上讲，由于计算和通信的需求，采用分散式架构的数据融合系统更难以实现。在实践中，没有最佳的架构，因此应根据需求、现有网络、数据可用性、节点处理能力和数据融合系统的组织来选择最合适的架构。

分散式架构和分布式架构看起来非常相似，但它们具有实质性的差异。首先，在分布式架构中，每个源节点都会对获得的测量值进行预处理，从而提供特征向量（此后将进行特征融合）。在分散式架构中，每个节点都会进行完整的数据融合过程，并且每个节点都提供全局融合的结果。其次，分散式架构的数据融合算法通常使用 Fisher 和 Shannon 度量值来传输信息，由于分散式架构的数据融合算法交换的是信息而不是状态和概率，因此具有易于将旧知识与新知识区分开的优点；采用分散式架构的数据融合过程是累加的，在接收融合信息时，关联意义是不相关的。在分布式架构的数据融合算法中，将要融合的状态不是关联的，但何时以及如何计算融合的估计值是相关的。与集中式架构相比，分布式架构减少了不必要的通信成本和计算成本，因为在融合节点中进行数据融合之前，某些任务是在分布式架构的源节点中执行的。

6.2.2 异构多源数据融合分类

异构多源数据融合通常可以分为四个抽象级别，即信号级、像素级、特征级和符号级 [5]。信号级融合处理的是来自传感器的一维或多维信号，可以用于实时应用或作为进一步融合的中间步骤。像素级融合是对图像进行的操作，可用于增强图像处理任务。特征级融合处理的是从信号或图像中提取的特征或属性，如形状和速度等。在符号级融合中，信息是代表决策的符号，也称为决策级融合。通常，特征级融合和符号级融合用于对象识别任务。

上述的这种分类存在一些缺点，并不适合所有的数据融合。首先，信号和图像均被看成由传感器提供的原始数据，因此它们可以视为同一类；其次，原始数据可能不仅来自传感器，数据融合系统还可能融合由数据库或人机交互提供的数据；第三，上述分类方法表明融合过程不能同时处理所有级别。

实际上，数据融合处理的是数据抽象的三个层次，即度量、特征和决策[6]。因此，根据操作数据的抽象级别，数据融合可以分为如下四类：

- 低级融合：也称为信号（测量）级融合。低级融合将原始数据作为输入，并组合成比各个输入更准确（噪声较小）的新数据。例如，通过使用移动平均滤波器（Moving Average Filter）来估计环境噪声，并确定通信信道是否畅通[7]。

- 中级融合：也称为特征级融合或属性级融合，用于融合实体的属性或特征（如形状、纹理、位置等），以获得用于其他任务（如对象的分割、检测）的特征图。中级融合的示例包括字段、特征图的融合估计等[8]。

- 高级融合：也称为符号级或决策级融合。高级融合以决策或符号作为输入，并对它们进行组合以获得更可信的全局决策。高级融合的一个示例是 Krishnamachari 和 Iyengar[9] 提出的用于二值事件检测的贝叶斯方法，该方法可以检测和纠正测量错误。

- 多级融合：当融合过程（融合的输入和输出）包含不同抽象级别的数据时，就属于多级融合。例如，对测量与特征进行融合以产生决策。

6.2.3　异构多源数据融合技术

与群体系统中的数据融合技术类似，异构多源数据融合技术也可以分为顺序方式和并行方式。对动态融合而言，最常用的融合技术是卡尔曼滤波器及其变式。对于涉及多个感兴趣目标的场景，需要先进行数据关联。具体内容可参考 5.2.4 节，这里不再重复。

6.3 体系对抗博弈

6.3.1 博弈对抗建模

无人集群博弈对抗是指敌我双方的无人集群在战场上正面遭遇后，双方的无人集群首先对战场态势进行全面评估，然后通过追击、逃避、分散、集中、合围、夹击、佯攻、导弹／火炮攻击等战术策略（或称战术决策），试图将另一方的无人集群消灭或驱离战场，以取得战争胜利的动态过程[10-12]。

根据无人装备上所搭载武器（如导弹、火炮等）的射程，集群对抗可以分为视距内对抗和超视距对抗[11, 13]。以无人机集群间的对抗为例，前者是指火炮射程范围内的对抗，它对决策（特别是机动决策）的实时性要求很高；后者是指超出火炮射程范围但在空空导弹射程范围内的对抗，它主要关注战术决策的优劣，对决策的实时性要求相对较低。当无人装备既携带中程空空导弹又携带远程空空导弹时，集群对抗又可以分为近距对抗、中距对抗、远距对抗[14-15]。近年来，随着远程导弹系统和雷达制导系统的发展，无人装备在视距外就可以对敌方目标发动攻击，不用陷于危险系数高、对机动能力要求苛刻的近距缠斗，因此，超视距对抗的重要性日益凸显、关注度也日益增加[13, 16]。

博弈对抗的研究内容主要包括集群分组、态势评估、策略（决策）生成与优化、机动决策、效能评估等[13]。

考虑到敌我双方的无人集群规模可能比较大，分布得可能比较散，直接研究双方在整个无人集群之间的对抗可能不合理，一方面是由于计算量较大，另一方面则是由于据此得到的对抗策略可能与最优策略的差距较大。集群分组包括敌方集群分组和我方集群分组。敌方集群分组是根据敌方无人集群的空间分布、作战意图、平台属性等将敌方的无人集群分为若干子群[13]；而我方集群分组则是根据敌方集群分组情况、当前态势情况等，将我方的无人集群分为相应数目的子群，并给出我方各子群对敌方各子群的一对一分配结果，从而将两个大规模的无人集群博弈对抗问题分解为多个成对小规模子群对抗问题。集群分组对抗示意图如图 6-2 所示。

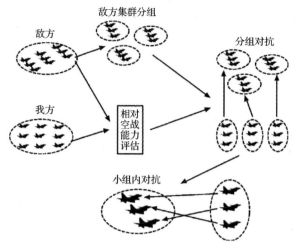

图 6-2　集群分组对抗示意图[17]

　　态势评估（也称威胁估计）是指评估方利用其感知、识别、分析能力和专家系统知识库等，根据作战双方当前时刻的几何（位置、速度、高度等）关系，以及作战双方的机动性能、传感器性能、武器性能等，以定性或定量的方式对其所处战场态势（优势还是劣势、优势值是多少、所受威胁水平如何等）进行客观准确描述的过程[18-22]。态势评估是策略生成与优化的基础。文献 [14] 给出了空战态势影响因素，如图 6-3 所示。

　　态势评估通常用多个性能指数来衡量，主要包括静态性能指数、战场态势指数（可分为战场优势态势指数和战场威胁态势指数）等[13-14, 23-26]。下面主要给出三维作战空间中博弈对抗态势评估的一些典型指数的定义，对于二维空间情形，需要做相应删减。

　　静态性能指数也称为装备能力指数，是衡量装备作战能力的指数。对有人机或无人机而言，一般采用如下形式的静态性能指数[14, 23-24]：

$$C = [\log B + \log(\sum A_1 + 1) + \log(\sum A_2)]\varepsilon_1\varepsilon_2\varepsilon_3\varepsilon_4 \qquad (6\text{-}1)$$

式中，B 为飞机的机动性能参数；A_1 为火力参数；A_2 为探测能力参数；ε_1、ε_2、ε_3、ε_4 分别为操纵性能系数、生存力系数、航程系数和电子对抗能力系数。

　　战场态势指数既可用我方对敌方的优势指数（战场优势态势指数）来表征[13-14, 18]，也可用敌方对我方的威胁指数（战场威胁态势指数）来表征[27]，还可将优势指数和威胁指数进行综合来表征[28]。

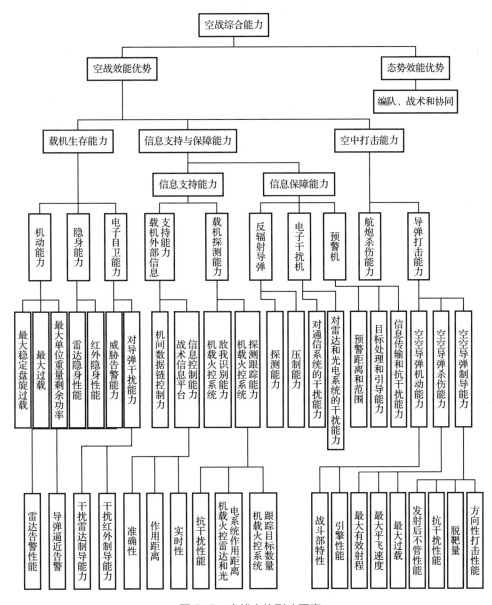

图 6-3 空战态势影响因素

战场态势指数主要取决于作战双方在当前时刻的几何关系。例如，一对一空战几何关系如图 6-4 所示。

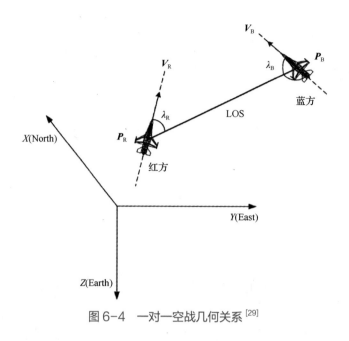

图6-4 一对一空战几何关系[29]

在图6-4中，P_R 和 P_B 分别为我敌双方（此处以红蓝双方表示）的位置向量；V_R 和 V_B 分别为红蓝双方的速度向量。LOS 为红蓝双方的视线，LOS=P_B-P_R，并记红蓝双方的距离为 d=‖LOS‖；λ_R 为红方相对于蓝方的视线角（在对抗中也称为滞后角）；λ_B 为蓝方相对于红方的视线角（在对抗中也称为超前角）。滞后角和超前角的计算公式如下：

$$\lambda_R = \arccos\left(\frac{\text{LOS} \cdot V_R}{d\|V_R\|}\right) \tag{6-2}$$

$$\lambda_B = \arccos\left(\frac{\text{LOS} \cdot V_B}{d\|V_B\|}\right) \tag{6-3}$$

知识链接

美国国家航空航天局

美国国家航空航天局是美国的一个行政性科研机构，负责制订、实施美国的太空计划，并开展航空科学及太空科学的研究。美国国家航空航天局是世界上最权威的航空航天科研机构，与许多国内及国际上的科研机构分享其研究数据。

根据上述的几何关系，可以定义战场优势态势指数，它通常由角度优势态势指数、距离优势态势指数、速度优势态势指数、高度优势态势指数等经过一定的加权组合而成[13-14, 18, 25, 28-34]。这些优势态势指数最早由美国国家航空航天局（NASA）的Austin 等人在一对一空战的背景下提出，并进行了详细定义和探讨[25]。其他研究人员根据研究问题的实际情况对此进行了一些修改。战场威胁态势指数可以看成战场优势态势指数的对偶形式，可以进行类似设计。

下面对上述 4 个优势态势指数进行简要介绍。

（1）角度优势态势指数。该指数主要考虑到近距空战中火炮和导弹的射击范围是一个张角较小的尖锥体，而且红外导引头对敌方的发动机更敏感、攻击发动机对敌方的杀伤也更显著，所以通常要求我方在咬尾的情况下进行攻击 [25, 35]。也就是说，只有敌方在我方的某个前锥体并且我方在敌方的某个后锥体内，我方对敌方的攻击才可以对敌产生杀伤力，才能形成有效的攻击。据此，一个简单而有效的角度优势态势指数可以定义为 [25]：

$$S_A = 1 - \frac{\lambda_R + \lambda_B}{\pi} \tag{6-4}$$

当 $\lambda_R = \lambda_B = 0$ 时，S_A 取最大值 1，此时我方（以红方表示）在敌方（以蓝方表示）的正后方，红方对蓝方的优势最大。当 $\lambda_R = \lambda_B = \pi$ 时，S_A 取最小值 -1，此时红方在蓝方的正前方，红方对蓝方的劣势最大。也可以说，蓝方对红方的优势 / 威胁最大。

（2）距离优势态势指数。该指数主要考虑的是武器的射程，在射程内时，距离越近，摧毁敌方的概率就越大；但双方也不能靠得太近，否则会发生碰撞或造成自损，这就要求双方有一个最小安全距离。一个典型的距离优势态势指数为 [25]：

$$S_R = C_R e^{-\frac{d}{k\pi}} \tag{6-5}$$

式中，C_R 和 k 均为正常数。

（3）速度优势态势指数。无人装备的速度越快，它在高强度对抗中越容易追上敌方或逃离敌方的追击，因此其作战优势也越大 [36]。据此，可构造如下的速度优势态势指数 [28]：

$$S_v = \begin{cases} 0.1, & \|V_R\| < 0.6\|V_B\| \\ -0.5 + \dfrac{V_R}{V_B}, & 0.6\|V_B\| \leqslant \|V_R\| \leqslant 1.5\|V_B\| \\ 1, & \|V_R\| > 1.5\|V_B\| \end{cases} \tag{6-6}$$

也可以根据我方参战无人装备的理想速度来构造速度优势态势指数，其中的理想速度视我方在远离敌方的区域活动还是在敌方附近活动而定，具体可参考文

献 [25]。

（4）高度优势态势指数。对于三维战场空间中的无人装备，其高度（如空中战场）或深度（如水下战场）越大，它能战胜敌方的概率也越大[36]。据此，可为空中战场的无人装备构造如下形式的高度优势态势指数[36]：

$$
S_h = \begin{cases}
e^{-\frac{H_R - H_0}{H_0}}, & H_R > H_0 \\
e^{-\frac{H_R - H_0}{H_B}}, & H_B \leqslant H_R \leqslant H_0 \\
e^{-0.5 + \frac{H_R}{H_B}}, & H_R < H_B
\end{cases} \tag{6-7}
$$

式中，H_0 为最佳空战高度；H_R 和 H_B 分别为红方和蓝方的高度。类似地，也可以为水下战场的无人装备构造相似的深度优势态势指数。另外，类似于速度优势态势指数，也可以根据我方的理想高度或深度构造高度或深度优势态势指数[25]。

策略生成与优化是我方无人集群根据当前战场态势，做出攻击占位、目标分配、火力分配、攻击排序等协同战术决策，使得对敌方无人集群的杀伤概率尽可能大、尽可能避免重复攻击与遗漏、我方无人集群受到的威胁和损失尽可能小、我方无人集群成员的任务强度尽可能均衡[13, 22, 27]。

根据对抗场景和建模思想的不同，策略生成与优化问题可以建模为优化模型[13, 26-27, 32, 35, 37-40]、博弈模型[10, 18, 35-36, 38, 40-45]、专家系统模型[17, 35-36, 38, 42, 46-48]、多智能体模型[10, 22, 38, 49-50]、基于学习的模型[15, 34, 38, 51-52]等。

优化模型是指在忽略敌方策略的前提下，提出的包含一个或多个目标函数、且须满足一个或多个约束条件的典型最优化描述模型。该模型是一个单方决策模型[41]，由于主要涉及攻击占位、目标分配、火力分配等问题，通常是一个 0-1 规划模型[13]。如上所述，优化模型的目标函数包括最大化对敌杀伤（如杀伤数目、杀伤概率）、最小化我方所受威胁等。当只有一个目标函数时，对应的是单目标优化问题，可以用多种传统精确优化方法以及近些年发展起来的基于启发式和群体智能理念的现代智能优化算法进行求解，得到问题的最优策略或次优策略[13, 26-27, 32, 37-39]。当需要同时考虑多个目标函数时，只能利用包括现代智能优化算法在内的数值计算方法，求取问题在 Pareto 最优意义下的最优策略或次优策略[53]。优化模型的约束条件包括每个无人装备的载弹数量、我方无人装备所能承受的最大威胁值、每个武器只能分配给单一的敌方目标、消灭目标所需的最小 / 最大武器数量等 [13, 26-27, 32, 37, 39]。

当考虑双方策略时，无人集群对抗策略优化问题可以建模成一个博弈模型（也称为对策模型）。博弈模型可分为两类。第一类是矩阵博弈模型，该模型不考虑集群的动态，主要用于处理静态决策问题。在非合作博弈问题（如本节所讨论的两方集群对抗问题）中，纳什均衡解可以看成其最优解 [54]。在博弈过程中，对于博弈的某一方，如果存在这样的一个策略，无论对方的策略如何选择，该方都会选择该策略，则称该策略为支配性策略 [55]。如果博弈双方的策略组合均构成各自的支配性策略，则称这个策略组合为纳什均衡 [55]。纳什均衡策略组合意味着没有一方能通过独自改变策略而增加其收益 [54]。在非合作博弈中，理性的博弈方均会通过寻求纳什均衡来制定策略 [54]。第二类是微分博弈模型，该模型将双方无人集群在不同策略的作用下随时间的变化情况纳入考虑范围，目标是生成动态决策。微分博弈由 Isaacs 人等提出，并于 1965 年在文献 [56] 中进行了系统阐述。与矩阵博弈模型通常是一个双边代数优化问题不同，微分博弈模型通常是一个双边最优控制问题，模型中包含由微分方程（组）描述的博弈双方的动态过程。也正是由于微分方程（组）的存在，求取微分博弈模型的纳什均衡解要比矩阵博弈模型复杂得多。

专家系统模型是将领域专家（这里指战术决策者）的已有知识存储起来并形成规则库、用于决策推理的模型。构建该模型的一个首要问题是如何提取和表达专家知识，即如何从大量存在于人类思维的知识中提取出对当前问题有用的、并表达成计算机能理解的知识的过程[36, 46]。要想使计算机能理解人类知识，需要将人类知识数字化；要想根据不同态势做出合适的决策，通常需要将人类思维过程以 IF-THEN 的形式建立起包含若干条规则的规则库[46]，以供专家系统在进行决策时从中选取规则。专家系统的工作原理如图 6-5 所示。

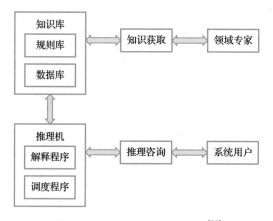

图 6-5　专家系统的工作原理[36]

多智能体模型将参与无人集群对抗的每一个无人装备看成一个智能体，将对抗双方分别建模为一个多智能体系统，可以利用多智能体系统的分布式、自组织性、可扩展性、鲁棒性等特点（具体可参见 5.4.1 节）对无人集群对抗问题进行自下向上式的研究。相比而言，其他模型采用的均为自上向下式的建模方式。多智能体模型试图通过为代表无人装备的每个智能体赋予一定的个体行为能力，并利用智能体与智能体之间的交互能力，以及智能体与对抗环境之间的交互能力，激发（Stimulate）出整个无人集群的涌现（Emergence）对抗行为[10, 22]。

基于学习的模型是指利用深度学习、强化学习、Q 学习、深度强化学习等人工智能领域中常用的学习方法来实现博弈对抗决策的模型。基于学习的模型要解决的主要问题包括如何根据不同的对抗场景需求选取合适的学习方法、如何获取合理的大样本训练数据、如何设计训练方法、如何提升训练效率、如何处理未知不确定信息等。

在上述模型中，优化模型和博弈模型一般需要通过一定的方法求出满足多个约束条件的、使目标函数达到最优的单方（对优化模型而言）或双方最优策略（对博弈模型而言），因此，将它们的决策过程称为策略优化过程。而对于其他三种模型，虽然依赖它们所生成的策略也试图使我方无人集群能最终胜出，但由于策略是通过一些较为简单、主观的离散规则（对专家系统模型和多智能体模型而言）或暴力式黑箱学习（对基于学习的模型而言）生成的，无法证明也难以保证策略的最优性或次优性，因此，将它们的决策过程称为策略生成过程。策略生成过程和策略优化过程的常用方法将分别在 6.3.2 节和 6.3.3 节详细阐述。

机动决策是指在决策完成后，无人集群中的每个无人装备根据它所分配到的敌方目标，如何选取合适的机动策略，使我方的无人装备能迅速运动到对自身有利的位置，即通过机动将敌方置于最有利于我方攻击的位置，为接下来以最大伤亡概率进行导弹或火炮攻击等提供有利条件。例如，对无人机，当它处于敌机的正后方并且有足够的高度优势和速度优势时，它对敌机的毁伤概率是最大的 [17]。机动决策问题既可以单独处理，也可以通过将机动策略作为待输出策略 [25]，将其与上述的策略生成与优化问题融合处理 [40]。机动决策可以分为离散机动决策 [13, 25, 34, 57-58] 和连续机动决策 [35-36, 39]。前者将无人集群成员可能的机动离散成有限个机动策略（如文献 [25] 中的 7 个、文献 [57] 中的 11 个、文献 [34] 中的 15 个等），并利用基于优化或学习的方法等从中选取一个对无人装备在某些指标意义下"最优"的机动策略；后者将无人集群成员的动态方程、运动约束等引入优化模型，将控制量作为连续机动决策变量，通过一定的方法（如文献 [35] 中的强化学习方法、文献 [36] 中的梯度法、文献 [59] 中滚动时域控制 - 人工势场 - 粒子群混合算法等）进行求解，得到相比于离散机动决策模型更为精确的机动决策输出。

6.3.2　对抗策略生成

专家系统是一种基于有限离散规则的方法，所制定规则的优劣对生成策略的好坏起着决定性作用。专家系统的思想简单，能有效利用领域专家的已有知识，工程实现也较为容易 [36]。NASA 已经根据专家系统开发出了 AML（Adaptive Maneuvering Logic）系统程序和以 AML 为基础的 Paladin 系统 [36]。由于专家系统的有限性和离散性，它很难覆盖所有态势情况。当存在不确定信息或出现未预知情形时，专家系统将无法工作[17, 35, 48]。文献[60]的作者建立了一个包含1320条元规则的多机空战战术机动专家系统，并设计了一个支持用户干预的辅助决策系统。文献[47]的作者将事件触发机制引入专家系统，采用ECA（Event Condition Action）描述机制将航空集群决策规则规范化表达为ON-IF-DO形式，设计了包含16条规则的航空集群自主察打任务决策专家系统，并将其应用到2019年"智联畅胜"无人蜂群联合行动挑战赛的实战中。文献[48]的作者首先提出了一种基于情境构建的经验型隐性知识表示方法，然后提出了认知主导的情境推理方法和基于云模型的定性规则推理方法，分别用于实现人类的直觉决策和分析决策，并据此设计实现了一个基于飞行员空战经验的自主空战智能决策系统，如图6-6所示。

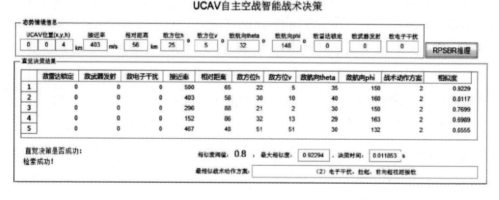

图6-6　基于飞行员空战经验的自主空战智能决策系统[48]

基于多智能体系统的方法的一个主要任务是如何为每个智能体设计行为规则。对于无人集群对抗问题，需要重点研究如何设计智能体之间的协同战术行为规则，以更好地发挥无人集群的整体作战效能。相比于其他方法，基于多智能体系统的方法的分布式本质使得它的计算效率很高，进而可以很容易扩展到大规模集群的对抗应用中。20世纪90年代，美国海军分析中心的研究人员根据基于多智能体系统的方法研制出了战场群体作战仿真分析系统ISAAC（Irreducible Semi-Autonomous Adaptive Combat）[61]，并在21世纪初成功将其扩展为EINSTein

（Enhanced ISAAC Neural Simulation Tool）系统[62]。2008 年，文献 [22] 的作者对基于多智能体系统的无人机集群的战术决策系统体系架构进行了探讨。同年，美国空军技术学院的 Nowak 将生物自组织概念引入无人集群对抗问题，将其建模成多智能体对抗模型，并设计了一种包含一致、聚集、分离、包围目标、目标吸引、加权目标吸引、目标排斥、加权目标排斥、逃离、避障等 10 条自组织规则的多智能体对抗策略[50]。2013 年，美国海军研究生院的 Gaerther 通过将集群中的无人机建模成智能体，利用 MASON（Multi-Agent Simulator Of Networks）仿真软件，通过一个两级 Markov 过程对影响空战胜利的关键因素进行了详细的分析[63]。2015 年，文献 [49] 的作者基于智能体建模，为大规模无人集群对抗问题设计了包含 5 条自组织协同规则（包括巡航、接近目标、远离目标、攻击目标、支援友机等）的对抗决策方法。

在基于学习的方法中，深度学习和强化学习是当前应用最为广泛的两种方法。这两种方法的最著名应用案例分别为 AlphaGo 和 AlphaZero。深度学习是机器学习中的一种利用神经网络结构进行优化的学习方法，是一种有监督的静态学习方法，依赖于大量的标签样本；强化学习是一种可与环境进行交互并根据环境的反馈进行学习的方法，它在本质上是一种无监督的动态学习方法，不需要大量标签样本的支撑[35, 64]。深度强化学习则是两种学习方法的结合，继承了深度学习的强大表征能力和强化学习的有效策略搜索能力，已逐渐成为处理无人集群对抗决策问题的高效手段。文献 [15] 的作者借鉴 AlphaGo 的研究思路和经验，提出了利用深度学习技术设计"阿法鹰"无人机智能自主空战系统的思路。文献 [34] 的作者针对空战决策状态空间大且容易陷入局部最优的问题，提出了一种基于分阶段训练强化学习的无人机近程空战决策方法。文献 [35] 的作者针对无人机自主空战决策问题，提出了一种结合优化算法的深度确定性策略梯度（Deep Deterministic Policy Gradient Algorithms，DDPG）的强化学习模型训练方法，在成功处理连续动作空间问题的同时，提升了算法效率。文献 [65] 的作者针对空战机动决策问题，提出了一种启发式的强化学习方法，通过不断"试错"的方式与外部环境进行交互式在线学习，以此处理决策过程中的动态性与未知性；此外，还可以利用神经网络对强化学习的搜索过程进行学习，提高决策效率。

6.3.3　对抗策略优化

对于单方决策优化模型，即 6.3.1 节中的优化模型，其求解方法可以分为传统最优化算法和现代优化算法 [13]。传统最优化算法包括穷举法、匈牙利法、牛顿迭代算法、图论法、传统拍卖算法等；现代优化算法包括合同网方法（也称为基于市场机制的算法），以组合拍卖算法、分布式拍卖算法、一致性拍卖算法、一致性束算法等为代表的改进拍卖算法，以禁忌搜索算法、差分进化法等为代表的进化算法，以及以粒子群算法、蚁群算法、遗传算法、人工蜂群算法等为代表的智能优化算法。传统最优化算法可以求得最优策略，但一般只适用于较小规模的优化问题；现代优化算法大多是一些数值迭代方法，在一般情况下（特别是问题规模较大时）只能给出次优策略，且多数算法易陷于局部最优值。

穷举法是求解优化问题的一种简单而直接的方法，适用于求解具有有限个且数量不是太大的决策状态的优化问题。例如，文献 [66] 的作者通过综合考虑我方无人集群的优势态势指数和威胁态势指数，并根据优先攻击对我方威胁高的敌方目标等原则，设计了一种基于穷举法的协同目标分配算法。类似地，文献 [13] 的作者根据田忌赛马式"以优攻劣"的原则设计了一种包含 8 个步骤的基于穷举法的目标分配算法。

合同网方法是 Smith 于 1980 年提出的一种分布式协商策略 [67]，其基本思想是将协商引入管理者和投标者的双向选择过程中，通过不断重复节点间的"招标 - 投标 - 中标"这一市场投标机制过程，实现低代价、高质量、分布式任务分配 [68]。文献 [68] 的作者将合同网方法和多智能体方法结合起来，将优先权引入任务分配模型中，实现了静态和动态任务分配。文献 [69] 的作者通过引入熟人库和黑板机制对合同网方法进行了改进，成功处理了任务分配中的时序约束。文献 [70] 的作者提出了分布式市场机制，用于实时处理超视距编队协同空战目标分配问题。

拍卖算法是 Bertsekas 于 1979 年受现实中拍卖过程的启发而提出的 [71]。该算法将参与分配者看成买家，将待分配事物看成拍品，经过竞拍和分配两个阶段，通过每个买家净利润的最大化达到最优分配的目的。该算法最初用于求解指派问题（一种 0-1 规划问题），后来逐渐扩展到一般的网络流问题 [71]。为满足分布式任务分配，以及任务之间存在捆绑、时序等关系的需求，组合拍卖算法、分布式拍卖算法、一致性拍卖算法、一致性束算法等改进拍卖算法陆续被提了提出 [72-75]。文献 [26] 的作者提出了分布式邀请拍卖算法，用于解决多无人机协同目标分配问题，该算法针对有分配冲突的目标，设计了邀请友机进行协同攻击的过程。文献 [32] 和 [39] 的作者用分布式一致性拍卖算法对多机协同空战决策问题进行了研究，利用一致性法则对竞拍阶段产生的任务冲突进行消解，使分配结果达到一致。文献 [76] 中的作者通过增设竞拍底价和任务上限对买家的任务完成能力进行预审核，通过引入动态价格试图增加机间协同攻击能力，并据此对组合拍卖算法进行了改进，很好地解决了协同多目标攻击决策问题。

与利用传统最优化算法进行精确搜索的方式不同，智能优化算法通过借鉴自然界、生物界的一些群体行为规律，通过加入一些启发因子在解空间进行启发式搜索，随着解空间的逐渐缩小，搜索过程将逐渐趋向于优化问题的最优解。上述的各种智能优化算法以及一些新发展起来的智能优化算法（如蝙蝠算法、布谷鸟搜索算法、萤火虫算法、灰狼优化算法等）的详细内容可参见文献 [77-80]，这里不再赘述。文献 [81] 和 [82] 的作者分别利用遗传算法和粒子群算法对协同空战中的任务分配问题进行了仿真研究。文献 [27] 的作者提出了一种自适应灰狼优化算法，解决了多机火力分配问题，并通过仿真实验与粒子群算法、蚁群算法和遗传算法等在算法效能、计算效率等方面进行了详细的比较。文献 [37] 的作者针对超视距多机协同攻击问题，将模拟退火算法和遗传算法相结合，利用前者易于跳出局部最优的特点来增强后者的局部搜索能力，提出了模拟退火遗传算法。

对于矩阵博弈模型，由于它在本质上也是一种最优化问题，所以上面提到的大多数传统最优化算法和智能优化算法就可以用于解决基于该模型的博弈对抗问题。矩阵博弈模型的几个经典解法还包括线性方程组法、图解法、控制法、上策均衡法、劣策剔除法、Lemke-Howson 算法、单纯型剖分算法、全局牛顿算法等[42,83-84]。文献 [18] 的作者将战术决策中的高度离散化为 9 个、将方位角离散化为 7 个，并根据视觉能力优势函数、能量优势函数、静态性能优势函数等建立了包含一个 63×63 的得分矩阵的矩阵博弈模型，并利用最小最大法对其进行了求解。文献 [41] 的作者为粒子群算法设计了时变的惯性因子和学习因子，有效解决了基于完全信息矩阵博弈模型的无人机集群对抗问题。文献 [43] 的作者利用免疫进化算法对基于不完全信息矩阵博弈模型的多无人机对抗问题进行了研究。文献 [44] 的作者提出了一种基于邻域搜索的双 Oracle 算法，用于处理基于零和矩阵博弈模型的超视距空战中的多无人机协同占位决策问题。文献 [45] 的作者针对不确定信息下的多无人机对抗问题，提出了区间决策方法，用于处理矩阵博弈模型中的不确定性。

微分博弈模型的解法可以分为解析解法和数值解法。解析解法主要有 Bellman-Isaacs 原理法、Hamilton-Jacobi 方程法、极大极小值原理等；数值解法主要有梯度法、动态规划法、摄动法、参数多项式法等[36]。另外，由于微分博弈模型在本质上是一个最优控制问题，所以 4.4.2 节中用于求解最优控制的各种直接方法和间接方法都适用于求解微分博弈模型。文献 [85] 的作者针对不确定信息下的多无人机对抗空战决策问题，首先将动态博弈问题转化为静态博弈问题，然后利用模糊结构元方法和粒子群算法对其进行了求解。文献 [36] 的作者将多无人机追逃问题建模为基于时间最优的微分对策问题，在对其进行理论分析的基础上，利用梯度法求得了最优追逃策略。文献 [40] 的作者针对连续空战机动决策问题，利用微分平坦方法和 B 样条函数将带多重约束的动态博弈问题转化为参数优化问题，并将滚动时域控制方法用于参数优化问题的求解，得到了满足无人机运动约束的机动决策。文献 [42] 的作者将机器博弈中的变值思想引入微分博弈模型，并用梯度法求解了基于微分博弈模型的近距空战决策问题。

6.3.4 对抗策略评价

目前，很多博弈对抗决策问题研究的都是一对一近距空战或一对一超视距空战，研究多对多空战以及大规模无人集群空战的仍然很少，研究其他作战域无人对抗和无人集群对抗问题的就更少了。而对多对多对抗决策问题的研究大多采用将多对多对抗分解为一对一对抗的方法，考虑无人集群整体态势和无人集群成员间协同战术策略的研究更是只有少数几篇文献。

由于无人集群对抗决策问题的内在高复杂性、高动态性、高不确定性、难预测性等因素，传统的评价方法（如性能指标法、层次分析法等）很难对无人集群对抗策略，特别是无人集群成员以及整个无人集群的协同对抗策略进行合理的评估 [86, 87]。因此，对无人集群对抗策略的评估多采用基于仿真实验和统计分析的方法，对不同的作战场景进行单独评估。至少从当前情况看来，解析的评估方法很难被提出，也无法适用多变的对抗场景。

文献 [63] 的作者通过统计仿真实验结果发现，对无人机集群战术影响最大的 6 个因素分别为每个敌方目标的最大分配数量、我方距离敌方高价值目标的距离、无人机之间的最大聚集距离、进攻与防御的偏好因子、高价值目标的抗击打能力以及无人机集群的初始空间配置。文献 [11] 的作者利用 SCRIMMAGE（Simulating Collaborative Robots in Massive Multi-Agent Game Environment）软件对贪婪射手（Greedy Shooter）战术和双重攻击（Double Attack）战术进行了作战效能评估。贪婪射手战术是一种非协同战术，只需要我方无人装备射击离其最近的敌方目标。双重攻击战术是一种双机协同战术，具体包括两类：夹击机动和三明治机动，如图 6-7 所示。通过大量仿真发现，协同战术（如双重攻击战术）并不总是比非协同战术（如贪婪射手战术）好，战术的好坏在很大程度上依赖于无人机的机动性能、作战能力、无人机集群规模等因素。文献 [86] 的作者以水下无人集群作战为背景，提出了一种结合模糊层次分析法、遗传算法和 Elman 神经网络的群体作战效能评估方法。文献 [87] 的作者对 DoDAF（Department of Defense Architecture Framework）、OODA 循环模型、C4ISR（Command，Control，Communications，Computers，Intelligence，Surveillance and Reconnaissance）体系结构分析方法等现有的协同作战效能评估指标体系进行了简要介绍。

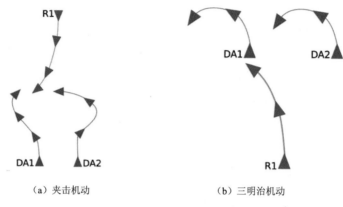

（a）夹击机动   （b）三明治机动

图 6-7　双重攻击战术 [11]

6.3.5　体系效能仿真评估

由于实物试验的代价太高（如成本高、周期长），目前，无人集群对抗方法的效能高低大多只能通过仿真实验来验证，只有少数利用实物试验进行验证的成功案例。

仿真实验方法可以分为纯数字仿真和半物理仿真。纯数字仿真是只利用计算机程序进行的仿真，它首先对所有相关的物理系统进行简化、建模，然后利用数字化语言在计算机上加以实现并将各模块通过接口连接起来，最后通过运行这些数字程序来探索物理系统的基本运行规律。半物理仿真中的一部分物理系统利用真实物理系统（例如博弈对抗背景下的无人机飞控模块）代替，并借助物理系统的效应，将真实物理系统与数字仿真系统连接起来进行联合仿真。纯数字仿真对实际物理系统做了大量简化，与半物理仿真、实物试验相比，具有成本低廉、研制周期短、便于重复试验、便于修改扩展等优点，是方法原理验证的首选手段。而半物理仿真是纯数字仿真结果最终能在实物试验中成功应用的一个必经阶段，随着半物理仿真中真实物理系统的增多，仿真效果越能反映真实物理系统的试验结果。

对于本节探讨的无人集群对抗问题，多数体系效能仿真是基于 Matlab 软件进行的。文献 [32] 的作者针对无人集群对抗问题，在利用分布式一致性拍卖算法进行目标分配后，提出了一种基于社会力的自组织机动决策方法，并利用数字仿真进行了验证和效能分析，如图 6-8 所示。

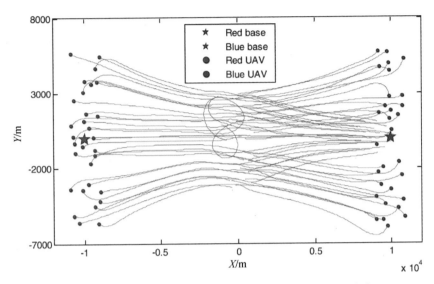

图 6-8　基于社会力的自组织机动决策方法的仿真效果[32]

文献 [34] 的作者开发了一个人机对抗仿真系统，如图 6-9 所示，用于验证所提出的基于强化学习的无人机近程空战自主机动决策方法。

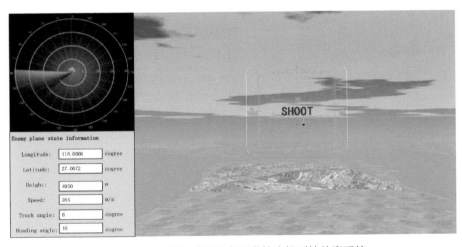

图 6-9　文献 [34] 的作者开发的人机对抗仿真系统

文献 [88] 的作者利用游戏开发引擎 Unity3D 开发了一个无人机集群对抗仿真系统，如图 6-10 所示，验证了基于自组织规则的协同空战策略。

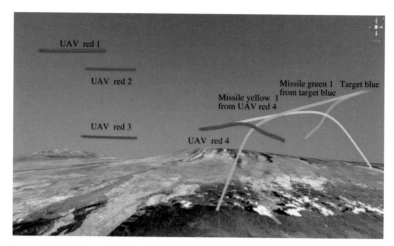

图 6-10　文献 [88] 的作者开发的无人机集群对抗仿真系统

为了验证陆战场上群体作战基于个体自组织行为的群体智能涌现，美国海军分析中心开发了 ISAAC 群体作战仿真分析系统[61] 及 EINSTein 群体作战仿真分析系统[62]（见图 6-11）。

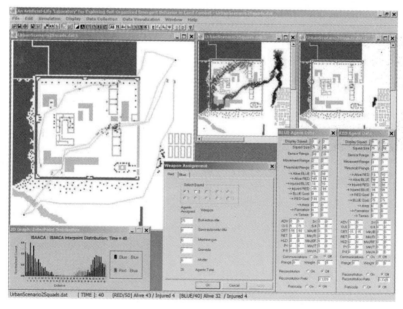

图 6-11　EINSTein 群体作战仿真分析系统[62]

基于半物理仿真系统的体系效能仿真主要有如下成果。由佐治亚理工学院的技术研究院研发人员开发的 SCRIMMAGE 半物理仿真软件是一款基于三维环境的多机器人协同算法验证和模拟软件，其可扩展接口通过连接 ROS、MOOS、OpenAI Gym 等插件，可以模拟不同建模水平的传感器、通信和运动控制模块[89]。DeMarco 等对 SCRIMMAGE 软件进行了详细介绍，并利用该软件对无人机集群追逃进行了仿真模拟，如图 6-12 所示[89]。

图 6-12　基于 SCRIMMAGE 软件对无人机集群追逃的仿真模拟[89]

　　文献 [11] 中的作者利用 SCRIMMAGE 软件对一种非协同战术（贪婪射手战术）和一种协同战术（双重攻击战术）进行了详细的比较探讨。他们发现，当无人机集群的规模较大时，由于执行协同战术的无人机的机动性能无法满足协同战术所需的快速占位，协同战术的作战效能反而不如非协同战术。Fan 等人利用 SCRIMMAGE 软件对基于强化学习的大规模集群对抗策略生成方法进行了验证，如图 6-13 所示[90]。

　　文献 [14] 的作者基于 MAK 平台开发了一个协同空战半物理仿真平台，如图 6-14 所示，并对基于遗传粒子群算法的目标分配进行了验证。

图 6-13　利用 SCRIMMAGE 软件对基于强化学习的大规模集群对抗策略生成方法的验证[90]

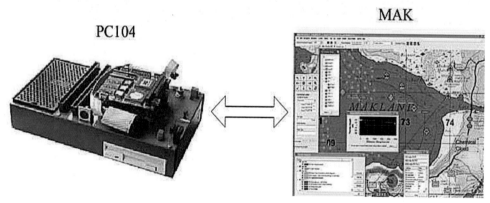

图 6-14　基于 MAK 平台开发的协同空战半物理仿真平台[14]

在实物验证方面，2017 年，由 DARPA 组织的服务学院集群挑战赛在加利福尼亚州陆军国民警卫队所驻罗伯茨营地开展，各参赛队（包括来自美国海军学院、美国军事学院和美国空军学院等军事院校的队伍，见图 6-15）可以选择组建一群由固定翼无人机和旋翼无人机组成的数量不超过 25 架的异构无人机集群，在与对手无人机集群进行对抗的同时，试图夺取对方基地[91-93]。服务学院集群挑战赛现场如图 6-16 所示，该比赛成功对各参赛队的集群攻防战术进行了实物验证。

图 6-15　服务学院集群挑战赛参赛队伍[91]

图 6-16　服务学院集群挑战赛现场图[91]

2018 年，由中国空军主办的"无人争锋"智能无人机集群系统挑战赛，设置了红蓝无人集群自主对抗竞赛科目，旨在考察竞赛双方无人机集群对抗策略的好坏[94]。2019 年，在重庆举办的"智联畅胜"无人蜂群联合行动挑战赛上，来自空军工程大学的科研团队成功地将基于事件触发的专家系统应用于无人机集群自主察打实战任务[47]，如图 6-17 所示。

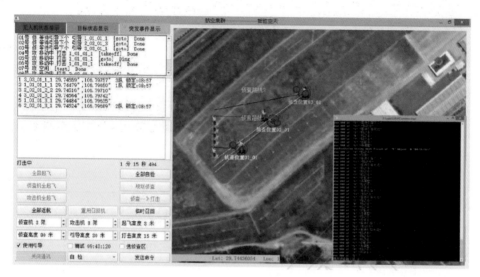

图 6-17　基于事件触发的专家系统在无人机集群自主察打实战任务中的应用[47]

6.4　体系智能组网

无人集群分布在空、天、地、海等跨域异构空间，为了使得在异构空间中分布的无人集群能够实现信息交换和协同交互，需要构建天地一体化网络（Space-Air-Ground Integrated Network，SAGIN）。目前的网络系统包括卫星通信、无线自组网、移动基站通信以及水下通信系统，需要融合各个通信系统以覆盖空、天、地、海等跨域异构空间。

星链（Starlink）是由 SpaceX 公司构建的，用于提供卫星互联网访问的卫星星座[95]。这个星座由数千颗在低地球轨道（Low Earth Orbit，LEO）上运行的小型卫星组成，与地面收发器结合工作。位于美国华盛顿州雷德蒙德的 SpaceX 卫星开发设施拥有 Starlink 的研究、开发、制造和在轨控制业务。截至 2020 年 8 月，SpaceX 已发射 655 颗 Starlink 卫星，猎鹰 9 号（Falcon 9）火箭每次运载 60 枚通信卫星。计划总共部署近 12000 颗卫星，以后可能再扩展到 42000 颗。最初的近 12000 颗卫星计划在近地轨道上分三个层面运行[96]：

- 第一层：在 340 km 的地球轨道上部署 7500 颗 V 波段的通信卫星。
- 第二层：在 550 km 的地球轨道上部署 1584 颗通信卫星。
- 第三层：在 1110 km 的地球轨道上部署 2825 颗 Ku 波段和 Ka 波段频谱的卫星。

凭借远远超过传统卫星互联网的性能，以及不受地面基础设施限制的全球网络，Starlink 将为网络访问不可靠、昂贵或完全不可用的地点提供高速宽带互联网。

2016 年，中国发布了面向科技创新 2030 的重大工程项目——天地一体化信息网络[97]，它将建成"全球覆盖、随遇接入、按需服务、安全可信"的战略性公共基础设施，可以连接空、天、地、海的无人集群，使得无人集群能够随时、随地通信，进行信息交互和协同。天地一体化网络为无人集群提供了纽带，使得在不同空间地理位置上分布的无人集群能够直接交互信息，这可以进一步扩大无人集群的立体空间作战半径。另外，无人集群之间通过天地一体化网络能够及时交换战场情报，并通过协同决策执行任务，提高作战的效率。

6.4.1　网络架构

天地一体化网络包括四个主要部分：天基网络、空基网络、地面网络和水下网络。这四个网络既可以独立操作，也可以进行互操作。通过将这四个网络集成在一起，可以轻松构建覆盖跨域空间的分层无线网络[98]。天地一体化网络的架构如图 6-18 所示。

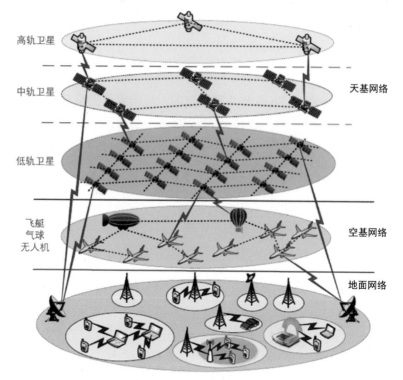

图 6-18　天地一体化网络的架构

知识链接

地球同步轨道、中地球轨道和低地球轨道

地球同步轨道也称为地球静止轨道，是指地球赤道上方 35786 km 的圆形轨道，该轨道上航天器的运行方向和地球自转方向一致。在地球同步轨道上的航天器绕地球运行一周的时间和地球自转周期（一恒星日）相同，在地面观测者看来，这样的航天器在天空中是固定不动的。通信卫星和气象卫星一般运行在地球同步轨道。

中地球轨道是指位于低地球轨道和地球同步轨道之间的航天器运行轨道，运行于中地球轨道的大都是导航卫星，部分跨越南北极的通信卫星也使用中地球轨道。中地球轨道上的航天器运转周期在 2 ～ 24 h，大部分在 12 h 左右。

低地球轨道也称为近地轨道，是指高度在 2000 km 以下的近圆形轨道。绝大多数的对地观测卫星、测地卫星、空间站以及一些新的通信卫星系统都采用近地轨道。低地球轨道在大气层与内范艾伦辐射带之间，高度通常不低于 300 km，否则轨道会因为大气阻力而变得无用。

1．天基网络

天基网络由卫星和星座，以及相应的地面基础设施（如地面站、网络运营控制中心等）组成。这些卫星和星座处于不同的地球轨道上，具有不同的特性。根据地球轨道高度，卫星可分为三类，分别是地球同步轨道（Geostationary Earth Orbit，GEO）卫星、中地球轨道（Medium Earth Orbit，MEO）卫星和低地球轨道卫星。可以根据卫星网络的信道带宽将其分为窄带和宽带。

○ 窄带卫星网络：窄带卫星网络是指 MEO/LEO 卫星系统，主要为全球用户提供语音和低速率数据服务。

◐ 宽带卫星网络：宽带是固定或无线通信中的通用术语，可以使用很宽的频带传输大量数据，可以提供高达 10 Gbit/s 的数据传输速率。

作为下一代卫星网络的实用架构，多层卫星网络（Multi-Layered Satellite Networks，MLSN）是通过集成多个卫星网络而构建的，并具有分层结构。

2．空基网络

空基网络是一种空中移动系统，它使用空中平台作为载体进行信息的获取、传输和处理。无人机、飞艇和气球是构成高空平台（High-Altitude Platforms，HAP）和低空平台（Low-Altitude Platforms，LAP）的主要基础设施，可以提供宽带无线通信以补充地面网络。与地面网络中的基站（Base Station，BS）相比，空基网络具有成本低、易于部署和覆盖范围广的特点，可以在区域范围内提供无线接入服务。另外，空中的无人集群可以通过自组织网络（Ad Hoc Network）进行通信。

3．地面网络

地面网络主要由地面通信系统组成，如蜂窝网络、移动自组织网络[99]、无线局域网等。特别地，蜂窝网络已经从第一代（1G），经过第二代（2G）、第三代（3G）、第四代（4G）或高级长期演进（Long Term Evolution-Advanced，LTE-A）演进到第五代（5G）[100]。第三代合作伙伴计划（3rd Generation Partnership Project，3GPP）已经开发了一套针对蜂窝网络的规范。地面网络能够为用户提供高数据传输速率，但偏远地区的网络覆盖范围有限。

4．水下网络

由于电磁波在水中衰减剧烈，因此在水中一般采用声波进行通信。相对于电磁波而言，声波的通信效率较低、信道的多径效应显著、可用带宽窄、信号衰减严重。水声通信将信息经过编码、调制处理后，由功率放大器推动声学换能器将电信号转换为声信号。声信号通过水介质，将信息传输到远方的接收换能器，接收换能器将声信号转换为电信号，经过放大、滤波和数字化后，由数字信号处理器对信号进行自适应均衡、纠错等处理来还原信号[101]。

上述的网络具有不同的特性，组合在一起后可以为空、天、地、海的无人集群提供网络通信和数据交互服务。由于上述网络的底层物理信道和上层协议的差异，充分融合上述的网络需要一个灵活、拓展性强的网络架构。卫星网络可以提供全球网络覆盖范围，但传播时延相对较大。尽管地面网络具有最小的传输时延，但很容易遭受自然灾害或人为的影响。空基网络在低时延和覆盖范围方面具有优势，但在部署此类网络时必须充分考虑其有限的容量和不稳定的链路。水下网络通常用于水下通信，带宽较小、传输距离有限。

6.4.2　异构网络管理

在无人集群天地一体化网络中，各种通信协议支持不同的网络，并且每个网络都包含具有不同接口的大量设备，这使得天地一体化网络的管理变得更加复杂，主要体现在移动节点管理、协同式传输控制等方面。

1. 移动节点管理

在天地一体化网络中，将所有的异构网络密集部署到不同网段会导致更频繁的网络切换，需要更有效的移动性管理。天地一体化网络中的跨网段切换率和切换失败率将远远高于单网段的切换率和切换失败率。异构网络中的频繁切换不仅会增加网络的信令开销，还会降低无人集群的任务执行效率。获取节点的移动行为，即移动节点的相对性，对于减少切换至关重要。因此，对无人集群移动节点的相对性进行建模是异构网络中的重要组成部分。迁移模型及其参数的选择对异构网络的性能有重要影响。

基于移动节点的实际特性很难建立和使用移动性模型。目前，移动自组织网络中一种非常流行且经常使用的移动性模型是随机航点（Random Waypoint，RWP）模型[102]。它是一个简单的随机模型，描述了二维区域中移动节点的移动行为。然而，在天体一体化网络的异构网络（Heterogeneous Network，HetNet）中使用随机航点模型时，可能由于移动节点分布不均、移动节点的高速移动，以及来自其他网段的干扰而面临许多挑战。

2. 协同式传输控制

无人集群天地一体化网络中的协同式传输不仅意味着允许不同的通信系统动态地共享无线网络资源，而且还意味着使用移动节点的分布式协同来提高资源利用率和传输能力。在天地一体化网络中，诸如卫星网络、移动自组织网络、移动通信之类的各种异构网络以动态集成共存。为了充分利用天地一体化网络的资源并提高其可伸缩性和重新配置能力，需要适合多段异构网络的协同式传输控制策略。例如,有效的协同式传输控制策略之一是地面 LTE 和移动 WiMAX(Worldwide Interoperability for Microwave Access)中的协同多点(Coordinated Multi-Point,CoMP)或协同多输入多输出(MIMO)传输。

6.4.3 跨域网关管理

为了实现异构网络中不同网段间的通信,一种常见的方法是为每个网段选择网关节点,这些网关节点充当传输站,共同建立网段间的连接以进行信息交换。这与 BGP 中的网关节点比较类似[103]。通过选择网关节点,可以实现网段间的通信路由策略,增强聚合网络的可管理性和可控性。

一方面,在天地一体化网络中,地面网络的网关在从地面节点到卫星的流量传输过程中起着重要作用。由于地理位置的影响和恶劣的气象条件,卫星网络的网关的不同放置位置可能会导致网络可靠性和时延的性能完全不同。因此,出于 QoS 的目的,将卫星网络的网关放置在最佳位置是很大的挑战。另一方面,在现代 NGEO(Non-Geostationary Earth Orbit)星座系统中,在 ISL(Inter-Satellite Link)和网络技术的支持下,只需要选择一部分地面可观察到的卫星即可建立卫星-地面链路。具有直接连接到地面站链路的卫星称为网关卫星。同样,在基于无人机的通信中,应选择一些上级节点作为网关,以便网络中的其他节点可以通过网关连接到地面站或卫星,而不是建立远程连接。如何在天地一体化网络中选择数量最少的网关节点以确保最佳的网络性能值得研究。

6.4.4 网络安全

天地一体化网络集成了各种军事和民用应用系统,其中大量的敏感数据和资源必须是安全、可靠和实时的。但是,由于开放的链路、移动的节点、动态的网络拓扑和各种协同算法,天地一体化网络难以提供高安全级别的通信来有效地抵抗干扰、消息篡改、恶意攻击和其他安全问题。

天地一体化网络包含移动网络和固定网络等基础结构,其中一部分是专用节点。这些基础结构可以看成典型的互联网,不仅可以使用常规安全措施,如互联网协议安全性(Internet Protocol Security,IPSec)协议、对称或不对称密码机制等,还可以在上层使用身份验证算法。但是，在空地网络中引入了其他技术来改善整体网络性能，已更改了传输层或 IP 层的某些参数。也就是说，原始的 TCP/IP 协议已通过引入的技术进行了修改，从而带来了新的问题，无法在 TCP/IP 协议上实现安全机制。此外，如何有效地将 PEP（Performance Enhancing Proxy，性能增强代理）机制和 IPSec 协议耦合在一起是一个具有挑战性的问题。天地一体化网络中的移动节点会频繁地从蜂窝 / 非蜂窝基站切换到无人机或卫星，频繁切换还会给现有的 IPSec 协议带来新的问题，如安全路由、移动 IP、密钥管理和交换等。近几年兴起的区块链技术可能成为保证天地一体化网络安全的一种有效手段 [104]。

6.5 体系智能协同

第 4 章和第 5 章分别讨论了人工智能技术在单体和群体无人系统中的应用，本章的前几节讨论了不同类型无人集群组成的作战体系，随着本书内容的展开，智能无人集群所涵盖的范围逐渐增大。但是，还有一个重要因素尚未纳入我们的考虑范畴之内，那就是与"无人系统"概念相对应的"人"的因素。事实上，不论针对相对智能水平较低、自主性较差的无人系统的人在回路中的协同模式，还是针对智能水平较高、自主性较强的无人系统的人在回路外的协同模式，人本身及其与无人系统之间的关系都是影响无人系统发挥作用的重要因素。主持了众多无人集群方面科研项目的美国空军研究实验室的高级科学家吉姆·奥弗霍尔德（Jim Overholt）博士曾说 [105]："空军研究实验室从来都没有用无人系统全面代替人的意图。"由此可见人在智能无人系统中的重要作用。

本节讨论的范围将进一步扩大，将与"无人系统"概念相对应的"人"也纳入无人集群中，着重讨论智能无人集群中的人机交互与有人 - 无人自主协同作战问题。

6.5.1 人机交互

1. 人机交互技术与发展趋势

不论像遥控航模飞机那样的简单无人系统，还是像"全球鹰"无人机那样的复杂无人系统，都需要人机接口来实现人与无人系统之间的信息传输。与其他信息接口不同的是，人机接口的"机"端可以千变万化，但是"人"端则是基本上固定不变的系统。与一般的两个进行交互的系统不同，目前人机之间进行交互协同在本质上还是以人为中心、以实现人的目的为根本的。因此，在人机接口的设计上，也应该体现"以人为本"的思想。从人体工程学的角度来看，对人机接口的评价可以根据人体工效学（Ergonomics）进行。人体工效学包括六个要素，分别是易于记忆、易于学习、使用有效、使用高效、使用趣味性、使用安全性，如图 6-19 所示。

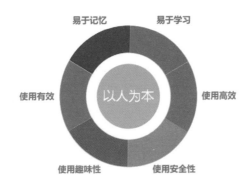

图 6-19　人类工效学的六个要素

在"以人为本"的思想的指导下，人机交互技术的发展趋势可以用图 6-20 来表示，图中，由左向右表示相关技术的未来发展方向。沿着此方向，无人系统与人的交互将会变得越来越直接、直观和方便。人机交互中的"机"端接口设计变得越来越复杂，需要的智能水平也越来越高，同时"人"端接口的设计变得越来越简单、直接，实现高效人机交互需要人的学习过程更加简单。本节从人机交互的直观性出发，按照人机接口类型，将人机交互分为三类，分别是传统机械电子接口交互、人体感官运动接口交互和神经直连接口交互，并对这三类人机交互进行详细的阐述。

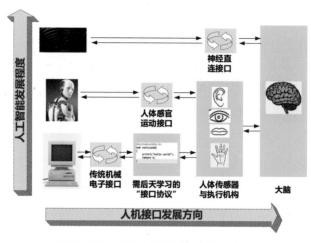

图 6-20　人机交互发展方向的示意图

1）传统机械电子接口交互

传统机械电子接口交互存在于日常生活中的方方面面，如飞机的操纵杆、空调的遥控器、个人计算机的鼠标和键盘等。最早的人机接口以机械形式为主。例如，最早的计算机人机交互是通过在纸卡片上打孔来实现的。随着电气和信息时代的发展，人机接口设计中的机械成分逐渐减少，电子信息成分逐渐增多，但是传统人机交互的一条本质属性并未改变：即人机接口中"人"端并未与人体的"传感器"（眼睛、耳朵等）和"执行机构"（口舌、肌肉等）直接对应起来，还需要人通过一定的学习熟悉过程，将抽象的信号与具体的功能联系起来。例如，某人首次面对一个装有 DOS 系统的计算机，用他自己的语言是无法实现交互的，需要他学习相应的 DOS 命令才可以实现交互。其中，学习 DOS 命令的过程就可以视为"人"端交互接口的设计过程。与苹果手机的 Siri 相比，这种交互是一种牺牲使用者的方便性来获取设计者的方便性、节约成本的一种交互设计方式。

传统机械电子接口交互多见于自动化和人工智能技术水平较低、无人系统智能程度和自主性不高的情况，或者目标使用者人群较小、专业程度较高的情况。在系统较为复杂的情况下，传统机械电子接口交互可能会给系统使用者带来巨大的压力。例如，飞行员在操作一架航电和自动化系统较为落后的飞机时，在驾驶舱内可能会有数量和种类繁多、让人眼花缭乱的操纵杆、按钮和仪表盘（见图 6-21），由大量的操作手册对操作方式进行说明。这样，飞行员可能需要大量的学习训练时间才能够驾驶飞机，并且在驾驶过程中出现失误的概率也可能相对较高。综上所述，传统机械电子接口交互利用人的学习和抽象思维能力来弥补机器自动化和自主程度的不足，在相关技术水平较低情况下，很大程度上是一种权宜之计。

图6-21　飞机驾驶舱内复杂的交互接口配置

2）人体感官运动接口交互

如果从无人系统设计的角度来看人，则可以将人视为一个结构非常复杂、设计非常精巧、智能程度也十分高的"系统"。大脑可视为中央处理单元，进行信息的整理、存储和决策的生成；眼睛、耳朵、鼻子和皮肤等可视为各类传感器，口舌、声带、肌肉、四肢等可视为各类执行机构。当一个人与另一个人进行交互时，会使用统一的"接口协议"，如语言、肢体动作等。因此，如果在进行人机交互设计时，将交互接口直接设计为与人体的"传感器"和"执行机构"相连接，使用人与人之间交互所用的已有的"接口协议"，则人机交互过程对人的一方而言将会变得十分简单，不再需要额外的学习、记忆、熟练的过程。

显然，相比于操纵杆、按钮、鼠标等传统机械电子接口交互而言，这种人机交互形式具有明显的优势。然而，这种交互方式在为"人"端带来便利的同时，也为"机"端的接口设计带来了不小的技术难度。对语言、动作、手势等模糊信息的获取、理解和反馈能力一直是计算机所欠缺的。近年来人工智能相关技术得到了快速发展，基于人工智能的语音识别、图像识别等技术已经达到了较高的水平，为基于人体感官运动接口的人机交互方式实现提供了有力支撑。下面将从人体的不同感官运动类型出发，主要对基于光学（视觉）和声学（听觉）的人机交互技术进行阐述。其他属于此类型的交互方式还包括触觉交互、动作交互等，但由于这些交互方式在人机交互中并不常用，且交互的信息内容往往十分简单，在无须人工智能相关技术的支持下就可以应用传统传感器与简单逻辑规则实现交互，因此，相应的基础知识在这里不做详细讨论。

（1）基于光学的交互。基于光学的交互主要涉及的硬件是摄像头、激光或者发光二极管（Light Emitting Diode，LED）等光电设备。这些设备可以作为无人系统的"眼睛"，使无人系统可以感知人的手、腿、头部等部位的运动，这样不但可以使无人系统获取人类传达的肢体语言信息，甚至还可以通过观察人的表情来判断人的感情状态、预判人的行为[106]，从中得到一些人类都无法得到的信息。

对于硬件本身而言，数码摄像头的相关技术早已十分成熟，因此实现光学交互的关键在于对图像的识别和对动作的分析。

光学交互的具体应用场景多种多样。例如，微软公司开发的计算机视觉项目Natal，它可应用于多种游戏的人机接口开发中；第六感项目主要致力于开发基于可穿戴设备手势指示的人机接口技术[107]；其他的应用还包括自动泊车[108]、头部动作控制[109]、桌面交互[110]、眨眼控制交互[111]、眼跟踪输入控制[112]、多重接触接口[113]、虚拟现实[114]等。图 6-22 给出了电影 *Ready Player One*（《头号玩家》）中的基于虚拟现实技术的游戏。

图 6-22　电影 *Ready Player One* 中的基于虚拟现实技术的游戏

（2）基于声学的交互。声学交互也是人体感官运动接口交互的一种常见形式，其主要目的是通过复制人与人之间使用自然语言进行交互的模式，使人不需要额外的学习就可以实现人机交互。简言之，如果机器学习了人的语言，那么人就不需要再学习机器的语言。相比于光学交互等其他的基于人体感官运动接口交互方式而言，基于声学的交互的一大特点在于其适用于大量、复杂、抽象的信息交互，因为这也是人与人之间进行复杂信息沟通的主要方式。

和基于光学的交互中的摄像头等设备类似，基于声学的交互也需要一个声学传感器——麦克风，用于将声信号转化为电信号，这些都是早已成熟的技术，问题的关键在于应用人工智能技术对信号进行分析、处理与识别。通过模式识别技术，可以对声音中的重要特征进行提取，进而实现对各个词句的识别。这个过程中可能还需要涉及复杂的噪声消除和背景声音分离等技术。

近十多年来，随着语音识别技术的识别精度逐渐提升，基于声学的交互已经得到了广泛的应用，甚至在我们的生活中随处可见。典型的应用场景包括智能手机、智能家居、自动驾驶等。

3）神经直连接口交互

在讨论人机交互时，我们总是习惯于将"人"与"机"区分开来。其实，本节前面部分已经提到过，如果将大脑视为中央处理单元，把眼、耳、嘴、手等器官视为"传感器"或"执行机构"，那么就可以发现人体的系统构成与无人系统在很大程度上具有相似性。这种相似性不但表现为系统的组成形式，还表现在命令和信息都是以电信号的形式传输的。这在某种程度上为基于神经直连接口的、更方便、更直观的人机交互的实现提供了方便。

相比于传统机械电子接口交互而言，人体感官运动接口交互的实现使得交互过程中的"人"跳过需要后天学习的"接口协议"部分，可以直接用自然语言、画面、手势和动作等进行交互。而神经直连接口交互则在此基础上更进了一步，即跨过人体系统的"传感器"与"执行机构"，直接与人体的神经系统连接。神经直连接口交互在某种意义上已经打破了传统意义上"人"与"机"之间的界限，二者可以通过神经直连接口实现高度共融。人们已经对此类应用前景在许多科幻小说、影视作品当中进行了畅想，著名的电影 *Ghost in the Shell*（《攻壳机动队》）中的主角草雉素子由于在一次任务中重伤，全身90%

以上的躯体只能全部义体化（见图6-23），并通过神经直连接口与大脑相连接，这也使得她具备了一般人类无法具备的许多能力。

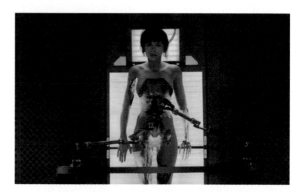

图6-23　电影 *Ghost in the Shell* 中全身义体化的草薙素子

　　当然，基于当前的技术水平，想要实现此类科幻电影中的场景仍然十分困难。对于人体感官运动接口交互而言，交互接口位于人体系统外，只需要攻克基于人工智能的图像识别、语音识别的关键技术，使识别精度达到交互要求，相应的交互方式就能很好地实现。然而，对于神经直连接口交互而言，由于交互接口需要设置在人体系统内，因此不可避免地需要对人体系统进行某些"改造"。神经直

连接口交互技术的背后是生物学、医学、机器人学和计算机科学的融合，是典型的多学科交叉产物，对应的关键技术群也更为复杂。虽然如此，但我们还是可以看到神经直连接口交互技术的快速发展。目前，以埃隆·马斯克旗下的 Neuralink 公司为首的，包括英特尔、谷歌、微软等在内的科技巨头都成立了各自的神经直连接口交互技术研究机构。

　　目前主要的神经直连接口主要分为基于脑电图（Electroencephalogram，EEG）的接口和基于肌电图（Electromyography，EMG）的接口。本节主要对这两类接口进行阐述，其他的神经直连接口还包括基于心电图（Electrocardiogram，

ECG）的接口、基于眼动电波图（Electrooculography，EOG）的接口等。

（1）基于脑电图的接口。基于脑电图的接口也称为脑机接口（Brain Computer Interfacing，BCI），通过该接口可以使人的大脑直接与计算机或者无人系统进行信息交互，这也是目前最受关注的神经直连接口。脑机接口主要通过脑电图来实现，脑电图是一种在医疗领域常用的技术。通过配置各种电极来获取并记录大脑的各种活动产生的电信号，结合神经系统科学与人工智能识别的方法，可以将这些电信号与大脑的各种活动对应起来。大脑的活动不但包括视觉、听觉、动作等相对具体的感知命令等具体信息，还可以包括思想、情绪等复杂抽象的信息。

如果按照所用的传感器分类，脑机接口主要可分为嵌入式脑机接口和非嵌入式脑机接口两种。嵌入式脑机接口需要通过外科手术，将电极植入大脑的头盖骨内，与大脑直接连接。这种脑机接口曾经只能单向地实现对神经活动的监测，现在已经能够与大脑脑组织进行双向的信息交流。前文提到过，人体感官运动接口用到的传感器技术都相对十分成熟，因此实现接口交互的关键技术主要是如何通过人工智能技术对抽象复杂信息进行提取解析。然而，对于脑机接口，尤其是嵌入式脑机接口而言，相应的传感器技术和植入技术也同样关键。著名的Neuralink 公司开发的脑机接口是最为典型的嵌入式脑机接口的范例（见图6-24），该脑机接口有四大组成部分：首先是"线程（Threads）"，即单根多触电的柔性电极，可以方便与大脑皮质内部进行多点连接，解决接口传感器的问题；第二是"机器人（Robots）"，用于解决传感器植入皮层的手术问题；第三是"电子元件（Electronics）"，主要是指对记录到的电信号进行滤波、数/模转换和脉冲检测的电子元件；最后是脑机接口的"算法（Algorithms）"，即用人工智能技术将脑电图与数字信息联系起来。

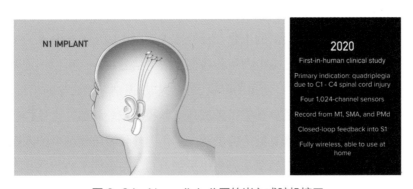

图6-24 Neuralink 公司的嵌入式脑机接口

非嵌入式脑机接口是通过将电极放置在头皮表面的一些特定点来实现的。这种接口的优点是不需要外科手术，不会因为电极植入大脑的头盖骨内而产生排异反应和愈伤组织。在传感器方面，非嵌入式脑机接口可以采用医学领域中已经十分成熟的脑电图技术，不需要进行额外的技术攻关。非嵌入式脑机接口的缺点是对大脑电信号的监控更为困难，因为测得的电信号的量级只有几微伏，需要对电信号进行 1000 ～ 10 万倍的放大。嵌入式脑机接口既可以连接大脑皮层表面，也可以连接大脑皮层内部，非嵌入式脑机接口只能与大脑皮层表面部分进行交互。俄罗斯的 Neurobotics 公司与莫斯科物理技术学院联合开发的非嵌入式脑机接口已经可以实现对人所看到图像的即时再现，如图 6-25 所示。

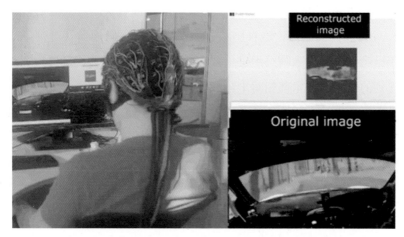

图 6-25　非嵌入式脑机接口用于即时重现人看到的图像

（2）基于肌电图的接口。基于肌电图的接口与基于脑电图的接口从原理上来讲十分类似，只不过后者监控的是大脑的活动，而前者监控的是连接肌肉的周围神经系统的活动。这些活动产生的电信号实际上都来自中枢神经系统，但最大的区别在于，由于驱动肌肉运动的电化学反应需求，肌电图所能检测到的电信号的量级为毫伏级，远超过通过脑电图所能检测到的电信号强度，所以不需要很大的放大倍数。基于肌电图的接口使用的降噪、信息提取、识别等算法与脑机接口类似。

基于肌电图的接口的最典型应用领域是义体控制或外骨骼。义体控制可帮助丧失部分肢体的残疾人士恢复健全的生活、工作，外骨骼可使健全的人拥有更大的力量。另一个有趣的应用领域是无动作手势识别。常规的手势识别交互需要通过大脑控制肢体产生手势动作来实现，通过肌电图可以使大脑的命令绕过肢体，实现无动作的手势识别。应用此类技术，可以在不占用双手的情况下实现交互，并且交互过程可以变得非常不易察觉。

2. 人机可信交互

随着无人系统自动化、自主化进程的不断发展，人机交互过程中的可信问题日益凸显。以航空工业为例，对于早期的飞机而言，飞行员只是通过简单地控制操纵杆、按钮等纯机械的接口来控制飞机的飞行。在这种情况下，飞机只是作为一种简单的工具，机械地执行命令，这种单一、单向的"行为 - 效果"对应关系十分清晰，因此几乎不存在互信问题。后来，随着相关技术的发展，飞机变得越来越复杂，人机交互对于飞行员而言的难度也变得更大，更容易发生人为因素导致的错误。此时，在自动化技术支持下的各类自动驾驶仪在飞机上得到了应用，这在一定程度上将飞行员从复杂、枯燥、高难度的飞机操纵工作中解脱出来，同时又能在一定程度上减少因人为失误而造成的损失。但是，自动化进程同时也可能带来人机互信的问题：越多的自动过程意味着操作员丧失了对越多的任务执行过程的控制，而丧失控制往往是恐惧感与不信任感的最直接来源。例如，在新式飞机的试飞过程中，当出现一些不正常的现象时，飞行员的第一反应往往是迅速关闭自动驾驶仪，在第一时间夺回操纵控制权，对飞机进行手动操纵。

解决此问题的方法，除了提升自动化系统的可靠性，更重要的一方面在于在自动化处理任务的过程中，在人机交互设计上以人为中心，给予使用者足够的过程信息，并且使得使用者可以依据这些信息，进行更高权限的命令介入。在个人计算机中经常见到的安装程序、复制文件过程中的进度条和"取消"按钮就是此类设计思路的体现，这种设计可以在很大程度上降低使用者在等待过程中的不信任感。

然而，这种以人为中心的人机交互方式也存在一定的问题：自动化的一个主要优势是可以在很大程度上减少因人为失误而造成的不良后果，而以人为中心的交互模式可能会消减这种优势。例如，在 2009 年 6 月发生的法航 447 号航班客机失速坠机事故中，在飞机遭遇风暴出现异常的情况下，飞行员关闭了自动驾驶仪接管了飞行控制，并且在失速警告提醒下依然错误地选择拉杆爬升，并最终导致失速，造成飞机坠毁。为了防止类似事故的发生，波音公司在其 737 MAX 机型的自动驾驶仪上增加了防止失速的功能，在检测到失速的情况下可以无视飞行员的控制命令，让飞机强行低头。于是，又发生了 2018 年 10 月印尼狮航（印度尼西亚狮子航空公司）和 2019 年 3 月埃塞俄比亚航空公司的坠毁事故：在攻角传感器发生故障的情况下，飞机的自动驾驶仪无视飞行员拼命拉杆的命令，持续让飞机强制低头俯冲，并最终导致了飞机坠毁。从这两类不同的事故中，我们可以看到两种人机交互模式在取舍过程中的矛盾，从中也可以看出人机可信交互的重要性。

在自动化无人系统逐渐朝着自主化方向迈进的趋势下，未来人机可信交互的重要程度将会变得更加重要。这主要是因为此过程中无人系统所充当的角色在逐渐改变：从传统的作为人类的自动化的"工具"角色逐渐转变为可以自主决策并行动的"助手"甚至"同事"的角色。比较有代表性的范例是美国空军的"忠诚僚机"（Loyal Wingman）项目 [115] 和 Skyborg[116] 项目，谷歌等众多公司开发的自动驾驶汽车 [117] 等。从"工具"到"助手"的转变意味着无人系统不再只是按照固定的模式、机械地执行人的命令，并报告执行结果和部分过程数据，而是可能通过自身的自主决策能力，表现出让人类意想不到的行为。这种行为的不可预见性自然会严重影响人对无人系统的信任感。

面对此类发展趋势，亟须开展针对性的研究，解决自主无人系统人机交互过程中的信任问题 [118]。面对这种问题，尤尔特·德·维瑟（Ewart J. de Visser）等学者提出了参考社会科学中人与人之间的信任感建立与修复的机制来指导人机可信交互体系架构的设计 [119]。人与自主无人系统的可信交互机制如图 6-26 所示，具体包括以下几个方面：

（1）关系行为。人机可信交互的循环开始于自主无人系统的关系行为，这个行为可能是有益于信任建立的授益行为，也可能是有害于信任建立的损伤行为。前者包括自主无人系统良好的性能表现，算法强大能力的展现，礼貌、幽默的闲聊等；后者包括错误、时间损失、较低的效率、信息交流中的误会等。

（2）关系矫正行为。关系矫正行为是指对某个关系行为进行立刻的或者稍有滞后的矫正行为。具体的关系矫正行为可分为修复行为和阻尼行为。修复行为用于对损伤行为进行矫正，降低其对信任度造成的恶劣影响，具体可能包括表示歉意、解释有害关系行为的产生原因、保证以后对类似事件会有更好处理等。阻尼行为用于对授益行为进行一定的修正。关系矫正行为对于维持愉快、稳定的人与自主无人系统之间的关系具有非常重要的意义。

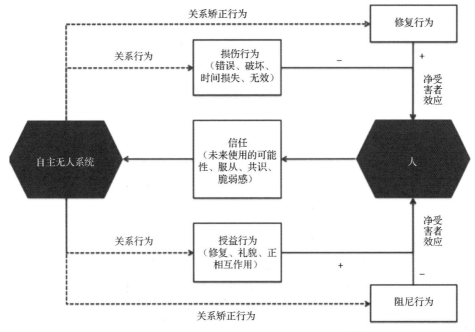

图 6-26　人与自主无人系统的可信交互机制 [119]

（3）净受害者效应。净受害者效应是指从人机交互中人的角度出发，自主无人系统的"损伤行为＋修复行为"或者"授益行为＋阻尼行为"对于人的信任感所产生的一个总的影响。

对于自主性程度不高的传统自动化系统，这些关系矫正行为可能并不会对信任修复产生较大的影响。然而，对于具有高度自主性的无人系统而言，由于其具有较强的自学习能力和一定的感情理解能力，各类修复行为可以具有类似于人的道歉、解释、改正保证等行为的信任修复功能。这也是针对自主无人系统的人机可信交互需要借鉴社会学中人际互信交互方式的原因所在。

6.5.2　有人－无人自主协同作战

有人－无人自主协同作战系统包括一定数量的有人系统和同构／异构的无人系统。协同作战任务包括多个顺序执行的子任务，并且需要根据各个子任务的内容和顺序将所有子任务以最合理的方式分配到几个任务群中。每个任务群都由相应的有人－无人自主协同作战系统执行，并在有人系统的主导下，各不同任务群中的无人系统可以进行任务协同。因此，有人－无人自主协同作战系统是一个典型的层级系统，它包括三个不同的级别，即整体任务级、任务群级和任务级。

有人－无人自主协同作战系统的逻辑关系如图 6-27 所示，C_1 为整体任务级系统，C_2 为任务群级系统，C_3 为任务级系统。由图 6-27 可以看出，整体任务级系统是一个虚拟的系统，在实际操作中，一旦任务群级系统和任务级系统从上到下形成，那么整体任务级系统也就随之形成。

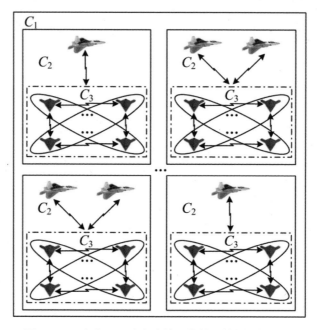

图 6-27　有人－无人自主协同作战系统的逻辑关系

任务群级系统将决定某个有人系统指挥群级系统内的某几个无人系统执行任务，任务级系统将决定哪几个无人系统执行任务群级系统内相应的哪几项任务。因此，有人－无人自主协同作战系统就存在两个关键问题：

　⊃ 任务群级系统的编队和调整。

　⊃ 任务级系统的编队和调整。

不同的无人系统具有不同的功能和能力，这取决于无人系统上的有效载荷（如无人机上的不同种类的制导导弹）。在任务群级系统中，任务级系统的数量与任务的数量是相等的，每个任务都可以由一个或多个无人系统执行，并且每个无人系统都可能会加入不同的任务级系统来完成不同的任务。

因此，任务分配是有人－无人自主协同作战系统的关键，直接决定了协同作战的效果。国内外对协同作战的任务分配进行了大量的研究，并取得了大量的理论成果。

由于目前技术水平的限制，无人系统的智能程度还不足以满足对突发事件实时响应和处理的需求，需要人类做出决策。因此，将有人系统和无人系统协同混合使用，通过人机协同充分发挥各自的优势，已成为国内外学者研究的重要方向。

陈杰等人[120]针对有人－无人自主协同提出了关键的科学问题，现简述如下。有人－无人自主协同是指有人系统与无人系统之间在组织、决策、规划、控制、感知等方面既各自进行独立的计算、存储、处理，又通过自发且平等的交互共融，达成共同目标的行为。为了完成有人－无人自主协同的任务，需要从 4 个层面进行研究，分别为：

- ⮥ 系统层面：有人－无人自主协同的组织架构和协同模式。
- ⮥ 决策层面：有人－无人自主协同的任务分配与行为规划。
- ⮥ 控制层面：有人－无人自主协同的合作行为控制。
- ⮥ 安全层面：有人－无人自主协同的安全指挥控制。

这 4 个层面之间的逻辑关系如图 6-28 所示。

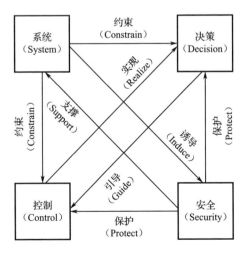

图 6-28　有人－无人自主协同系统 4 个层面的逻辑关系

现实中的有人－无人自主协同系统包括有人－无人机编队协同系统、有人－无人车编队协同系统、有人－无人水面舰艇编队协同系统，以及有人－无人水下潜航器编队协同系统等。

有人－无人机协同编队可以充分发挥各自平台的优势，有人机可以作为指挥机，负责控制无人机编队去执行危险的任务或者对战场进行侦察。刘跃峰等人[121]提出了一种有限中央控制的分布式有人－无人机协同编队指挥控制系统体系结构，如图6-29所示。该系统是一个复杂的作战系统，其中不仅包含有人机（Manned Aerial Vehicle，MAV）和无人机（UAV），还包含预警卫星、预警机、地面指挥中心等。无人机具有同有人机保持实时通信的能力，接收有人机的命令并执行搜索、侦察和跟踪等任务，同时无人机也具有一定程度的智能化，可以处理一些突发情况，如避障、协同攻击目标等。有人机与无人机保持实时通信，根据无人机传回的战场信息，完成实时任务规划、战场态势评估等任务，并在必要时直接控制无人机对敌方进行攻击。

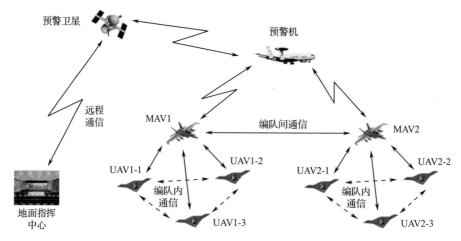

图6-29 分布式有人－无人机协同编队指挥控制系统体系结构

美国国防部在2013年版的《无人系统综合路线图》中将有人－无人系统的协同作为未来无人系统技术发展的重点方向之一[122]。美国国防部有人－无人机系统协同发展路线图如图6-30所示，2014年实现载荷控制，即通过有人机远程控制无人机上的载荷；2016年实现平台和载荷控制，即有人机基于导航点制订任务计划，无人机执行计划；2020年将无人机作为编队中的僚机，即有人机为无人机分配目标和任务，无人机自主地完成目标和执行任务；2025 年实现有人－无人机编队侦察 / 攻击，即有人机和无人机具有同等状态；2030 年实现无人机编队侦察 / 攻击，即无人机完全自主运行，无须人为干预。

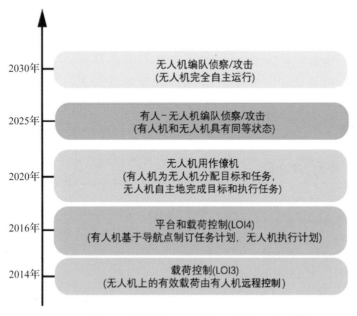

图 6-30　美国国防部有人－无人机系统协同发展路线图

（1）有人－无人编组。有人－无人编组（Manned-Unmanned Teaming，MUM-T）的概念是将有人系统的固有优势与无人系统的优势相结合，并具有单一系统所没有的协同能力。MUM-T 系统结合了机器人技术、传感器技术、有人－无人车辆和步兵，以获得更强的态势感知能力、更大的战场杀伤力以及更强的战场生存能力。结合了上述所有元素的 MUM-T 系统可以在时间和空间上扩展传感器的覆盖范围，并提供额外的捕获和消灭目标的能力。

在无人系统距离有人系统 80 km 的范围内，飞行员可以像利用有人系统上的传感器信息一样来利用无人系统上的传感器信息，从而对战场信息进行感知和判断。MUM-T 系统可以保证探测系统和武器系统之间前所未有的防御距离。MUM-T 系统在很大程度上依赖于任务、敌人、地形、我方作战人员以及时间等因素。有人系统和无人系统之间的传感器信息交互降低了两个系统的风险，并提高了友军的任务效率和生存率。另外，环境条件会影响 MUM-T

MQ-1C "灰鹰"无人机

MQ-1C "灰鹰"无人机是一种中空、长航时无人机系统，它是由通用原子航空系统公司为美国陆军开发的，是 MQ-1 "捕食者"无人机的升级版。MQ-1C "灰鹰"无人机机长 8 m，翼展 17 m，能以 280 km/h 的速度不间断飞行约 30 h。

RQ-7 "影子"无人机

RQ-7 "影子"无人机是 AAI 公司研发的一种小型、轻量级战术无人机，可用于侦察、监视、目标获取和战损评估。它从安装在拖车上的气动弹射器发射，借助类似于航空母舰上喷气式飞机的阻拦装置回收。其万向节安装、数字稳定、液氮冷却的电光/红外摄像机可通过 C 波段数据链路将视频实时中继到地面控制站。RQ-7 "影子"无人机已在美国陆军、澳大利亚陆军、瑞典陆军、土耳其空军和意大利陆军中得到了广泛应用。

MQ-5 "猎人"无人机

MQ-5 "猎人"无人机是 RQ-5 "猎人"近程无人机的增强、多用途改型，在 RQ-5 "猎人"无人机的基础上增加了航程、耐航性和武器能力。RQ-5 "猎人"无人机是由美国陆军、海军和海军陆战队联合开发、美国 TRW 公司（后被诺格公司收购）和以色列 IAI 公司共同生产的，主要任务是搜集实时图像情报、炮兵调整、战损估计、侦查和监视、搜寻目标、战场观察等。

系统的效率。

（2）有人－无人系统集成能力训练。多年来，互操作性一直是美国军方和无人系统项目办公室的首要目标。通过公共接口和共享信息，不同平台间的互操作性极大地提升了军队装备系统的效率。在短期内，将互操作性标准的开发、集成和测试应用到无人系统的通用产品（如通用的地面控制站和通用的地面数据终端）中是无人系统项目办公室的首要目标。为了简化和协调系统间的互操作性，无人系统项目办公室在 2011 年 9 月进行了首次有人－无人系统集成能力（Manned Unmanned Systems Integration Capability，MUSIC）训练演示，并计划每两年或根据需要继续进行训练演示。MUSIC 训练演示操作概览图如图 6-31 所示。

MUSIC 训练演示的目的是展示符合美国陆军 UAS IOP 2.x 系列文件的互操作性科研进展和新兴技术，训练演示中的有人系统包括 AH-64D 阿帕奇武装直升机、OH-58D 武装侦察直升机、无人机地面控制站、步兵及其携带的远程视频终端机等平台，无人系统包括 MQ-1C "灰鹰"无人机、RQ-7 "影子"无人机、MQ-5 "猎人"无人机等。该演示项目于 2011 年 9 月 16 日在美国犹他州 Dugway 试验场的无人系统快速集成与验收中心进行。

图 6-31　MUSIC 训练演示操作概览图

6.6　体系智能作战管理

6.6.1　数字战场构建

数字战场构建（或称战场数字化）首先利用电子和信息技术，通过高速信息流在电子网格上的移动，用高分辨率图形显示并在专家系统的协助下快速处理这些信息流，然后利用自动决策支持系统来解决各级复杂问题[123]。数字战场构建的核心部分是作战指挥系统，它是一个系统的系统（即体系），通常包括机动控制系统、全源数据分析系统、先进野战炮兵战术数据系统、前沿区域防御指挥 / 控制和情报系统、战斗勤务支援控制系统、全球指挥与控制系统、综合系统控制、综合气象系统、数字地形支持系统和嵌入式战斗指挥系统等。这些系统接收来自卫星、空中侦察系统、武器系统、传感器系统和作战人员的数据，并作为态势在数字战场中进行可视化，以供后续辅助作战人员做出判断和决策。战场上的地理、电磁、气象等环境信息也需要在数字战场中进行可视化，以便指挥员能对战场环境有个直观的认知。

可视化方法是数字战场构建的主要内容，可视化方法主要分为地形可视化方法、电磁环境可视化方法。

知识链接

科学可视化

科学可视化（Scientific Visualization）是一个跨学科的研究与应用领域，主要关注三维现象的可视化，如建筑学、气象学、医学或生物学方面的各种系统，重点是对体、面以及光源等的逼真渲染。

地形可视化通过马赛克（网格单元的伪彩色）、剖面、轮廓、顶点、线网、多边形模型和照片真实感等，使用地形或场景的计算机模型来创建图片，最终输出的是像素的位图。Brodlie 等人提出了科学可视化技术，作为探索数据和信息的一种手段，用于获得对数据本身的理解和洞察[124]。地形可视化方法可以分为真实感方法和非真实感方法。

真实感方法通过模拟三维环境的人造图像来描绘世界，将图像技术应用于拍摄场景中的物体精细纹理和几何形状。由于真实感方法可以捕捉到未知的细节，因此可以创造出精致的图像[125]。Szemberg 等人[126]通过结合两种用于地形和对象的方法，提出了地形和对象可视化的方法，用于高效、快速地生成带有对象的地形航拍图像。第一种方法是使用 OpenGL 图形系统来可视化地形和对象；第二种方法是先使用优化算法来可视化地形，再将获得的图像和深度信息传输到 OpenGL，最后集成到包含对象的场景中。Brooks 和 Whalley 设计了一种多层混合地形渲染技术（见图 6-32），可以在二维视图和三维视图中呈现与图像相同的数据[127]。在同一视图中，用户能够查看与三维视图直接相关的二维数据，排除不相关的数据。

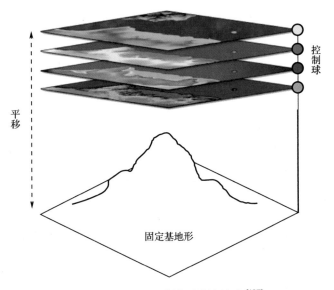

图 6-32　多层混合地形渲染技术[127]

非真实感方法利用计算机模拟各种视觉艺术的绘制风格，如水彩、技术插图和石墨铅笔，用于地形可视化。Visvalingam 和 Dowson 提出了用于绘制和地形可视化的 P-stroke 技术，首先应用行和列的数字高程模型，导出每个像元的两个相关面积值[128]；然后使用滤波器容差来选择单元的子集（称为核心单元），用来指示应该绘制笔画的位置；最后通过模拟艺术家的笔画，将这些单元连接起来并沿着轮廓截面延伸以形成轮廓笔画。由 Raskar 和 Cohen 提出的线框方法已被用于根据轮廓边缘对地形进行可视化，可以将地形可视化为艺术草图[129]。Bratkova 等人使用两张全景地图的感性和艺术分析来创造山地地形[130]。Hurni 和 Räber 结合真实感方法和非真实感方法创建了 Atlas of Switzerland 2.0[131]。艺术化的地形如图 6-33 所示。

电磁环境可视化主要涉及立体对象的绘制（称为体可视化）。体可视化的一项重要内容是体渲染，即将三维立体对象可视化为二维图像，一般通过将立体表面划分为多边形网格，再利用逼真的二维照片对每个网格进行渲染。体渲染技术大致可分为两类，即直接体渲染技术和间接体渲染技术。直接体渲染技术是一种直接绘制数据集而不使用任何中间表示的方法，将颜色、透明度或投射等光学属性直接分配给体像素，体像素的颜色取决于与相应视线相交的体像

图 6-33　艺术化的地形[130]

素的光学属性。直接体渲染技术包括剪切－变形（Shear-Warp）[132]、抛雪球法（Splatting）[133]、纹理映射（Texture Mapping）[134]、单元投影（Cell Projection）[135]、光线投射（Ray-Casting）[136] 等。间接体渲染技术首先从体数据中提取等值面，然后通过三维引擎或其他用于可视化多边形网格模型的工具来可视化多边形表面模型。间接体渲染技术主要包括行进立方体（Marching Cube）[137]、行进四面体（Marching Tetrahedra）[138]、三维傅里叶变换（3D Fourier Transform）[139] 技术等。作为电磁环境可视化中的重要部分，雷达可视化主要通过间接体渲染技术对雷达的探测范围进行描述，将探测范围显示为由被探测到目标的最远距离形成的闭合空间[140]。

6.6.2　战场资源管理

当今战场（特别是多域、跨域战场）中作战资源种类繁多、数量众多，包括人、车辆、传感器、武器平台、弹药、无人平台、无人集群以及无形的信息资源等。如何对战场资源进行有效管理和合理调度，以便在战场上获取最大效益（耗时最少、消耗最少、风险最低等），这直接决定着战争能否获胜[141-143]。

Mountjoy 等人对战场资源管理的三种显示方法（字母数字顺序和标准陆军决策图形的组合方法、构形显示表示法、联合构形显示表示法）进行了比较，发现构形显示表示法的整体性能最优[144]。陶伟琪等人认为，战场资源的统一管理要从战场资源统一标识方法和统一资源模型两个维度展开[143]，为此他们提出了基于混合编码技术的战场异构资源标识技术，用于实现对战场资源的分级管理；提出了基于元数据的资源统一描述模型（见图6-34），可以在兼顾各类资源（网络通信设备、战场感知资源、武器平台资源、计算存储资源）特点的同时进行规范统一的描述，为后续资源的注册、监控等服务提供基础。王刚等人提出了基于多智能体的分布式防空战场资源管理系统，该系统包括五类智能体，即人机接口智能体、移动智能体、信息智能体、功能智能体、战场资源管理中心智能体[145]。

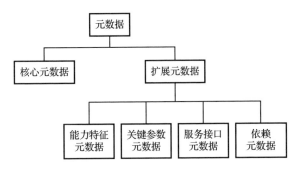

图 6-34　基于元数据的资源统一描述模型[143]

战场资源管理的一项重要内容是多级资源的合理调度问题。Levchuk 等人将维度复杂性（多层过程和交互）、不确定性、计算复杂性等多重复杂性的问题建模为三阶段组织设计过程（Organizational Design Process）模型[146]，如图 6-35 所示。

第一阶段确定优化关系到任务目标值的任务－平台分配和任务排序，如任务完成时间、精度、工作量、资源利用、平台协调等，主要考虑任务优先约束和同步时延、任务资源需求、资源能力，以及地理和其他任务转换约束，生成的任务－平台调度指定了每个资源的工作负荷。

第二阶段将平台组合成不相交的分组，以匹配决策者的工作负载阈值约束，并将每个分组分配给单个决策者，以定义决策者资源分配。因此，第二阶段描绘了决策者－平台－任务分配调度表，并描绘了每个决策者的单独工作量。

第三阶段通过指定通信结构来完成决策层级的设计，以优化责任分配和决策者间的控制协调，平衡决策者之间的工作量。

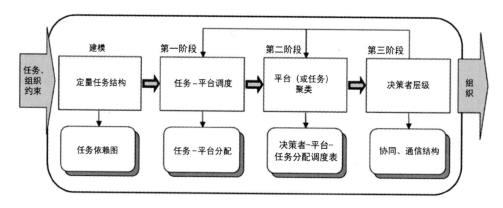

图 6-35　三阶段组织设计过程模型 [146]

　　每个阶段通常需要对前一阶段提供反馈，以迭代地修改任务 - 资源分配和决策者 - 平台 - 任务调度调度表。Levchuk 等人将第一阶段问题建模为一个混合 0-1 线性规划问题，并为此提出了一种多维动态列表调度（Multidimensional Dynamic List Scheduling，MDLS）算法 [146]；他们将第二阶段问题建模为一个聚类问题，并提出了最小相异度聚类（Minimum-Dissimilarity Clustering）、最佳合并聚类（Best-Merge Clustering）、分层聚类（Hierarchical Clustering）三种算法用于求解 [147]；根据优化目标的不同，他们将第三阶段建模为最小协调成本问题（Minimum Coordination Cost Problem）、最大协调问题（Max Coordination Problem）、最小最大工作量问题（Min-Max Workload Problem）三类模型，并分别设计了求解算法 [147]。

　　以 MDLS 算法为基础，包卫东等人提出了一种分层 MDLS-GA 算法，用于解决作战资源调度问题，外层的遗传算法用来得到最优或近似最优的任务 / 平台分群，以便同时减小群内和群间的工作量，内层采用 MDLS 算法来实现任务 - 平台分配问题的优化 [141]。张杰勇等人考虑平台资源的损耗，利用 MDLS 算法进行任务选择，并使用遗传算法为选定的任务分配平台资源，设计了一种 MDLS-GA 算法 [148]；进一步考虑任务完成时间约束，以最大化使命执行质量的值为目标，设计了一种循环 MDLS 算法 [149]。陈行军等人考虑任务执行的时间窗口约束，对 MDLS 算法进行了扩展，以解决含有该类附加约束的战场资源调度问题 [150]。

　　Shirazi 等人 [151] 针对静态资源调度问题提出了两种启发式算法，一种是重节点优先算法,另一种是加权长度算法。Yu 等人[152]将成组技术与遗传算法相结合,提出了一种嵌套遗传算法(Nested Genetic Algorithm),用于解决资源调度问题,可使任务的平台分配和协调模式在决策者之间和决策者内部都达到良好平衡,如图 6-36 所示;他们进一步考虑了任务环境中的意外变化(如资源故障、新事件的出现、决策者故障等),提出了一种分布式多目标进化算法,能简单、高效、灵活地生成资源调度方案[153]。Belfares 等人[154]提出了一种基于禁忌搜索和多目标优化的渐进式资源调度算法,该算法通过探索搜索空间,以便找到一组潜在 Pareto 意义下的最优解决方案。Bui 等人[155]以海上作战中编队在回路的资源调度为背景,建立了混合整数线性规划模型,通过分解搜索空间、删除冗余资源、任务分组技术等获得调度问题的 N 个最优解。Han 等人[156]设计了一种包含两个模块的资源调度软件,第一个是结合了混合整数规划和扩展 Murty 决策空间划分算法的资产包选择模块,可最大化任务执行精度;第二个是集成了加权长度算法、资产包选择模块、首次展示策略和成对交换方法的计划模块,可以帮助设计者设置任务计划活动的参数条件(如资源类型和数量、任务要求和资源能力等)。廖梦琛等人[157]考虑平台损耗和任务处理时间两个方面的不确定性,以最大任务执行效率为目标函数,根据不确定事件对平台资源能力或任务属性的影响来判断是否触发调度方案的适应性优化,设计了基于云遗传算法的战场资源调度方案。

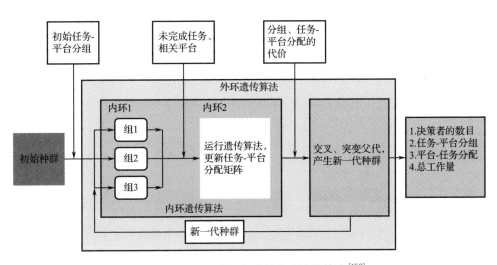

图 6-36　用于资源调度的嵌套遗传算法[152]

Mandal 等人[158] 提出了一种基于智能体的分布式动态资源调度框架。任务被建模为任务图，其中每个任务都根据资源需求、处理时间、地理位置和机会窗口的向量来指定。每个规划智能体都有一组移动资产，每组资产都是根据其提供的资源能力向量、速度和当前位置来确定的。多个代理需要协同以最大化任务执行的准确性、最小化完成时间（及时性）或在准确性和及时性之间找到均衡。智能体内的组件采用基于优化的调度和 M- 最佳资产分配算法来匹配任务和它自己的资产。智能体间的组件协调信息和资产的交换，使用黑板架构、资产定价机制和智能体间成对的资产交换来改进本地调度和分配。针对作战任务或资源不确定的情形，根据已有调度方案生成新的调度方案的问题，Zou 等人[159] 提出了一种基于角色的作战资源柔性调度模型和算法，通过引入角色的概念，构建了基于角色的作战资源柔性调度框架，给出了反映作战任务 - 资源匹配质量的资源利用率和时间利用率两种目标函数，提出了包含 5 种特定计算算子的基于角色的人工蜂群算法，用于解决作战资源柔性调度问题。孙鹏等人[142] 以最小化使命时间为目标函数，设计了一种自适应遗传算法，用于解决战场资源的动态调度问题。Wang 等人[160] 针对资源调度问题中任务属性的变化、可用平台的减少和任务数量的变化等情形，设计了一种映射算子和一种改进的拥挤距离排序方法，以使任务执行质量最大化、计划调整成本最小化实现均衡。

6.6.3 集群网络管理

无人机集群能正常执行既定任务的前提是有一个鲁棒的无人机集群网络，并且能够在链路或节点故障的情况下，保持网络的连通性。无人机集群网络是自组织网络，也称为飞行自组网。自组织网络的分散特性意味着没有预先存在的基础设施，如有线网络中的路由器或无线网络中的接入点。在飞行自组网中，节点通过转发数据来参与路由方案，其中基于网络连通性和所使用的路径算法来动态地确定哪些节点转发数据。

Gupta 等人[161] 指出了无人机机间通信中存在的一系列问题。无人机集群网络需要能够适应高移动性、动态拓扑、间歇链路、功率限制和不断变化的链路质量。某些无人机可能出现故障，导致网络可能被分割，这使得时延和中断容忍成为一个重要的考虑因素。节点的有限寿命和网络的动态性导致了无缝切换的需求。

无人机集群网络可以通过软件定义网络（SDN）进行管理，在介质访问控制层和网络层进行改变，以具备自组织能力、时延容忍能力，实现更灵活和自动化的控制，并采用节能机制，从而降低成本，提高网络的安全性和可用性。

Zhao 等人[162]考虑了中继节点的分配，目的是在视频传输的源节点和目的节点之间建立通信链路。为了实现这一目标，控制器节点定期从每个节点收集相关信息，如位置和剩余能量。一旦某个事件发生，控制器节点就选择中继节点和源节点并将其放置在相应位置。在通过管理中继节点和源节点的位置，并通过填充它们的路由表来解决初始编队之后，控制器节点继续监控各个节点的状况，如果某个节点的剩余能量很低，则可以替换该节点。Kirichek 等人[163]也提出了一种基于 SDN 的无人机集群网络管理方案。飞行节点仅作为开关，用于建立地面段和飞行数据接收器之间的通信链路；控制器节点用于更新节点的路由表。Secinti 等人[164]提出将 OpenFlow v1.5 协议用于控制任务间的通信，在任务执行期间，控制器节点获取中继节点位置和信道可用性信息，在路径算法的帮助下生成路由表，并将路由表转发给中继节点。

无人机的自主性要求无人机集群网络能够抵御各种网络攻击，无人机机间的通信可能遇到的安全问题包括干扰攻击、拒绝服务 / 分布式拒绝服务、GPS 欺骗攻击、劫持攻击、重放攻击、中间人攻击、窃听、流量分析等[165]。Gupta 等人根据其他研究者的工作总结了基于区块链的无人机集群网络管理方案，如表 6-1 和图 6-37 所示。

表 6-1　基于区块链的无人机集群网络管理方案[165-166]

攻击或需求	解决方案
回火抗力	在区块链中，数据哈希函数是使用 SHA256 或 MD5 算法与所有者签名计算的。数据的任何变化都将很容易被识别，因此区块链可以确保数据的安全
分布式拒绝服务攻击	区块链是一个完全分布式和去中心化的分类账本，即使任何节点出现故障，也可以通过提供数据来防止分布式拒绝服务攻击
双花攻击	一致性协议通过交易日志来公开验证参与者创建的每笔交易的真实性，从而限制双花攻击
数据保密	区块链可以限制未经授权的数据访问，只有参与的成员才能查看数据
匿名	在区块链中，参与成员使用公共哈希密钥作为伪身份与系统交互，无须透露参与成员的身份

攻击或需求	解决方案
身份验证	区块链数据/交易受发送方的公钥（作为数字签名）保护，数字签名的伪造难度大，可保证交易的真实性
跟踪攻击	在这种攻击中，恶意矿工限制特定矿工发布开采的区块，文献 [167] 提出了限制自私挖矿的技术
访问控制	在区块链中，只有参与/授权的区块链成员才能访问数据
长期数据安全	一旦数据存储在区块链中，它将在整个生命周期内保持不变

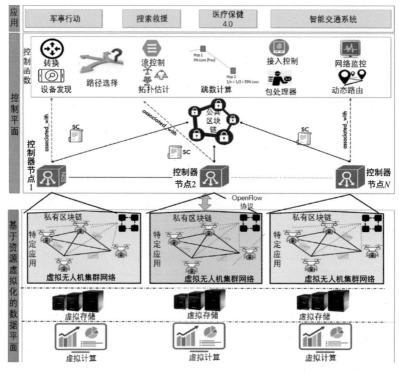

图 6-37　基于区块链的无人机集群网络管理方案 [165, 168-170]

图 6-37 所示的框架通过区块链、SDN 和网络功能虚拟化（Network Function Virtualization，NFV）技术实现了无人机集群网络的分布式和分散式高效管理。该框架的主要目的是提供灵活性并提高无人机之间以及无人机与地面控制站之间的通信安全性和效率。该框架在逻辑上分为三个不同的阶段，即基于资源虚拟化的数据平面、控制平面以及应用。

针对无人机集群网络的频谱稀缺问题，Shamsoshoara 等人 [171] 提出了一种由控制器节点执行的团队强化学习算法，以确定无人机之间的感知、中继任务的最佳分配，以及每次重新定位的策略。Hu 等人[172] 提出了一种基于 SDN 架构和区块链技术的新型无人机集群网络，通过区块链技术实现了一个逻辑集中但物理分布式的控制平面，负责无人机集群网络的路由计算和配置管理。该网络可以根据应用的需求和通信环境快速搭建无人机集群网络，具有灵活性、生存性、安全性、可编程性等特点。杨道锟等人[173] 提出无人机集群网络管理系统应至少包含网络状态监控、链路状态监控、网络拓扑监控、网络规划管理、全网信息管理、全网应急控制能力、随机接入权限管理等功能。

6.6.4　云 - 边 - 端协同计算

无人集群在实现数据融合时面临着计算受限、存储受限和网络带宽受限等问题，通过云 - 边 - 端协同计算的模式可以解决这些问题。云平台通常具有超强的存储能力和计算能力，但由于距离无人装备较远，不仅需要消耗很大的网络资源来传输数据，而且在数据传输过程中会增加数据处理的时延，对于敏感的应用来说不太适合。边缘计算平台可以充当无人装备与云平台的桥梁，将对时延敏感的应用放在边缘计算平台上运行，将对计算和存储要求高的应用放在云平台上运行，从而达到云 - 边 - 端的协同计算，提高应用的执行效率[174]。

1. 云 - 边 - 端协同计算架构

无人集群具有大数据、动态和异构特性，而无人集群上的任务通常具有严格的实时性和资源密集性要求。由于这些特性，如何保证无人集群中的 QoS 成为一项艰巨的任务。为了减少等待时间、能耗和运营成本，可以在无人集群中将边缘计算和云计算结合起来。图 6-38 显示了无人集群云 - 边 - 端协同计算架构，它由能够形成自组织虚拟云的无人集群、靠近无人集群的边缘层（通过分布式边缘服务器提供低时延的服务），以及具有丰富资源的基于远程云层的集中式云数据中心组成。无人集群和边缘数据中心能够实时地与用户快速交互，而云数据中心可以通过处理大量数据来提供高级智能，该架构可以根据任务对计算和存储的需求自适应地将任务分配到对应的平台中执行。这些不同的层相互协同，可提高任务的执行质量。

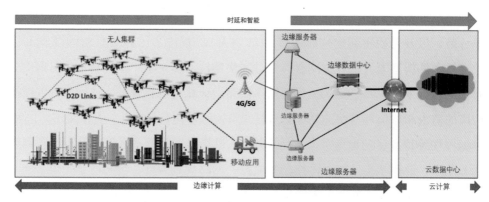

图 6-38 无人集群的云–边–端协同计算架构

无人机与无人机的合作可分为三个级别[175]：

- ⮕ 协同执行任务：在许多情况下，要完成超出单个（甚至功能强大）无人机能力的复杂任务，需要无人集群相互协同。一个典型实例就是智慧城市中的人群感知，以监视城市交通拥堵或灾难破坏。

- ⮕ 协同处理数据：协同型无人机可以将其计算能力集中在一起，形成自组织虚拟云以进行数据处理。例如，通过数据融合和数据分析可以实现避撞和避障。

- ⮕ 协同通信：无人集群之间可以进行通信并共享信息，以便在各种协同任务中进行分布式决策。

实时应用对时延的要求非常严格，但无人机或自组织虚拟云的计算资源是有限的，这会产生较长的数据处理时间，无法满足实时应用对时延的要求。幸运的是，由自组织虚拟云聚集在一起、部署在无人集群附近的边缘服务器，能够为实时应用提供更低时延、更少网络压力和更高效数据处理能力的计算资源。研究人员通过将计算从云移到边缘，可以将面部识别应用的时延从 900 ms 减少到 169 ms，可以广泛用于智慧城市中无人集群的避撞和避障场景。

2．边缘计算协同

由于无线网络的随机特性，无人集群的不规则移动性或带宽波动会导致无线网络断开连接，因此需要无人机、接入点、边缘服务器合作来增强无人集群通信的稳定性和可靠性。首先，由于无人集群的连接状况较差甚至是断断续续的，因此无法直接连接接入点（如隧道中或灾难后受损区域中的无人机)，在这些情况下，无人集群必须彼此协同，以将传输的信息通过相邻的无人集群转发到接入点。其次，由于无人集群和边缘服务器之间会产生巨大的数据通信量，因此需要接入点的协同来提高效率。接入点的协同（如使用 Multipath-TCP）可以为无人集群提供无缝的通信信道迁移，以减少等待时间、能耗和运营成本。

大数据以及在大数据上进行的计算密集型应用都需要无人集群 – 边缘 – 云协同，缺少其中之一，性能都将无法达到最佳效果。首先，基于基础架构的云平台可以提供丰富的资源，帮助处理和存储无人集群的大规模数据。其次，特制的无人机云可以为无人集群提供零星无线网络连接的解决方案，或者在无人集群无法直接连接接入点的情况下提供解决方案。最后，边缘服务器通过为无人集群提供低时延的计算资源，并降低云通信的成本，将无人集群与远程云平台结合在一起。在智慧城市的人群感知实例中，当数据被上传到远程云平台之前，边缘服务器可对无人机集群的流数据（如视频或照片）进行预处理，从而极大地降低待上传数据的大小、通信时延和资源消耗。

3. 云 – 边 – 端任务协同迁移

任务卸载是多接入边缘计算（Multi-access Edge Computing，MEC）的一项关键技术，主要涉及两个研究方向，即卸载决策和资源分配[176]。在传统的任务卸载框架中，卸载决策是由用户终端决定的，资源分配是由服务器决定的。传统的任务卸载框架不仅增加了网络的计算负担，而且卸载决策和资源分配不一定能得到良好的用户体验质量（Quality of Experience，QoE）。

在云 – 边 – 端任务协同迁移中，采用了基于在线学习的方法（用于满足不同任务的要求），以及基于数据传输速率和无线信道状况的离线策略，由代理做出卸载决策并为用户执行资源分配计划。

卸载决策是指由代理决定是否卸载计算任务、要卸载的任务数、要卸载的内容以及其他问题。附加到用户的代理可以通过三个步骤来做出卸载决策。首先，解析应用确定要卸载的特定任务，这些任务取决于服务的类型。其次，代理分析监控单元感知到的环境参数，如可用带宽、要卸载的任务大小和功耗。最后，由代理决定是否卸载任务。卸载决策结果分为如下三种：全部在无人机上进行；全部在多接入边缘计算上进行；一些在无人机上进行，其余部分则在多接入边缘计算上进行。卸载决策的制定与已建立的目标功能有关，包括减少继电器、降低功耗以及兼顾二者的卸载决策。

做出卸载决策后，需要考虑资源分配，即卸载位置的问题。如果用户提交的任务请求是不可分割的，则需要将其单独卸载到某个位置。如果任务请求是可分离的，则需要考虑无人集群之间的协同、无人机与边缘云之间的协同，以及边缘云上不同节点之间的协同，并且由代理负责解决此问题。代理负责平衡网络中的通信、缓存和计算资源，并根据用户请求以及以最小时延和最低功耗为目标的可抛弃资源制订资源分配计划。考虑到无人机的部署和用户的移动性，该代理进一步优化了资源分配，实现了网络之间的资源互补和负载均衡。

6.7　本章小结

本章对体系智能相关技术的研究现状与发展趋势进行了探讨。相比于群体智能，体系智能旨在得到对整个体系而言的全局最大智能，涉及多个群体智能的融合，要比群体智能复杂得多。另外，体系智能一般意味着大规模，大规模意味着成本高、周期长，意味着所开发的技术很难进行验证，从而很难评价技术的优劣。因此，体系智能的发展很不成熟，仍需要较长时间的发展才能在实际战场中得到应用。

参考文献

[1]　冯杰鸿. 体系智能化发展趋势及其关键技术 [J]. 现代防御技术，2020，48（02）：1-6+14.

[2]　DARPA. DARPA tiles together a vision of Mosaic warfare--Banking on cost-effective complexity to overwhelm adversaries[EB/OL].[2020-12-24]. https://www.darpa.mil/work-with-us/darpa-tiles-together-a-vision-of-mosiac-warfare.

[3]　Castanedo F. A review of data fusion techniques[J]. The Scientific World Journal，2013，2013：1-19.

[4]　Durrant-Whyte H. Data fusion in decentralised sensing networks[C]//Fourth International Conference on Information Fusion，2001. International Society of Information Fusion，2001：10015562657.

[5] Luo R C，Yih C C，Su K L. Multisensor fusion and integration：Approaches，applications，and future research directions[J]. IEEE Sensors Journal，2002，2（2）：107-119.

[6] Iyengar S S，Chakrabarty K，Qi H. Distributed sensor networks for real-time systems with adaptive configuration[J]. Journal of the Franklin Institute，2001，338（6）：651-653..

[7] Polastre J，Hill J，Culler D. Versatile low power media access for wireless sensor networks[C]// Proceedings of the 2nd International Conference on Embedded Networked Sensor Systems. ACM，2004：95-107.

[8] Singh A，Nowak R，Ramanathan P. Active learning for adaptive mobile sensing networks[C]//2006 5th International Conference on Information Processing in Sensor Networks. IEEE，2006：60-68.

[9] Krishnamachari B，Iyengar S. Distributed Bayesian algorithms for fault-tolerant event region detection in wireless sensor networks[J]. IEEE Transactions on Computers，2004，53（3）：241-250.

[10] 罗德林，徐扬，张金鹏. 无人机集群对抗技术新进展 [J]. 科技导报，2017，35（07）：26-31.

[11] Strickland L G，Squires E G，Day M A，et al. On coordination in multiple aerial engagement[C]//2019 International Conference on Unmanned Aircraft Systems. IEEE，2019：557-562.

[12] Oyler D W. Contributions to pursuit-evasion game theory[D]. Ann Arbor，MI，USA：University of Michigan，2016.

[13] 朱爱峰. 基于 Petri 网的多机协同多目标攻击决策技术研究 [D]. 南京：南京航空航天大学，2010.

[14] 朱艳萍. 多无人机协同攻击策略研究 [D]. 南京：南京航空航天大学，2012.

[15] 黄长强，唐上钦. 从"阿法狗"到"阿法鹰"——论无人作战飞机智能自主空战技术 [J]. 指挥与控制学报，2016，2（03）：261-264.

[16] Ha J S，Chae H J，Choi H L. A stochastic game-based approach for multiple beyond-visual-range air combat[J]. Unmanned Systems，2018，6（01）：67-79.

[17] 刘正敏，昂亮，姜长生，等. 多级影响图在无人机群协同空战机动决策中的应用 [J]. 电光与控制，2010，17（10）：10-13，78.

[18] Kang Y，Liu Z，Pu Z，et al. Beyond-visual-range tactical game strategy for multiple UAVs[C]//2019 Chinese Automation Congress. IEEE，2019：5231-5236.

[19] Xu J，Deng Z，Song Q，et al. Multi-UAV counter-game model based on uncertain information[J]. Applied Mathematics and Computation，2020，366：124684.

[20] Fu L，Xie F，Wang D，et al. The overview for UAV Air-Combat Decision method[C]//The 26th Chinese Control and Decision Conference. IEEE，2014：3380-3384.

[21] Zhao K，Huang C. Air combat situation assessment for UAV based on improved decision tree[C]//2018 Chinese Control And Decision Conference. IEEE，2018：1772-1776.

[22] 钟咏兵，冯金富，彭志专，等. 基于多 Agent 的 UCAV 群空战战术决策系统研究 [J]. 微计算机信息，2008（15）：38-39，76.

[23] 朱宝鎏，朱荣昌，熊笑非. 作战飞机效能评估 [M]. 北京：航空工业出版社，1993.

[24] 傅莉，于梅祥. 混合对策无人战机空战决策 [J]. 火力与指挥控制，2011，36（08）：67-70.

[25] Austin F，Carbone G，Falco M，et al. Game theory for automated maneuvering during air-to-air combat[J]. Journal of Guidance，Control，and Dynamics，1990，13（6）：1143-1149.

[26] 魏晓明. 多无人机协同空战分布式任务规划方法研究 [D]. 沈阳：沈阳航空航天大学，2014.

[27] 魏政磊，赵辉，韩邦杰，等. 基于自适应 GWO 的多 UCAV 协同攻击目标决策 [J]. 计算机工程与应用，2016，52（18）：257-261.

[28] 兰俊龙，赵思宏，寇英信，等. 多机协同多目标攻击空战战术决策 [J]. 电光与控制，2010，17（12）：17-19，28.

[29] Wang M，Wang L，Yue T，et al. Influence of unmanned combat aerial vehicle agility on short-range aerial combat effectiveness[J]. Aerospace Science and Technology，2020，96：105534.

[30] 柳嘉润，申功璋. 自主空战决策中的战术过程评价方法 [J]. 火力与指挥控制，2008，33（04）：4-7.

[31] Wang X，Zhao H，Han T，et al. A Gaussian estimation of distribution algorithm with random walk strategies and its application in optimal missile guidance handover for multi-UCAV in over-the-horizon air combat[J]. IEEE Access，2019，7：43298-43317.

[32] Xing D，Zhen Z，Gong H. Offense-defense confrontation decision making for dynamic UAV swarm versus UAV swarm[J]. Proceedings of the Institution of Mechanical Engineers，Part G：Journal of Aerospace Engineering，2019，233（15）：5689-5702.

[33] Ma Y，Wang G，Hu X，et al. Cooperative occupancy decision making of multi-UAV in beyond-visual-range air combat：A game theory approach[J]. IEEE Access，2020，8：11624-11634.

[34] Yang Q，Zhang J，Shi G，et al. Maneuver decision of UAV in short-range air combat based on deep reinforcement learning[J]. IEEE Access，2020，8：363-378.

[35] Yang Q，Zhu Y，Zhang J，et al. UAV air combat autonomous maneuver decision based on DDPG algorithm[C]//2019 IEEE 15th International Conference on Control and Automation. IEEE，2019：37-42.

[36] 谢剑. 基于微分博弈论的多无人机追逃协同机动技术研究 [D]. 哈尔滨:哈尔滨工业大学，2015.

[37] 罗德林，吴顺祥，段海滨，等. 无人机协同多目标攻击空战决策研究 [J]. 系统仿真学报，2008，20（24）：6778-6782.

[38] 罗德林,吴文海,沈春林. 空战多目标攻击决策综述 [J]. 电光与控制，2005，12（04）：4-8.

[39] 陈侠, 魏晓明, 徐光延. 多无人机模糊态势的分布式协同空战决策 [J]. 上海交通大学学报, 2014, 48 (07): 907-913, 921.

[40] Başpınar B, Koyuncu E. Assessment of aerial combat game via optimization-based receding horizon control[J]. IEEE Access, 2020, 8: 35853-35863.

[41] 王宏, 李建华. 无人机集群作战指挥决策博弈分析 [J]. 军事运筹与系统工程, 2017, 31 (02): 11-16.

[42] 傅莉, 王晓光. 无人战机近距空战微分对策建模研究 [J]. 兵工学报, 2012, 33 (10): 1210-1216.

[43] 惠一楠, 朱华勇, 沈林成. 无人机攻防对抗不完全信息动态博弈方法研究 [J]. 兵工自动化, 2009, 28 (01): 4-7.

[44] Ma Y, Wang G, Hu X, et al. Cooperative occupancy decision making of multi-UAV in beyond-visual-range air combat: A game theory approach[J]. IEEE Access, 2020, 8: 11624-11634.

[45] Xu J, Deng Z, Song Q, et al. Multi-UAV counter-game model based on uncertain information[J]. Applied Mathematics and Computation, 2020, 366: 124684.

[46] 刘鸿福, 苏炯铭, 付雅晶. 无人系统集群及其对抗技术研究综述 [J]. 飞航导弹, 2018 (11): 35-40, 91.

[47] 胡利平, 梁晓龙, 何吕龙, 等. 基于情景分析的航空集群决策规则库构建方法 [J]. 航空学报, 2020, 41 (S1): 37-52.

[48] 唐传林, 黄长强, 丁达理, 等. 一种 UCAV 自主空战智能战术决策方法 [J]. 指挥控制与仿真, 2015, 37 (05): 5-11.

[49] 罗德林, 张海洋, 谢荣增, 等. 基于多 Agent 系统的大规模无人机集群对抗 [J]. 控制理论与应用, 2015, 32 (11): 1498-1504.

[50] Nowak D J. Exploitation of self organization in UAV swarms for optimization in combat environments[D]. Wright-Patterson Air Force Base, OH, USA: Air Force Institute of Technology, 2008.

[51] Tang R, Zhuo Z, Zhang C, et al. The applications of artificial intelligence in situation assessment and game countermeasure during unmanned air combat[C]//2019 IEEE International Conference on Unmanned Systems. IEEE, 2019: 909-913.

[52] Xu J, Guo Q, Xiao L, et al. Autonomous decision-making method for combat mission of UAV based on deep reinforcement learning[C]//2019 IEEE 4th Advanced Information Technology, Electronic and Automation Control Conference. IEEE, 2019: 538-544.

[53] Wei C, Ji Z, Cai B. Particle swarm optimization for cooperative multi-robot task allocation: A multi-objective approach[J]. IEEE Robotics and Automation Letters, 2020, 5 (2): 2530-2537.

[54] 李迎春, 程建博, 于尧. 基于博弈论的无人机战场攻防策略求解模型 [J]. 兵器装备工程学报, 2017, 38 (06): 70-72, 103.

[55] MBA 智库. 纳什均衡 [EB/OL].[2020-12-24]https://wiki.mbalib.com/wiki/%E7%BA%B3%E 4%BB%80%E5%9D%87%E8%A1%A1.

[56] Isaacs R. Differential games：A mathematical theory with applications to warfare and pursuit，control and optimization[M]. New York，NY，USA：John Wiley and Sons，1965.

[57] Wang Y，Huang C，Tang C. Research on unmanned combat aerial vehicle robust maneuvering decision under incomplete target information[J]. Advances in Mechanical Engineering，2016，8（10）：1687814016674384.

[58] 张立鹏，魏瑞轩，李霞. 无人作战飞机空战自主战术决策方法研究 [J]. 电光与控制，2012，19（02）：92-96.

[59] 张涛，于雷，周中良，等. 基于混合算法的空战机动决策 [J]. 系统工程与电子技术，2013，35（07）：1445-1450.

[60] 高申玉. 多机空战战术机动专家系统与决策支持系统研究 [J]. 系统工程理论与实践，1999，1999（08）：3-5.

[61] Ilachinski A. Irreducible semi-autonomous adaptive combat（ISAAC）：An artificial-life approach to land warfare[M]. Arlington，VA，USA：Center for Naval Analyses，1997.

[62] Ilachinski A. EINSTein：A multiagent-based model of combat[M]//Adamatzky A，Komosinski M. Artificial life models in software. London，UK：Springer，2005：143-185.

[63] Gaerther U. UAV swarm tactics：An agent-based simulation and Markov process analysis[D]. Monterey，CA，USA：Naval Postgraduate School，2013.

[64] prince 谢晓峰. 机器学习、深度学习、强化学习、迁移学习和人工智能的联系和区别？ [EB/OL].（2019-04-07）[2020-12-24]. https://blog.csdn.net/princexiexiaofeng/article/details/89063568.

[65] 左家亮，杨任农，张滢，等. 基于启发式强化学习的空战机动智能决策 [J]. 航空学报，2017，38（10）：217-230.

[66] 高永，向锦武. 超视距多机协同空战目标分配算法 [J]. 北京航空航天大学学报，2007，33（03）：286-289.

[67] Smith R G. The contract net protocol：High-level communication and control in a distributed problem solver[J]. IEEE Transactions on Computers，1980，C-29（12）：1104-1113.

[68] 刘跃峰，张安. 有人机 / 无人机编队协同任务分配方法 [J]. 系统工程与电子技术，2010，32（03）：584-588.

[69] 刘宏强，魏贤智，付昭旺，等. 有人机 / 无人机编队协同攻击任务分配方法研究 [J]. 电光与控制，2013，20（06）：16-19.

[70] 夏庆军，张安，郭凤娟. 基于分布式市场机制的目标分配算法 [J]. 信息与控制，2010，39（03）：315-319，325.

[71] Bertsekas D. P. Auction algorithms for network flow problems：A tutorial introduction[J]. Computational Optimization and Applications，1992，1（1）：7-66.

[72] Zavlanos M M，Spesivtsev L，Pappas G J. A distributed auction algorithm for the assignment problem[C]//2008 47th IEEE Conference on Decision and Control. IEEE，2008：1212-1217.

[73] Sandholm T，Suri S，Gilpin A，et al. CABOB：A fast optimal algorithm for winner determination in combinatorial auctions[J]. Management Science，2005，51（3）：374-390.

[74] Brunet L，Choi H L，How J. Consensus-based auction approaches for decentralized task assignment[C]//AIAA Guidance，Navigation and Control Conference and Exhibit. 2008：6839.

[75] Johnson L，Ponda S，Choi H L，et al. Asynchronous decentralized task allocation for dynamic environments[M]//Proceedings of the Infotech@Aerospace 2011. 2011：1441.

[76] 刘波，张选平，王瑞，等. 基于组合拍卖的协同多目标攻击空战决策算法 [J]. 航空学报，2010，31（07）：1433-1444.

[77] Engelbrecht A P. Computational intelligence：An introduction[M]. Chichester，UK：John Wiley & Sons，2007.

[78] Panigrahi B K，Shi Y，Lim M H. Handbook of swarm intelligence：Concepts，principles and Applications[M]. Berlin，Heidelberg，Germany：Springer，2011.

[79] Hassanien，A. E. and Emary，E.. Swarm intelligence：Principles，advances，and applications[M]. Boca Raton，FL，USA：CRC Press，2015.

[80] Yang X-S. Recent advances in swarm intelligence and evolutionary computation[M]. Cham，Switzerland：Springer，2015.

[81] 高文正，丁全心. 多机协同攻击中的目标分配研究 [J]. 电光与控制，2003（04）：10-14+18.

[82] 霍霄华，陈岩，朱华勇，等. 多 UCAV 协同控制中的任务分配模型及算法 [J]. 国防科技大学学报，2006，28（03）：83-88.

[83] 彭友平. 矩阵对策的几种简便解法 [J]. 数理医药学杂志，1994，7（03）：208-211.

[84] 贾文生，向淑文，杨剑锋，等. 基于免疫粒子群算法的非合作博弈 Nash 均衡问题求解 [J]. 计算机应用研究，2012，29（01）：28-31.

[85] 陈侠，赵明明，徐光延. 基于模糊动态博弈的多无人机空战策略研究 [J]. 电光与控制，2014，21（06）：19-23，34.

[86] Ding Y，Zhu M，Lu Q. Effectiveness evaluation of underwater swarm combat based on FAHP and GA-Elman neural network[C]//Proceedings of the 2019 Chinese Automation Congress. IEEE，2019：106-110.

[87] 樊洁茹，李东光. 有人机 / 无人机协同作战研究现状及关键技术浅析 [J]. 无人系统技术，2019，2（01）：39-47.

[88] 周文卿，朱纪洪，匡敏驰. 一种基于群体智能的无人空战系统 [J]. 中国科学：信息科学，2020，50（03）：363-374.

[89] DeMarco K，Squires E，Day M，et al. Simulating collaborative robots in a massive multi-agent game environment（SCRIMMAGE）[M]//Correll N，Schwager M，Otte，M. Distributed autonomous robotic systems：The 13th International Symposium. Springer，Cham，2019：283-297.

[90] Fan D D, Theodorou E A, Reeder J. Model-Based Stochastic Search for Large Scale Optimization of Multi-Agent UAV Swarms[C]//2018 IEEE Symposium Series on Computational Intelligence. IEEE, 2018: 2216-2222.

[91] DARPA. Service academies swarm challenge pushes the boundaries of autonomous swarm capabilities[EB/OL]. (2017-05-11) [2020-12-24]. https://www.darpa.mil/news-events/2017-05-11.

[92] Brick T, Lanham M, Kopeikin A, et al. Zero to swarm: Integrating sUAS swarming into a multi-disciplinary engineering program[C]//2018 International Conference on Unmanned Aircraft Systems. IEEE, 2018: 308-314.

[93] Dawkins J J, Crabbe F L, Evangelista D. Deployment and flight operations of a large scale UAS combat swarm: Results from DARPA service academies swarm challenge[C]//2018 International Conference on Unmanned Aircraft Systems. IEEE, 2018: 1271-1278

[94] 无人机. 空军 "无人争锋" 智能无人机集群系统挑战赛成绩公告及赛事集锦 [EB/OL]. (2018-09-11) [2020-12-24]. https://www.sohu.com/a/253276736_175233.

[95] starlink. starlink[EB/OL]. [2020-12-24]. https://www.starlink.com/.

[96] 刘帅军, 徐帆江, 刘立祥, 等. Starlink 第一期星座发展历程及性能分析 [J]. 卫星与网络, 2020 (09): 46-49.

[97] 吴曼青, 吴巍, 周彬, 等. 天地一体化信息网络总体架构设想 [J]. 卫星与网络, 2016 (03): 30-36.

[98] Liu J, Shi Y, Fadlullah Z M, et al. Space-air-ground integrated network: A survey[J]. IEEE Communications Surveys & Tutorials, 2018, 20 (4): 2714-2741.

[99] Conti M, Giordano S. Mobile ad hoc networking: Milestones, challenges, and new research directions[J]. IEEE Communications Magazine, 2014, 52 (1): 85-96.

[100] Shafi M, Molisch A F, Smith P J, et al. 5G: A tutorial overview of standards, trials, challenges, deployment, and practice[J]. IEEE Journal on Selected Areas in Communications, 2017, 35 (6): 1201-1221.

[101] 贾宁, 黄建纯. 水声通信技术综述 [J]. 物理, 2014, 43 (10): 650-657.

[102] Irio L, Oliveira R, Bernardo L. Aggregate interference in random waypoint mobile networks[J]. IEEE Communications Letters, 2015, 19 (6): 1021-1024.

[103] Rekhter Y, Li T, Hares S. A border gateway protocol 4 (BGP-4): RFC 1771[S/OL]. [2020-12-26]. https://datatracker.ietf.org/doc/rfc4271/.

[104] Ferrer E C. The blockchain: A new framework for robotic swarm systems[C]//Proceedings of the Future Technologies Conference. Springer, Cham, 2018: 1037-1058.

[105] Damacharla P, Javaid A Y, Gallimore J J, et al. Common metrics to benchmark human-machine teams (HMT): A review[J]. IEEE Access, 2018, 6: 38637-38655.

[106] Arsic D, Hornler B, Schuller B, et al. A hierarchical approach for visual suspicious behavior detection in aircrafts[C]//2009 16th International Conference on Digital Signal Processing. IEEE, 2009: 1-7.

[107] Mistry P，Maes P，Chang L. WUW-wear Ur world：A wearable gestural interface[C]// International Conference Extended Abstracts on Human Factors in Computing Systems. ACM，2009：4111-4116.

[108] Suhr J K，Jung H G，Bae K，et al. Automatic free parking space detection by using motion stereo-based 3D reconstruction[J]. Machine Vision and Applications，2010，21（2）：163-176.

[109] Jia P，Hu H. Active shape model-based user identification for an intelligent wheelchair[J]. International Journal of Advanced Mechatronic Systems，2009，1（4）：299-307.

[110] Kane S K，Avrahami D，Wobbrock J O，et al. Bonfire：A nomadic system for hybrid laptop-tabletop interaction[C]//Proceedings of the 22nd annual ACM Symposium on User Interface Software and Technology. ACM，2009：129-138.

[111] Mamatha M N，Ramachandran S. Automatic eyewinks interpretation system using face orientation recognition for human-machine interface[J]. International Journal of Computer Science and Network Security，2009，9（5）：155-163.

[112] MacKenzie I S. An eye on input：Research challenges in using the eye for computer input control[C]//Proceedings of the 2010 Symposium on Eye-Tracking Research & Applications. ACM，2010：11-12.

[113] Michel D，Argyros A A，Grammenos D，et al. Building a multi-touch display based on computer vision techniques[C]//MVA2009 IAPR Conference on Machine Vision Applications. 2009：74-77.

[114] Yang X B，Choi S H，Yuen K K，et al. An intuitive human-computer interface for large display virtual reality applications[J]. Computer-Aided Design and Applications，2010，7（2）：269-278.

[115] Humphreys C，Cobb R，Jacques D，et al. Optimal mission path for the uninhabited loyal Wingman[C]//16th AIAA/ISSMO Multidisciplinary Analysis and Optimization Conference. AIAA，2015：AIAA 2015-2792.

[116] Sirota S. Air Force seeks 'quarterback in the sky' with Skyborg program by 2023[EB/OL]. [2020-12-26]. https://insidedefense.com/daily-news/air-force-seeks-quarterback-sky-skyborg-program-2023.

[117] Brown A S. Google's autonomous car applies lessons learned from driverless races[J]. Mechanical Engineering-CIME，2011，133（2）：31-32.

[118] Hancock P A. Imposing limits on autonomous systems[J]. Ergonomics，2017，60（2）：284-291.

[119] de Visser E J，Pak R，Shaw T H. From 'automation' to 'autonomy'：The importance of trust repair in human-machine interaction[J]. Ergonomics，2018，61（10）：1409-1427.

[120] 陈杰，辛斌. 有人 / 无人系统自主协同的关键科学问题 [J]. 中国科学：信息科学，2018，48（9）：154-158.

[121] 刘跃峰，张安. 编队协同对地攻击多 Agent 系统体系结构研究 [J]. 系统仿真学报，2011，23（2）：372-375.

[122] United States Department of Defense. Unmanned systems integrated roadmap FY2013-2038：Report 14-S-0553[R]. Washington，DC，USA：United States Department of Defense，2013.

[123] Seacord C R. Digitizing the battlefield[R]. Carlisle Barracks，PA，USA：Army War College，2000.

[124] Brodlie K W，Gallop J R，Osland C D，et al. Scientific Visualization：Techniques and Applications[M]. Springer Science & Business Media，2012.

[125] Foley J. Getting there：the ten top problems left[J]. IEEE Computer Graphics and Applications，2000，20（1）：66-68.

[126] Szenberg F，Gattass M，Carvalho P C P. An Algorithm for the Visualization of a Terrain with Objects[C]//Proceedings of the X Brazilian Symposium on Computer Graphics and Image Processing. IEEE，1997：103-110.

[127] Brooks S，Whalley J L. Multilayer hybrid visualizations to support 3D GIS[J]. Computers，Environment and Urban Systems，2008，32（4）：278-292.

[128] Visvalingam M，Dowson K. Algorithms for sketching surfaces[J]. Computers & Graphics，1998，22（2-3）：269-280.

[129] Raskar R，Cohen M. Image precision silhouette edges[C]//Proceedings of the 1999 Symposium on Interactive 3D Graphics. 1999：135-140.

[130] Bratkova M，Shirley P，Thompson W B. Artistic rendering of mountainous terrain[J]. ACM Transactions on Graphics（TOG），2009，28（4）：1-17.

[131] Hurni L，Räber S. Atlas of Switzerland 2.0[C]//4th ICA Mountain Cartography Workshop，Núria，Spain. 2004.

[132] Lacroute P，Levoy M. Fast volume rendering using a shear-warp factorization of the viewing transformation[C]//Proceedings of the 21st Annual Conference on Computer Graphics and Interactive Techniques. 1994：451-458.

[133] Westover L. Footprint evaluation for volume rendering[J]. Computer Graphics，1990，24（4）：367-376.

[134] Cabral B，Cam N，Foran J. Accelerated volume rendering and tomographic reconstruction using texture mapping hardware[C]//Proceedings of the 1994 Symposium on Volume Visualization. 1994：91-98.

[135] Upson C，Keeler M. V-buffer：Visible volume rendering[J]. ACM SIGGRAPH Computer Graphics，1988，22（4）：59-64.

[136] Levoy M. Display of surfaces from volume data[J]. IEEE Computer Graphics and Applications，1988，8（3）：29-37.

[137] Lorensen W E，Cline H E. Marching cubes：A high resolution 3D surface construction algorithm[J]. ACM SIGGRAPH Computer Graphics，1987，21（4）：163-169.

[138] Guéziec A，Hummel R. Exploiting triangulated surface extraction using tetrahedral decomposition[J]. IEEE Transactions on Visualization and Computer Graphics，1995，1（4）：328-342.

[139] Totsuka T，Levoy M. Frequency domain volume rendering[C]//Proceedings of the 20the Annual Conference on Computer Graphics and Interactive Techniques. 1993：271-278.

[140] 朱俊洁. 面向 ISR 的三维战场态势可视化技术 [D]. 成都：四川大学，2021.

[141] 包卫东，王江峰，张茂军. 一种改进的基于 MDLS 与 GA 的作战资源分配算法 [J]. 火力与指挥控制，2008，33（9）：18-21.

[142] 孙鹏，武君胜，廖梦琛，等. 基于自适应遗传算法的战场资源动态调度模型及算法 [J]. 系统工程与电子技术，2018，40（11）：2459-2465.

[143] 陶伟琪，魏宇. 战场资源统一管理和调度技术综述 [J]. 自动化与仪器仪表，2021（7）：55-57，63.

[144] Mountjoy D N，Ntuen C A，Yarbrough Jr P L. Comparison of three display methodologies for battlefield resource management[C]//Proceedings of the Human Factors and Ergonomics Society Annual Meeting. Sage CA：Los Angeles，CA：SAGE Publications，1998，42（5）：476-480.

[145] 王刚，李为民，何晶. 基于多智能体的分布式防空战场资源管理研究 [J]. 军事运筹与系统工程，2002（2）：29-32.

[146] Levchuk G M，Levchuk Y N，Luo J，et al. Normative design of organizations. I. Mission planning[J]. IEEE Transactions on Systems，Man，and Cybernetics-Part A：Systems and Humans，2002，32（3）：346-359.

[147] Levchuk G M，Levchuk Y N，Luo J，et al. Normative design of organizations. II. Organizational structure[J]. IEEE Transactions on Systems，Man，and Cybernetics-Part A：Systems and Humans，2002，32（3）：360-375.

[148] 张杰勇，姚佩阳，周翔翔，等. 基于 DLS 和 GA 的作战任务——平台资源匹配方法 [J]. 系统工程与电子技术，2010，34（5）：947-954.

[149] 张杰勇，姚佩阳，李凡. 完成时间限制下的任务 - 平台关系设计模型及算法 [J]. 系统工程与电子技术，2012，34（8）：1621-1629.

[150] 陈行军，齐欢，阳东升. 含时间窗联合作战计划问题的建模与求解 [J]. 系统工程理论与实践，2012，32（9）：1979-1985.

[151] Shirazi B，Wang M，Pathak G. Analysis and evaluation of heuristic methods for static task scheduling[J]. Journal of Parallel and Distributed Computing，1990，10（3）：222-232.

[152] Yu F，Tu F，Pattipati K R. A novel congruent organizational design methodology using group technology and a nested genetic algorithm[J]. IEEE Transactions on Systems，Man，and Cybernetics-Part A：Systems and Humans，2005，36（1）：5-18.

[153] Yu F, Tu F, Pattipati K R. Integration of a holonic organizational control architecture and multiobjective evolutionary algorithm for flexible distributed scheduling[J]. IEEE Transactions on Systems, Man, and Cybernetics-Part A : Systems and Humans, 2008, 38 (5): 1001-1017.

[154] Belfares L, Klibi W, Lo N, et al. Multi-objectives Tabu Search based algorithm for progressive resource allocation[J]. European Journal of Operational Research, 2007, 177 (3): 1779-1799.

[155] Bui H, Han X, Mandal S, et al. Optimization-based decision support algorithms for a team-in-the-loop planning experiment[C]//2009 IEEE International Conference on Systems, Man and Cybernetics. IEEE, 2009 : 4684-4689.

[156] Han X, Bui H, Mandal S, et al. Optimization-Based Decision Support Software for a Team-In-The-Loop Experiment : Asset Package Selection and Planning[J]. IEEE Transactions on Systems, Man, and Cybernetics : Systems, 2013, 2 (43): 237-251.

[157] 廖梦琛, 孙鹏, 张杰勇, 等. 基于云遗传算法的不确定性环境下平台资源调度适应性优化方法 [J]. 空军工程大学学报: 自然科学版, 2017, 18 (4): 86-92.

[158] Mandal S, Han X U, Pattipati K R, et al. Agent-based distributed framework for collaborative planning[C]//2010 IEEE Aerospace Conference. IEEE, 2010 : 1-11.

[159] Zou Z, Che W, Mu F, et al. Role-based approaches for operational task-resource flexible matching model and algorithm[J]. Journal of Systems Engineering and Electronics, 2017, 28 (1): 67-80.

[160] Wang X, Yao P, Zhang J, et al. Dynamic resource scheduling for C2 organizations based on multi-objective optimization[J]. IEEE Access, 2019, 7 : 64614-64626.

[161] Gupta L, Jain R, Vaszkun G. Survey of important issues in UAV communication networks[J]. IEEE Communications Surveys & Tutorials, 2015, 18 (2): 1123-1152.

[162] Zhao Z, Cumino P, Souza A, et al. Software-defined unmanned aerial vehicles networking for video dissemination services[J]. Ad Hoc Networks, 2019, 83 : 68-77.

[163] Kirichek R, Vladyko A, Paramonov A, et al. Software-defined architecture for flying ubiquitous sensor networking[C]//2017 19th International Conference on Advanced Communication Technology (ICACT). IEEE, 2017 : 158-162.

[164] Secinti G, Darian P B, Canberk B, et al. SDNs in the sky : Robust end-to-end connectivity for aerial vehicular networks[J]. IEEE Communications Magazine, 2018, 56 (1): 16-21.

[165] Gupta R, Tanwar S, Kumar N. Blockchain and 5G integrated softwarized UAV network management : Architecture, solutions, and challenges[J]. Physical Communication, 2021, 47 : 101355.

[166] Zhang R, Xue R, Liu L. Security and privacy on blockchain[J]. ACM Computing Surveys (CSUR), 2019, 52 (3): 1-34.

[167] Saad M, Spaulding J, Njilla L, et al. Overview of Attack Surfaces in Blockchain[J]. Blockchain for Distributed Systems Security, 2019 : 51-66.

[168] Yazdinejad A，Parizi R M，Dehghantanha A，et al. An energy-efficient SDN controller architecture for IoT networks with blockchain-based security[J]. IEEE Transactions on Services Computing，2020，13（4）：625-638.

[169] Xiong F，Li A，Wang H，et al. An SDN-MQTT based communication system for battlefield UAV swarms[J]. IEEE Communications Magazine，2019，57（8）：41-47.

[170] Al-Turjman F，Abujubbeh M，Malekloo A，et al. UAVs assessment in software-defined IoT networks：An overview[J]. Computer Communications，2020，150：519-536.

[171] Shamsoshoara A，Khaledi M，Afghah F，et al. A solution for dynamic spectrum management in mission-critical UAV networks[C]//2019 16th annual IEEE international conference on sensing，communication，and networking（SECON）. IEEE，2019：1-6.

[172] Hu N，Tian Z，Sun Y，et al. Building agile and resilient UAV networks based on SDN and blockchain[J]. IEEE Network，2021，35（1）：57-63.

[173] 杨道锟，卢艳玲，张亚师，等. 一种无人集群自组网网络管理系统设计 [J]. 弹箭与制导学报，2021，41（5）：62-65.

[174] Shi W，Cao J，Zhang Q，et al. Edge computing：Vision and challenges[J]. IEEE Internet of Things Journal，2016，3（5）：637-646.

[175] Chen W，Liu B，Huang H，et al. When UAV swarm meets edge-cloud computing：The QoS perspective[J]. IEEE Network，2019，33（2）：36-43.

[176] Wang R，Cao Y，Noor A，et al. Agent-enabled task offloading in UAV-aided mobile edge computing[J]. Computer Communications，2020，149：324-331.

第 7 章

未来军事应用

7.1 引言

作为未来智能化战争的一项重要内容，智能无人集群是颠覆未来战争的一项革命性技术，它的成功应用必将彻底改变未来战争的形式。智能无人集群的分布式作战模式将取代以平台为中心的传统作战模式，代之以以功能为目标的作战模式，即根据任务需求为每个节点以模块化的方式配置相应的功能，多个功能平台组成的无人集群以分布式协同的方式完成既定任务。任务既包括侦察、监视、突防、预警、打击、干扰、中继等单个任务，也可以是它们的组合；既可以是局域的单项任务，也可以是跨域、全域的组合任务。

本章将对未来战场展开想象，提出智能无人集群在未来智能化战争中的一些可能作战样式，并对具体的作战过程进行探讨。

7.2 智能无人集群的未来作战样式

从战争形态的演变过程（见图 7-1）来看，最初战争形态如孤立碳原子一样，中间没有任何联系，实现单装备作战，作战效能差；然后发展成如碳原子层一样，在一个领域集合成一块，实现同域装备的协同作战；再往后，发展成如金刚石一样，每个原子紧耦合在一起，实现跨域装备的体系作战，虽然硬度特别大，但是鲁棒性不够好。

我们认为未来战争形态应该如水一样（见图 7-2），在聚焦时，可以切割硬如金刚石一样的材料；同时，被攻击时，可以迅速恢复原状，包容性强。

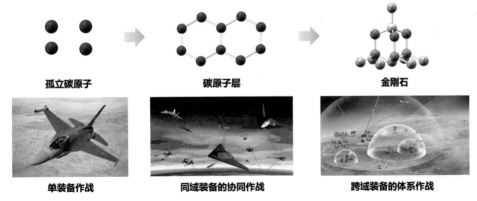

孤立碳原子　　　　　　　碳原子层　　　　　　　　　金刚石

单装备作战　　　　　同域装备的协同作战　　　　跨域装备的体系作战

图 7-1　战争形态的演变过程

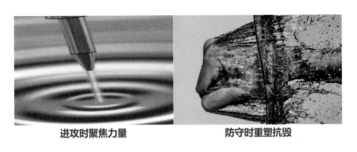

进攻时聚焦力量　　　　　　　　防守时重塑抗毁

图 7-2　未来战争形态——"水"

分布式体系作战是面对智能化战争形成的一种新型作战形态，其核心特点是全域分布、柔性拼接和无中心化，即在统一的作战使命支配下，各作战单元全域分布；通过信息网络实现各作战单元行为的柔性拼接，形成功能融合；各作战单元协同作战，形成火力最优布置的无中心化体系作战优势。分布式体系作战具备如"水"一样的战争形态特征，受到世界各军事强国的高度重视。

2014 年，为了实现分布式体系作战，美国提出了体系集成技术和试验（System of Systems Intergration Technology and Experimentation，SoSITE）项目，聚焦于发展分布式空战的概念、架构和技术集成工具。体系集成技术和试验的架构如图 7-3 所示。

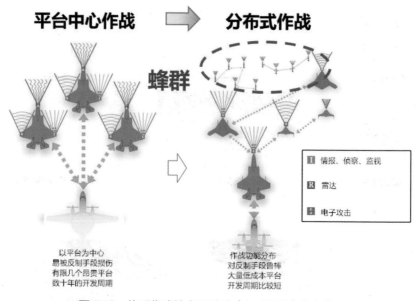

平台中心作战 ➡ 分布式作战

蜂群

情报、侦察、监视

雷达

电子攻击

以平台为中心
易被反制手段损伤
有限几个昂贵平台
数十年的开发周期

作战功能分布
对反制手段鲁棒
大量低成本平台
开发周期比较短

图 7-3 体系集成技术和试验（SoSITE）的架构

  SoSITE 项目打算利用现有航空系统的能力，使用开放系统架构方法减少全新航空系统的研发成本和时间。开放系统架构为发展可互换的组件和平台提供了统一的标准和工具，如有需要可以快速地进行升级和替换。通过开放系统架构可以在各种有人平台和无人平台上分散关键的任务功能，如电子战、传感器、武器、战争管理、定位导航和授时以及数据链等。特别指出的是，智能无人集群是 SoSITE 项目下的重要节点。

  2017 年，美国提出了一种旨在赢得或慑止未来冲突的武器系统发展新思路——马赛克战。马赛克战理念的核心是借鉴马赛克简单、多功能、可快速拼装等特点，实现大量低成本、单一功能武器系统的动态组合、密切协同、自主规划，形成一个按需集成、极具弹性的系统体系。其目标在于，实现网络化作战以生成一连串的效果——这些效果是非线性的，可应对诸如荒漠战、城市战、信息战等多种作战场景，以提高海上、地面、空中、太空、网络空间等各个作战域现有军事系统的作战效能，并推动新型、低成本无人系统的发展，而智能无人集群将成为这个体系下的重要装备。

  智能无人集群的一些典型未来作战概念如下。

7.2.1　集群斩首战

针对反航母作战中瘫痪航母编队指挥体系、夺取制空权作战中摧毁敌空中预警探测体系、反分裂反恐作战中瓦解敌指挥体系等任务,利用具有"直奔老巢""不达目的誓不罢休"特征的集群,对敌航母指挥系统(舰桥指挥层)、敌空中预警机、敌关键核心人物实施打击和摧毁作战,可以以极高的效费比完成瓦解敌方指挥体系的作战任务。

《三十六计》云:"摧其坚,夺其魁,以解其体。"唐代诗人杜甫在《前出塞》中也写道:"射人先射马,擒贼先擒王。"这些都体现了在战争中对敌方统帅或指挥系统进行摧毁打击的重要性。现代战争中的"斩首"概念是由英国军事理论家富勒提出的,旨在以敌方指挥系统为首要目标进行攻击,瘫痪敌方指挥系统的军事行动。

在冷兵器时代的战争中,统帅在双方交战中的地位十分突出,双方作战的关键在于主将面对面进行短兵相接,凭借武力决胜负,而主将决斗的输赢直接决定了双方军队的胜负,主将胜则军队士气大涨,乘胜出击,顺势破敌;主将败则军队士气低落,兵败如山倒。因此,统帅在冷兵器时代战争中的作用十分突出,"擒贼先擒王"的道理也是这一状况的充分显现。

进入工业化时代后,随着技术的进步,统帅已经不再需要临阵接敌、与敌方短兵相接,而是退居到了较为安全的后方,通过通信系统指挥一线部队同敌方作战。由于科技水平的限制,作战部队缺乏直接攻击敌方统帅的手段,想要消灭敌方统帅只有通过消灭大量敌方部队,层层突破敌方防线来实现。在大量部队被消灭后,敌方主帅抵抗意志丧失,最终战争的胜负与主帅的存亡并无直接的关系,"擒贼先擒王"的作用在这个时代被大大弱化。

随着信息时代的到来,GPS 定位、精确制导、高速通信等技术的应用,战争的打击精度不断提高,使得军队具备了精确打击敌方统帅和指挥系统的能力。因此,对敌方的统帅或者指挥系统进行精准打击,瘫痪敌方的指挥枢纽,瓦解敌方的作战系统变得越来越重要。美军在伊拉克战争和阿富汗战争中均实施了"斩首"行动,对战争的胜利起到了直接的推进作用。

智能无人集群具有协同性好、隐蔽性强、机动灵活等特点,十分适合对敌方指挥系统进行"斩首"打击行动，可以同时进行侦察、干扰和打击等任务。由于敌方的指挥系统防护严密，因此传统的单体无人机很容易被敌方识别并击落，而智能无人集群则可以在损失一部分无人机的条件下突破敌方的防线，对敌方指挥系统进行攻击。相比于传统特种部队所开展的"斩首"行动，智能无人集群的代价更小、效费比更高。因此，在未来的战争中，利用智能无人集群进行"斩首"行动将具有广阔的发展前景。

7.2.2 集群闪击战

《孙子·九地》云"兵贵神速"。纵观人类战争史可以发现，速度始终是军队克敌制胜的不二法门，包括移动速度、打击速度、保障速度与通信速度等。从某种意义上讲，国防科技史也始终是以速度为核心展开的，因为国防科技在不断扩展人类活动空间的同时，也在缩短相应的时间。

在冷兵器时代，短兵相接，谁能够以迅雷不及掩耳之势袭击对方，或在更短的时间内把更多的兵力投送到前线，谁就有望夺取胜利。当时的人类认识主要限于经验范围内，国防空间主要以领土为主，涉及速度问题的包括移动能力（前进与撤退）、打击能力、保障能力与通信能力四个方面。

在热兵器时代，军队开始在越来越远的距离作战。马克思在《机器。自然力和科学的应用》中指出："火药把骑士阶层炸得粉碎，指南针打开了世界市场并建立了殖民地，而印刷术则变成了新教的工具。"科学技术第一次在人类历史上释放出巨大的物质力量。国防空间则从陆地、海洋伸向天空，速度日益从战士的技能演变为军事装备的属性，包括车辆装甲、武器弹药与通信手段等。

机械化时代正是伴随着这种变化全面开启的。如果说在拿破仑时代，火炮与骑兵的协同速度还带有浓厚的古代色彩的话，那么第一次世界大战中的坦克、汽车、舰艇、飞机等完全揭开了现代战争的序幕，第二次世界大战更是把闪电战演绎得淋漓尽致。从此以后，科学技术变成了第一战斗力，并全面主宰了人类战争。

在接下来的信息化时代，现代科技不仅突破了第一宇宙速度、第二宇宙速度，而且在人类生存的时空中发现并开发了"信息"这样一种看不见摸不着的精灵，彻底地改变了人类战争的基本面貌。信息化战争中的作战主要包括三个层次的作战内容：一是物理层面的作战，以物质摧毁和消灭有生力量为主要内容；二是信息层面的作战，以控制信息基础设施和电磁频谱为主要内容；三是心理层面的作战，以瓦解敌人的意志和情感为主要内容。三个层面的作战内容相互制约、相互联系、相辅相成，共同构成了信息化战争中形态各异的作战样式。

在智能化战争时代，国防空间一方面从天空伸向太空，形形色色的航天器时时刻刻在俯瞰着地球上的一举一动，各种各样的无人系统取代人纵横驰骋在万里疆场；另一方面则从有形和可见的三维空间伸向无形和不可见的多维空间与虚拟空间，神出鬼没的精确制导武器和计算机病毒无孔不入，防不胜防。陆、海、空、天、电等不同的时空在颠覆性创新中获得前所未有的统一。高度复杂的战争巨系统全面呼唤军事装备智能化发展，无人系统成为未来战争的大势所趋。

智能无人集群具有"快速游弋抵近""机动威胁规避""隐蔽渗透突防""灵活游动攻击"等特征，在抢滩登陆、城市作战等作战场景中，可对敌方重要战役战术目标、敌方指挥系统、交通枢纽等目标进行闪电式打击。针对敌机动雷达、指挥系统、交通要道等遂行渗透突防、游击袭扰、闪电突击，从而以非对称优势完成向敌纵深快速穿插、对敌进行分割包围、瘫痪敌方指挥体系、对敌进行歼灭等作战任务。智能无人集群"轻兵兼道以出，掩其不备"，速战速决，可达到"千里袭人"的战术目标。

7.2.3　集群封锁战

针对机场、港口、指挥所、航线、航路、公路出入口等要害部位的封锁、防控任务，利用具有数量众多、体系抗毁、灵活部署、空间存在等特征的集群，构建能够覆盖"点、线、面"的立体封锁网络，利用抵近干扰或自杀冲击等方式对意图破坏封锁的目标实施袭扰、打击，实现对封锁区域的有效隔离。

美国杰出的军事理论家马汉在其著作《海权论》中提出了著名的海权思想，即海权比陆权更重要，实行海上封锁总是比战无不胜的陆军更具有决定性的意义。在战争中，交战双方比拼的不仅是武器装备的先进程度，更是战略物资的储备和供给能力。一旦交战一方被另一方实施了封锁，战略物资无法得到补充，那么军队的抵抗意志就会逐渐丧失，甚至投降。封锁一方可达到"不战而屈人之兵"的目的。历史上通过封锁敌国沿海、港口达到加速战争进程的例子不胜枚举。例如，在第二次世界大战末期，美国封锁了日本的港口群，破坏了其海上运输线，加快了日本投降的速度；在海湾战争中，多国部队的海军封锁了伊拉克沿海，使伊军海运中断，战斗潜力受到极大削弱。

如上所述，智能无人集群具有数量众多、体系抗毁、灵活部署、空间存在等特征，非常适合对敌方的机场、港口、指挥所等重要目标进行封锁，不仅可以利用抵近干扰或自杀冲击等方式对意图破坏封锁的目标实施袭扰、打击，实现对封锁区域的有效隔离，还可以通过替换集群中不同无人机的方式达到持续袭扰、封锁的目的。

7.2.4　集群支援战

针对远程作战中为我方提供实时准确的战场态势透彻感知、自主隐蔽的战场通信定位、稳定可靠的数据计算支撑等任务，利用具有体系抗毁、空时密度动态可调、战场功能聚能爆发等特征的集群，为我方隐蔽驻留的特种部队、深入敌后的空降部队等提供即时聚优的战场支援服务，从而以极强的体系抗毁性提升作战部队的效率与生存率。

战场支援是保持部队战斗力和作战持续性的重要保障行动，其中包括障碍清除、战斗搜救和伤员转撤等任务。各军事强国历来重视战场救援，在海湾战争开始前，美国在海湾地区和本土的战地医院一共准备了近 5 万张战争伤员床位；在海湾战争开始后，又调来了 200 多架救援直升机和 1000 多辆地面救护车。

部队在进行突击或进攻时，首先需要清除进攻路线上的障碍，为后续部队开辟安全通道。清障工作通常是暴露在敌方火力范围内进行的，因此其危险性高、作业难度大。智能无人集群具有体系抗毁、灵活部署、效费比高等特征，可以为我方提供实时准确的战场态势透彻感知和对障碍的精准探测，并配合我方作战部队对战场障碍进行清除，为我方作战部队提供安全保障。

在现代战争中，战斗搜救是指对失踪或陷于不利环境中的我方作战人员进行的搜救，需要深入交战区或敌军后方进行人员搜救，是一种高风险的战场勤务行动。美军资料显示，美国空军搜救分队每救回 9.2 人会自身损失 1 人，海军搜救人员每救回 1.8 人会损失 1 人。利用无人搜救系统可以有效地降低搜救战损，提高伤员的救治率。通过智能无人集群与侦察、预警和警戒等力量的配合，多类无人作战系统编队协同搜救，可以极大地提高搜救的成功率。通过智能无人集群对相关区域进行搜索，确定被救援对象的具体位置后，一部分无人作战力量负责警戒，必要时使用携带的武器进行火力压制或遮断，迟滞敌方向救援区的机动，为救援行动赢得时间；另一部分无人作战力量实施救援行动，引导被困人员脱困或逃离危险区域，最终达到战场支援的目的。

7.2.5　集群威慑战

针对敌空中、海上后方支援编队等目标，在敌方来援方向上提前部署具备持久监视、广域侦察等特征的集群，对敌方海上支援编队、空中预警机编队实施"守株待兔"式侦察预警、跟踪识别、机动袭扰，可达到迟滞目标、甚至逼退目标的目的，以较低成本完成对敌方作战力量的心理威慑和战略威慑。

《三十六计》中的第二十六计"指桑骂槐"云："大凌小者，警以诱之。刚中而应，行险而顺。"此计可以从两方面理解，对于弱小的对手，可以用警告和利诱的方法，不战而胜；对于比较强大的对手也可以旁敲侧击地进行威慑。历史上通过威慑手段获胜的战例早已有之，春秋时期的齐相管仲为了降服鲁国和宋国，就运用了此计。他先攻下弱小的遂国，鲁国畏惧，立即谢罪求和，宋见齐鲁联盟，也只得认输求和。管仲采用"敲山震虎"的计策，不用大的损失就使鲁、宋两国臣服。

在战争中，对敌方力量进行威慑可以起到吓阻迟滞敌方的目的。智能无人集群可充分利用其数量众多、体系抗毁、灵活部署、空间存在等特征对敌方实施心理和战略两个层面的威慑。

7.2.6　集群饱和战

针对反舰、抢滩登陆等作战场景中的压制敌方防空系统任务，利用具有以廉降耗、以量增效、以散强存等特征的集群，对敌方防空雷达跟踪和瞄准通道、敌方高价值防空资源遂行大范围电子压制、高机动饱和攻击等作战任务，瘫痪敌方防空系统，从而为保证我方作战力量快速通过敌防区和高效精准打击敌方作战力量等任务提供支撑。

饱和攻击是苏联海军总司令戈尔什科夫元帅在冷战时期提出的一种利用反舰导弹打击美国航母战斗群的战术，即利用水面舰艇、潜艇和作战飞机等武器平台携载反舰导弹，在短时间内采用大密度、连续攻击的突防方式，从空中、水面和水下等不同方向朝同一个目标发射超出其抗打击能力的导弹，使得敌航母编队的防空反导系统在短时间内处于无法应付的饱和状态，以提高反舰导弹突防概率，达到摧毁敌方舰艇的目的。

随着现代军事技术的进步，各种用于突防的导弹武器造价越来越高，因此饱和攻击的成本也越来越大。智能无人集群具有数量众多、体系抗毁、灵活部署等特征，适合对目标发动饱和攻击，具有很大的作战成本优势。集群在进入攻击区域后，不仅可以利用无人机所携带的武器对目标进行攻击，还可利用智能无人集群的成本低廉优势通过"自杀"方式攻击目标。由于智能无人集群的数量多、体系抗毁能力强，敌方火力无法完全覆盖，可以消耗敌方的火力，突破敌方的防区，对敌方进行饱和攻击，实现摧毁敌方目标的目的。

7.2.7　集群伪装战

针对高动态复杂作战场景中的侦察监视任务、强对抗空战场景中的掩护诱骗任务等，利用具有隐蔽分散、伪装变形、灵活重组等特征的集群对敌方重点区域遂行高效侦察、对敌主战力量遂行曲线诱骗，从而以极高的效费比实现对敌无形监视与声东击西等目标。

《孙子兵法·计篇》云："兵者，诡道也，故能而示之不能，用而示之不用，近而示之远，远而示之近。"战阵之间，必须施以伪装，使敌人产生错觉，做出错误判断，然后趁机对敌方进行袭击。由此计产生的声东击西、指南打北等战术，都以假象迷惑敌人，从而达到预期的目的。自古以来，伪装战就被广泛应用在战争中。特洛伊战争中的希腊人通过伪装在木马中出其不意，最终攻下了特洛伊城；第二次世界大战中的苏德战场，面对德国空军对克里姆林宫的轰炸，苏军通过一系列伪装方案将庞大的克里姆林宫建筑群"隐藏"了起来，逃脱了德国空军的轰炸。

智能无人集群具有隐蔽分散、伪装变形、灵活重组等特征，非常适合对敌方作战力量实施隐蔽式侦察监视、曲线诱骗等伪装作战。

7.2.8　集群消耗战

在战场上直接参与作战，执行对敌打击、消耗敌方防御力量是智能无人集群未来作战应用的一个热点，也通常最受人关注。目前，高度智能化的无人集群执行打击消耗任务的能力还未能在实战战场或者原理演示中被我们见到。但是，类似于集群的消耗作战形式在战场上的打击威力早已记录在世界军事史中，被我们所熟知。美国著名的兰德公司撰写的报告《集群与未来冲突》，对历史上从古希腊、古波斯时期开始到第二次世界大战、越南战争时期出现的各种不同层次的类集群式攻击方法进行了系统梳理和总结，并最终给出了最高等级的、成熟的、威力最大的集群攻击所具有的主要特点，如下所述 [1]：

- ⮑ 多个自主或半自主单元对同一目标进行汇聚性攻击。
- ⮑ 无定型但协调地从各个方向上进行"可持续脉冲"式攻击。
- ⮑ 许多小型、分散、互相联系的高机动性单元组成集群。
- ⮑ 整合侦察、感知、信息处理能力。
- ⮑ 具有僵持和抵近能力。
- ⮑ 设计的攻击方式旨在破坏敌方的凝聚力。

从上述的特点可以看出，一方面集群攻击的很多特点都与智能无人集群的内在属性相符，因此智能无人集群未来在对敌消耗毁伤方面的应用潜力巨大；另一方面，这也为未来智能无人集群面向消耗毁伤方面应用的具体技术发展和攻击战术的确定指明了方向。其中，"可持续脉冲（Sustainable Pulsing）"一词对集群攻击的描述最为精准，体现了"战略集中，战术分散"原则在集群作战中的应用：一方面，在平时的侦察状态或者进攻准备状态下，集群应该保持分散原则，在增加监视覆盖范围的同时，最大限度地发挥群体抗毁的优势；另一方面，在对同一目标（尤其是重要目标）进行协同攻击时，分散的集群各个单元在同一时间从各个方向集中于目标所在点，从四面八方同时发起攻击，在增强攻击火力的同时，可以打乱、破坏敌方的防御，大量消耗敌方的防御火力。在完成一次进攻后，集群的各个单元再次散开，并寻找机会进行下一次进攻，如此一个"脉冲"一个"脉冲"地循环往复。对具备类似特点的集群，其攻击威力的提升潜力将会十分可观。

除了在进攻方面可发挥奇效，智能无人集群在防御方面也具有巨大的潜力。例如，大量隐蔽部署、具有探测与机动能力，并搭载战斗部的可消耗集群单元可以作为灵巧地雷群或水雷群，部署于营区或军港周围，在探测到敌方入侵时及时报警，并多点同步对敌方进行攻击。

在看到智能无人集群未来在执行打击毁伤任务方面的巨大潜力的同时，我们也必须充分意识到其走向未来作战应用中将会面临的挑战。首先是技术方面的挑战。跟 ISR 任务不同，执行打击任务需要无人系统完成自主决策，实现完整的 OODA 循环，因此，对于武器系统自主性程度的需求大大提高了。然而从目前 AI 技术的发展水平来看，想要让武器系统实现如此高程度的自主决策，仍然有很长的技术路线要走。其次，集群的各个单元完成"可持续脉冲"式攻击所需要的复杂路径规划算法的工程实现，以及低成本可消耗平台上的多传感器数据融合、计算、处理的能力，都是实现智能无人集群攻击所亟待解决的技术挑战。

7.2.9 集群电子战

对于具有一定自主能力的智能无人集群而言，情报、监视与侦察能力是作战过程中完成 OODA 循环的第一个节点所必须具备的基本能力，具有十分重要的意义。以美国为首的世界军事大国目前在研的各个无人集群项目以及相关发展规划中（详见本书 3.3 节和 3.4 节），ISR 任务往往是其瞄准的最常见、最主要的立项背景需求。目前，在已经实现战场应用但自主性不高的无人装备中，多数也是以侦察功能为主的长续航装备。可以预见，智能无人集群在未来作战中首先会在 ISR 任务方面得到广泛应用，其原因主要有以下两点。

（1）智能无人集群天生适合执行 ISR 任务，这与其本身的内在属性息息相关。作为自主无人装备和集群系统的结合体，一方面，对敌的情报收集，往往需要长时间潜入敌方腹地，在敌方控制的区域进行长时间活动，这种危险又枯燥的典型 4D 任务十分适合无人装备；另一方面，携带侦察载荷的、在空间上分散分布的集群可以在较广阔的区域内实现实时监测，其鲁棒自愈的优势也使得其能够在一定战损的情况下保持良好的侦察效果。这种完美的结合方式，使得智能无人集群在执行 ISR 任务时具有其他武器系统所没有的得天独厚的优势。因此，ISR 任务也将成为智能无人集群未来最有可能得到广泛应用的领域。

（2）目前的人工智能技术水平发展不足是智能无人集群在未来 ISR 任务中有望首先得到应用的另外一个原因。根据美军目前对无人装备自主能力的等级划分标准，目前已经在原理验证层面实现的自主程度最高的 X-47B 无人机，也只是实现了 4 ~ 5 级自主程度，距离实现智能无人集群所需要的 7 ~ 10 级自主程度仍然有较大差距。而对于无人装备所需要执行的各种常规任务类型而言，ISR 任务对无人装备本身的智能化需求最低。在 OODA 循环中，只需要进行感知，并用现在已经成熟的图像识别等 AI 技术对感知到的信息进行一定的识别处理，再通过数据链回传即可。加上基本的路径重规划能力（4 级自主程度）与智能无人集群必需的分布控制能力（7 级自主程度），即可满足任务需求，无须根据战场具体情况进行复杂的决策和行动。

相比于现有的其他各种侦察手段而言，智能无人集群犹如一张网眼密集的"天网"，可以在更广阔的区域内对更细节的战场动态进行实时监控[2]。智能无人集群的优势更突出地体现在山地、城区等复杂地形下，以及高烈度战场复杂敌情的情况下，对重要战术级目标或者时间敏感性强的战略级目标（如敌方指挥机构、部队首脑、导弹发射车、战略潜艇等）的侦察上[3]。和其他无人机一样，用于 ISR 的智能无人集群也可以搭载光电、红外、雷达、磁探等多种载荷，实现对不同类型战场目标的侦察[4]。但不同的是，智能无人集群可以通过异构的方式，同时实现对多种目标的精准探测，其可能的具体应用方式多种多样。例如，配合装甲部队、山地作战部队或者空降部队，可弥补智能无人集群即时情报获取能力较弱的短板；配合空军部队，可在指定区域内先行侦察敌方防空系统部署情况[5]；可代替舰载直升机功能，实现航线巡逻、潜艇探测任务等。

执行诱骗干扰类任务是智能无人集群未来战场应用的一个创新方向。无人装备在执行危险任务时的优势与集群装备低成本可消耗、鲁棒自愈优势，以及扰乱敌方秩序能力的充分结合，使得智能无人集群非常适合用来吸引敌方火力，用众多的高机动单元使得敌方的侦察、打击能力趋于饱和，用低成本的无人系统来抵消敌方高成本的拦截武器和防御侦察系统，配合友军作战。执行诱骗干扰类任务的无人集群单元，只需要在战场上"被打"，不需要携带任何成本较高的载荷，也不需要在复杂智能算法下实现复杂的飞行动作和战术判断，因此在技术上更容易实现。在搭载电子干扰设备等有效载荷的情况下，还可以使得干扰效果大大增强。执行诱骗干扰类任务的典型作战应用包括防空火力诱骗、雷达干扰、渗透指挥网络进行赛博攻击、扫雷或爆炸物清除等。

7.3 智能无人集群的未来作战展望

随着智能化战争的不断深入，智能无人集群将在未来智能化战场上扮演颠覆性力量的角色，并呈现出下列四大发展趋势[6-7]：

1. 装备系列化

随着对不同作战场景下不同作战需求的厘清和细化，对具备不同平台、载荷、任务性能等的差异化与多样性无人作战平台的需求也将逐渐明晰，智能无人集群所需的无人装备将朝着系列化的方向发展。以无人机为例，智能无人机集群将形成以十克级（对标 CICADA）、百克级（对标 Perdix）、千克级（对标 LOCUST）、十千克级、百千克级（对标 Gremlins）等系列化平台为基础的作战系统序列。

2. 任务多样化

随着平台、载荷和任务性能等的不断提升，智能无人集群将逐步应用于预警探测、广域监视、抵近侦察、电子对抗、饱和攻击、主动防御、特种作战等复杂战场环境中的复杂作战任务。一个完整的群化武器作战集群，甚至可以包揽从排雷排爆、侦察监视、协同感知、警戒搜索到物资运输、协同干扰、协同攻防、自主作战、毁伤评估等覆盖多个领域的多个作战任务。

3. 覆盖全域化

随着无人平台的多样化发展，智能无人集群的概念将逐渐覆盖到陆、海、空、天等领域，还可从集群中衍生出狼群、鱼群、鸟群、星群等作战概念。可以预见，由数以万计的小到昆虫大小的机器人组成的集群，大到太空中的星际战舰组成的集群，从地面上的无人战车群，到海上的无人航母战斗群，甚至是陆、海、空、天全域一体的异构集群，都将出现在未来的智能化战场上。

4. 作战智能化

随着各项单体智能、群体智能、体系智能技术的日趋成熟，智能无人集群的智能化水平将不断提升，更多的感知、认知、决策、控制、执行任务将由智能无人集群自主完成，人类能参与的直接作战任务将变得越来越少，包括智能无人集群的智能化水平高低在内的"制智权"的争夺将对未来体系化、智能化战争的胜败产生决定性的影响。

7.4 本章小结

    本章对未来智能化战场上智能无人集群所能扮演的作战角色进行了展望。我们认为，智能无人集群将向着装备系列化、任务多样化、覆盖全域化、作战智能化的方向发展，其成功应用必将颠覆未来战场，使机器群体的自主角逐成为未来战场的主要形态，人类终将"退化"为战争按钮的启动者。

参考文献

[1] Arquilla J，Ronfeldt D.. Swarming and the future of conflict[R]. Santa Monica，CA，USA：RAND Corporation，National Defense Research Institute，2000.

[2] Arquilla J. The coming swarm[N/OL].（2009-02-14）[2020-12-26]. https://www.nytimes.com/2009/02/15/opinion/15arquilla.html.

[3] Boulanin V，Verbruggen M. Mapping the development of autonomy in weapon systems[R/OL][2020-12-26]. https://www.sipri.org/publications/2017/other-publications/mapping-development-autonomy-weapon-systems.

[4] Osborn K. Air force developing swarms of mini-drones[EB/OL].（2015-05-27）[2020-12-26]. https://www.military.com/daily-news/2015/05/27/air-force-developing-swarms-of-mini-drones.html.

[5] Kallenborn Z. The era of the drone swarm is coming，and we need to be ready for it[EB/OL].（2018-10-25）[2020-12-26]. https://mwi.usma.edu/era-drone-swarm-coming-need-ready/.

[6] 赵彦杰. 关于无人机集群系统的思考 [EB/OL].（2017-04-22）[2020-12-24]. https://www.sohu.com/a/135798486_465915.

[7] 魏文辉，戴震瑶，李仁波. 无人机集群武器系统发展趋势前瞻 [EB/OL].（2018-02-23）[2020-12-24]. https://www.js7tv.cn/news/201802_133919.html.

第 8 章

挑战与展望

8.1 引言

社会的进步、军事力量的增强均离不开技术的变革，而技术的变革是被新问题、新挑战的迫切需求催生出来的。智能无人集群正是被未来战争的新需求和新挑战催生出来的，但在付诸实践之前它仍有诸多技术难题需要解决。本章将对智能无人集群目前所面临的一些问题和挑战进行概括，并据此给出其发展趋势和一些发展建议。

8.2 发展挑战

在网络与智能融合催生出新的巨大潜力的同时，我们必须清醒地认识到许多问题与挑战的存在。在相关的关键技术基本得到解决的情况下，智能无人集群才能够在未来的网络信息体系中得到广泛应用。

首先是通信技术的问题。个体之间的互相通信是群体智能赖以发挥作用的基础。群体智能中的个体往往结构简单、能力有限，需要较多个体数量才能够发挥优势。这意味着个体需要处理大量的数据，然而自身的数据处理能力是有限的。现有的群体系统主要采用蓝牙、超宽带广播、Wi-Fi 等距离较短、能耗较低的协议进行通信。由于带宽有限，这些协议在群体数量增大时变得不再适用。目前研究人员正在积极寻找 URLLC（Ultra-Reliable Low-Latency Communication，超可靠低时延通信）等具有低时延、高可靠性和高带宽的通信手段来满足相应的需求。

其次，系统行为的可预测性不佳是群体智能面临的一个主要问题。对于一个混沌的非线性系统，个体之间的不透明的、非线性的交互可能会导致系统在整体上表现出一系列出乎意料的不理想行为，甚至造成灾难性后果 [1]。对非线性系统的控制难度比较大，如果没有集中控制，对整个群体的控制只能采用间接手段，通过调整参数改变每个个体的行为规则来控制整体行为。这种调整参数的任务可能会十分复杂，尤其是在个体十分简单、同时群体的一致性十分复杂的情况下。此时，通过选择特定的参数来使系统产生期望的输出几乎是不可行的。如果缺少对群体不可预测行为的控制能力，群体智能将不适用于对控制精度和安全级别有很高要求的领域。

再次，算法的实时性也是群体智能面临的一个主要问题。对于蚁群算法、狼群算法等目前主流的各种群体智能算法而言，往往都需要经过一定的时间才能得到输出。因此，群体智能未来可能很难用于执行在线控制任务，或者那些对时间敏感的任务。算法的实时性问题可以通过增加集群的个体数目或者增加每个个体的复杂性来在一定程度上得到解决。然而，这两种解决方法本身也可能增加生成收敛结果所需的时间。

随着智能化作战场景变得越来越复杂，特别是在作战环境恶劣险要、任务态势瞬息万变、对抗方式灵活多样的情况下，智能无人集群在执行攻防任务时的执行力面临着极大的挑战。为了满足智能无人集群的生存需求与任务性能，打赢无人化战争，必须牢牢把握战场环境的特点，充分发挥"化整为零、聚零为整"的群体优势，具备应对环境威胁、对抗威胁与自身威胁的三大能力要求。

（1）智能无人集群要具备应对环境威胁的能力。环境威胁主要包括复杂地形纵横阻隔，战场相对独立；气候气象情况不明，运行不受控制；基础设施条件较差，后援保障困难。面对恶劣的战场环境，智能无人集群的装备效能会降低，要大力提升智能无人集群应对环境威胁的能力，以远程自主控制与实时威胁感知规避等技术为抓手，提升智能无人集群的环境适应能力，为打赢无人化战争提供有效的生存保障。

（2）智能无人集群要具备应对对抗威胁的能力。对抗威胁主要包括实际对抗争夺激烈，双方火力集中；通导质量难以保证，易受干扰压制；集群攻防协调受限，控制要求较高。面对强敌软杀伤与硬摧毁、饱和攻击与定点清除相结合的手段，智能无人集群要不断强化应对对抗威胁的能力，以新体制自主通导方式与博弈对抗推理方法赋能任务决策系统，冲破"电磁屏障"、杀出"火力走廊"。

（3）智能无人集群要具备应对内部威胁的能力。内部威胁主要包括集群系统规模庞杂，极易发生故障；群体对抗烈度较强，平台易受损毁；集群成员易受欺骗，安全状态未知。面对大规模、高毁伤、低安全等运行挑战，智能无人集群要具备应对内部威胁的能力，以低成本、高可靠、去中心化的组织形式满足功能需求，提升智能无人集群的快速自愈、抗故障与安全交互等能力。

8.3 发展趋势

智能无人集群的未来发展趋势主要包括如下三个方面：

（1）网络化催生的群体智能正在融合、超越甚至替代传统人工智能。随着近些年来群体智能的快速发展，强调专家个人智能模拟、构造方法逻辑单调、计算模式以机器为中心、智能系统开发方法封闭的传统人工智能已经不足以满足实际应用的需求，以网络化为基础的群体智能是人工智能的新发展方向 [2]。利用群体智能的方法，Unanimous AI 公司将肺炎诊断准确率提高了 22%[3-4]，并在 2017 年成功预测 12 项奥斯卡大奖，成功率达 75%[5]。目前物流行业中的个体人工智能也在向群体智能演化 [6]。此外，群体智能与传统人工智能的融合也将大大提升人工智能的效用 [7]。

（2）群体智能将向人群增强智能的方向发展。机器（包括机器群体）在搜索、计算、存储等方面具有人类无法比拟的优势，但在感知、推理、学习等方面远不如人类智能高效 [8]。因此，可将人类的智能与机器群体的智能进行深度交互和融合，形成一种超越人类和机器群体智能的增强智能 [9]。我国制定的《新一代人工智能发展规划》将"人机整合与增强"作为一项重要研究任务 [2]。美国 FAST 公司就提出了"人与机器人融合的阿凡达（Avatar）风格"的人机增强智能模式，通过其配置的头戴式显示器，操作者可以看到机器人所捕捉的场景，并且机器人还可以将操作者执行动作产生的反馈回传给操作者，最终形成人机融合的信息闭环 [10]。

（3）在网络技术、云技术的支持下，群体智能将向超级智能的最终方向迈进。知名人工智能思想家 Nick Bostrom 把超级智能定义为"在几乎所有领域都比最聪明的人类大脑都聪明很多（包括科学创新、通识和社交技能等）的人工智能"[11]。学者刘锋将超级智能定义为"人类智能＋机器智能＋云端智能"[12]。超级智能也可以说是数十亿人类群体智慧与数百亿设备的机器智能通过互联网"大脑"结构联合形成的自然界前所未有的智能形式[13]。人类群体智慧以云群体智能的形式成为互联网的"右大脑"，设备的机器智能以云机器智能的形式形成互联网"左大脑"[13]，这样的"左大脑""右大脑"结合起来就成了比人类思考效率、质量高无数倍的超级大脑，最终产生超级智能。

8.4 对未来战争的影响

战争的三个关键因素是侦察、火力和保障[14]，智能无人集群在这三个关键因素方面都有非常大的潜力。在大量应用智能无人集群的未来军队中，充分利用智能无人集群的技术特征和体系优势，可以在战争形态、指挥方式、编制体制、作战保障、装备研制等方面产生明显的影响，甚至是彻底的改变。可以说，智能无人集群能够颠覆未来的作战规则。

1. 对战争形态的影响

随着军事数字化、网络化、智能化程度的不断发展，人工智能技术为无人武器装备、平台赋能的能力在不断提升，在智能化、无人化的影响下，未来的战争形态必将产生根本性转变。随着相关技术的逐步成熟，大量的智能无人集群将会被装备到部队，凭借智能无人集群在执行 4D 任务上的优势，一方面会逐步代替有人装备的各种职能，另一方面会在崭新的作战领域填补有人装备执行作战任务的空白，催生新的战法战术。由于智能无人集群在信息处理与传输方面相对于自然人而言有着巨大的优势，在未来大量使用智能无人集群的战争中，作战军兵种的种类、组织架构，以及不同个体、集群之间的信息交流融合将会变得更加复杂，作战体系将会变得更加紧密、灵活，形成真正意义上的体系对抗。

2. 对指挥方式的影响

对于一些相对程序化、机械化、简单重复性较强的细节战术方面的任务，具有初步自主能力的智能无人集群可以较好地完成，只需要少量指战人员进行监督与重要决策的授权工作。由于智能无人集群具有一定自主决策能力，但缺乏对决策后果的责任承担能力，因此在未来无人部队的指挥方式中，指战人员将主要在侦察、干扰、后勤等非致死性任务中向智能无人集群下放决策权力，而在对识别目标，特别是对疑似敌方有人目标的打击任务中，主要采用指战人员确认授权的方式。在2014年联合国召开的杀伤性自主武器系统专家会议中，有专家提议参考目前美军针对作战军犬的规定，制定相关法律，规定在战时每个单兵同时监管的自主无人单体数量不能多于6个。在可预测的未来，预计在无人编制中，具有自主攻击能力的无人单体与指挥人员的数量比例不会明显高于6:1。

当智能无人集群的智能性进一步提高，对战场形势判断能力已经远超人类时，可能只需要保留数量有限的高等级指挥员，在高等级智能无人集群的支持下做出重要的顶层战略决策。

智能无人集群与数字化、网络化的结合也将催生新的指挥方式。智能无人装备的运用，使作战节奏加快、突发状况增多，迫切需要快速高效的指挥方式。信息感知、数据融合等智能化指挥控制技术的快速发展，又为构建智能化、简约化指挥结构提供了有利条件。同时，数据资源共享、命令同步传输、武器平台互联互通的成功实现，使得作战指挥能够实现"多域优势聚合、综合集成释能"的目标，构建出全域分布式作战指挥体系，从而形成"指挥员－作战集群"的简易指挥链，以及网络矩阵式组织指挥架构，确保指挥层次简约高效、指挥流程迅捷优化、指挥效能精确释放。

3. 对编制体制的影响

在无人装备的智能化程度较低、自主性较差、相关技术尚不够成熟的情况下，无人装备在部队中将主要以有人－无人混合编制的形式存在。无人装备在体系中的定位主要是为指战人员提供辅助，重点承担对敌侦察渗透、集群突防、协同干扰、毁伤评估等任务。

随着未来无人装备智能化程度不断提高、自主能力不断增强，作战编制将会逐步出现以智能无人装备为主、指战人员为辅的编制形式，如陆军可能出现无人连、无人营，空军可能出现无人飞行中队、飞行大队，海军可能出现大型无人水面舰艇等。这就促使部队的编成模式向"自主适应、弹性编队"转变，以充分发挥作战单元功能多元化的优势；科学地优化人与武器的结合方式，深度融合有人与无人作战力量，注重人机协同，提升多样化作战能力；突出便于模块化灵活编队和具有独立战斗能力的优势，加强"云端大脑""数字参谋""网络神经"等高新技术的探索应用，实现无人化作战单元定制；重视作战单元的简单集合向深度模块化效能聚合发展，使作战单元与作战需求深度融合、无缝衔接，大幅提升作战效能。

同时，智能无人装备的运用，在创造"全领域、全方位、全天候"一体化战场的同时，也使得战略、战役、战术行动高度融合，作战单元之间信息交互频繁，作战力量趋于多元化融合，跨域对抗的作战样式凸显。这就要求作战主体由传统"陆、海、空"军种结构向"有人、无人"力量结构发展，军种相互融合渗透的趋势更加明显，一体化融合作战的特征更加突出。

4．对作战保障的影响

如前所述，在应用于前线作战之前，智能无人集群可能最先应用于战场的后勤保障上。这也是英国陆军通过对近些年的军事行动进行总结得出的结论[15-16]。主要有如下两点原因：首先，相比于人类士兵及有人作战装备，智能无人集群更适合执行烦琐枯燥的后勤保障任务；其次，在智能无人集群的智能化程度不够高时，令其执行一线作战任务（特别是对有人目标的打击任务）的可靠性有限，在容易造成误判、误伤的同时又缺乏承担后果的责任能力，引发一系列的道德法律方面的问题[17]。

5．对装备研制的影响

现阶段的无人装备研制的发展方向主要以"X+AI"模式为主，即以现有装备为主，通过人工智能的相关技术为其赋能，使单个种类装备的某方面作战性能得到一定的提升。当进入强人工智能时代后，将出现"AI+X"的发展模式，即以人工智能技术为主，搭配其他未知技术形成超出人们对武器装备传统认识的、颠覆性的全新装备型号、种类和体系。

在未来与数字化、网络化高度融合的智能化无人作战场景中，更加重视武器装备的系统集成、效能聚合、功能互补，武器装备效能的发挥往往是通过体系对抗的方式来实现的。指战人员利用战场网络连接所有的智能无人装备，形成力量整合、功能融合、行动组合的作战集群。作战集群以高度智能化的形式精确地打击敌方的战略决策和作战指挥系统，必将显著提升作战效能。由于智能无人装备体系集成的优势，未来战争运用"侦－干－打－评－控"等多种作战手段，采取"点对点""端对端"的打击方法，将使多轴攻击、精确点杀、控域夺心等作战样式更高效。

8.5 发展建议

面向未来战争的装备智能化发展，将有别于以往依赖单一平台进行的"机型替换"式发展，而是以体系智能为目标，以群体智能为抓手，以单体智能为基础，围绕一个需求（未来作战需求）、两大能力（联合作战能力和全域作战能力）、三大技术（即人工智能、无人自主、信息网络技术），形成"X+AI"融合的发展策略，加速推动军事智能化发展。针对面向未来智能化战争的智能无人集群作战的发展需求，本书作者提出了四点创新发展建议：

1. 加快人工智能与作战装备的深度融合

不仅要利用人工智能技术赋能现有的作战装备和作战系统，提升军队的作战能力、减少人员伤亡、降低人力投入，而且需要深入探索体系作战机理以及全域作战方式，产生新型的智能无人装备，形成体系化作战策略，全面提升联合作战和全域作战能力。

加快人工智能与单体装备的深度融合，通过将人工智能技术应用于无人装备等单体平台、组件、元件，研制具备智能感知、计算、分析、处理的作战装备，通过"单体+AI"融合，推动单体装备能力升级，促进作战单体装备智能化。

加快人工智能与群体装备的深度融合，通过人工智能技术对大量无人系统进行综合集成，以群体智能涌现为核心，形成智能化无人自主作战系统，通过"群体+AI"融合，推动群体装备多样化作战能力的生成，形成颠覆性的作战力量。

加快人工智能与作战体系的深度融合，通过将传统武器平台的功能、载荷分布到其他平台、武器、传感器及任务系统中，与新兴技术快速融合部署，显著降低成本，在对抗环境下获得不对称性的优势。进一步构建智能化网络信息体系，在未来实体战场和虚拟战场的体系作战中，将智能渗透到各个作战环节，通过"体系+AI"融合，推动装备体系创新升级，实现新质作战模式的更新换代。

2. 深刻把握未来智能化战争的制胜机理

首先，瞄准空军、海军、陆军、火箭军各军兵种的作战需求，结合智能无人集群的技术特色，研究制胜机理、创新作战样式、解决作战痛点，引导后续智能无人集群装备的发展。依据智能无人集群的创新应用研究，构筑智能无人集群的能力需求清单和能力体系架构，结合相关技术领域的发展趋势，逐步挖掘智能无人集群的潜力，确定不同阶段智能无人集群应该具备的能力，进而明确智能无人集群的技术发展重点和方向。

其次，构建面向陆、海、空、天各类智能无人集群装备以及系统的开放式网络化集成体系架构，建立具备跨域通用能力的智能无人集群应用标准体系，以实现智能无人集群作战装备的跨域跨组织共享、灵活配置和要素协同能力，提升体系化作战能力。

最后，基于开放式体系架构对大量的无人系统进行综合集成，以体系的顶层架构为指导，以系统的群体智能涌现能力为核心，以平台间的协同交互能力为基础，以单平台的节点作战能力为支撑，构建具有去中心化、抗毁性、低成本、能力分散等优势和智能特征的智能无人集群作战体系。

3. 充分考虑智能无人装备对国防编制体制的影响

随着无人装备与智能技术的不断发展，未来无人装备的智能化程度将越来越高，凭借其零人员伤亡、成本低、研制周期短等方面的巨大优势，其在军队中的装备比例将越来越高。作战力量将从目前以人为主、无人装备为辅的状况，向以智能无人装备为主、人类士兵及有人装备为辅的方向发展，并可能最终形成智能无人装备在前冲锋陷阵、人类作战力量完全处于后方进行监管的状态。这将给国防编制体制带来深远的革命性影响，陆、海、空、天各域的界限将逐渐消失，传统陆、海、空、天军种结构向有人、无人力量结构发展，形成"全领域、全方位、全天候"一体化战场，实现战略、战役、战术行动的高度融合。

4. 创新科研、人才、管理机制，适应智能化、无人化技术发展

围绕国家陆、海、空、天各域的群化装备发展需求，组建智能无人集群科研团队，并在发展规划、顶层设计、科研攻关、人才创新与产业布局等方面指导团队建设、引领团队发展，努力将团队打造成为基础设施一流、技术实力领先、创新智力汇聚、管理运行高效的具有持续创新能力的科研实体。

积极为青年人才成长提供沃土，让想干事、能干事的青年人才有舞台、有机会干成事，带动青年科研人员积极参与智能无人集群领域的理论研究、技术创新、系统研发和装备研制，锻炼一批学术和技术水平高、创新能力强的骨干人才，形成强大的科研创新队伍，为智能无人集群事业的发展提供坚实的人才保障。

8.6　本章小结

本章概括了智能无人集群当前面临的挑战及未来的发展状况。随着智能无人集群技术的不断发展，在未来的应用过程中可能会出现更多的新挑战。我们要做的是，乐观地面对挑战，彻底地解决挑战。只有这样，才能使智能无人集群在未来战场上发挥其最大优势，夺取战场主动权，争取战争的最后胜利。

参考文献

[1] Wright W A，Smith R E，Danek M，et al. A generalisable measure of self-organisation and emergence[C]//International Conference on Artificial Neural Networks. Springer，Berlin，Heidelberg，2001：857-864.

[2]　whale52hertz. 群体智能：新一代 AI 的重要方向 [EB/OL].（2019-02-11）[2021-01-07]. https://blog.csdn.net/whale52hertz/article/details/87003517.

[3]　Emma Chou. 群集智能才是未来？ Unanimous AI 比人类医生诊断肺炎准确率高 22%[EB/ OL].（2018-09-11）[2021-01-07]. https://t.qianzhan.com/caijing/detail/180911-1aee886e.html.

[4]　网易智能. 路易斯·罗森伯格与"群体智能"[EB/OL].（2018-08-09）[2021-01-07]. http:// tech.163.com/18/0809/10/DOOUC5R600098IEO.html.

[5]　胡祥杰. 2017 奥斯卡大奖揭晓，群集智能 AI 成功预测 12 项（技术解析）[EB/OL]. （2017-02-27）[2021-01-07]. https://mp.weixin.qq.com/s?__biz=MzI3MTA0MTk1MA==&mid =2651993927&idx=1&sn=872ce2c79536e47ac0d074f1a3d97564&chksm=f12143b6c656caa06 76bbec818fa212bc7c5a4ea630b2a0efd195987216cb147d2af2687f76f&scene=4.

[6]　贾永华. 海康机器人总裁贾永华：AI 赋能智慧物流，从单体智能到群体智能的演变 [EB/ OL].（2019-09-20）[2021-01-07]. https://www.iyiou.com/p/113194.html.

[7]　集智俱乐部. 集体智能如何增强人工智能？未来智能社会一瞥 [EB/OL].（2020-01-16） [2021-01-07]. http://swarma.blog.caixin.com/archives/219790.

[8]　人机与认知实验室. 关于人机融合智能的一点思考 [EB/OL].（2018-09-08）[2021-01-07]. https://blog.csdn.net/VucNdnrzk8iwX/article/details/82598855.

[9]　未来小七早教机器人. 未来人工智能五大发展趋势 [EB/OL].（2018-11-01）[2021-01-07]. https://www.sohu.com/a/272684144_100116987.

[10]　Ai 芯天下. AI 芯天下 | 人机融合和混合智能的起源和新应用场景 [EB/OL].（2019-07-28） [2021-01-07]. http://mp.ofweek.com/ai/a145683120316.

[11]　人工智能 Study. 什么是弱人工智能强人工智能超人工智能 [EB/OL].（2019-03-29） [2021-01-07]. https://blog.csdn.net/weixin_44151168/article/details/88887443.

[12]　刘锋. 2019 展望：超级智能崛起，人类智慧与机器智能将深度融合 [EB/OL].（2018-12-29） [2021-01-07]. http://www.qianjia.com/html/2018-12/29_318300.html.

[13]　xixi. 超级智能是什么　超级智能离我们有多远 [EB/OL].（2019-10-03）[2021-01-07]. https://www.huahuo.com/hulianwang/2019-09-19/77784_2.html.

[14]　新华网. "无人装备联合行动"动态演示亮相　颠覆作战规则 [EB/OL].（2018-06-27） [2020-12-24]. https://baijiahao.baidu.com/s?id=1604398910454987966&wfr=spider&for=pc.

[15]　HM Government. National security strategy and strategic defence and security review 2015： A secure and prosperous United Kingdom[R/OL].（2015-11-23）[2020-12-26]. https://www. gov.uk/government/publications/national-security-strategy-and-strategic-defence-and-security- review-2015.

[16]　Rogers J，Clark R. Future role of UGVs：Vision and developments[M]// Romanovs U， Andžāns M. Digital infantry battlefield solution. Research and innovation. Part III. Rīga， Latvia：Latvian Institute of International Affairs，2019：103-114.

[17]　Warren A，Hillas A. Lethal autonomous weapons systems：Adapting to the future unmanned warfare and unaccountable robots[J]. Yale Journal of International Affairs，2017，12：71-85.

第 9 章

结语：迎接集群 2.0 时代的到来

在智能无人集群概念中,"集群"表示作战形式是一群装备,而非一个单体装备;"无人"表示人类所开发出的机器终将替代人类去执行战场中的各类"枯燥的、恶劣的、危险的、纵深的"任务;"智能"既指单体装备的智能,也指各个单体之间通过一些合适的协同方式使整个群体所表现出来的具备更高水平的、单体不通过协同无法达成的群体智能,以完成单体无法完成的作战任务。作为近些年来蓬勃发展的一个军事概念,智能无人集群已经逐渐显现出其巨大的应用潜力,以及作为未来战争颠覆性作战力量的定位。

人类社会的战争发展到现在,智能化战争成为主题。智能化战争更多依赖于无人装备与系统的智能水平和自主水平。无人装备在近期的一些局部战场中发挥了显著作用,然而基于传统思维开发的大型多功能无人装备的研发、维护、使用、牺牲成本的不断提升,使得人类不得不转变无人装备的使用思维。从地球和生命的起源中可以看到,很大数量的多种物质、细胞等的分工协同才造就了地球复杂的生态系统。人类从蜜蜂、鸟、鱼、蚂蚁、猴、狼等多种群居生物的群体行为模式中逐渐发现,虽然其中每个个体的智能水平均较为低下,甚至不值一提,但通过个体间的局部协同即可达成复杂而一致的目标行为,如蜂群与鸟群的觅食、鱼群的共同防御、蚁群的协同搬运、猴群的爬山、狼群的捕猎等。就人类自身而言,不论在生产力水平极低的原始社会,还是在当今科技水平高度发达的智能化社会,单个人都无法脱离社会而存在,只有通过不同形式的群居,才能使社会不断进步。随着这些现象中存在的群体智能涌现行为和机理被越来越多的人所关注,一种无人装备的集群化发展思路正逐渐被越来越多的人接受。具备能力倍增、功能分布、对等网络、鲁棒自愈、成本优势、群体智能涌现等特征的智能无人集群,可以通过以数量衍生质量、以低成本代替高价值、以协同代替单兵、以高度适应性代替机械性等,以网络、功能为中心的作战方式彻底改变传统的集成式单个"万能"装备的以平台为中心的作战方式。这种新型作战方式的雏形已经在近几年的多次袭击行动中展现出了令人惊叹的效果。

美军最早开始研究智能无人集群这种颠覆性的作战方式,已在美国国防部的统一领导下先后开展了大量相关作战概念研究(如 OFFSET、马赛克战)、关键技术论证与试验(如 CICADA、Gremlins、FLA、Perdix、CODE、LOCUST)项目。美国国防部从 2007 年开始,已经为智能无人集群的发展制定了 5 个版本的综合路线图,空军、陆军、海军也分别制定了各自的无人装备发展路线图和机器人、自主系统的发展路线图,试图在未来智能化战争中占据这种新质作战力量的高地。美国现已在集群战术积累以及集群空中发射与回收技术、拒止环境下高效协同技术、集群快速发射技术等的验证方面取得了突破性成果。俄罗斯、英国、土耳其等多个国家也已开展智能无人集群相关项目。此外,各国均在不遗余力地研发新型并不断改进已有的无人机、无人地面车辆、无人水面舰艇、无人水下航行器等无人装备,试图通过单个无人装备的智能水平和作战能力的提升,来进一步提升未来智能无人集群的作战效能。

智能无人集群的真正应用离不开智能技术的支撑。智能技术可以分为单体智能技术、群体智能技术、体系智能技术。单体智能技术是指与单体(这里为单个无人装备)的感知、认知、决策、控制、执行等相关的单体智能感知技术、单体智能决策技术、单体智能控制技术。单体智能感知涉及单体利用所搭载传感器对自身、目标及所处环境进行信息收集和信号处理的过程,它依赖于感知手段和信号处理技术的发展。单体智能决策则涉及单体如何根据任务目标和当前所掌握的自身、目标及所处环境的信息进行行为决策、运动规划的过程及技术。单体智能控制技术则需要产生控制输入,执行相应动作,以实现决策结果,主要包括各种用于单体的经典控制技术和现代智能控制技术。群体智能是群体中的各个单体通过协同表现出来的感知、认知、决策、控制、执行等能力,重点在于单体间的朝向一致目标的协同机制,以达到单体无法实现、或远超相同数目单体目标之和的目标。群体感知涉及协同态势感知、协同目标定位/识别/跟踪等内容,群体决策涉及任务分配、航路规划等,群体控制则包括群体一致性、集群编队控制、蜂拥控制等。群体智能的形成需要单体之间进行信息交流,也就离不开群体自主组网络的支撑。如何设计适用于群体、移动群体(特别是快速移动的无人机集群)的安全、可靠、抗干扰的自组织网络还有待解决并进行大量试验验证。体系智能是指系统的系统所表现出的智能,主要涉及不同功能和性能的系统之间的协同技术,如异构多源数据融合、体系博弈对抗、体系智能组网、体系智能协同、体系智能作战管理等方面的技术。系统与系统之间的协同程度关系到体系整体效能的水平。

智能无人集群对未来智能化战争的战争形态、指挥方式、编制体制、作战保障、装备研制等方面起到明显的影响，甚至是彻底的改变，支撑起网络中心战、决策中心战等新型作战概念，催生出诸多新型作战样式（如斩首、闪击、封锁、威慑、饱和、消耗等），并将在全域、跨域的多种作战场景中发挥其不可替代的作用。智能无人集群的发展呈现出装备系列化、任务多样化、覆盖全域化、作战智能化的趋势，也面临着通信要求高、系统行为不可预测、算法实时性难以保障等挑战。为此，需要在其作战使用、技术融合、科研/人才/管理机制等方面寻求创新发展。

从现有发展状况可以看到，在复杂动态不确定的对抗环境中，集群能够满足各国对于争端摩擦或小范围战争中人员零伤亡、行动响应快的需求。随着智能无人集群技术的不断发展，集群正迈向 2.0 时代，显示出了鲁棒性好、机动性强、效费比高等优势，具有无通信可交互、无卫星可导航、大规模全自主等三大特征。

（1）无通信可交互。在通信频谱拒止环境下，集群无法利用常规电磁信号进行信息交互。在生物界中，蜜蜂可以通过"摇尾舞"来向其他蜜蜂传递采蜜的位置信息，鸟类可以通过叫声向同伴传递食物与预警等信息。集群可以采取将信息编码成图像、行为动作或者声波等方式，并通过视觉或听觉感知与智能分析的方式解码对应的信息，完成无人节点之间的信息传递，实现在拒止环境下无人节点之间的智能交互与行为协同。

（2）无卫星可导航。在实际对战环境中，集群的卫星信号易受干扰而导致导航系统紊乱。采用冷原子干涉技术，无须长时间依靠外部设备，其精度可能比目前最好的惯性测量装置要高很多；利用机会信号提供精确定位信息，机会信号包括电视、电台、信号发射塔等；基于光电载荷的协同高精度定位技术也是实现无人节点协同定位的关键技术。通过融合多种定位与导航技术，能够实现集群在拒止环境下的高精度定位。

（3）大规模全自主。未来无人化、智能化战争具备高强度、高复杂度、高精度和高速度等特点，要求无人集群具有大规模、全自主的军事作战特征。基于完全分布式、开放式的软硬解耦控制架构，发掘群体自组织行为中的群智涌现机理，构建可引导的层次型集群组织体系架构，采用深度学习、强化学习等机器学习算法，实现对态势和侦察信息的深度处理与运用，完成对敌我行为模型的学习和预测，实现更高效的超大规模无人集群完全自主控制，提升复杂对抗环境中超大规模全自主无人集群系统的作战能力。

智能无人集群以其完整形态和功能出现在未来战场上，仍需要技术的大跨步进展，需要对新技术进展进行大量的试验验证，需要人员和资金的大量投入。这个过程可能仍需要十年甚至数十年。可以预见，一旦智能无人集群出现，未来战争将变得更加复杂、更加难以预料。但有一点可以肯定的是，落后就要挨打，这是无数次挨打的经历带给我们的惨痛而宝贵的经验。

让我们为智能无人集群的最终实现不懈努力！让我们为未来智能化战争做好准备！